21 世纪高等教育土木工程专业系列教材

混凝土结构设计

李汝庚　张季超　主编

中国环境科学出版社

·北京·

图书在版编目（CIP）数据

混凝土结构设计/李汝庚，张季超主编．—北京：中国环境科学出版社，2003.9（2006.7 重印）

（21 世纪高等教育土木工程专业系列教材）

ISBN 7-80163-755-0

Ⅰ．混...　Ⅱ．①李...　②张...　Ⅲ．混凝土结构—结构设计　Ⅳ．TU370.4

中国版本图书馆 CIP 数据核字（2003）第 087078 号

内 容 提 要

本书是根据新实施的《混凝土结构设计规范》（GB50010—2002）等国家规范和规程编写的，全书共分 3 章，主要内容为：梁板结构；单层厂房；混凝土框架结构等。每章均有例题、小结、思考题及习题，而且都有设计实例示范。

本书可作为大专院校土木工程专业的教材，也可供广大土建工程设计人员和施工技术人员参考。

书　名　**混凝土结构设计**
出　版　中国环境科学出版社出版发行
地　址　北京海淀区普惠南里 14 号　100036
网　址　www. cesp. cn
经　销　各地新华书店经售
印　刷　北京联华印刷厂
开　本　787×1092　1/18
印　张　20.5
字　数　370 千字
版　次　2003 年 10 月第一版　2006 年 7 月第二次印刷
印　数　3 001—5 000
定　价　32.00 元

《21世纪高等教育土木工程系列教材》
编　写　说　明

教育部于1998年颁布了新的大学本科专业目录，把土木工程专业扩充成为一个宽口径专业，其中包括了原建筑工程、交通土建工程、城镇建设、矿井建设、水利工程、港口工程、海岸与海洋工程等专业方向，由此带来了土木工程专业人才培养模式的新变化，以及教材建设方面的新要求。

土木工程专业主要培养土木工程方面的设计、施工、管理等高级工程技术人才。学生除学习工科基础理论课程之外，主要学习土木工程材料、测量学、房屋建筑学、理论力学、材料力学、结构力学、水力学、土力学、弹性力学、混凝土结构及钢结构理论等技术基础理论；学习混凝土结构及钢结构设计、高层建筑结构设计、地基基础、结构抗震、施工技术与组织、建筑经济与管理等专业知识；还学习道路工程、桥梁工程以及水工建筑等方面的知识。

为了方便学生学好上述课程，需要有合适的教材相配合。中国环境科学出版社组织了全国部分高等学校、科研院所富有教学经验的土木工程教育工作者，编写适用于一般院校土木工程教学用的**《21世纪高等教育土木工程系列教材》**。参加本系列教材编写的学校、科研院所的教师和科技工作者有：**中国建筑科学研究院**黄强（研究员）；**广东工业大学**杜宏彪（教授）等；**广州大学**张季超（教授）、刘树堂（教授）、李汝庚（教授）、冀兆良（副教授）、庞永师（副教授）、陈德义（副教授）、刘坚（副教授）、邓雪松（副教授）、童华炜（副教授）、金向农（副教授）、吴庆华（副教授）等；**郑州大学**王新玲（教授）、郭院成（教授）等；**郑州工程学院**杜明芳（副教授）等；**长春工程学院**王爱民（教授）等；**新疆大学**王万江（副教授）等；**苏州科技大学**姚江峰（副教授）等；**北京工业大学**高向宇（教授）等；**暨南大学**欧阳东（副教授）等；**河南省建筑设计研究院**韩阳（教授级高级工程师）等。

2003年9月

《21世纪高等教育土木工程专业系列教材》

目　录

前　言

混凝土结构设计是高等院校土木工程专业的主干课程和专业课程之一。本书系在学生已修混凝土结构设计原理课的基础上，从专业培养目标出发，为学生提供建筑结构工程师的基本训练。通过对本课程的学习，学生应掌握混凝土结构设计的基本方法，具备一般土木工程结构设计的能力。

本教程的特点是：(1) 根据新实施的国家规范规程，如《混凝土结构设计规范》(GB 50010—2002)、《建筑结构荷载规范》(GB 5009—2001)、《建筑地基基础设计规范》(GB 5007—2002) 和《高层建筑混凝土结构技术规程》(JGJ 3—2002，J186—2002) 等编写；(2) 适用于土木工程专业，重点为建筑工程等，兼顾其他土建类专业及相近专业；(3) 面向以本科教育为主的一般院校（兼顾大专）和土木工程界。编写时力求贯彻少而精、突出重点、讲明难点、深入浅出、理论讲解与设计实践并重的原则，注重学以致用。每章均有例题、小结、思考题和习题，而且都有较详细的设计实例示范。故本书不仅适用于教师教学，且适合学生自学和广大土木工程技术人员实际应用。

参加本教材编写的人员为广州大学土木工程学院教师。其中第 1 章由王晖副教授、邓雪松副教授、杨巧荣讲师、陈麟博士和田丽讲师执笔；第 2 章由张季超教授、吴珊瑚副教授、李汝庚教授执笔；第 3 章由李汝庚教授、吴珊瑚副教授、马咏梅高级工程师执笔。全书由李汝庚教授、张季超教授主编，刘树堂教授、吴珊瑚副教授、杨巧荣讲师等审校。

本教材参考了国内正式出版的有关混凝土结构方面的教材和规范等（详见主要参考书目），其出版得到了广州大学各级部门领导和中国环境科学出版社的鼎力支持，在此一并深表谢意。

因时间仓促、水平有限，本书有不妥之处，敬请读者批评指正，不胜感激。

编　者

2003 年 9 月

目　　录

1 梁 板 结 构

1.1 概述

梁板结构是土木工程中常见的结构形式，例如楼（屋）盖、楼梯、阳台、雨篷、地下室底板和挡土墙等（图 1-1）在建筑结构中得到广泛应用，还用于桥梁的桥面结构，特种结构中水池的顶盖、池壁和底板等。楼盖是建筑结构中的重要组成部分，混凝土楼盖在整个房屋的材料用量和造价方面所占的比例是相当大的，因此合理选择楼盖的形式，正确地进行设计计算，将对整个房屋的使用和技术经济指标具有一定的影响。本章着重讲述建筑结构中的楼（屋）盖设计。

1.1.1 楼盖类型

1. 混凝土楼盖按施工方法可分为现浇式、装配式和装配整体式楼盖。

现浇式楼盖整体性好、刚度大、防水性好和抗震性强，并能适应于房间的平面形状、设备管道、荷载或施工条件比较特殊的情况。其缺点是费工，费模板、工期长、施工受季节的限制，故现浇式楼盖通常用于建筑平面布置不规则的局部楼面或在运输吊装设备不足的情况。

装配式楼盖，楼板采用混凝土预制构件，便于工业化生产，在多层民用建筑和多层工业厂房中得到广泛应用。但是，这种楼面由于整体性、防水性和抗震性较差，不便于开设孔洞，故对于高层建筑、有抗震设防要求的建筑以及使用上要求防水和开设孔洞的楼面，均不宜采用。

装配整体式楼盖，其整体性较装配式的好，又较现浇式的节省模板和支撑。但这种楼盖需要进行混凝土的二次浇筑，有时还须增加焊接工作量，故对施工进度和造价都带来一些不利影响。因此，这种楼盖仅适用于荷载较大的多层工业厂房、高层民用建筑及有抗震设防要求的建筑。采用装配式楼盖可以克服现浇楼盖的缺点，而装配整体式楼盖则兼具现浇式楼盖和装配式楼盖的优点。

2. 混凝土楼盖按预加应力情况可分为钢筋混凝土楼盖和预应力混凝土楼盖。

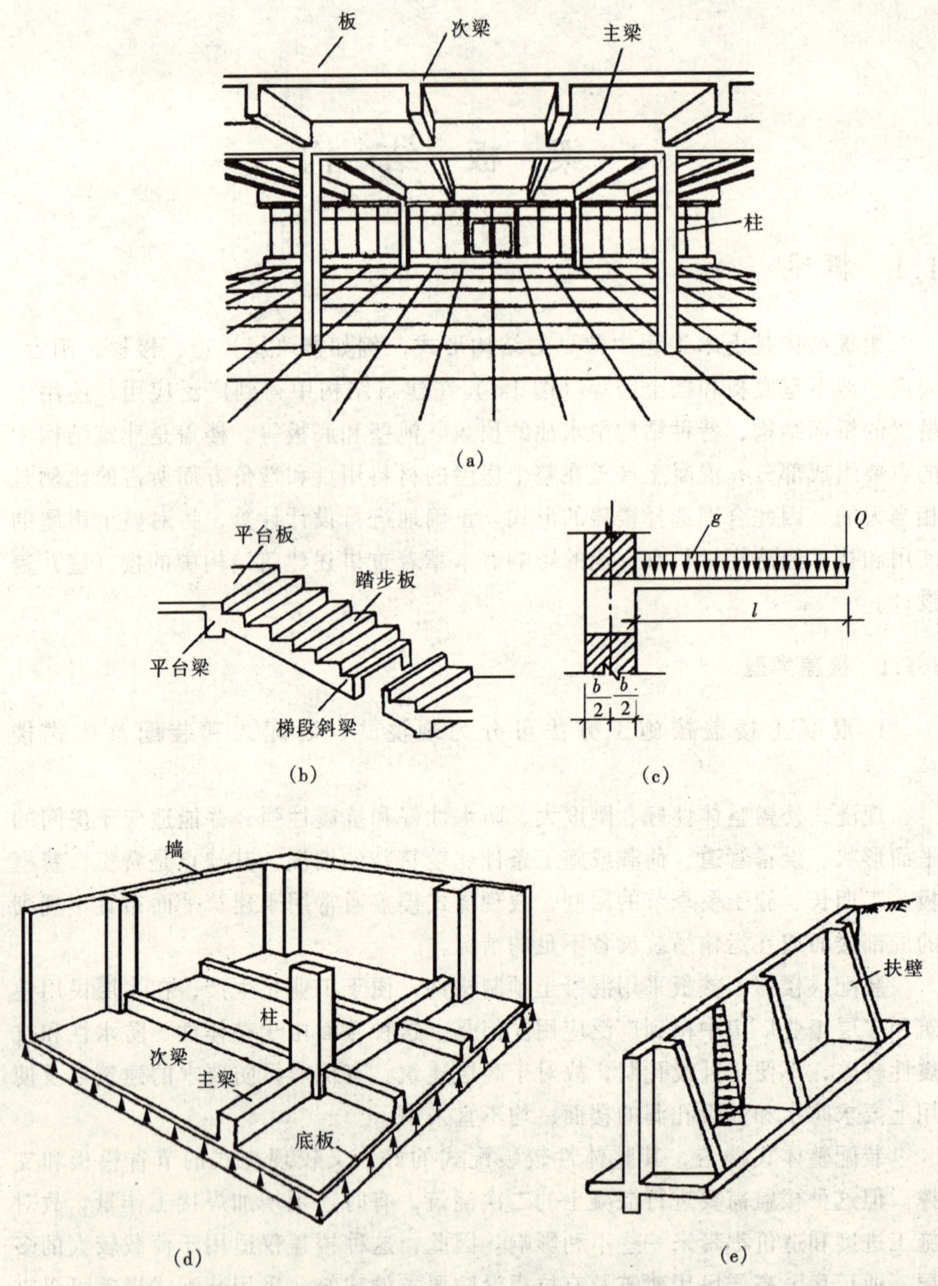

图 1-1　梁板结构

(a) 肋梁楼盖；(b) 梁式楼梯；(c) 雨篷；(d) 地下室底板；(e) 带扶壁挡土墙

预应力混凝土楼盖用的最普遍的是无粘结预应力混凝土平板楼盖，当柱网尺寸较大时，它可有效减小板厚，降低建筑层高。

3. 混凝土楼盖按结构型式可分为单向板肋梁楼盖、双向板肋梁楼盖、井式楼盖、密肋楼盖和无梁楼盖（又称板柱楼盖），如图 1-2 所示。

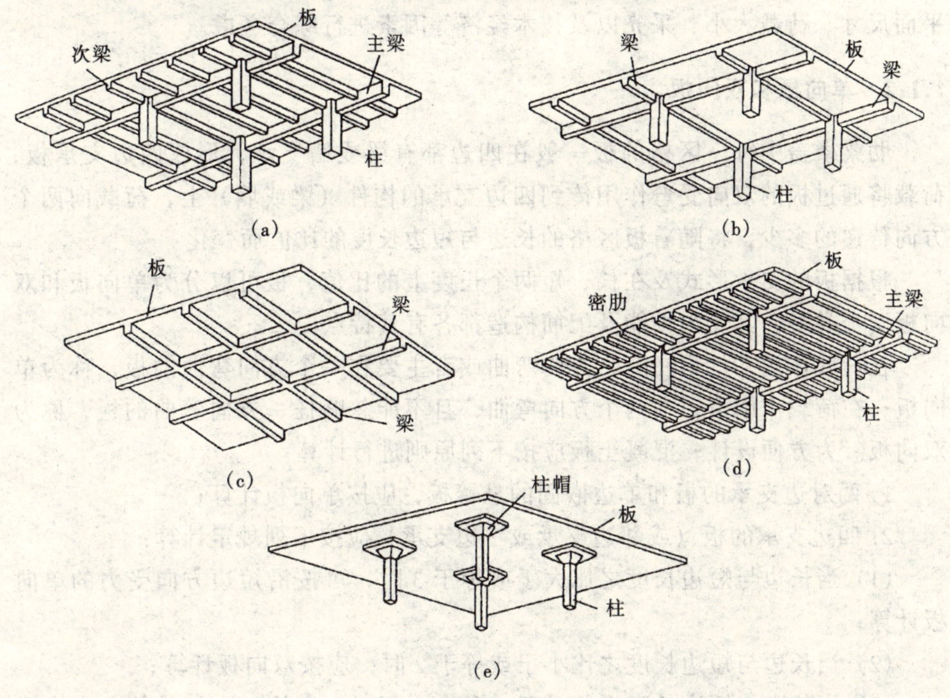

图 1-2 楼盖的结构形式

(a) 单向板肋梁楼盖；(b) 双向板肋梁楼盖；(c) 井式楼盖；(d) 密肋楼盖；(e) 无梁楼盖

(1) 肋梁楼盖：如图 1-2 (a) (b) 所示，一般由板、次梁和主梁组成。其主要传力途径为板→次梁→主梁→柱或墙→基础→地基。肋梁楼盖的特点是用钢量较低，楼板上留洞方便，但支模较复杂。肋梁楼盖是现浇楼盖中使用最普遍的一种。

(2) 井式楼盖：如图 1-2 (c) 所示，两个方向的柱网及梁的截面相同，由于是两个方向受力，梁的高度比肋梁楼盖小，故宜用于跨度较大且柱网呈方形的结构。

(3) 密肋楼盖：如图 1-2 (d) 所示，由于梁肋的间距小，板厚很小，梁高也较肋梁楼盖小，结构自重较轻。双向密肋楼盖近年来采用预制塑料模壳克服了支模复杂的缺点而应用增多。

(4) 无梁楼盖：如图 1-2 (e) 所示，板直接支承于柱上，其传力途径是荷载由板传至柱或墙。无梁楼盖的结构高度小，净空大，支模简单，但用钢量较大，常用于仓库、商店等柱网布置接近方形的建筑。当柱网较小时（3 ~ 4m），柱顶可不设柱帽；当柱网较大（6 ~ 8m）且荷载较大时，柱顶设柱帽以提高板的抗冲切能力。

在具体的实际工程中究竟采用何种楼盖形式，应根据房屋的性质、用途、平面尺寸、荷载大小、采光以及技术经济等因素进行综合考虑。

1.1.2 单向板和双向板

肋梁楼盖中每一区格的板一般在四边都有梁或墙支承，形成四边支承板，荷载将通过板的双向受弯作用传到四边支承的构件（梁或墙）上，荷载向两个方向传递的多少，将随着板区格的长边与短边长度的比值而变化。

根据板的支承形式及在长、短两个长度上的比值，板可以分为单向板和双向板两个类型，其受力性能及配筋构造都各有其特点。

在荷载作用下，只在一个方向弯曲或者主要在一个方向弯曲的板，称为单向板；在荷载作用下，在两个方向弯曲，且不能忽略任一方向弯曲的板，称为双向板。为方便设计，混凝土板应按下列原则进行计算：

1. 两对边支承的板和单边嵌固的悬臂板，应按单向板计算；

2. 四边支承的板（或邻边支承或三边支承）应按下列规定计算：

(1) 当长边与短边长度之比大于或等于3时，可按沿短边方向受力的单向板计算；

(2) 当长边与短边长度之比小于或等于2时，应按双向板计算；

(3) 当长边与短边长度之比介于2和3之间时，宜按双向板计算；当按沿短边方向受力的单向板计算时，应沿长边方向布置足够数量的构造钢筋。

1.2 现浇单向板肋梁楼盖

单向板肋梁楼盖的设计步骤为：

(1) 结构平面布置，并对梁板进行分类编号，初步确定板厚和主、次梁的截面尺寸；

(2) 确定板和主、次梁的计算简图；

(3) 梁、板的内力计算及内力组合；

(4) 截面配筋计算及构造措施；

(5) 绘制施工图。

1.2.1 结构平面布置

在肋梁楼盖中，结构布置包括柱网、承重墙、梁格和板的布置。单向板肋梁楼盖中，次梁的间距决定了板的跨度，主梁的间距决定了次梁的跨度，柱距则决定了主梁的跨度。进行结构平面布置时，应综合考虑建筑功能、造价及施工条件等，合理确定梁的平面布置。根据工程实践，单向板、次梁和主梁的常用跨度为：

单向板：（1.7～2.5）m，荷载较大时取较小值，一般不宜超过3m；

次梁：（4～6）m；

主梁：（5～8）m。

1. 单向板肋梁楼盖结构平面布置通常有以下三种方案：如图1-3所示

（1）主梁横向布置，次梁纵向布置，如图1-3（a）所示，其优点是主梁和柱可形成横向框架，房屋的横向刚度大，而各榀横向框架之间由纵向次梁相连，故房屋的纵向刚度亦大，整体性较好。此外，由于主梁与外纵墙垂直，在外纵墙上可开较大的窗口，对室内采光有利。

（2）主梁纵向布置，次梁横向布置，如图1-3（b）所示，这种布置适用于横向柱距比纵向柱距大得多的情况。它的优点是减小了主梁的截面高度，增大了室内净高。

（3）只布置次梁，不设主梁，如图1-3（c）所示，它仅适用于有中间走道的楼盖。

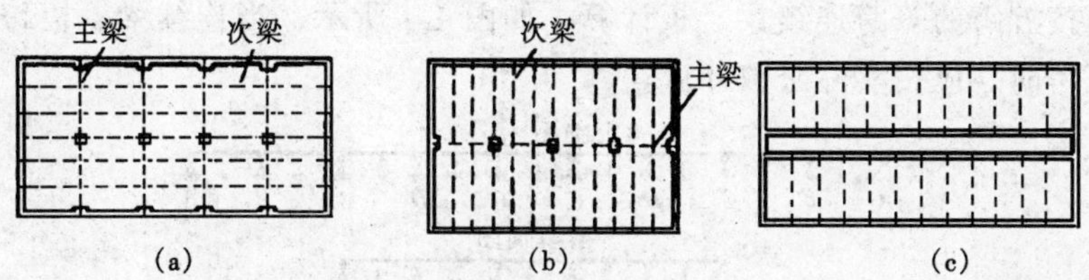

图1-3 梁的布置

（a）主梁沿横向布置；（b）主梁沿纵向布置；（c）有中间走道

2. 进行楼盖的结构平面布置时，应注意以下问题：

（1）受力合理：荷载传递要简捷，梁宜拉通；主梁跨间最好不要只布置1根次梁，以减小主梁跨间弯矩的不均匀；尽量避免把梁，特别是主梁搁置在门、窗过梁上；在楼、屋面上有机器设备、冷却塔、悬挂装置等荷载比较大的地方，宜设次梁；楼板上开有较大尺寸（大于800mm）的洞口时，应在洞口周边设置加劲的小梁。

（2）满足建筑要求：不封闭的阳台、厨房和卫生间的楼板面标高宜低于其他部位30～50mm（目前，有室内地面装修的，也常做平）；当不做吊顶时，一个房间平面内不宜只放1根梁。

（3）方便施工：梁的截面种类不宜过多，梁的布置尽可能规则，梁截面尺寸应考虑设置模板的方便，特别是采用钢模板时。

1.2.2 计算简图

结构构件的计算简图包括计算模型和计算荷载两个方面。

1. 计算模型及简化假定

(1) 计算模型

在现浇单向板肋梁楼盖中，板、次梁和主梁的计算模型一般为连续板或连续梁。其中，板一般可视为以次梁和边墙（或梁）为铰支承的多跨连续板；次梁一般可视为以主梁和边墙（或梁）为铰支承的多跨连续梁；对于支承在混凝土柱上的主梁，其计算模型应根据梁柱线刚度比而定。当主梁与柱的线刚度比大于等于3时，主梁可视为以柱和边墙（或梁）为铰支承的多跨连续梁，否则应按梁、柱刚接的框架模型（框架梁）计算主梁。

(2) 简化假定

①支座可以自由转动，但没有竖向位移；

②在确定板传给次梁的荷载以及次梁传给主梁的荷载时，分别忽略板、次梁的连续性，按简支构件计算竖向反力；

③跨数超过五跨的连续梁、板，当各跨荷载相同，且跨度相差不超过10%时，可按五跨的等跨连续梁、板计算，如图1-4所示；当连续梁、板跨数小于等于五跨时，应按实际跨数计算。

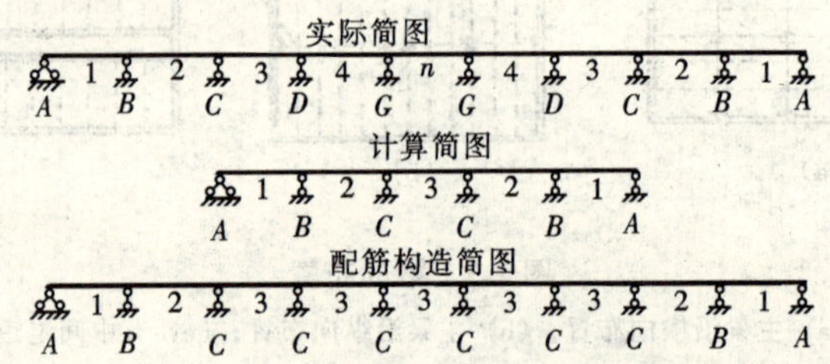

图1-4 连续梁、板的计算简图

2. 计算单元

结构内力分析时，为减少计算工作量，一般不是对整个结构进行分析，而是从实际结构中选取有代表性的一部分作为计算的对象，称为计算单元。

对于单向板，可取1m宽度的板带作为其计算单元，在此范围内，如图1-5(a)所示中用阴影线表示的楼面均布荷载便是该板带承受的荷载，这一负荷范围称为从属面积，即计算构件负荷的楼面面积。

楼盖中部主、次梁截面形状都是两侧带翼缘（板）的T形截面，楼盖周边处的主、次梁则是一侧带翼缘的。每侧翼缘板的计算宽度取与相邻梁中心距的一半。次梁承受板传来的均布线荷载，主梁承受次梁传来的集中荷载，由上述假定②可知，一根次梁的负荷范围以及次梁传给主梁的集中荷载范围如图1-5(a)所示。

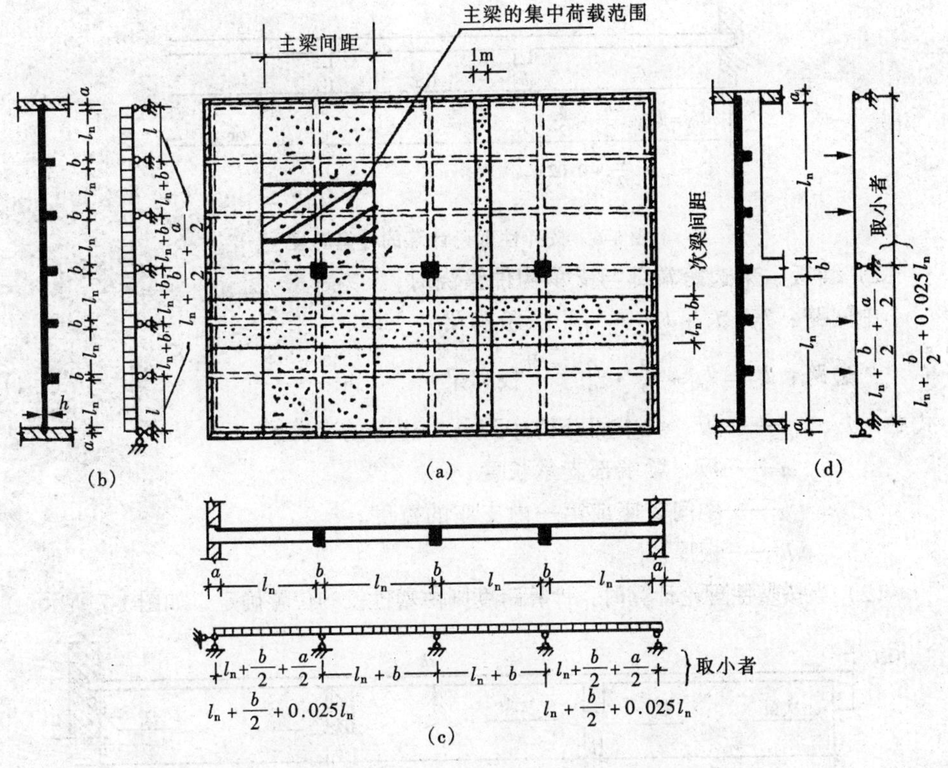

图 1-5　单向板肋梁楼盖的计算简图

(a) 板、梁的计算单元及荷载计算范围；(b) 板计算简图；(c) 次梁计算简图；(d) 主梁计算简图

由于主梁的自重所占比例不大，为了计算方便，可将其换算成集中荷载加到次梁传来的集中荷载内。所以从承受荷载的角度看，板和次梁主要承受均布线荷载，主梁主要承受集中荷载。

3. 计算跨度

梁、板的计算跨度是指在计算弯矩时所采用的跨间长度。从理论上讲，某一跨的计算跨度应取该跨两端支座处转动点之间的距离。

(1) 当按弹性理论计算时：计算跨度一般取两支座反力之间的距离，即：中间各跨取支承中心线之间的距离；边跨由于端支座情况有差别，与中间跨的取值方法不同，如图 1-6 所示：

1) 当板、梁边跨端部搁置在支承构件上

中间跨：$l_0 = l_n + b$　　(板和梁)　　(1-1)

边跨：$l_{01} = l_{n1} + \dfrac{b}{2} + \dfrac{a}{2} \leqslant l_{n1} + \dfrac{b}{2} + \dfrac{h}{2}$　　(板)　　(1-2)

$l_{01} = l_{n1} + \dfrac{b}{2} + \dfrac{a}{2} \leqslant 1.025\, l_{n1} + \dfrac{b}{2}$　　(梁)　　(1-3)

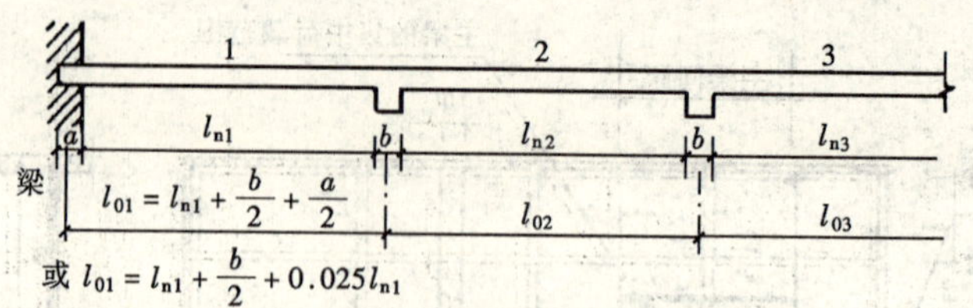

图 1-6　按弹性理论计算的计算跨度

2）当板、梁边跨端部与支承构件整浇时

中间跨：$l_0=l_n+b$　　　　（板和梁）

边跨：$l_{01}=l_{n1}+\frac{b}{2}+\frac{a}{2}$　　（板和梁）　　　　(1-4)

式中　l_n、l_{n1}——板、梁中间跨的净跨长、边跨的净跨长；

a——板、梁端部支承长度；

b——中间支座或第一内支座的宽度；

h——板厚。

（2）当按塑性理论计算时：计算跨度则由塑性铰的位置确定，如图 1-7 所示。

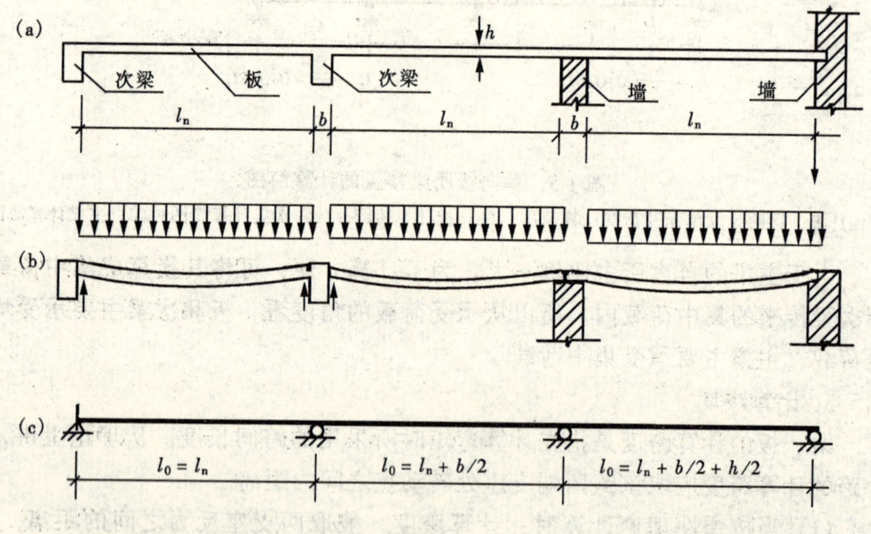

图 1-7　按塑性理论计算的计算跨度

（a）实际结构；（b）破坏时的变形示意；（c）计算图形

梁、板计算跨度的取值方法见表 1-1。

4. 荷载取值

（1）楼盖上的荷载有恒荷载和活荷载两类

恒荷载包括结构自重、构造层重和固定设备等。活荷载包括人群、堆料和临时设备等，对于屋盖还有雪荷载和积灰荷载等。

梁、板的计算跨度　　**表 1-1**

按弹性理论计算	单跨	两端搁置	$l_0 = l_n + a \leqslant l_n + h$　（板） $l_0 = l_n + a \leqslant 1.05 l_n$　（梁）
		一端搁置、一端与支承构件整浇	$l_0 = l_n + a/2 \leqslant l_n + h/2$　（板） $l_0 = l_n + a/2 + b/2 \leqslant 1.025 l_n + b/2$　（梁）
		两端与支承构件整浇	$l_0 = l_n$　（板） $l_0 = l_c$　（梁）
	多跨	两端搁置	$l_0 = l_n + a \leqslant l_n + h$　（板） $l_0 = l_n + a \leqslant 1.05 l_n$　（梁）
		一端搁置、一端与支承构件整浇	$l_0 = l_n + b/2 + a/2 \leqslant l_n + b/2 + h/2$　（板） $l_0 = l_n + b/2 + a/2 \leqslant 1.025 l_n + b/2$　（梁）
		两端与支承构件整浇	$l_0 = l_c$　（板和梁）
按塑性理论计算	多跨	两端搁置	$l_0 = l_n + a \leqslant l_n + h$　（板） $l_0 = l_n + a \leqslant 1.05 l_n$　（梁）
		一端搁置、一端与支承构件整浇	$l_0 = l_n + a/2 \leqslant l_n + h/2$　（板） $l_0 = l_n + a/2 \leqslant 1.025 l_n$　（梁）
		两端与支承构件整浇	$l_0 = l_n$　（板和梁）

注：l_0——板、梁的计算跨度；l_c——支座中心线间距离；l_n——板、梁的净跨；h——板厚；a——板、梁端搁置的支承长度；b——中间支座宽度或与构件整浇的端支承长度

(2) 承载能力极限状态的荷载效应组合的设计值 S

对于承载能力极限状态，结构构件应按荷载效应的基本组合或偶然组合，并应采用下列设计表达式进行设计：

$$\gamma_0 S \leqslant R \tag{1-5}$$

$$R = R\left(f_c,\ f_s,\ a_k,\ \cdots\cdots\right) = R\left(\cdot\right) \tag{1-6}$$

对于基本组合，荷载效应组合的设计值 S 应从下列组合值中取最不利值确定：

1）由可变荷载效应控制的组合：

$$S = \gamma_G S_{Gk} + \gamma_{Q1} S_{Q1k} + \sum_{i=2}^{n} \gamma_{Qi} \psi_{ci} S_{Qik} \tag{1-7}$$

式中　ψ_{ci}——第 i 个可变荷载的组合值系数，其值不应大于 1。

2）由永久荷载效应控制的组合：

$$S = \gamma_G S_{Gk} + \sum_{i=1}^{n} \gamma_{Qi} \psi_{ci} S_{Qik} \tag{1-8}$$

基本组合的荷载分项系数，应按下列规定采用：

永久荷载的分项系数 γ_G：

①当其效应对结构不利时，对可变荷载效应控制的组合，应取1.2；对永久荷载效应控制的组合，应取1.35；

②当其效应对结构有利时，一般情况下应取1.0；对结构的倾覆、滑移或飘浮验算，应取0.9。

可变荷载的分项系数 γ_{Qi}：

①当其效应对结构不利时，一般情况下应取1.4；对标准值大于 $4kN/m^2$ 的工业房屋楼面结构的活荷载应取1.3；

②当其效应对结构有利时，应取为0。

(3) 折算荷载

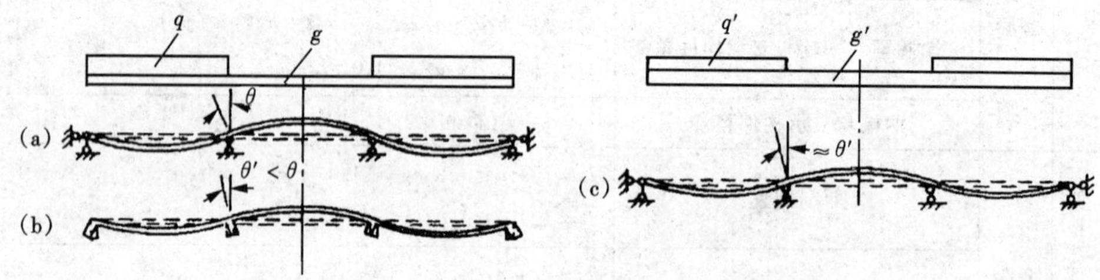

图1-8　梁抗扭刚度的影响

(a) 理想铰支座的变形；(b) 支座弹性约束时的变形；(c) 采用折算荷载时的变形

上述将与板（或梁）整体联结的支承视为铰支座的假定，对于等跨连续板（或梁），当荷载沿各跨均为满布时（如只有恒载），是可行的。因为此时板或梁在中间支座发生的转角很小（$\theta\approx0$），按铰支简图计算与实际情况相差很小。但是，当活荷载隔跨布置时，情况则不相同。现以支承在次梁上的连续板为例说明。如图1-8（a）所示的连续板，当按铰支简图计算时，板绕支座的转角 θ 值较大。实际上，由于板与次梁整浇在一起，当板受荷弯曲在支座发生转动时，将带动次梁一起转动。同时，次梁具有一定的抗扭刚度，且两端又受主梁约束，将阻止板自由转动，使板在支承处的转角由铰支承时的 θ 减小为 θ'，如图1-8（b），使板的跨内弯矩有所降低，支座负弯矩相应地有所增加，但不会超过两相邻跨满布活荷载时的支座负弯矩。类似的情况也发生在次梁与主梁之间。为了使板、次梁的内力计算值更接近于实际，可以进行适当的调整。考虑到板、次梁在支承处的转动主要是由活荷载的不利布置产生的，因此比较简便的修正方法是在保持总荷载不变的条件下，增大恒荷载，减小活荷载，即在计算板和次梁的内力时，采用折算荷载。如图1-8（c）所示，由于次梁仅一侧板上有活荷载而产生的板的支座转角 θ 减小到 θ'，相当于考虑次梁抗扭刚度的影响。

连续板
$$g' = g + \frac{q}{2};\ q' = \frac{q}{2} \tag{1-9}$$

连续次梁 $$g' = g + \frac{q}{4};\ q' = \frac{3q}{4} \tag{1-10}$$

式中　g、q——单位长度上恒荷载、活荷载设计值；

g'、q'——单位长度上折算恒荷载、折算活荷载设计值。

当板或梁搁置在砌体或钢结构上时，则荷载不作调整。

1.2.3 连续梁、板按弹性理论方法的内力计算

1. 活荷载的最不利布置

楼盖所受荷载包括恒荷载和活荷载两部分，其中活荷载的位置是变化的。

对于单跨梁，当全部恒荷载和活荷载同时作用时将产生最大内力；但对于多跨连续梁的某一指定截面，当所有荷载同时布满梁上各跨时引起的内力未必为最大。欲使设计的连续梁在各种可能的荷载布置下都能可靠使用，就必须求出在各截面上可能产生的最不利内力，即必须考虑活荷载的最不利布置。

如图 1-9 所示为五跨连续梁在不同跨间布置荷载时梁的弯矩图和剪力图，从中可以看出内力变化规律。例如当活荷载作用在某跨时，该跨跨中为正弯矩，邻跨跨中为负弯矩，然后正负弯矩相间。分析其变化规律和不同组合后的效果，可以得出连续梁各截面活荷载最不利布置的原则：

(1) 求某跨跨内最大正弯矩时，应在本跨布置活荷载，然后隔跨布置；

(2) 求某跨跨内最大负弯矩时，本跨不布置活荷载，而在其左右邻跨布置，然后隔跨布置；

(3) 求某支座最大负弯矩或支座左、右截面最大剪力时，应在该支座左右两跨布置活荷载，然后隔跨布置。

以五跨连续梁为例，说明该连续梁活荷载最不利布置方式的种类：如图 1-10所示

情况 1：$g + q$（1，3，5）——产生 $M_{1\max}$、$M_{3\max}$、$M_{5\max}$、$M_{2\min}$、$M_{4\min}$、$V_{AR\max}$、$V_{FL\max}$；

情况 2：$g + q$（2，4）——产生 $M_{2\max}$、$M_{4\max}$、$M_{1\min}$、$M_{3\min}$、$M_{5\min}$；

情况 3：$g + q$（1，2，4）——产生 $M_{B\max}$、$V_{BL\max}$、$V_{BR\max}$；

情况 4：$g + q$（2，3，5）——产生 $M_{C\max}$、$V_{CL\max}$、$V_{CR\max}$；

情况 5：$g + q$（1，3，4）——产生 $M_{D\max}$、$V_{DL\max}$、$V_{DR\max}$；

情况 6：$g + q$（2，4，5）——产生 $M_{E\max}$、$V_{EL\max}$、$V_{ER\max}$。

2. 荷载的最不利组合及内力计算

根据以上原则可以确定活荷载最不利布置的各种情况，它们分别与恒荷载组合在一起，就得到荷载的最不利组合，即可按《结构力学》的方法进行内力计算。对于等跨连续梁、板，可由附录 1 查出相应的弯矩、剪力系数，利用下列公式计算跨内或支座截面的最大内力。

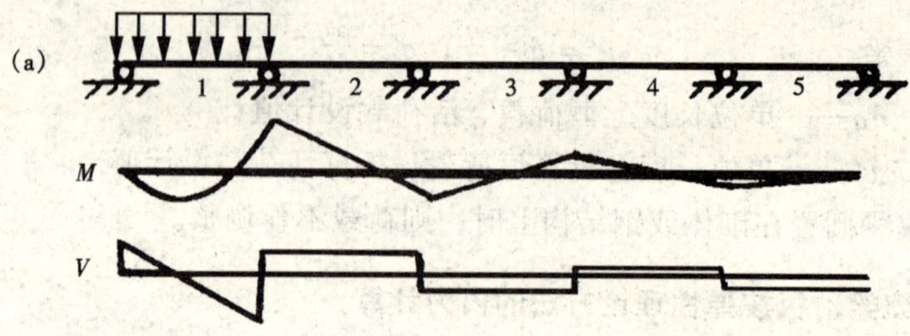

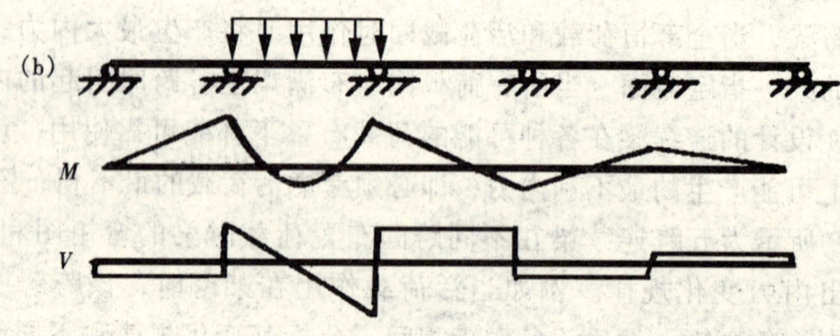

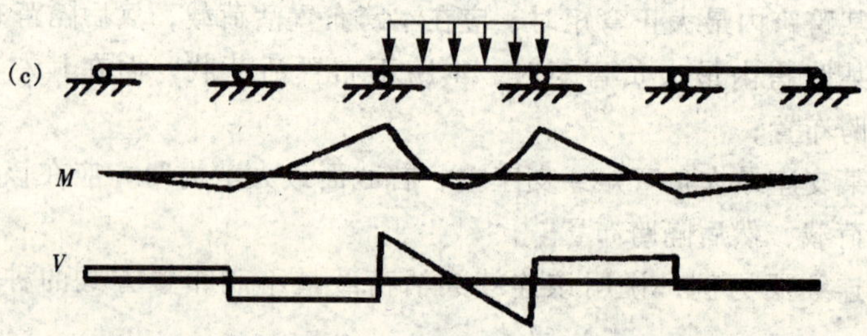

图 1-9　荷载不同布置时连续梁的内力图

（1）在均布及三角形荷载作用下：

$$M = k_1 gl^2 + k_2 ql^2 \tag{1-11}$$

$$V = k_3 gl + k_4 ql \tag{1-12}$$

（2）在集中荷载作用下：

$$M = k_5 Gl + k_6 Ql \tag{1-13}$$

$$V = k_7 G + k_8 Q \tag{1-14}$$

式中　g、q——单位长度上的均布恒荷载设计值、均布活荷载设计值；

G、Q——集中恒荷载设计值、集中活荷载设计值；

l——计算跨度；

k_1、k_2、k_5、k_6——附录 1 附表 1-1 ~ 附表 1-4 中相应栏中的弯矩系数；

k_3、k_4、k_7、k_8——附录 1 附表 1-1～附表 1-4 中相应栏中的剪力系数。

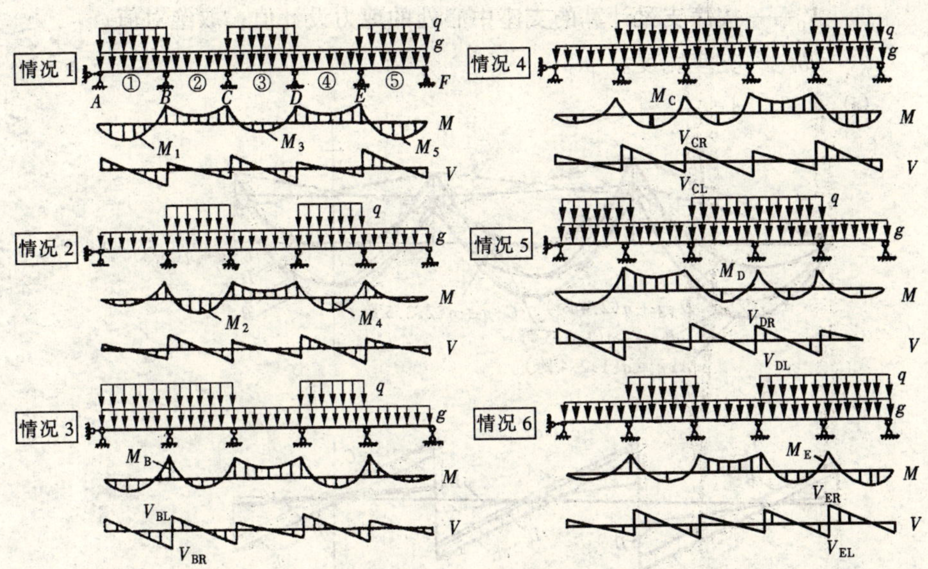

图 1-10　五跨连续梁六种荷载的最不利组合及内力图

对于跨度相对差值小于 10% 的不等跨连续梁、板，其内力也可近似按等跨度结构进行分析。计算跨内截面弯距时，采用各自跨的计算跨度；而计算支座截面弯矩时，采用相邻两跨计算跨度的平均值。

3. 内力包络图：由内力叠合图形的外包线构成

将同一结构在各种荷载的最不利组合作用下的内力图（弯矩图或剪力图）叠画在同一坐标图上，其外包线所形成的图形称为内力包络图，它反映出各截面可能产生的最大内力值，是设计时选择截面和布置钢筋的依据。图 1-11 所示为承受均布荷载的五跨连续梁的弯矩包络图和剪力包络图。

4. 支座弯矩和剪力设计值——支座宽度的影响

按弹性理论计算连续梁、板内力时，中间跨的计算跨度取支座中心线间的距离，这样求出的支座弯矩和支座剪力都是指支座中心处的。当梁、板与支座整浇时，支座边缘处的截面高度比支座中心处的小得多，因此控制截面应在支座边缘处。为了使梁、板结构的设计更加合理，可取支座边缘的内力作为设计依据，并按以下公式计算：如图 1-12 所示

弯矩设计值：
$$M = M_c - V_c \cdot \frac{b}{2} \approx M_c - V_0 \cdot \frac{b}{2} \tag{1-15}$$

剪力设计值：均布荷载
$$V = V_c - (g+q) \cdot \frac{b}{2} \tag{1-16}$$

集中荷载
$$V = V_c \tag{1-17}$$

式中　M、V——支座边缘处的弯矩、剪力设计值；

M_c、V_c——支座中心处的弯矩、剪力设计值；

V_0——按简支梁计算的支座中心处的剪力设计值，取绝对值；

b——支座宽度。

(a)

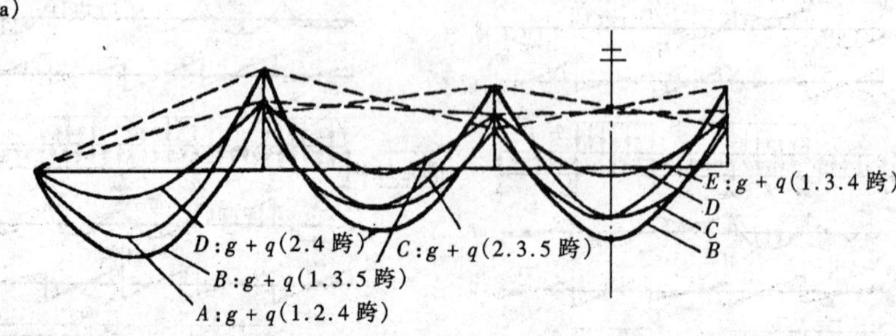

(b)

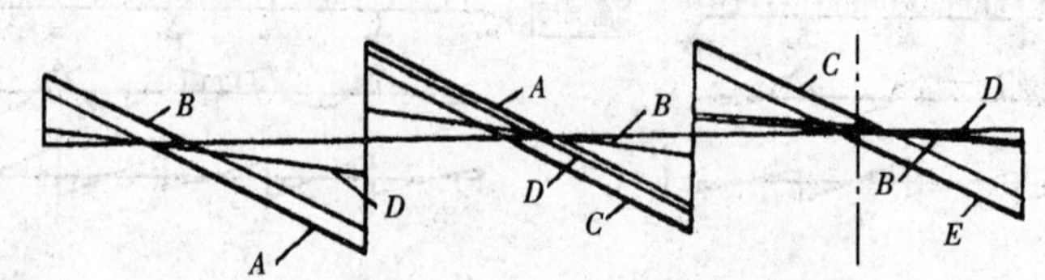

图 1-11　均布荷载下五跨连续梁的内力包络图

(a) 弯矩包络图；(b) 剪力包络图

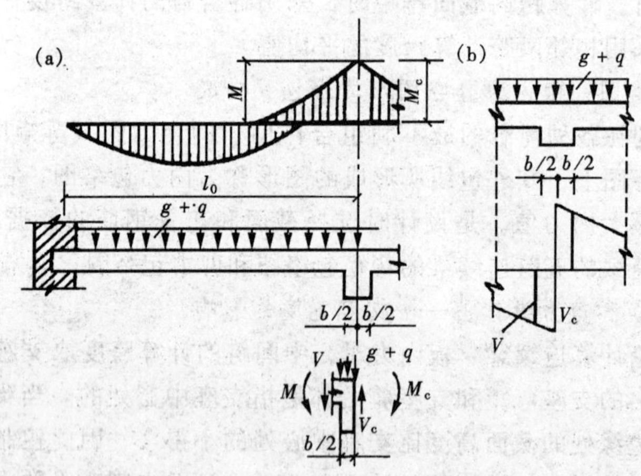

图 1-12　内力设计值的修正

(a) 弯矩设计值；(b) 剪力设计值

1.2.4　连续梁、板按塑性理论方法的内力计算

1. 超静定结构的塑性内力重分布

(1) 内力重分布与应力重分布

超静定结构的内力不仅与荷载有关，而且还与结构的计算简图以及各部分抗弯刚度的比值有关。如果计算简图或抗弯刚度的比值发生变化，内力也要随之变化。

1）内力重分布

混凝土连续梁、板按弹性理论方法设计时，存在两个主要问题：一是当计算简图和荷载确定以后，截面的内力与荷载成线性关系，即各截面间弯矩、剪力等内力的分布规律始终是不变的；二是只要任何一个截面的内力达到其内力设计值时，就认为整个结构达到其承载能力。

事实上，混凝土连续梁、板是超静定结构，在其加载的全过程中，由于材料的非弹性性质，截面的内力与荷载成非线性关系，即各截面间内力的分布规律是变化的，这种情况称为内力重分布或塑性内力重分布（即超静定结构的内力相对于线弹性分布发生的变化）；另外，由于是超静定结构，即使某一截面达到其内力设计值，只要整个结构还是几何不变的，仍具有一定的承载能力。

2）应力重分布

这里需要注意内力重分布与应力重分布的区别。如图 1-13 所示，应力重分布是指由于混凝土的非弹性性质，使截面上的应力沿截面高度分布不再服从线弹性分布规律，并且不论对静定的还是超静定混凝土结构都存在；内力重分布则是指由于超静定结构材料的非弹性性质，使各截面内力之间的关系不再服从线弹性分布规律，并且只有超静定混凝土结构才具有内力重分布现象，对静定结构是不存在的，因为静定结构的内力与截面抗弯刚度无关。

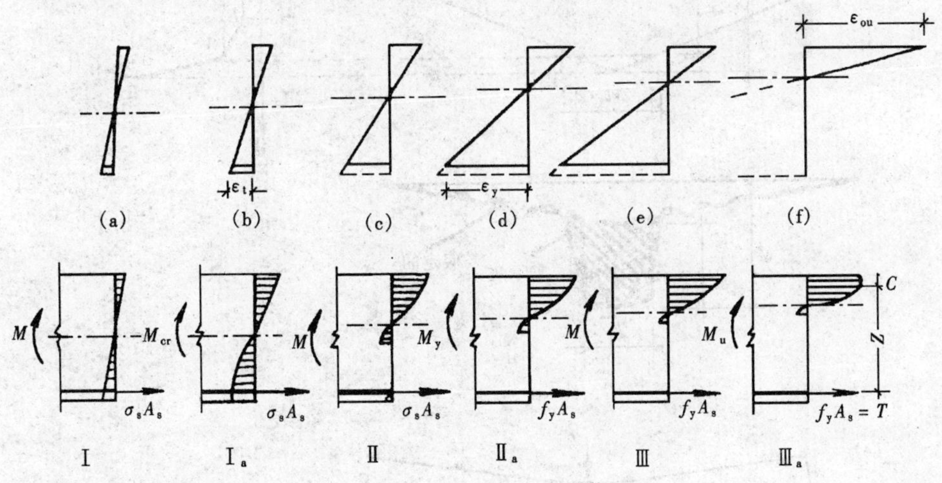

图 1-13　梁在各受力阶段的应力、应变图

由于内力重分布，超静定混凝土结构的实际承载能力往往比按弹性理论方法分析的高，所以按塑性理论方法设计（考虑内力重分布的方法设计），可进

一步发挥结构的承载力储备，节约材料，方便施工；同时研究和掌握内力重分布的规律，能更好地确定结构在正常使用阶段的变形和裂缝开展值，以便更合理地评估结构使用阶段的性能。

（2）混凝土受弯构件的塑性铰

1）塑性铰

如图 1-14 所示，一配筋适当的钢筋混凝土简支梁，在跨中施加集中荷载 P。图 1-14（c)为跨中截面弯矩 M 与曲率 ϕ 的关系曲线：在裂缝出现前，M-ϕ 关系呈直线；随着裂缝出现，M-ϕ关系渐呈曲线；当受拉纵筋达到屈服（A 点）后，M-ϕ 曲线的斜率急剧减小，这意味着在截面弯矩 M 增加很少的情况下，截面曲率 ϕ 激增，形成截面受弯“屈服”现象。构件中塑性变形较集中的区域［相应于图 1-14（b)］中 $M > M_y$ 的部分）表现得犹如一个能够转动的“铰”，称之为塑性铰，如图 1-14（e）所示。塑性铰的形成主要是由于纵筋屈服后的塑性变形，而塑性铰的转动能力则取决于混凝土的变形能力。当 ϕ 增加到使混凝土受压边缘的应变 ε 达到其极限压应变 ε_u，混凝土被压坏，截面达到其极限弯矩 M_u，这时的截面曲率为 ϕ_u。塑性铰形成于截面应力状态的第 II_a 阶段，转

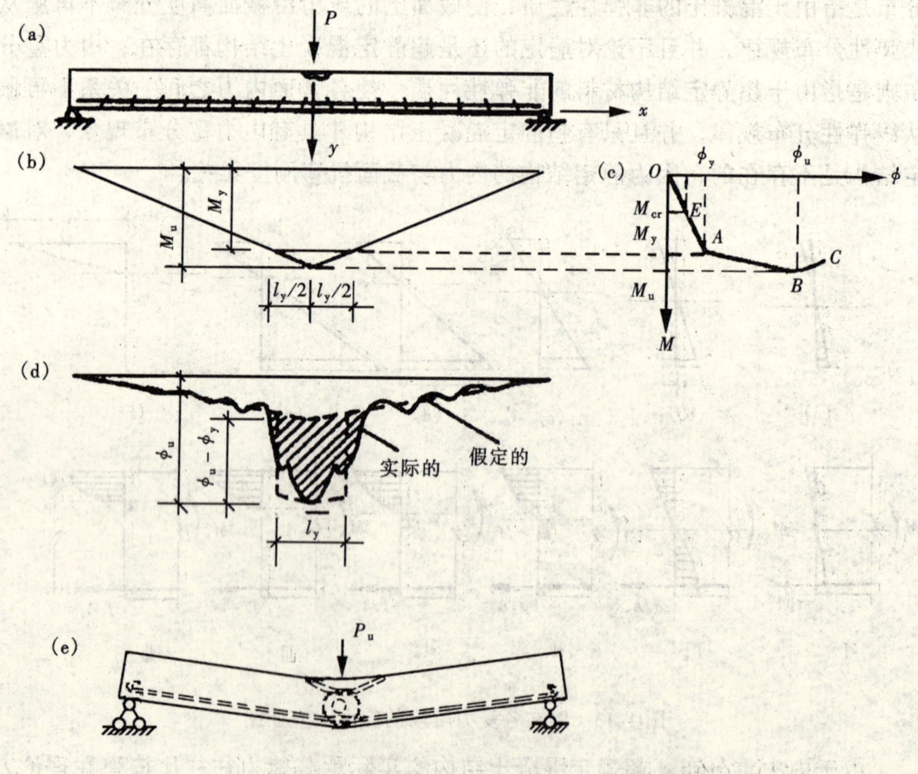

图 1-14 混凝土受弯构件的塑性铰

（a）受弯构件；（b）弯矩图；（c）M-ϕ 曲线；（d）曲率；（e）梁跨中出现塑性铰

动终止于第$Ⅲ_a$阶段。

塑性铰区处于梁跨中最大截面（$M=M_u$）两侧 $l_y/2$ 的范围内，l_y 称为塑性铰长度，如图1-14（b）所示。图1-14（d）中实线为曲率的实际分布，虚线为计算时假定的曲率分布，将曲率分为弹性部分和塑性部分（图中的阴影部分）。塑性铰的转角 θ 理论上可由塑性曲率的积分来计算，若将其分布用等效矩形来代替，其高度为塑性曲率（$\phi_u-\phi_y$），则宽度（或等效区域长度）$\overline{l}_y<l_y$，塑性铰的转角 θ 为

$$\theta=(\phi_u-\phi_y)\overline{l}_y \tag{1-18}$$

式中 ϕ_y——截面钢筋屈服时曲率；

ϕ_u——截面的极限曲率。

影响$\overline{l}_y$ 的因素很多，要得到实用而足够准确的计算公式，还要做进一步的工作。

2）塑性铰与理想铰的区别

①理想铰不能承受任何弯矩，而塑性铰则能承受一定的弯距（$M_y\leqslant M\leqslant M_u$）；

②理想铰集中于一点，塑性铰则有一定的长度；

③理想铰在两个方向都可产生无限的转动，而塑性铰则是有限转动的单向铰，只能在弯距作用方向作有限的转动。

3）塑性铰的分类

①钢筋铰：对于配置具有明显屈服点钢筋的适筋梁，塑性铰形成的起因是受拉钢筋屈服，故称为钢筋铰。

②混凝土铰：当截面配筋率大于界限配筋率，此时钢筋不会屈服，转动主要由受压区混凝土的非弹性变形引起，故称为混凝土铰。它的转动量很小，截面破坏突然。

钢筋铰出现在受弯构件的适筋截面或大偏心受压构件中，混凝土铰大都出现在受弯构件的超筋截面或小偏心受压构件中。

（3）内力重分布的过程

为了说明内力重分布的概念，现以承受集中荷载的两跨连续梁为例，研究其从开始加载直到破坏的全过程。假定支座截面和跨内截面的截面尺寸和配筋相同，梁的受力全过程大致可分为三个阶段：如图1-15所示。

1）弹性阶段：当集中力 F 很小，混凝土尚未开裂，整个梁接近于弹性体系，各部分截面抗弯刚度的比值未改变，弯矩分布由弹性理论方法确定，如图1-15（b）所示。故弯矩的实测值与按弹性梁的计算值非常接近，图中观察不到内力重分布的现象，如图1-16所示。

2）弹塑性阶段：当加载至 B 支座截面受拉区混凝土先开裂，截面抗弯刚

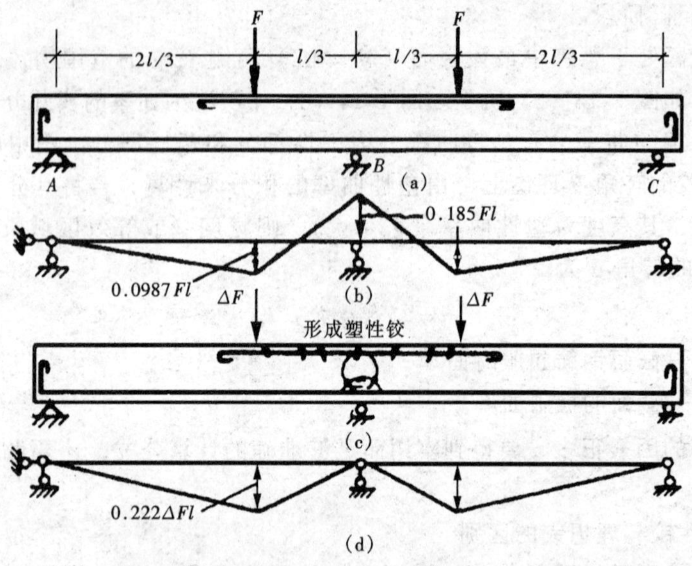

图 1-15　两跨连续梁 B 支座形成塑性铰的内力重分布

(a) 形成塑性铰之前的计算简图；(b) 形成塑性铰之前的 M 图；(c) 形成塑性铰之后增加的荷载；(d) 形成塑性铰之后的新增 ΔM 图

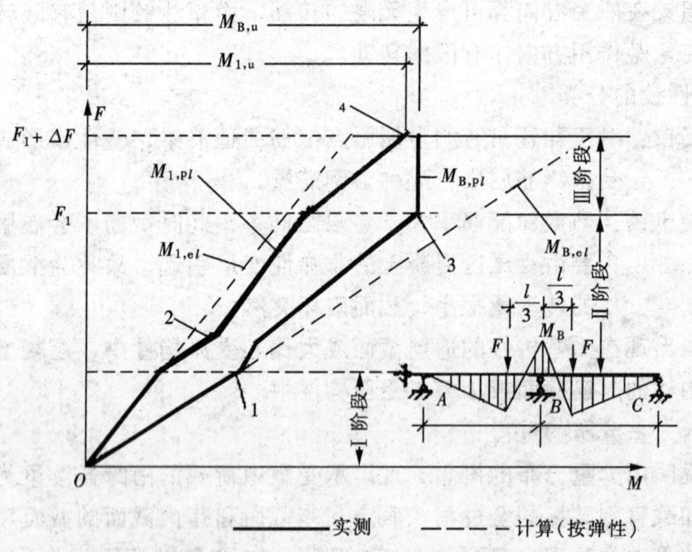

图 1-16　F-M 关系曲线

1—支座混凝土开裂；2—跨中混凝土开裂；3—支座出现塑性铰；4—跨中出现塑性铰

度降低，但跨内截面 1 尚未开裂。此时从图 1-16 中可观察到内力重分布，由于支座与跨内截面抗弯刚度的比值 B_B/B_1 降低，使 B 支座截面弯矩 M_B 的增长率减小，跨内弯矩 M_1 的增长率加大。继续加载，当跨内截面 1 也出现裂缝时，

但在 B 支座截面的受拉钢筋屈服前，截面抗弯刚度的比值有所回升，从图 1-16 中又可观察到 M_B 的增长率增加，而 M_1 的增长率减小。（引起截面之间相对刚度发生变化，但不显著。）

3）塑性阶段：当加载至 B 支座截面受拉钢筋屈服，支座形成塑性铰，塑性铰能承担的弯矩为 $M_{B,u}$，相应的荷载值为 F_1，再继续加载时，梁从一次超静定连续梁转变成了两根简支梁，如图 1-15（d）所示。此时从图 1-16 中可观察到明显的内力重分布，B 支座截面弯矩 M_B 增加缓慢，跨内弯矩 M_1 增加加快，由于跨内截面承载力尚未耗尽，因此还可继续增加荷载，直至跨内受拉钢筋屈服，即跨内截面 1 也出现塑性铰，梁成为几何可变体系而告破坏。设后加的那部分荷载为 ΔF，则梁承受的总荷载为 $F = F_1 + \Delta F$。（支座开始出现塑性铰，引起各截面的相对刚度发生显著变化）

在 ΔF 作用下，应按简支梁计算跨内弯矩，其支座弯矩 M_B 不增加，维持在 $M_{B,u}$，故图 1-16 中 M_B 出现了竖直段，而跨内弯矩 M_1 却成倍的增加。若按弹性理论方法计算 M_B 和 M_1 的大小始终与外荷载成线性关系，在 M-F 图上应为两条虚直线，但梁的实际弯距分布却如图 1-16 中实线所示，即出现了内力重分布。

从试验中不难发现，在 $M_{B,el} > M_{1,el}$ 的情况下，尽管从加载到破坏支座弯矩与跨内弯矩的比值在不断变化，但与弹性弯矩相比，内力重分布的最后结果是：支座弯矩减小，跨内弯矩增加。

超静定混凝土结构的内力重分布可概括为两个过程：

第一过程发生在受拉区混凝土开裂到第一个塑性铰形成以前，主要是由于结构各部分抗弯刚度比值的改变而引起内力重分布，称为弹塑性内力重分布；

第二过程发生于第一个塑性铰形成以后直到形成几何可变体系结构破坏，由于结构计算简图的改变而引起的内力重分布，称为塑性内力重分布。

从上述例子中，可得出一些具有普遍意义的结论：

1）对静定混凝土结构，塑性铰出现即导致结构破坏。但对于超静定混凝土结构，某一截面出现塑性铰并不一定表明该结构丧失承载能力，只有当结构上出现足够数目的塑性铰，以致使结构成为几何可变体系或局部破坏，整个结构才丧失承载能力；

2）在形成破坏机构时，结构的内力分布规律和塑性铰出现前按弹性理论方法计算的内力分布规律不同。也就是在塑性铰出现后的加载过程中，结构的内力经历了一个重新分布的过程，这个过程称为“塑性内力重分布”；

3）按弹性理论方法计算，上述连续梁所承受的极限荷载为 F_1；但考虑塑性内力重分布后，结构的极限荷载增大为 $F = F_1 + \Delta F$。这表明超静定混凝土结构从出现第一个塑性铰到破坏机构形成，其间还有相当的承载潜力可以利用，在设计中利用这部分承载储备，可以取得一定的经济效益；

4）按弹性理论方法计算，连续梁的内支座截面弯矩通常较大，造成配筋拥挤，施工不便。考虑内力重分布方法设计，可降低支座截面弯矩的设计值。若按降低的支座弯矩选择受力钢筋，则将使支座配筋拥挤的状况得到改善而便于施工。

目前在超静定混凝土结构设计中，结构的内力分析与构件的截面设计是不相协调的：结构的内力分析采用弹性理论方法，而构件的截面设计考虑了材料的塑性性能按极限状态设计的原则。但是超静定混凝土结构在承受荷载过程中，由于混凝土的非弹性变形、裂缝的出现和发展、钢筋的锚固滑移以及塑性铰的形成和转动等因素的影响，结构构件的刚度在各受力阶段不断发生变化，从而使结构的实际内力与变形和按刚度不变的弹性理论算得的结果明显不同。所以在设计混凝土连续梁、板时，恰当地考虑结构的内力重分布，可以使结构的内力分析与截面设计相协调。

（4）影响内力重分布的因素

1）充分的和不充分的内力重分布

若超静定结构中各塑性铰都具有足够的转动能力，保证结构加载后能按照预期的顺序，先后形成足够数目的塑性铰，以致最后形成机动体系而破坏，这种情况称为充分的内力重分布。

但是，塑性铰的转动能力是有限的，受到截面配筋率和材料极限应变值的限制。如果完成充分的内力重分布过程所需要的转角超过了塑性铰的转动能力，则在尚未形成预期的破坏机构以前，早出现的塑性铰已经因为受压区混凝土达到极限压应变值而“过早”被压碎，这种情况属于不充分的内力重分布。另外，如果在形成破坏机构之前，截面因受剪承载力不足而破坏，内力也不可能充分地重分布。

例如，上述连续梁，若 B 支座截面的塑性铰缺乏足够的转动能力，混凝土发生“过早”压碎致使结构破坏，这时跨内截面 1 的承载能力尚未被完全利用，这就是不充分的内力重分布；又如，多跨连续梁中，在使连续梁整体形成机动体系的最后一个塑性铰形成以前，如果某一跨的左、右支座截面和跨内截面都出现了塑性铰，于是该跨已成为机动体系，造成结构的局部破坏，这也属于不充分的内力重分布。因此，要实现充分的内力重分布，除了塑性铰要有足够的转动能力外，还要求塑性铰出现的先后顺序不会导致结构的局部破坏。此外，在设计中除了要考虑承载能力极限状态外，还要考虑正常使用极限状态。结构在正常使用阶段，裂缝宽度和挠度也不宜过大。

2）影响内力重分布的因素

①塑性铰的转动能力：塑性铰的转动能力主要取决于纵向钢筋的配筋率、钢材的品种和混凝土的极限压应变。

截面的极限曲率 $\phi_u = \varepsilon_u / x$，配筋率越低，受压区高度 x 就越小，故 ϕ_u 越大，塑性铰转动能力越大；混凝土的极限压应变 ε_u 越大，ϕ_u 大，塑性铰转动能力也越大。混凝土强度等级高时，极限压应变 ε_u 减小，转动能力下降；普通热轧钢筋具有明显的屈服台阶，延伸率较大，塑性铰转动能力也越大。

②斜截面承载能力：要想实现预期的内力重分布，其前提条件之一是在破坏机构形成前，不能发生因斜截面承载力不足而引起的破坏，否则将阻碍内力重分布继续进行。国内外的试验研究表明，支座出现塑性铰后，连续梁的受剪承载力比不出现塑性铰的梁低。加载过程中，连续梁首先在中间支座和跨内出现垂直裂缝，随后在梁的中间支座两侧出现斜裂缝。一些破坏前支座已形成塑性铰的梁，在中间支座两侧的剪跨段，纵筋和混凝土之间的粘结有明显破坏，有的甚至还出现沿纵筋的劈裂裂缝；剪跨比越小，这种现象越明显。试验量测表明，随着荷载增加，梁上反弯点两侧原处于受压工作状态的钢筋，将会由受压状态变为受拉，这种因纵筋和混凝土之间粘结破坏所导致的应力重分布，使纵向钢筋出现了拉力增量，而此拉力增量只能依靠增加梁截面剪压区的混凝土压力来维持平衡，这样，势必会降低梁的受剪承载力。因此，为了保证连续梁内力重分布能充分发展，结构构件必须要有足够的受剪承载能力。

③正常使用条件：如果最初出现的塑性铰转动幅度过大，塑性铰附近截面的裂缝就可能开展过宽，结构的挠度过大，不能满足正常使用的要求。因此，在考虑内力重分布时，应对塑性铰的允许转动量予以控制，也就是要控制内力重分布的幅度。一般要求在正常使用阶段不应出现塑性铰。

(5) 考虑内力重分布的适用范围

考虑内力重分布的计算方法是以形成塑性铰为前提的，因此下列情况不宜采用：

1）在使用阶段不允许出现裂缝或对裂缝开展控制较严的混凝土结构；

2）处于严重侵蚀性环境中的混凝土结构；

3）直接承受动力和重复荷载的混凝土结构；

4）要求有较高承载力储备的混凝土结构；

5）配置延性较差的受力钢筋的混凝土结构。

2. 连续梁、板考虑塑性内力重分布的内力计算——弯矩调幅法

在大量的试验研究基础上，国内外学者曾先后提出过多种超静定混凝土结构考虑塑性内力重分布的计算方法，如极限平衡法、塑性铰法、变刚度法、强迫转动法、弯矩调幅法以及非线性全过程分析方法等。其中，弯矩调幅法最为实用、方便，因此一直为许多国家的设计规范所采用。我国颁布的《钢筋混凝土连续梁和框架梁考虑内力重分布设计规程》(CECS51:93)，也推荐用弯矩调幅法来计算混凝土连续梁、板和框架的内力。

(1) 弯矩调幅法的概念和原则

1) 弯矩调幅法

弯矩调幅法简称调幅法，它是在弹性弯矩的基础上，根据需要，适当调整某些截面弯矩值。通常对那些弯矩绝对值较大的截面进行弯矩调整，然后按调整后的内力进行截面设计和配筋构造，是一种适用的设计方法。

截面弯矩调整的幅度用调幅系数 β 表示，则：

$$\beta = \frac{|M_e| - |M_a|}{|M_e|} \tag{1-19}$$

$$M_a = (1-\beta) M_e \tag{1-20}$$

式中 β——调幅系数；

M_e——按弹性方法计算的弯矩值；

M_a——调幅后的弯矩值。

【例 1-1】 已知一两跨矩形截面连续梁，如图 1-17 所示。在跨中作用集中荷载 P，截面尺寸 $b \times h = 200\text{mm} \times 500\text{mm}$，混凝土强度等级为 C20，钢筋采用 HRB335 级，中间支座及跨中均配置 3 Φ 18 的受拉钢筋。求：

1. 按弹性理论方法计算时，该梁承受的极限荷载 P_1；

2. 按考虑塑性内力重分布方法计算时，该梁承受的的极限荷载 P_u；

3. 支座的调幅系数 β。

解：(1) 设计参数

环境类别为一类，$c = 30\text{mm}$，$a = 40\text{mm}$，C20 混凝土 $f_c = 9.6\text{N/mm}^2$、$f_t = 1.1\text{N/mm}^2$，$\alpha_1 = 1.0$，HRB335 级钢筋 $f_y = 300\text{N/mm}^2$、$\xi_b = 0.55$，$h_0 = 500 - 40 = 460\text{mm}$，3 Φ 18，$A_s = 763\text{mm}^2$

(2) 按弹性理论方法计算支座和跨中弯矩 M_B、M_D

支座弯矩：$M_B = -0.188Pl$

跨中弯矩：$M_D = 0.156Pl$

(3) 支座和跨中的极限弯矩 M_{Bu}、M_{Du}

$$-M_{Bu} = M_{Du} = f_y A_s\left(h_0 - \frac{f_y A_s}{2\alpha_1 f_c b}\right) = 300 \times 763\left(460 - \frac{300 \times 763}{2 \times 1.0 \times 9.6 \times 200}\right) \times 10^{-6}$$

$$= 91.65\text{kN}\cdot\text{m}$$

(4) 按弹性理论方法计算时，该梁承受的极限荷载 P_1，如图 1-17 (a) 所示

当 $|M_B| = |M_{Bu}|$ 时，支座出现塑性铰

$\therefore 0.188P_1 l = 91.65\text{kN}\cdot\text{m}$ 则：$P_1 = \dfrac{91.65}{0.188 \times 4} = 121.88\text{kN}$

此时跨中截面的弯矩为：

$$M_D = 0.156P_1 l = 0.156 \times 121.88 \times 4 = 76.05\text{kN}\cdot\text{m} < M_{Du} = 91.65\text{kN}\cdot\text{m}$$

(5) 按考虑塑性内力重分布方法计算时，该梁承受的极限荷载 P_u

由于两跨连续梁为一次超静定结构，P_1 作用下 $|M_B| = |M_{Bu}|$，结构并未丧失承载力，只是在支座出现塑性铰，在继续加载下梁的受力相当于二跨简支梁，跨中还能承受的弯矩增量为 $M_{Du} - M_D = 91.65 - 76.05 = 15.6\text{kN}\cdot\text{m}$，如图 1-17 (b)所示。

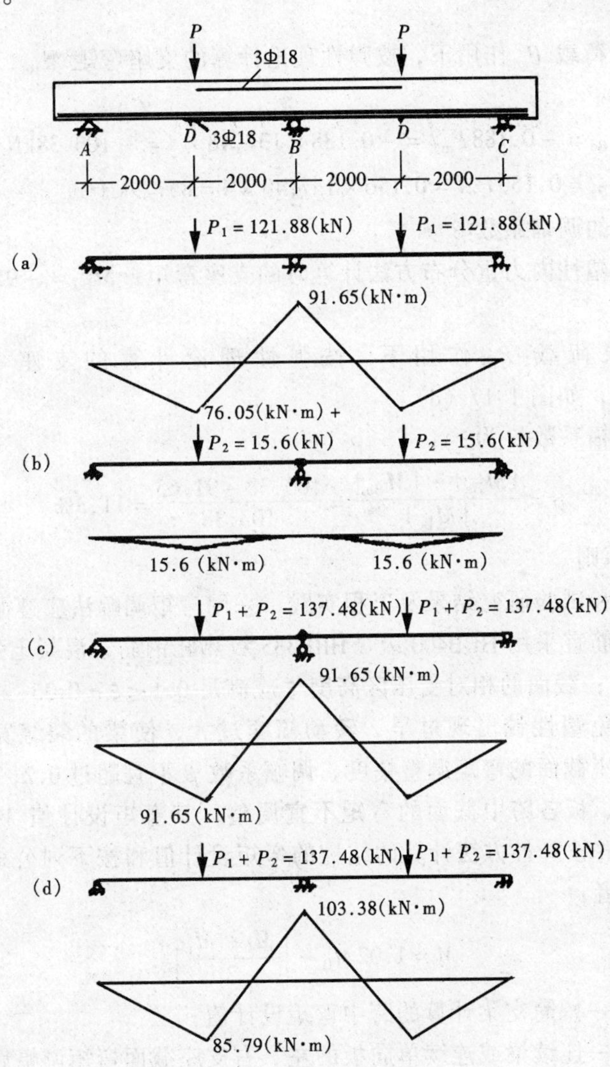

图 1-17　两跨连续梁的塑性内力重分布

设 P_2 为从支座出现塑性铰加荷到跨中出现塑性铰的荷载增量，如图 1-17 (b) 所示

$$M_{Du} - M_D = \frac{1}{4} P_2 l = 15.6\text{kN·m} \quad 则：P_2 = 15.6\text{kN}$$

$$P_u = P_1 + P_2 = 121.88 + 15.6 = 137.48\text{kN}$$

(6) 梁在极限荷载 P_u 作用下，按塑性理论计算时的弯矩图，如图 1-17 (c) 所示。

(7) 梁在极限荷载 P_u 作用下，按弹性理论计算时的弯矩图，如图 1-17 (d) 所示。

梁在极限荷载 P_u 作用下，按弹性理论计算的支座弯矩 M_{Be}、跨中弯矩 M_{De} 为：

$$M_{Be} = -0.188 P_u l = -0.188 \times 137.48 \times 4 = -103.38\text{kN·m}$$

$$M_{De} = 0.156 P_u l = 0.156 \times 137.48 \times 4 = 85.79\text{kN·m}$$

(8) 支座的调幅系数 β

梁按考虑塑性内力重分布方法计算时的支座弯矩：$M_{Bu} = -91.65\text{kN·m}$，如图 1-17 (c)

梁在极限荷载 P_u 作用下，按弹性理论计算的支座弯矩：$M_{Be} = -103.38\text{kN·m}$，如图 1-17 (d)

支座的调幅系数 β 为：

$$\beta = \frac{|M_{Be}| - |M_{Bu}|}{|M_{Be}|} = \frac{103.38 - 91.65}{103.38} = 11.3\%$$

2) 设计原则

根据理论和试验研究结果及工程实践，采用弯矩调幅法应遵循以下原则：

①受力钢筋宜采用 HRB400 级、HRB335 级热轧钢筋，混凝土强度等级宜在 C20～C45 范围；截面的相对受压区高度 ξ 应满足 $0.1 \leqslant \xi \leqslant 0.35$；

②为了避免塑性铰出现过早、转动幅度过大，使梁的裂缝宽度及变形过大，应控制支座截面的弯矩调整幅度，调幅系数 β 不宜超过 0.2；

③连续梁、板各跨中截面的弯矩不宜调整，其弯矩设计值 M 可取考虑荷载最不利布置并按弹性方法计算的结构的弯矩设计值和按下列公式计算的弯矩设计值的较大者：

$$M = 1.02 M_0 - \left| \frac{M_l + M_r}{2} \right| \tag{1-21}$$

式中 M_0——按简支梁计算的跨中弯矩设计值；

M_l、M_r——连续梁或连续单向板的左、右支座截面弯矩调幅后的设计值。

④调幅后支座和跨中截面的弯矩值均不宜小于 M_0 的 1/3；

⑤各控制截面的剪力设计值按荷载最不利布置和调幅后的支座弯矩由静力平衡条件计算确定；

⑥弯矩调幅后引起结构内力图形和正常使用状态的变化，应进行验算，并

有构造措施加以保证。

(2) 弯矩调幅法计算步骤

1) 用弹性方法计算在荷载最不利布置条件下结构支座截面的弯矩最大值 M_e;

2) 采用调幅系数 β(一般不宜超过 0.2)降低各支座截面弯矩,即弯距设计值 $M_a=(1-\beta)M_e$;

3) 按调幅降低后的支座弯矩值计算跨中弯矩值;

4) 校核调幅以后支座和跨中弯矩值应不小于某个限值,以控制调幅程度;

5) 按最不利荷载布置和调幅后的支座弯矩,由平衡条件求得控制截面的剪力设计值。

【例 1-2】 两跨连续梁如图 1-18 所示,梁上作用集中恒荷载设计值 $G=40\text{kN}$,集中活荷载设计值 $Q=80\text{kN}$,试求:

(1) 按弹性理论计算的弯矩包络图;

(2) 按考虑塑性内力重分布,中间支座弯矩调幅 20% 后的弯矩包络图。

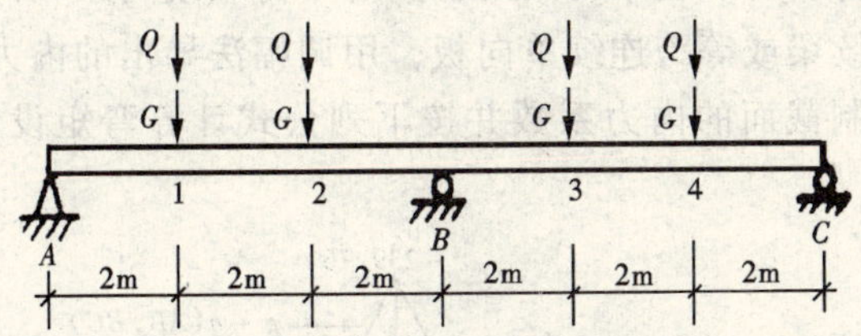

图 1-18 例 1-2 图

解:(1) 按弹性理论计算的弯矩包络图,如图 1-19 所示

1) 活荷载部置在 AB、BC 两跨

$$M_{Be,max}=-0.333(G+Q)l_0=-0.333\times(40+80)\times6=-239.76\text{kN·m}$$

$$M_{1e}=M_{4e}=0.222(G+Q)l_0=0.222\times(40+80)\times6=159.84\text{kN·m}$$

$$V_A=0.667(G+Q)=0.667\times(40+80)=80.04\text{kN}$$

$$M_{2e}=M_{3e}=V_A\times\frac{2l_0}{3}-(G+Q)\frac{l_0}{3}=80.04\times4-(40+80)\times2=80.16\text{kN·m}$$

2) 活荷载部置在 AB 跨

$$M_{Be}=-0.333Gl_0-0.167Ql_0=-0.333\times40\times6-0.167\times80\times6=-160.08\text{kN·m}$$

$$M_{1e,max}=0.222Gl_0+0.278Ql_0=0.222\times40\times6+0.278\times80\times6=186.72\text{kN·m}$$

$$V_A=0.667G+0.833Q=0.667\times40+0.833\times80=93.32\text{kN}$$

$$V_C=-0.667G+0.167Q=-0.667\times40+0.167\times80=-13.32\text{kN}\text{(向上)}$$

$$M_{2e}=V_A\times\frac{2l_0}{3}-(G+Q)\frac{l_0}{3}=93.32\times4-(40+80)\times2=133.28\text{kN·m}$$

$$M_{3e} = |V_c| \times \frac{2l_0}{3} - G \times \frac{l_0}{3} = 13.32 \times 4 - 40 \times 2 = -26.72\text{kN·m}$$

$$M_{4e} = |V_c| \times \frac{l_0}{3} = 13.32 \times 2 = 26.64\text{kN·m}$$

（2）按考虑塑性内力重分布，中间支座弯矩调幅 20% 后的弯矩包络图，如图 1-19 所示

$$\because \beta_B = 0.2,\ \therefore M_B = (1-\beta_B)\ M_{Be,max} = (1-0.2) \times (-239.76) = -191.81\text{kN·m}$$

$$V_A = \frac{(G+Q)\ l_0 - |M_B|}{l_0} = (40+80) - \frac{191.81}{6} = 88.03\text{kN}$$

$$M_1 = M_4 = V_A \times \frac{l_0}{3} = 88.03 \times 2 = 176.06\text{kN·m}$$

$$M_2 = M_3 = V_A \times \frac{2l_0}{3} - (G+Q)\ \frac{l_0}{3} = 88.03 \times 4 - (40+80) \times 2 = 112.12\text{kN·m}$$

（3）用调幅法计算等跨连续梁、板

为了方便计算，对工程中常用的承受均布荷载或间距相同、大小相等的集中荷载的等跨连续梁或等跨连续单向板，用调幅法导出的内力系数，设计时可直接查表得出控制截面的内力系数并按下列公式计算弯矩设计值 M 和剪力设计值 V。

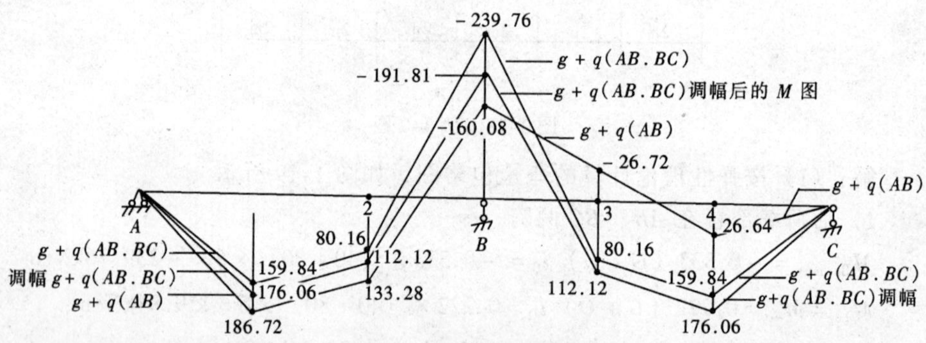

图 1-19

1）等跨连续梁

承受均布荷载时：

$$M = \alpha_M\ (g+q)\ l_0^2 \tag{1-22}$$

$$V = \alpha_V\ (g+q)\ l_n \tag{1-23}$$

承受间距相同、大小相等的集中荷载时：

$$M = \eta\alpha_M\ (G+Q)\ l_0 \tag{1-24}$$

$$V = n\alpha_V\ (G + Q) \tag{1-25}$$

2）等跨连续板

$$M = \alpha_M\ (g + q)\ l_0^2 \tag{1-26}$$

式中 α_M——连续梁、板的弯矩计算系数，按表 1-2 取值；

α_V——连续梁的剪力计算系数，按表 1-3 取值；

g、q——分别为作用在梁、板上的均布恒荷载和活荷载设计值；

G、Q——分别为作用在梁上的一个集中恒荷载和活荷载设计值；

l_0——计算跨度，按塑性理论方法计算时的计算跨度见表 1-1；

l_n——梁的净跨度；

η——集中荷载修正系数，按表 1-4 采用；

n——跨内集中荷载的个数。

连续梁和连续单向板的弯矩计算系数 α_M **表 1-2**

<table>
<tr><th colspan="2" rowspan="2">支承情况</th><th colspan="5">截 面 位 置</th></tr>
<tr><th>端支座</th><th>边跨跨中</th><th>离端第二支座</th><th>中间支座</th><th>中间跨跨中</th></tr>
<tr><td colspan="2">梁、板搁支在墙上</td><td>0</td><td>$\frac{1}{11}$</td><td rowspan="4">两跨连续：
$-\frac{1}{10}$
三跨以上连续：
$-\frac{1}{11}$</td><td rowspan="4">$-\frac{1}{14}$</td><td rowspan="4">$\frac{1}{16}$</td></tr>
<tr><td>板</td><td rowspan="2">与梁整浇连接</td><td>$-\frac{1}{16}$</td><td rowspan="2">$\frac{1}{14}$</td></tr>
<tr><td>梁</td><td>$-\frac{1}{24}$</td></tr>
<tr><td colspan="2">梁与柱整浇连接</td><td>$-\frac{1}{16}$</td><td>$\frac{1}{14}$</td></tr>
</table>

注：1. 表中系数适用于荷载比 $q/g > 0.3$ 的等跨连续梁和连续单向板；

2. 连续梁或连续单向板的各跨长度不等，但相邻两跨的长跨与短跨之比值小于 1.10 时，仍可采用表中弯矩系数值；计算支座弯矩时，应取相邻两跨中的较大值，计算跨中弯矩时，应取本跨长度。

连续梁的剪力计算系数 α_V **表 1-3**

<table>
<tr><th rowspan="3">支承情况</th><th colspan="5">截 面 位 置</th></tr>
<tr><th rowspan="2">端支座内侧</th><th colspan="2">离端第二支座</th><th colspan="2">中 间 支 座</th></tr>
<tr><th>外 侧</th><th>内 侧</th><th>外 侧</th><th>内 侧</th></tr>
<tr><td>搁支在墙上</td><td>0.45</td><td>0.60</td><td rowspan="2">0.55</td><td rowspan="2">0.55</td><td rowspan="2">0.55</td></tr>
<tr><td>与梁或柱整体连接</td><td>0.50</td><td>0.55</td></tr>
</table>

集中荷载修正系数 η **表 1-4**

<table>
<tr><th rowspan="2">荷 载 情 况</th><th colspan="6">截 面</th></tr>
<tr><th>A</th><th>Ⅰ</th><th>B</th><th>Ⅱ</th><th>C</th><th>Ⅲ</th></tr>
<tr><td>当在跨中中点处作用一个集中荷载时</td><td>1.5</td><td>2.2</td><td>1.5</td><td>2.7</td><td>1.6</td><td>2.7</td></tr>
<tr><td>当在跨中三分点处作用两个集中荷载时</td><td>2.7</td><td>3.0</td><td>2.7</td><td>3.0</td><td>2.9</td><td>3.0</td></tr>
<tr><td>当在跨中四分点处作用三个集中荷载时</td><td>3.8</td><td>4.1</td><td>3.8</td><td>4.5</td><td>4.0</td><td>4.8</td></tr>
</table>

下面举例说明，根据上述原则用弯矩调幅法如何确定表 1-2 的弯矩计算系数 α_M。

【例 1-3】 有一承受均布荷载的五跨等跨连续梁，如图 1-20，两端搁置在墙上，其活荷载与恒荷载之比 $q/g=3$，用调幅法确定各跨的跨中和支座截面的弯矩设计值。

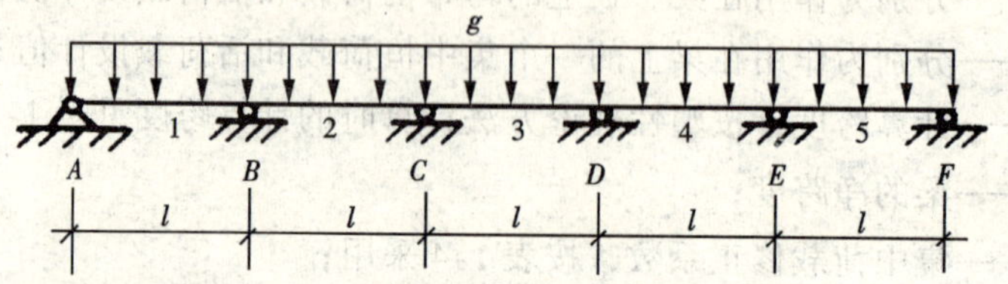

图 1-20 五跨连续梁

解：(1) 折算荷载

$\frac{q}{g}=3$，$g=\frac{1}{4}(g+q)=0.25(g+q)$，$q=\frac{3}{4}(g+q)=0.75(g+q)$

折算恒荷载 $g'=g+\frac{q}{4}=0.4375(g+q)$

折算活荷载 $q'=\frac{3q}{4}=0.5625(g+q)$

(2) 支座 B 弯矩

连续梁按弹性理论计算，当支座 B 产生最大负弯矩时，活荷载应布置在 1，2，4 跨，故：

$$\begin{aligned}M_{Bmax}&=-0.105g'l^2-0.119q'l^2\\&=-0.105\times0.4375(g+q)l^2-0.119\times0.5625(g+q)l^2\\&=-0.1129(g+q)l^2\end{aligned}$$

考虑调幅 20%，即 $\beta=0.2$，则：

$$\begin{aligned}M_B&=(1-\beta)M_{Bmax}=0.8M_{Bmax}=0.8[-0.1129(g+q)l^2]\\&=-0.093(g+q)l^2\end{aligned}$$

实际取 $M_B=-\frac{1}{11}(g+q)l^2=-0.0909(g+q)l^2 \quad \therefore \alpha_{MB}=-\frac{1}{11}$

(3) 边跨跨中弯矩

对应于 $M_B=-\frac{1}{11}(g+q)l^2$，边支座 A 的反力为 $0.409(g+q)l$，边跨跨内最大弯矩在离 A 支座 $x=0.409l$ 处，其值为：

$$M_1=\frac{1}{2}\times0.409(g+q)l\times0.409l=0.0836(g+q)l^2$$

按弹性理论计算，当活荷载布置在 1，3，5 跨时，边跨跨内出现最大弯矩，则：

$$M_{1\max}=0.078g'l^2+0.1q'l^2=0.0904\ (g+q)\ l^2>M_1=0.0836\ (g+q)\ l^2$$

说明按 $M_{1\max}=0.0904\ (g+q)\ l^2$ 计算是安全的。为便于记忆及计算，取

$$M_{1\max}=\frac{1}{11}\ (g+q)\ l^2=0.0909\ (g+q)\ l^2 \quad \therefore \quad \alpha_{M1}=\frac{1}{11}$$

其余截面的弯矩设计值和弯矩计算系数可按类似方法求得，不赘述。

(4) 用调幅法计算不等跨连续梁、板

1) 不等跨连续梁——按弯距调幅法计算步骤进行

2) 不等跨连续板

①计算从较大跨度板开始，在下列范围内选定跨中的弯矩设计值：

边跨
$$\frac{(g+q)\ l_0^2}{14}\leqslant M\leqslant\frac{(g+q)\ l_0^2}{11} \tag{1-27}$$

中间跨
$$\frac{(g+q)\ l_0^2}{20}\leqslant M\leqslant\frac{(g+q)\ l_0^2}{16} \tag{1-28}$$

②按照所选定的跨中弯矩设计值，由静力平衡条件，来确定较大跨度的两端支座弯矩设计值，再以此支座弯矩设计值为已知值，重复上述条件和步骤确定邻跨的跨中弯矩和相邻支座的弯矩设计值。

1.2.5 单向板肋梁楼盖的截面设计与构造要求

1. 单向板的截面设计与构造要求

(1) 截面设计

1) 板的计算单元通常取为1m，按单筋矩形截面设计；

2) 板一般能满足斜截面受剪承载力要求，设计时可不进行受剪承载力验算；

3) 板的内拱作用

连续板受荷进入极限状态时，支座截面在负弯矩作用下上部开裂，而跨内截面则由于正弯矩的作用在下部开裂，这就使板中未开裂部分形如拱状，如图1-21，从支座到跨中各截面受压区合力作用点形成具有一定拱度的压力线。当板的周边具有足够的刚度（如板四周有限制水平位移的边梁）时，在竖向荷载作用下，周边将对它产生水平推力，该推力可减少板中各计算截面的弯矩，其减少程度则视板的边长比及边界条件而异。

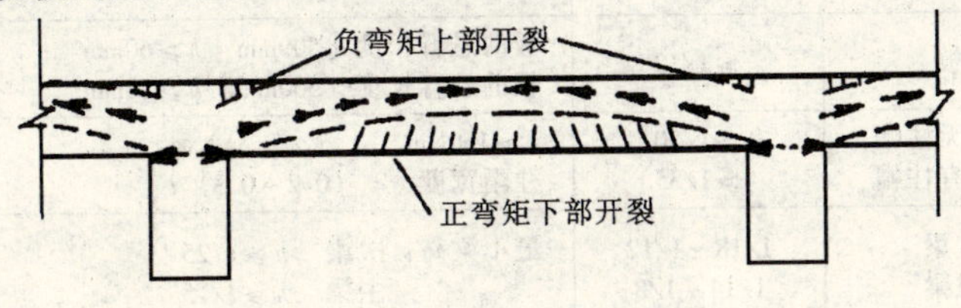

图 1-21 连续板的内拱作用

对四周与梁整体连接的单向板（现浇连续板的内区板格就属于这种情况），其中间跨的跨中截面及中间支座截面的计算弯矩可减少 20%，其他截面则不予降低（如板的角区格、边跨的跨中截面及第一支座截面的计算弯矩则不折减），如图 1-22 所示。

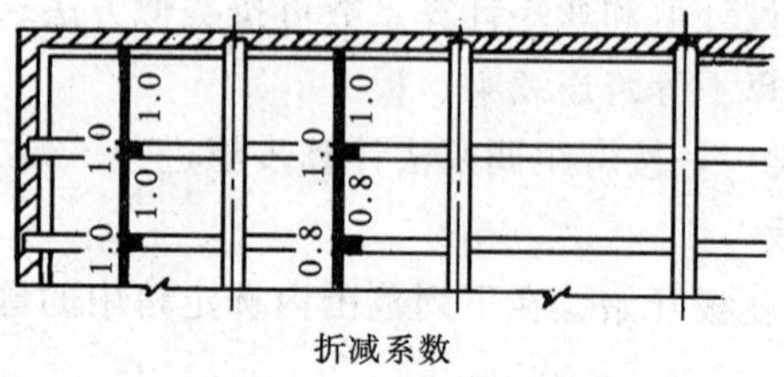

图 1-22　板的弯矩折减系数

（2）构造要求

1）板的厚度：应满足表 1-5 的规定，板的配筋率一般为 0.4%～0.8%；

2）板的支承长度：应满足其受力钢筋在支座内锚固的要求，且一般不小于板厚，现浇板在砌体墙上的支承长度不宜小于 120mm；

3）简支板或连续板下部纵向受力钢筋伸入支座的锚固长度不应小于 $5d$，d 为下部纵向受力钢筋的直径。当连续板内温度、收缩应力较大时，伸入支座的锚固长度宜适当增加。

混凝土梁、板截面的常规尺寸　　**表 1-5**

构件种类		高跨比（h/l）	备　注
单向板	简支 两端连续	≥1/35 ≥1/40	最小板厚： 屋面板　当 $l<1.5$m　$h≥50$mm 当 $l≥1.5$m　$h≥60$mm 民用建筑楼板　$h≥60$mm 工业建筑楼板　$h≥70$mm 行车道下的楼板　$h≥80$mm
双向板	单跨简支 多跨连续	≥1/45 ≥1/50 （按短向跨度）	板厚一般取　80mm≤h≤160mm
密肋板	单跨简支 多跨连续	≥1/20 ≥1/25 （h 为肋高）	板厚：当肋间距≤700mm　$h≥40$mm 当肋间距＞700mm　$h≥50$mm
悬　臂　板		≥1/12	板的悬臂长度≤500mm　$h≥60$mm 板的悬臂长度＞500mm　$h≥80$mm
无梁楼板	无柱帽 有柱帽	≥1/30 ≥1/35	$h≥150$mm 柱帽宽度 $c=$（0.2～0.3）l
多跨连续次梁 多跨连续主梁 单跨简支梁		1/18～1/12 1/14～1/8 1/14～1/8	最小梁高：次梁　$h≥l/25$ 主梁　$h≥l/15$ 宽高比（b/h）一般为 1/3～1/2，并以 50mm 为模数

4）板中受力钢筋

①钢筋的直径：受力钢筋一般采用 HPB235（Ⅰ级）、HRB335（Ⅱ级）和 HRB400（Ⅲ级）钢筋，直径通常采用 6mm ~ 12mm，当板厚较大时，钢筋直径可用 14mm ~ 18mm。对于支座负钢筋，为便于施工架立，宜采用较大直径。

②钢筋的间距：为了便于浇注混凝土，保证钢筋周围混凝土的密实性，板内钢筋间距不宜太密。为了使板能正常的承受外荷载，也不宜过稀。钢筋的间距一般为 70 ~ 200mm；当板厚 $h \leqslant 150$mm 时，不宜大于 200mm；当板厚 $h >$ 150mm，不宜大于 $1.5h$，且不宜大于 250mm。

③配筋方式：由于板在跨中一般承受正弯矩而在支座处承受负弯矩，因此在板跨中须配底部钢筋，而在支座处往往配板面钢筋，从而有两种配筋方式。

分离式配筋：跨中正弯矩钢筋宜全部伸入支座锚固；而在支座处另配负弯矩钢筋，其范围应能覆盖负弯矩区域并满足锚固要求，如图 1-23（c）所示。由于施工方便，分离式配筋已成为工程中主要采用的配筋方式。

弯起式配筋：将一部分跨中正弯矩钢筋在适当的位置（反弯点附近）弯起，并伸过支座后作负弯矩钢筋使用；延伸长度应满足覆盖负弯矩图和锚固的要求，如图 1-23（a）（b）。由于施工比较麻烦，目前弯起式配筋已很少应用。

弯起式配筋可先按跨内正弯矩的需要确定所需钢筋的直径和间距，然后在支座附近弯起 1/2（隔一弯一）以承受负弯矩，但最多不超过 2/3（隔一弯二）。如果弯起钢筋的截面面积还不满足所要求的支座负钢筋的需要，可另加直钢筋；通常取相同的钢筋间距。弯起角一般为 30°，当板厚 > 120mm 时，可采用 45°。采用弯起式配筋，应注意相邻两跨跨中及中间支座钢筋直径和间距互相配合，间距变化应有规律，钢筋直径种类不宜过多，以利施工。

为了保证锚固可靠，板内伸入支座的下部正钢筋采用半圆弯钩。对于上部负钢筋，为了保证施工时钢筋的设计位置，宜做成直抵模板的直钩。因此，直钩部分的钢筋长度为板厚减净保护层厚。

④钢筋的弯起和截断：对承受均布荷载的等跨连续单向板或双向板，受力钢筋的弯起和截断的位置一般可按图 1-23 直接确定。

采用弯起式配筋时，跨中正弯矩钢筋可在距支座边 $l_n/6$ 处弯起 1/2 ~ 2/3，以承受支座上的负弯矩。

支座处的负弯矩钢筋，可在距支座边不小于 a 的距离处截断，其取值如下：

当 $q/g \leqslant 3$ 时，$a = l_n/4$；

当 $q/g > 3$ 时，$a = l_n/3$。

式中 g，q——恒荷载及活荷载设计值；

l_n——板的净跨度。

图 1-23 所示的配筋要求，适用于承受均布荷载的等跨或相邻跨度相差不大于 20% 的多跨连续板，可不必绘制弯矩包络图进行钢筋布置。如果板相邻跨度差超过 20%，或各跨荷载相差较大时，受力钢筋的弯起和截断的位置则应按弯矩包络图确定。

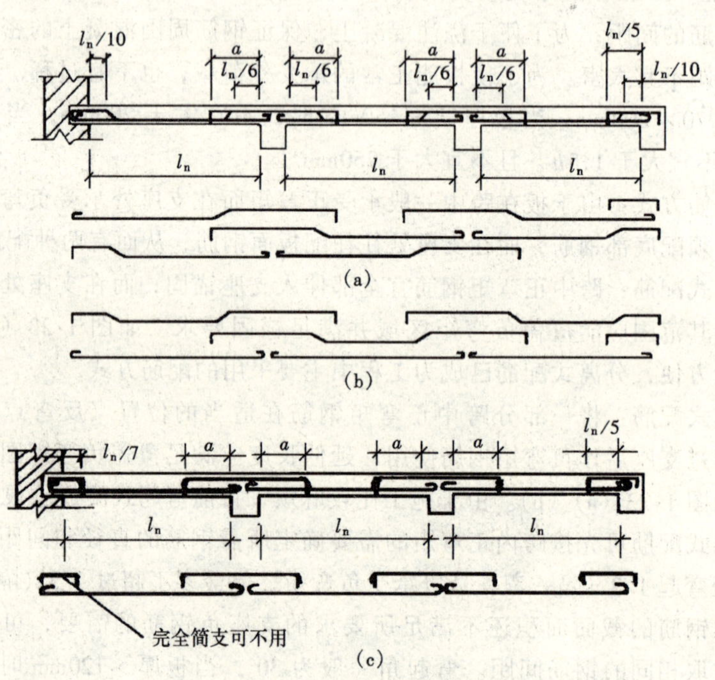

图 1-23 连续单向板的配筋方式

(a) 一端弯起式；(b) 两端弯起式；(c) 分离式

5）板中构造钢筋

①分布钢筋：当按单向板设计时，除沿受力方向布置受力钢筋外，尚应在垂直受力方向布置分布钢筋，分布钢筋应布置在受力钢筋的内侧，如图 1-24 所示。它的作用是：与受力钢筋组成钢筋网，便于施工中固定受力钢筋的位置；承受由于温度变化和混凝土收缩所产生的内力；承受并分布板上局部荷载产生的内力；对四边支承板，可承受在计算中未计及但实际存在的长跨方向的弯矩。

分布钢筋宜采用 HPB235（Ⅰ级）和 HRB335（Ⅱ级）的钢筋，常用直径是 6mm 和 8mm。《规范》规定：单位长度上分布钢筋的截面面积不宜小于单位宽度上受力钢筋截面面积的 15%，且不宜小于该方向板截面面积的 0.15%；分布钢筋的间距不宜大于 250mm，直径不宜小于 6mm；对集中荷载较大或温度变化较大的情况，分布钢筋的截面面积应适当增加，其间距不宜大于 200mm。

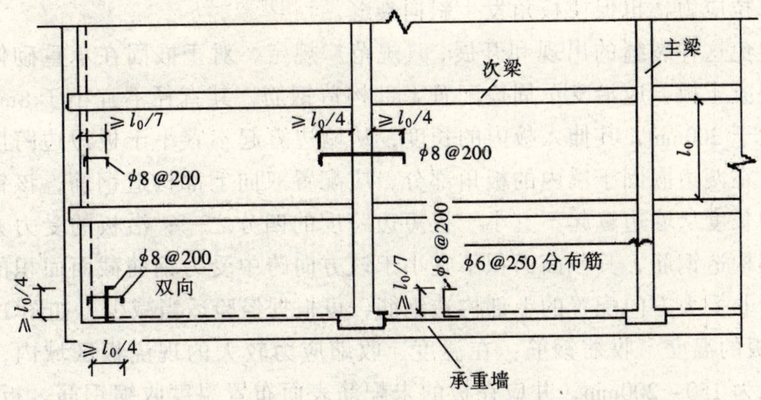

图 1-24　板的构造钢筋

②垂直于主梁的板面构造钢筋：当现浇板的受力钢筋与梁平行时，例如单向板肋梁楼盖的主梁，此时靠近主梁梁肋的板面荷载将直接传给主梁而引起负弯矩，这样将引起板与主梁相接的板面产生裂缝，有时甚至开展较宽。

因此《规范》规定：应沿主梁长度方向配置间距不大于 200mm 且与主梁垂直的上部构造钢筋，其直径不宜小于 8mm，且单位长度内的总截面面积不宜小于板中单位宽度内受力钢筋截面面积的三分之一。该构造钢筋伸入板内的长度从梁边算起每边不宜小于板计算跨度 l_0 的四分之一，如图 1-25。

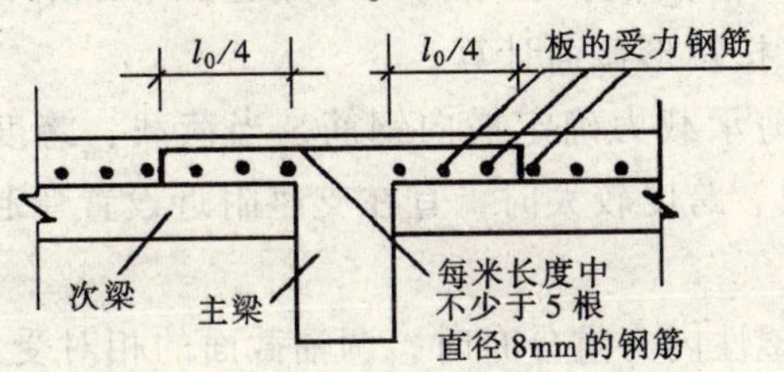

图 1-25　与主梁垂直的构造钢筋

③嵌入承重墙内的板面构造钢筋：嵌固在承重墙内单向板，由于墙的约束作用，板在墙边也会产生一定的负弯距；垂直于板跨度方向，由部分荷载将就近传给支承墙，也会产生一定的负弯距，使板面受拉开裂，如图 1-26。在板角部分，除因传递荷载使板在两个正交方向引起负弯矩外，由于温度收缩影响产

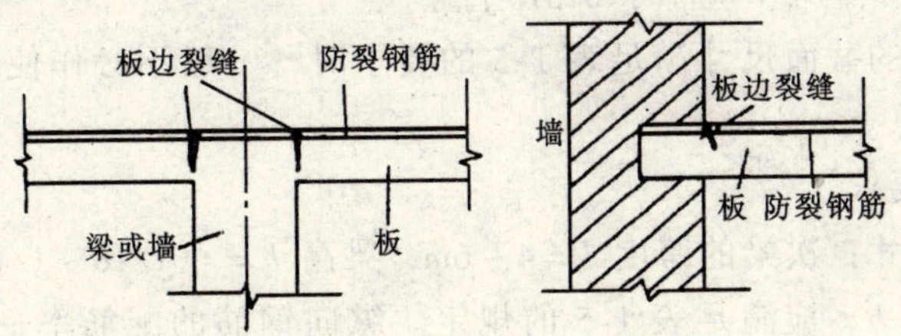

图 1-26　约束边缘的裂缝

生的角部拉应力，也促使板角发生斜向裂缝。

为避免这种裂缝的出现和开展，《规范》规定，对于嵌固在承重砌体墙内的现浇混凝土板，应沿支承周边配置上部构造钢筋，其直径不宜小于8mm，间距不宜大于200mm，其伸入板内的长度，从墙边算起不宜小于板短边跨度的七分之一；在两边嵌固于墙内的板角部分，应配置双向上部构造钢筋，该钢筋伸入板内的长度从墙边算起不宜小于板短边跨度的四分之一；沿板的受力方向配置的上部构造钢筋，其截面面积不宜小于该方向跨中受力钢筋截面面积的三分之一；沿非受力方向配置的上部构造钢筋，可根据经验适当减少，如图1-24。

6）板的温度、收缩钢筋：在温度、收缩应力较大的现浇板区域内，钢筋间距宜取为150~200mm，并应在板的未配筋表面布置温度收缩钢筋。板的上、下表面沿纵、横两个方向的配筋率均不宜小于0.1%。

温度收缩钢筋可利用原有钢筋贯通布置，也可另行设置构造钢筋网，并与原有钢筋按受拉钢筋的要求搭接或在周边构件中锚固。

2. 次梁的截面设计与构造要求

（1）截面设计

1）次梁的截面形式：T形截面

2）按正截面受弯承载力确定纵向受拉钢筋时，通常跨中按T形截面计算，其翼缘计算宽度 b'_f 可按《混凝土结构设计原理》第3章有关规定确定；支座因翼缘位于受拉区，按矩形截面计算；

3）按斜截面受剪承载力确定横向钢筋，当荷载、跨度较小时，一般只利用箍筋抗剪；当荷载、跨度较大时，宜在支座附近设置弯起钢筋，以减少箍筋用量。

4）当次梁考虑塑性内力重分布时，调幅截面的相对受压区高度应满足 $0.1\leqslant\xi\leqslant0.35$。

5）考虑弯距调整后，连续梁和框架梁在斜截面受剪承载力计算中，为避免因出现剪切破坏而影响其内力重分布，在下列区段内应将计算所需的箍筋面积增大20%；对集中荷载，取支座边至最近一个集中荷载之间的区段；对均布荷载，取支座边至距支座边为 $1.05h_0$ 的区段，此处 h_0 为梁截面有效高度。此外，箍筋的配箍率 ρ_{sv} 不应小于 $0.3f_t/f_{yv}$。

6）当次梁的截面尺寸满足表1-5的要求时，一般不必作使用阶段的挠度和裂缝宽度验算。

（2）构造要求

1）截面尺寸：次梁的跨度 $l=4\sim6$m，梁高 $h=(1/18\sim1/12)\ l$，梁宽 $b=(1/3\sim1/2)\ h$，应满足表1-5的规定。纵向钢筋的配筋率一般为0.6%~1.5%。

2）次梁在砌体墙上的支承长度 $a \geqslant 240mm$；

3）钢筋的直径：梁的纵向受力钢筋及架立钢筋的直径不宜小于表 1-6 的规定。对钢筋直径的要求出于混凝土结构截面受力的需要。混凝土结构中，受力钢筋的尺寸应与截面高度及跨度有一定的比例，过于纤细的钢筋难以起到应有的承载受力和构造的作用。

梁内纵向钢筋的最小直径 **表 1-6**

钢筋类型	受力钢筋		架立钢筋		
条　件	$h<300mm$	$h \geqslant 300mm$	$l<4m$	$4m \leqslant l \leqslant 6m$	$l>6m$
直径 d（mm）	8	10	8	10	12

注：表中 h 为梁高；l 为梁的跨度。

4）钢筋的间距：钢筋混凝土结构中钢筋能够与混凝土协同工作，是由于它们之间存在着粘结锚固作用。因此，受力钢筋周围应有一定厚度的混凝土层握裹。对于构件边缘的钢筋，表现为保护层厚度；而对于构件内部的钢筋，则表现为钢筋的间距。钢筋间距还应考虑施工时浇筑混凝土操作的方便。梁纵向钢筋的净间距不应小于表 1-7 的规定。

梁纵向钢筋的最小净间距 **表 1-7**

间距类型	水平净距		垂直净距（层距）
钢筋类型	上部钢筋	下部钢筋	25 且 d
最小净距	30 且 $1.5d$	25 且 d	

注：1. 净间距为相邻钢筋外边缘之间的最小距离；

2. 当梁的下部钢筋配置多于二层时，两层以上水平方向中距应比下边两层的中距增大一倍。

5）梁侧的纵向构造钢筋：由于混凝土收缩量的增大，近年在梁的侧面产生收缩裂缝的现象时有发生。裂缝一般呈枣核状，两头尖而中间宽，向上伸至板底，向下至于梁底纵筋处，截面较高的梁，情况更为严重，图 1-27（a）。

《规范》规定，当梁的腹板高度 $h_w \geqslant 450mm$ 时，在梁的两个侧面沿高度配置纵向构造钢筋（腰筋），每侧纵向构造钢筋（不包括梁上、下部受力钢筋及架立钢筋）的截面面积不应小于腹板截面面积 bh_w 的 0.1%，且其间距不宜大于 200mm。此处，腹板高度 h_w，矩形截面为有效高度；对 T 形截面，取有效高度减去翼缘高度；对工字形截面，取腹板净高。

6）对钢筋混凝土薄腹梁或需作疲劳验算的钢筋混凝土梁，应在下部二分之一梁高的腹板内沿两侧配置直径为 8～14mm、间距为 100～150mm 的纵向构造钢筋，并应按下密上疏的方式布置。在上部二分之一梁高的腹板内，纵向构造钢筋上述第“5)”条的规定配置。

7）配筋方式：对于相邻跨度相差不超过 20%，且均布活荷载和恒荷载的

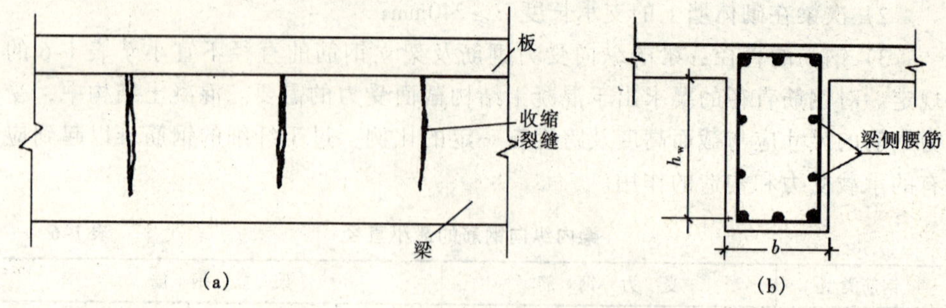

图 1-27　梁侧防裂的纵向构造钢筋

(a) 梁侧裂缝；(b) 梁侧腰筋

比值 $q/g \leqslant 3$ 的连续次梁，其纵中向受力钢筋的弯起和截断，可按图 1-28 进行，否则应按弯矩包络图确定。

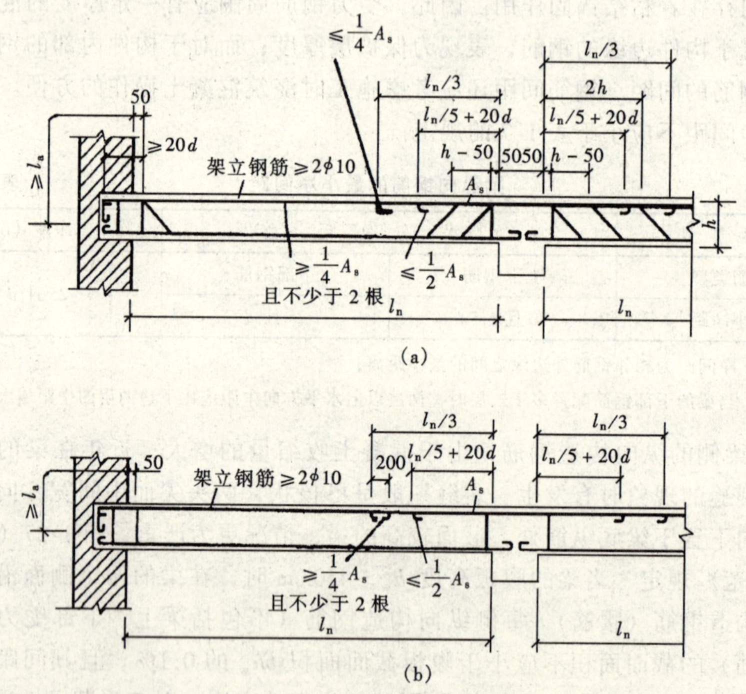

图 1-28　次梁配筋示意图

(a) 设弯起钢筋；(b) 不设弯起钢筋

按图 1-28 (a)，中间支座负钢筋的弯起，第一排的上弯点距支座边缘为 50mm；第二排、第三排上弯点距支座边缘分别为 h 和 $2h$。

支座处上部受力钢筋总面积为 A_s，则第一批截断的钢筋面积不得超过 $A_s/2$，延伸长度从支座边缘起不小于 $l_n/5+20d$（d 为截断钢筋的直径）；第二批截断的钢筋面积不得超过 $A_s/4$，延伸长度不小于 $l_n/3$。所余下的纵筋面积不小于 $A_s/4$，且不少于两根，可用来承担部分负弯矩并兼作架立钢筋，其伸入边支座的锚固长度不得小于 l_a。

位于次梁下部的纵向钢筋除弯起的外，应全部伸入支座，不得在跨间截断。下部纵筋伸入边支座和中间支座的锚固长度详见《混凝土结构设计原理》。

连续次梁因截面上、下均配置受力钢筋，所以一般均沿梁全长配置封闭式箍筋，第一根箍筋可距支座边 50mm 处开始布置，同时在简支端的支座范围内，一般宜布置一根箍筋。

3. 主梁的截面设计与构造要求

（1）截面设计

1）主梁的截面形式：T 形截面；

2）按正截面受弯承载力确定纵向受拉钢筋时，通常跨中按 T 形截面计算，其翼缘计算宽度 b'_f 可按《混凝土结构设计原理》第 3 章有关规定确定；支座因翼缘位于受拉区，按矩形截面计算；

3）斜截面受剪承载力确定横向钢筋，当荷载、跨度较小时，一般只利用箍筋抗剪；当荷载、跨度较大时，宜在支座附近设置弯起钢筋，以减少箍筋用量；

4）主梁支座截面的有效高度 h_0：在主梁支座处，由于板、次梁和主梁截面的上部纵向钢筋相互交叉重叠，图 1-29，且主梁负筋位于板和次梁的负筋之下，因此主梁支座截面的有效高度减小。在计算主梁支座截面纵筋时，截面有效高度 h_0 可取为：

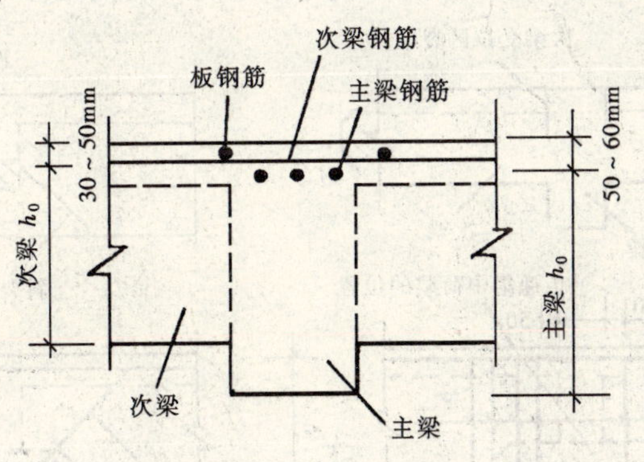

图 1-29　主梁支座处截面的有效高度

单排钢筋时　$h_0 = h -$（50～60）mm；

双排钢筋时　$h_0 = h -$（70～80）mm。

5）主梁的内力计算通常按弹性理论方法进行，不考虑塑性内力重分布。这是因为主梁是比较重要的构件，需要有较大的承载力储备，并希望在使用荷载下的挠度及裂缝控制较严。如果主梁作为框架结构的横梁，它除受弯外，还承受轴向压力，而轴向压力会降低截面塑性传动能力。因此，主梁在计算内力时一般不宜考虑塑性内力重分布；

6）当主梁的截面尺寸满足表1-5的要求时，一般不必作使用阶段的挠度和裂缝宽度验算。

(2) 构造要求

1）截面尺寸：主梁的跨度 $l=5\sim8$m，梁高 $h=(1/14\sim1/8)\ l$，梁宽 $b=(1/3\sim1/2)\ h$，应满足表1-5的规定。纵向钢筋的配筋率一般为0.6%～1.5%。

2）主梁在砌体墙上的支承长度 $a\geqslant370$mm；

3）钢筋的直径：其要求同次梁；

4）钢筋的间距：其要求同次梁；

5）主梁纵向受力钢筋的弯起和截断，原则上应按弯矩包络图确定，并满足有关构造要求；

6）主梁附加横向钢筋：

主梁和次梁相交处，在主梁高度范围内受到次梁传来的集中荷载的作用，其腹部可能出现斜裂缝，如图1-30a)。因此，应在集中荷载影响区s范围内加设附加横向钢筋（箍筋、吊筋）以防止斜裂缝出现而引起局部破坏。位于梁下部或梁截面高度范围内的集中荷载，应全部由附加横向钢筋承担，并应布置在长度为 $s=2h_1+3b$ 的范围内。附加横向钢筋宜优先采用箍筋，如图1-30 (b)。当采用吊筋时，其弯起段应伸至梁上边缘，且末端水平段长度在受拉区不应小

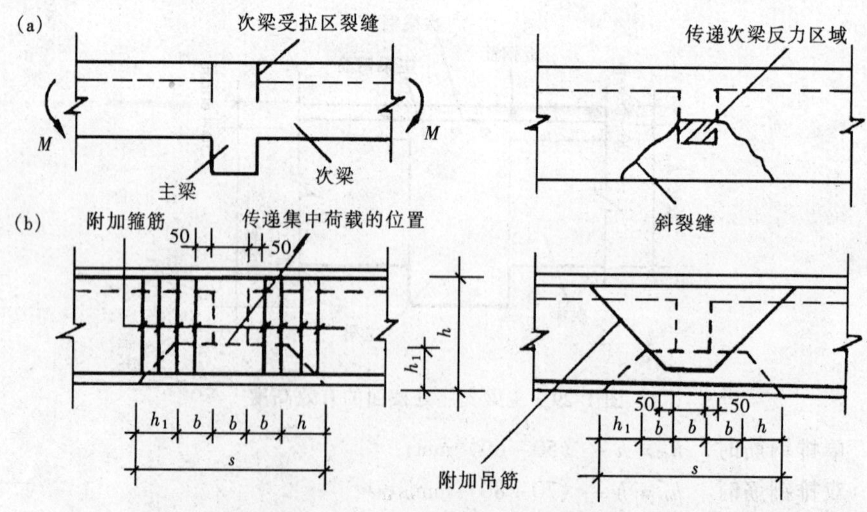

图1-30　附加横向钢筋的布置

(a) 次梁和主梁相交处的裂缝情况；(b) 承受集中荷载处附加横向钢筋的布置

于 $20d$，在受压区不应小于 $10d$，此处 d 为吊筋的直径。

附加箍筋和吊筋的总截面面积按下式计算：

$$F \leqslant 2f_y A_{sb}\sin\alpha + m \times n \times f_{yv} A_{sv1} \tag{1-29}$$

式中 F——由次梁传递的集中力设计值；

f_y——附加吊筋的抗拉强度设计值；

f_{yv}——附加箍筋的抗拉强度设计值；

A_{sb}——一根附加吊筋的截面面积；

A_{sv1}——附加单肢箍筋的截面面积；

n——在同一截面内附加箍筋的肢数；

m——附加箍筋的排数；

α——附加吊筋与梁轴线间的夹角，一般为 45°，当梁高 $h > 800$mm 时，采用 60°。

在设计中，不允许用布置在集中荷载影响区内的受剪箍筋代替附加横向钢筋。此外，当传入集中力的次梁宽度 b 过大时，宜适当减小由 $s = 2h_1 + 3b$ 所确定的附加横向钢筋布置宽度。当次梁与主梁高度差 h_1 过小时，宜适当增大附加横向钢筋的布置宽度。当主、次梁均承担有由上部墙、柱传来的竖向荷载时，附加横向钢筋宜在本规定的基础上适当增大。

1.3 现浇单向板肋梁楼盖设计

某多层厂房的楼盖平面如图 1-31 所示，楼面做法见图 1-32，楼盖采用现浇的钢筋混凝土单向板肋梁楼盖，试设计之。

设计要求：

1. 板、次梁内力按塑性内力重分布计算；
2. 主梁内力按弹性理论计算；
3. 绘出结构平面布置图、板、次梁和主梁的模板及配筋图。

进行钢筋混凝土现浇单向板肋梁楼盖设计主要解决的问题有：(1) 计算简图；(2) 内力分析；(3) 截面配筋计算；(4) 构造要求；(5) 施工图绘制。

整体式单向板肋梁楼盖设计步骤：

1. 设计资料

(1) 楼面均布活荷载标准值：$q_k = 10\text{kN/m}^2$。

(2) 楼面做法：楼面面层用 20mm 厚水泥砂浆抹面（$\gamma = 20\text{kN/m}^3$），板底及梁用 15mm 厚石灰砂浆抹底（$\gamma = 17\text{kN/m}^3$）。

(3) 材料：混凝土强度等级采用 C30，主梁和次梁的纵向受力钢筋采用 HRB400 或 HRB335，吊筋采用 HRB335，其余均采用 HPB235。

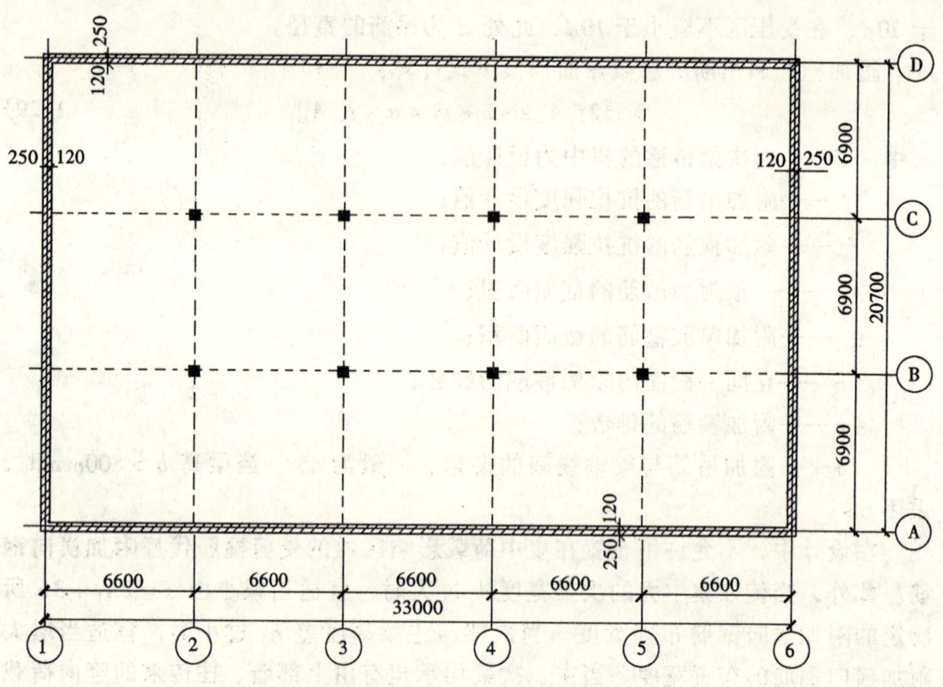

图 1-31　楼盖平面图

2. 楼盖结构平面布置及截面尺寸确定

确定主梁的跨度为 6.9m，次梁的跨度为 6.6m，主梁每跨内布置两根次梁，板的跨度为 2.3m。楼盖结构的平面布置图如图 1-33 所示。

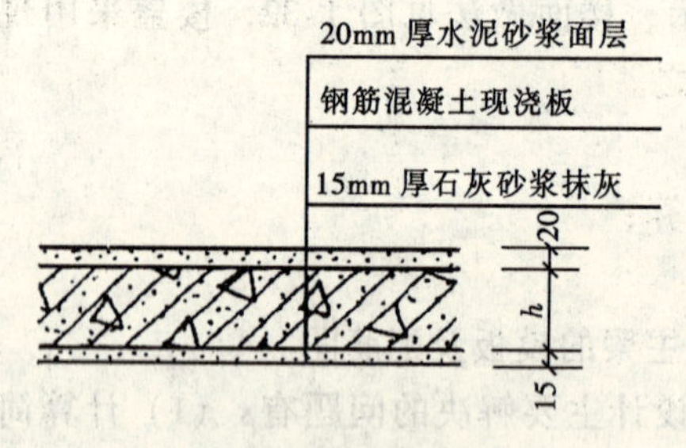

图 1-32　楼盖做法详图

按高跨比条件要求板的厚度 $h \geqslant l/40 \geqslant 2300/40 = 57.5$mm，对工业建筑的楼板，要求 $h \geqslant 80$mm，所以板厚取 $h = 80$mm。

次梁截面高度应满足 $h = l/18 \sim l/12 = 367 \sim 550$mm，取 $h = 550$mm，截面宽 $b = (1/2 \sim 1/3)\ h$，取 $b = 250$mm。

主梁截面高度应满足 $h = l/15 \sim l/10 = 460 \sim 690$mm，取 $h = 650$mm，截面宽度取为 $b = 300$mm，柱的截面尺寸 $b \times h = 400 \times 400\text{mm}^2$。

3. 板的设计——按考虑塑性内力重分布设计

(1) 荷载计算

恒荷载标准值

20mm 水泥砂浆面层：$0.02 \times 20 = 0.4\text{kN/m}^2$

80mm 钢筋混凝土板：$0.08 \times 25 = 2\text{kN/m}^2$

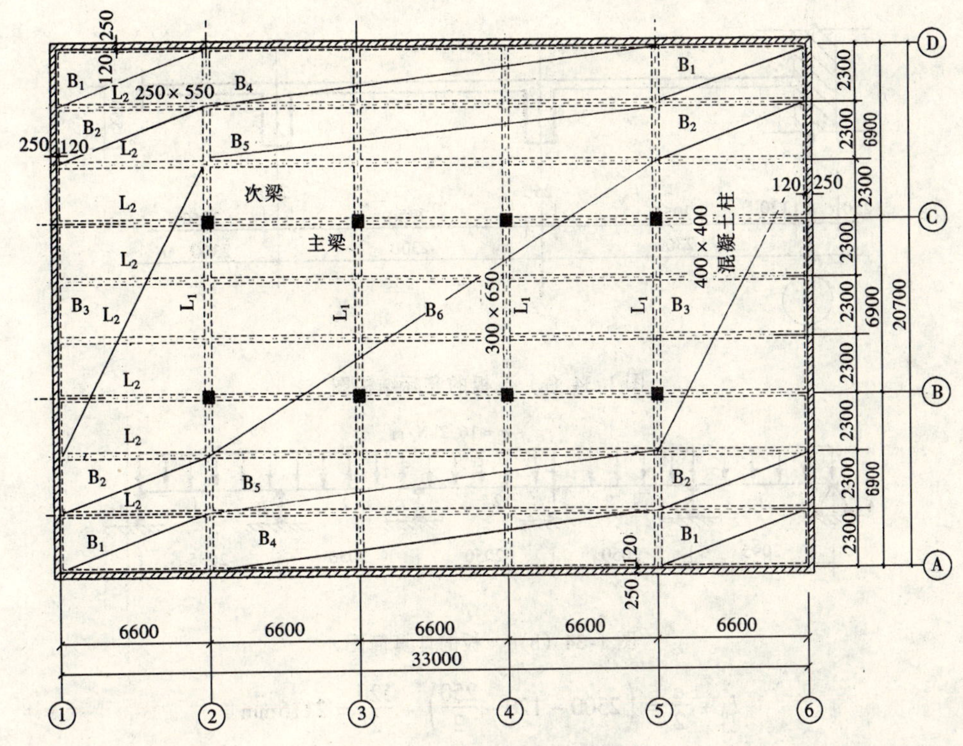

图 1-33 楼盖结构平面布置

15mm 板底石灰砂浆：$0.015\times17=0.255\text{kN/m}^2$

小计 2.655kN/m^2

活荷载标准值： 10kN/m^2

因为是工业建筑楼盖且楼面活荷载标准值大于 4.0kN/m^2，所以活荷载分项系数取 1.3，

恒荷载设计值：$g=2.655\times1.2=3.186\text{kN/m}^2$

活荷载设计值：$q=10\times1.3=13\text{kN/m}^2$

荷载总设计值：$q+g=16.186\text{kN/m}^2$，近似取 16.2kN/m^2

(2) 计算简图

取 1m 板宽作为计算单元，板的实际结构如图 1-34 (a) 所示，由图可知：次梁截面宽度为 $b=250\text{mm}$，现浇板在墙上的支承长度为 $a=120\text{mm}$，则按塑性内力重分布设计，板的计算跨度为：

边跨按以下二项较小值确定：

$$l_{01}=l_n+h/2=\left(2300-120-\frac{250}{2}\right)+\frac{80}{2}=2095\text{mm}$$

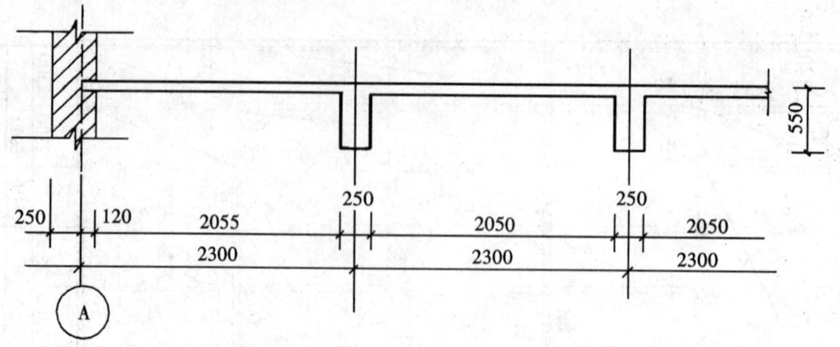

图 1-34（a） 板的实际结构图

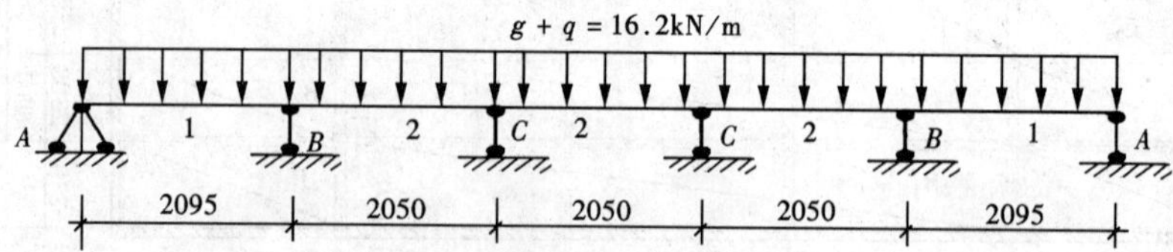

图 1-34（b） 板的计算简图

$$l_n + \frac{a}{2} = \left(2300 - 120 - \frac{250}{2}\right) + \frac{120}{2} = 2115\text{mm}$$

所以边跨板的计算跨度取 $l_{01} = 2095\text{mm}$

中跨 $l_{01} = l_n = 2300 - 250 = 2050\text{mm}$

板的计算简图如 1-34（b）所示。

（3）弯矩设计值

因边跨与中跨的计算跨度相差$\frac{2095 - 2050}{2050} = 2.1\%$小于 10%，可按等跨连续板计算由表 1-2 可查得板的弯矩系数 α_M，板的弯矩设计值计算过程见表 1-8。

板的弯矩设计值的计算 **表 1-8**

截面位置	1	B	2	C
	边跨跨中	离端第二支座	中间跨跨中	中间支座
弯矩系数 α_M	1/11	$-1/11$	1/16	$-1/14$
计算跨度 l_0（m）	$l_{01} = 2.095$	$l_{01} = 2.095$	$l_{02} = 2.05$	$l_{02} = 2.05$
$M = \alpha_M\ (g+q)\ l_0^2$（kN·m）	$16.2 \times 2.095^2/11 = 6.46$	$-16.2 \times 2.095^2/11 = -6.46$	$16.2 \times 2.05^2/16 = 4.26$	$-16.2 \times 2.05^2/14 = -4.86$

（4）配筋计算——正截面受弯承载力计算

板厚 80mm，$h_0 = 80 - 20 = 60\text{mm}$，$b = 1000\text{mm}$，C30 混凝土，$\alpha_1 = 1.0$，$f_c =$

$14.3 \mathrm{N/mm^2}$；

HPB235 钢筋，$f_y = 210 \mathrm{N/mm^2}$。

对轴线②～⑤间的板带，考虑起拱作用，其跨内 2 截面和支座 C 截面的弯矩设计值可折减 20%，为了方便，近似对钢筋面积折减 20%。板配筋计算过程见表 1-9。

板的配筋计算 **表 1-9**

截面位置		1	B	2	C
弯矩设计值（kN·m）		6.46	−6.46	4.26	−4.86
$a_s = M/a_1 f_c b h_0^2$		0.125	0.125	0.083	0.094
$\xi = 1 - \sqrt{1 - 2\alpha_s}$		0.134	$0.1 < 0.134 < 0.35$	0.087	$0.1 \approx 0.099 < 0.35$
轴线 ①～② ⑤～⑥	计算配筋（$\mathrm{mm^2}$） $A_S = \xi b h_0 a_1 f_c / f_y$	547	547	355	409
	实际配筋（mm）^{2}	$\phi 10@140$ $A_S = 561$	$\phi 10@140$ $A_S = 561$	$\phi 8@140$ $A_S = 359$	$\phi 8@120$ $A_S = 419$
轴线 ②～⑤	计算配筋（$\mathrm{mm^2}$） $A_S = \xi b h_0 a_1 f_c / f_y$	547	547	0.8×355 $= 284$	$0.8 \times 409 = 327$
	实际配筋（$\mathrm{mm^2}$） 配筋率验算 $\rho_{min} = 0.45 f_t / f_y$ $= 0.45 \times 1.43/210$ $= 0.31\%$	$\phi 10@140$ $A_s = 561$ $\rho = A_S/bh$ $= 0.7\%$	$\phi 10@140$ $A_s = 561$ $\rho = A_S/bh$ $= 0.7\%$	$\phi 8@140$ $A_s = 359$ $\rho = A_S/bh$ $= 0.45\%$	$\phi 8@140$ $A_s = 359$ $\rho = A_S/bh$ $= 0.45\%$

(5) 板的配筋图绘制

板中除配置计算钢筋外，还应配置构造钢筋如分布钢筋和嵌入墙内的板的附加钢筋。板的配筋图如图 1-34（c）所示。

4. 次梁设计——按考虑塑性内力重分布设计

(1) 荷载设计值：

恒荷载设计值

板传来的恒荷载：$3.186 \times 2.3 = 7.3278 \mathrm{kN/m}$

次梁自重：$0.25 \times (0.55 - 0.08) \times 25 \times 1.2 = 3.525 \mathrm{kN/m}$

次梁粉刷：$2 \times 0.015 \times (0.55 - 0.08) \times 17 \times 1.2 = 0.2876 \mathrm{kN/m}$

小计 $g = 11.1404 \mathrm{kN/m}$

活荷载设计值：$q = 13 \times 2.3 = 29.9 \mathrm{kN/m}$

荷载总设计值：$q + g = 29.9 + 11.1404 = 41.0404 \mathrm{kN/m}$，取荷载 41.1kN/m

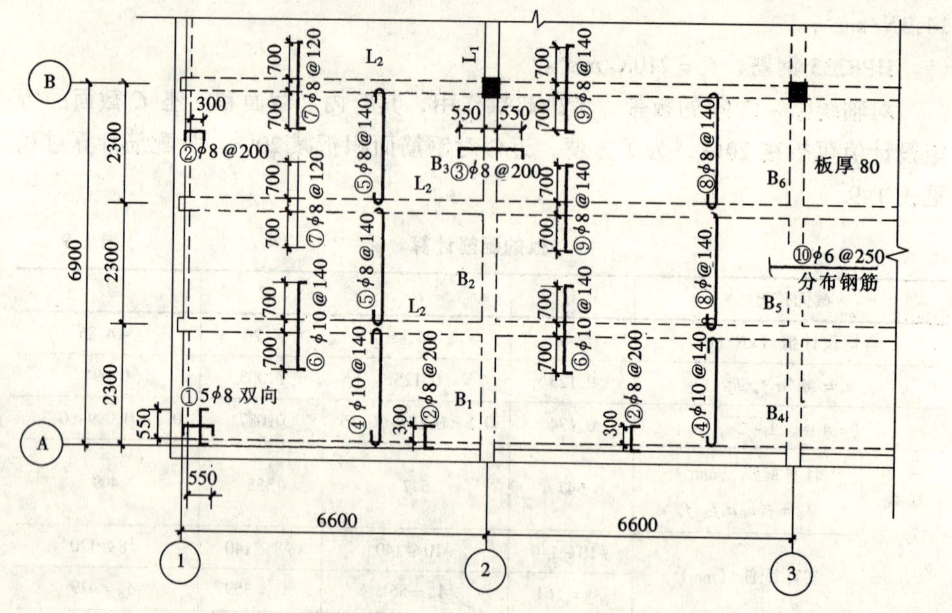

图 1-34（c） 板配筋图

(2) 计算简图

由次梁实际结构图（1-35（a）图）可知，次梁在墙上的支承长度为 a = 240mm，主梁宽度为 b = 300mm。次梁的边跨的计算跨度按以下二项的较小值确定：

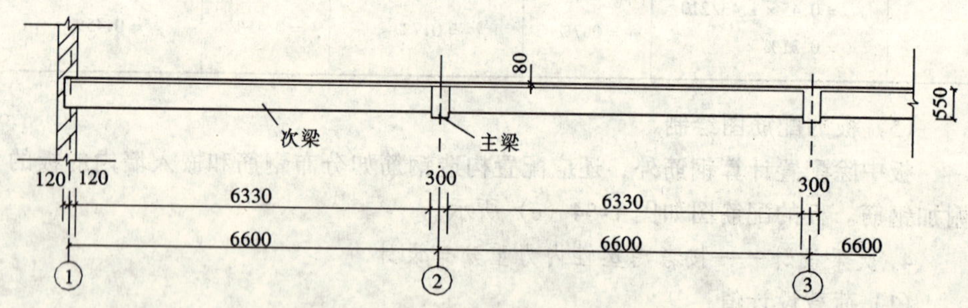

图 1-35（a） 次梁的实际结构图

边跨 $l_{01} = l_n + a/2 = (6600 - 120 - 300/2) + 240/2 = 6450\text{mm}$

$1.025 l_n = 1.025 \times 6330 = 6488\text{mm}$，

所以次梁边跨的计算跨度取 $l_{01} = 6450\text{mm}$

中间跨 $l_{02} = l_n = 6600 - 300 = 6300\text{mm}$

计算简图如图 1-35（b）所示。

(3) 弯矩设计值和剪力设计值的计算

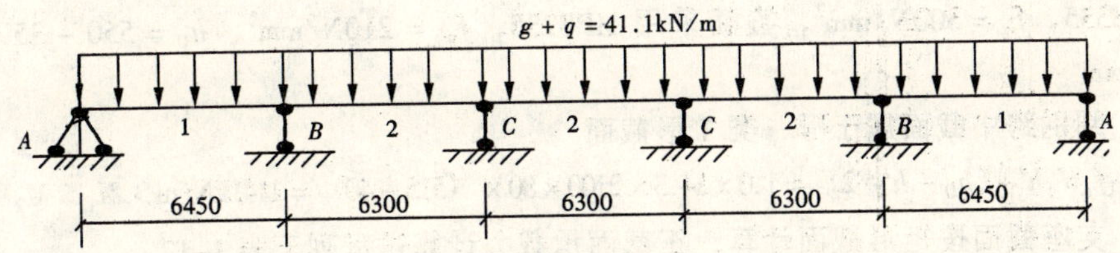

图 1-35（b） 次梁的计算简图

因边跨和中间跨的计算跨度相差$\frac{6450-6300}{6300}=2.4\%$小于 10%，可按等跨连续梁计算。由表 1-2，1-3 可分别查得弯矩系数 α_M 和剪力系数 α_V。次梁的弯矩设计值和剪力设计值见表 1-10 和表 1-11。

次梁的弯矩设计值的计算 **表 1-10**

截面位置	1 边跨跨中	*B* 离端第二支座	2 中间跨跨中	*C* 中间支座
弯矩系数 α_M	1/11	-1/11	1/16	-1/14
计算跨度 l_0 （m）	$l_{01}=6.45$	$l_{01}=6.45$	$l_{02}=6.3$	$l_{02}=6.3$
$M=\alpha_M(g+q)l_0^2$ （kN·m）	$41.1\times6.45^2/11$ $=155.4$kN·m	$-41.1\times6.45^2/11$ $=-155.4$kN·m	$41.1\times6.3^2/16$ $=102.0$kN·m	$-41.1\times6.3^2/14$ $=-116.5$kN·m

次梁的剪力设计值的计算 **表 1-11**

截面位置	*A* 边支座	*B*（左） 离端第二支座	*B*（右） 离端第二支座	*C* 中间支座
剪力系数 α_V	0.45	0.6	0.55	0.55
净跨度 l_n	$l_{n1}=6.33$	$l_{n1}=6.33$	$l_{n2}=6.3$	$l_{n2}=6.3$
$V=\alpha_V(g+q)l_n$ （kN）	$0.45\times41.1\times6.33$ $=117.1$kN	$0.6\times41.1\times6.33$ $=156.1$kN	$0.55\times41.1\times6.3$ $=142.4$kN	$0.55\times41.1\times6.3$ $=142.4$kN

（4）配筋计算

①正截面抗弯承载力计算

次梁跨中正弯矩按 T 形截面进行承载力计算，其翼缘宽度取下面二项的较小值：

$$b'_f=l_0/3=6300/3=2100\text{mm}$$

$$b'_f=b+S_n=250+2300-250=2300\text{mm}$$

故取 $b'_f=2100$mm，

C30 混凝土，$a_1=1.0$，$f_c=14.3\text{N/mm}^2$，$f_t=1.43\text{N/mm}^2$；纵向钢筋采用

HRB335，$f_y = 300\text{N/mm}^2$，箍筋采用 HPB235，$f_{yv} = 210\text{N/mm}^2$，$h_0 = 550 - 35 = 515\text{mm}$

判别跨中截面属于哪一类 T 形截面

$\alpha_1 f_c b'_f h'_f\ (h_0 - h'_f/2) = 1.0 \times 14.3 \times 2100 \times 80 \times (515 - 40) = 1141\text{kN·m} > M_1 > M_2$

支座截面按矩形截面计算，正截面承载力计算过程列于表 1-12。

次梁正截面受弯承载力计算　　表 1-12

截　面		1	B	2	C
弯矩设计值（kN·m）		155.4	−155.4	102.0	−116.5
$\alpha_s = M/\alpha_1 f_c b h_0^2$		$\frac{155.4 \times 10^6}{1 \times 14.3 \times 2200 \times 515^2} = 0.019$	$\frac{155.4 \times 10^6}{1 \times 14.3 \times 250 \times 515^2} = 0.164$	$\frac{102 \times 10^6}{1 \times 14.3 \times 2200 \times 515^2} = 0.0122$	$\frac{116.5 \times 10^6}{1 \times 14.3 \times 250 \times 515^2} = 0.123$
$\xi = 1 - \sqrt{1 - 2\alpha_s}$		0.019	$0.1 < 0.18 < 0.35$	0.0123	$0.1 < 0.132 < 0.35$
选配钢筋	计算配筋（mm²）$A_S = \xi b h_0 \alpha_1 f_c / f_y$	$\frac{0.019 \times 2200 \times 515 \times 1 \times 14.3}{300} = 1026$	$\frac{0.164 \times 250 \times 515 \times 1 \times 14.3}{300} = 1104.7$	$\frac{0.0123 \times 2200 \times 515 \times 1 \times 14.3}{300} = 664$	$\frac{0.132 \times 250 \times 515 \times 1 \times 14.3}{300} = 810.1$
	实际配筋（mm²）	2Φ20 + 1Φ22	3Φ22	1Φ22 + 2Φ14	2Φ22 + 1Φ14
		$A_s = 1008.1$	$A_s = 1140$	$A_s = 688.1$	$A_s = 913.9$

②斜截面受剪承载力计算（包括复核截面尺寸、腹筋计算和最小配箍率验算）。

复核截面尺寸：

$h_w = h_0 - h'_f = 515 - 80 = 435$ 且 $h_w/b = 435/250 = 1.74 < 4$，截面尺寸按下式验算

$$0.25\beta_c f_c b h_0 = 0.25 \times 1.0 \times 14.3 \times 250 \times 515 = 460\text{kN} > V_{max} = 156.1\text{kN}$$

故截面尺寸满足要求

$$0.7 f_t b h_0 = 0.7 \times 1.43 \times 250 \times 515 = 12887.9\text{N} = 129\text{kN} > V_A = 117.1\text{kN}$$

$$< V_B \text{ 和 } V_C$$

所以 B 和 C 支座均需要按计算配置箍筋，A 支座均只需要按构造配置箍筋

计算所需箍筋

采用 $\phi 6$ 双肢箍筋，计算 B 支座左侧截面。

$V_{cs} = 0.7 f_t b h_0 + 1.25 f_{yv} \frac{A_{sv}}{s} h_0$，可得箍筋间距

$$S = \frac{1.25 f_{yv} A_{sv} h_0}{V_{BL} - 0.7 f_t b h_0} = \frac{1.25 \times 210 \times 56.6 \times 515}{156.1 \times 10^3 - 0.7 \times 1.43 \times 250 \times 515} = 281\text{mm}$$

调幅后受剪承载力应加强，梁局部范围将计算的箍筋面积增加 20%，现调整箍筋间距，$S = 0.8 \times 281 = 224.8\text{mm}$，为满足最小配筋率的要求，最后箍筋间距 $S = 100\text{mm}$。

配箍筋率验算：

弯矩调幅时要求配筋率下限为 $0.3\dfrac{f_t}{f_{yv}} = 0.3 \times \dfrac{1.43}{210} = 2.04 \times 10^{-3}$。实际配箍率 $\rho_{sv} = \dfrac{A_{sv}}{bs} = \dfrac{56.6}{250 \times 100} = 2.264 \times 10^{-3} > 2.04 \times 10^{-3}$，满足要求

因各个支座处的剪力相差不大，为方便施工，沿梁长不变，取双肢 $\phi 6$ @100。

（5）施工图的绘制

次梁配筋图如 1-35（c）图所示，其中次梁纵筋锚固长度确定：

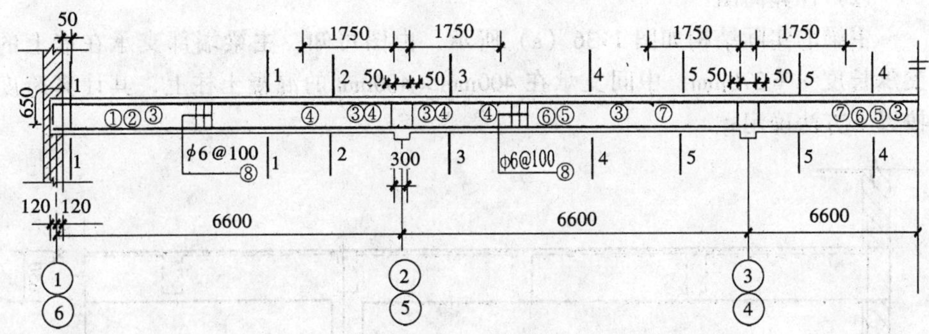

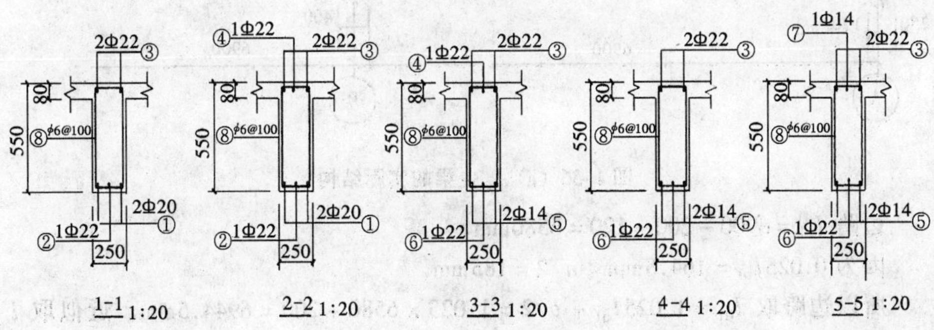

图 1-35（c） 次梁的配筋图

伸入墙支座时，梁顶面纵筋的锚固长度按下式确定：

$$l = l_a = \alpha \frac{f_y}{f_t} d = 0.14 \times \frac{300}{1.43} \times 22 = 646\text{mm}，取 650\text{mm}。$$

伸入墙支座时，梁底面纵筋的锚固长度按确定：$l = 12d = 12 \times 20 = 240\text{mm}$

梁底面纵筋伸入中间支座的长度应满足 $l > 12d = 12 \times 22 = 264\text{mm}$，取

300mm。

纵筋的截断点距支座的距离：$l = l_n/5 + 20d = 6330/5 + 20 \times 22 = 1706$mm，取 $l = 1750$mm。

5. 主梁设计——主梁内力按弹性理论设计：

(1) 荷载设计值。(为简化计算，将主梁的自重等效为集中荷载)

次梁传来的恒载：$11.1404 \times 6.6 = 73.5266$kN

主梁自重（含粉刷）：

$[(0.65-0.08) \times 0.3 \times 2.3 \times 25 + 2 \times (0.65-0.08) \times 0.015 \times 17 \times 2.3] \times 1.2 = 12.6013$kN

恒荷载：$G = 73.5266 + 12.6013 = 86.1279$kN，取 $G = 86.2$kN

活荷载：$Q = 29.9 \times 6.6 = 197.34$kN，取 $Q = 197.4$kN

(2) 计算简图

主梁的实际结构如图 1-36（a）所示，由图可知，主梁端部支承在墙上的支承长度 $a = 370$mm，中间支承在 400mm × 400mm 的混凝土柱上，其计算跨度按以下方法确定：

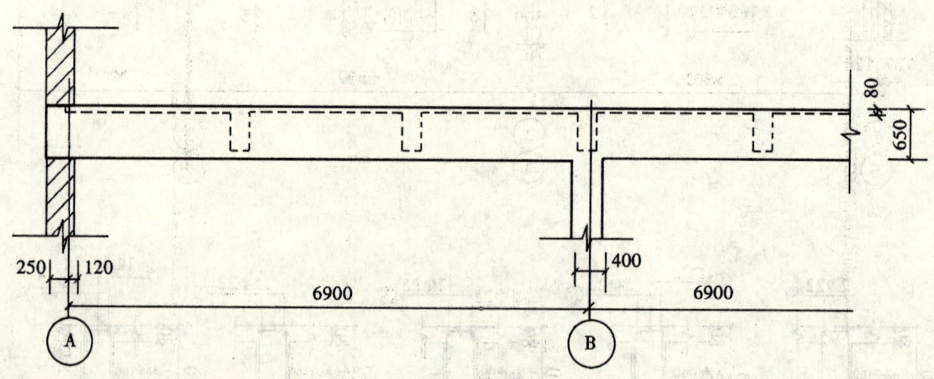

图 1-36（a） 主梁的实际结构

边跨 $l_{n1} = 6900 - 200 - 120 = 6580$mm，

因为 $0.025 l_{n1} = 164.5\text{mm} < a/2 = 185$mm，

所以边跨取 $l_{01} = 1.025 l_{n1} + b/2 = 1.025 \times 6580 + 200 = 6944.5$mm，近似取 $l = 6945$mm，

中跨 $l = 6900$mm。

计算简图如图 1-36（b）所示。

(3) 内力设计值计算及包络图绘制

因跨度相差不超过 10%，可按等跨连续梁计算。

①弯矩值计算：

弯矩：$M = k_1 Gl + k_2 Ql$，式中 k_1 和 k_2 由附录 1 附表 1-2 查得

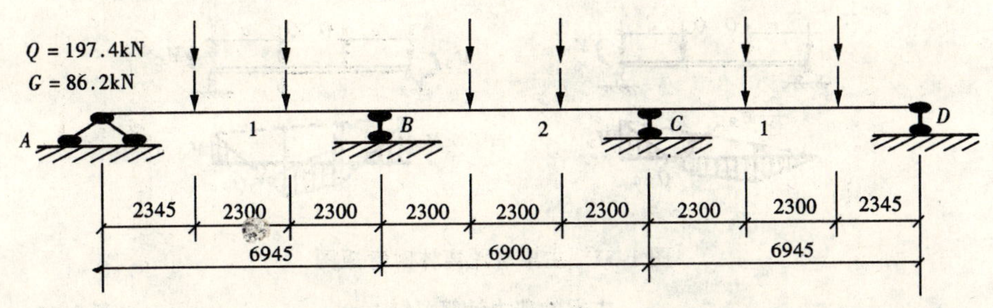

图 1-36（b） 主梁的计算简图

主梁的弯矩设计值计算（kN·m） **表 1-13**

项次	荷载简图	$\frac{k}{M_1}$	$\frac{k}{M_B}$	$\frac{k}{M_2}$	$\frac{k}{M_C}$	弯矩图示意图
① 恒载		$\frac{0.244}{146.1}$	$\frac{-0.2674}{-160.1}$	$\frac{0.067}{39.9}$	$\frac{-0.2674}{-160.1}$	
② 活载		$\frac{0.289}{396.2}$	$\frac{-0.133}{-182.3}$	$\frac{-0.133}{-181.2}$	$\frac{-0.133}{-182.3}$	
③ 活载		$\frac{-0.044^{*}}{-61.7}$	$\frac{-0.133}{-182.3}$	$\frac{0.200}{272.4}$	$\frac{-0.133}{-182.3}$	
④ 活载		$\frac{0.229}{313.9}$	$\frac{-0.311}{-426.4}$	$\frac{0.096^{*}}{130.8}$	$\frac{-0.089}{-122.0}$	
⑤ 活载		$\frac{0.089/3^{*}}{-40.7}$	$\frac{-0.089}{-122.0}$	$\frac{0.17}{231.6}$	$\frac{-0.311}{-426.4}$	
组合项次		①+③	①+④	①+②	①+⑤	
M_{min}（kN·m）		84.4	−586.5	−141.3	−586.5	
组合项次		①+②	①+⑤	①+③	①+④	
M_{max}（kN·m）		542.3	−282.1	312.3	−282.1	

*注：此处的弯矩可通过取脱离体，由力的平衡条件确定。根据支座弯矩，按图 1-37 确定

②剪力设计值：

剪力：$V = k_3 G + k_4 Q$，式中系数 k_3，k_4，由附录 1 中附表 1-2 查到，不同截面的剪力值经过计算如表 1-14 所示。

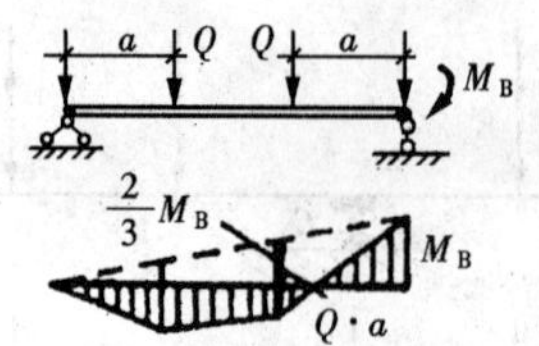

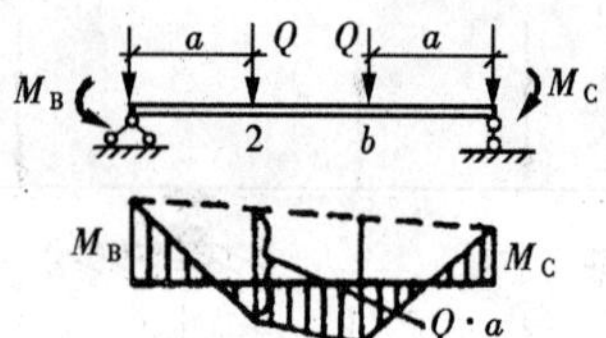

图 1-37　主梁取脱离体时弯矩图

主梁的剪力计算（kN）　　　　**表 1-14**

项次	荷载简图	$\frac{k}{V_A}$	$\frac{k}{V_{Bl}}$	$\frac{k}{V_{Br}}$
① 恒载	G G G G G G A 1 a B 2 b C a 1 D	$\frac{0.733}{63.2}$	$\frac{-1.267}{-109.2}$	$\frac{1.00}{86.2}$
② 活载	Q Q Q Q A 1 a B 2 b C a 1 D	$\frac{0.866}{170.9}$	$\frac{-1.134}{-223.9}$	$\frac{0}{0}$
④ 活载	Q Q Q Q A 1 a B 2 b C a 1 D	$\frac{0.689}{136.0}$	$\frac{-1.311}{-258.8}$	$\frac{1.222}{241.2}$
⑤ 活载	Q Q Q Q A 1 a B 2 b C a 1 D	$\frac{-0.089}{-17.6}$	$\frac{-0.089}{-17.6}$	$\frac{0.778}{153.6}$
	组合项次 V_{max}（kN）	①＋② 234.1	①＋⑤ －126.8	①＋④ 327.4
	组合项次 V_{min}（kN）	①＋⑤ 45.6	①＋④ －368	①＋② 86.2

③弯矩、剪力包络图绘制

荷载组合①＋②时，出现第一跨跨内最大弯矩和第二跨跨内最小弯矩，此时，$M_A=0$，$M_B=-160.1-182.3=-342.4\text{kN}\cdot\text{m}$，以这两个支座的弯矩值的连线为基线，叠加边跨载集中荷载 $G+Q=86.2+197.4=283.6\text{kN}$ 作用下的简支梁弯矩图：

则第一个集中荷载下的弯矩值为 $\frac{1}{3}(G+Q)\,l_{01}-\frac{1}{3}M_B=542.4\text{kN}\cdot\text{m}\approx M_{max}$，

第二集中荷载作用下弯矩值为$\frac{1}{3}$（$G+Q$）$l_{01}-\frac{2}{3}M_B=428.3$kN·m。

中间跨跨中弯矩最小时，两个支座弯矩值均为 -342.4kN·m，以此支座弯矩连线叠加集中荷载。则集中荷载处的弯矩值为$\frac{1}{3}Gl_{02}-M_B=-144.14$kN·m。

荷载组合①＋④时支座最大负弯矩 $M_B=-586.5$kN·m，其他两个支座的弯矩为 $M_A=0$，$M_C=-282.1$kN·m，在这三个支座弯矩间连线，以此连线为基线，于第一跨、第二跨分别叠加集中荷载在 $G+Q$ 时的简支梁弯矩图：

则集中荷载处的弯矩值依次为 461kN·m，265.5kN·m，167.3kN·m，268.7kN·m。同理，当 $-M_C$ 最大时，集中荷载下的弯矩倒位排列。

荷载组合①＋③时，出现边跨跨内弯矩最小与中间跨跨中弯矩最大。此时，$M_B=M_C=-342.4$kN·m，第一跨在集中荷载 G 作用下的弯矩值分别为 85.4kN·m，-28.7kN·m，第二跨在集中荷载 $G+Q$ 作用下的弯矩值为 312.3kN·m。

①＋⑤情况的弯矩按此方法计算。

所计算的跨内最大弯矩与表中有少量的差异，是因为计算跨度并非严格等跨所致。主梁的弯矩包络图见图 1-38。

荷载组合①＋②时，$V_{Amax}=234.1$kN，至第二跨荷载处剪力降为 $234.1-283.6=-49.5$kN；至第二集中荷载处剪力降为 $-49.5-283.6=-333.1$kN，荷载组合①＋④时，V_B 最大，其 $V_{Bl}=-368$kN，则第一跨中集中荷载处剪力顺次为（从左到右）199.2kN，-84.4kN，其余剪力值可按此计算。主梁的剪力包络图见图 1-38。

（4）配筋计算承载力计算

C30 混凝土，$\alpha_1=1.0$，$f_c=14.3\text{N/mm}^2$，$f_t=1.43\text{N/mm}^2$；纵向钢筋 HRB400，其中 $f_y=360\text{N/mm}^2$，箍筋采用 HRB235，$f_{yv}=210\text{N/mm}^2$。

①正截面受弯承载力及纵筋的计算

跨中正弯矩按 T 形截面计算，因 $h'_f/h_0=80/615=0.130>0.10$

翼缘计算宽度按 $l_0/3=6.9/3=2.3$m 和 $b+S_n=6.6$m 中较小值确定，取 $b'_f=2300$mm。B 支座处的弯矩设计值：

$$M_B=M_{max}-V_0\frac{b}{2}=-586.5+283.6\times\frac{0.4}{2}=-529.9\text{kN·m}$$

判别跨中截面属于哪一类 T 形截面

$a_1f_cb'_fh'_f$（$h_0-h'_f/2$）$=1.0\times14.3\times2300\times80\times$（$615-40$）$=1512.9\text{kN·m}>M_1>M_2$

均属于第一类 T 截面

正截面受弯承载力的计算过程如下

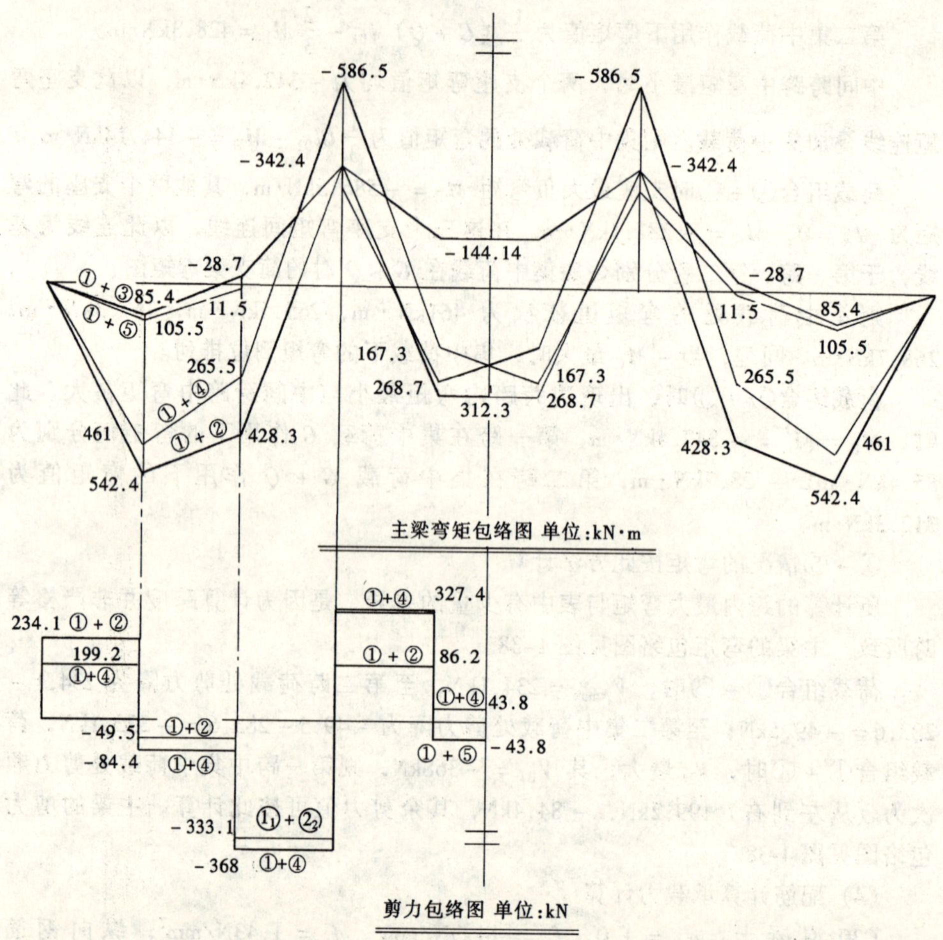

图 1-38　主梁弯矩包络图和剪力包络图

主梁正截面受弯承载力及配筋计算　　　　表 1-15

截　面		1	B	2	
弯矩设计值（kN·m）		542.3	−529.9	312.3	−141.3
$\alpha_s = M/\alpha_1 f_c bh_0^2$		$\frac{542.3\times10^6}{1.0\times14.3\times2300\times590^2}=0.047$	$\frac{529.9\times10^6}{1.0\times14.3\times300\times580^2}=0.367$	$\frac{312.3\times10^6}{1.0\times14.3\times2300\times615^2}=0.025$	$\frac{141.3\times10^6}{1.0\times14.3\times300\times600^2}=0.091$
$\xi = 1-\sqrt{1-2\alpha_s}$		0.048 < 0.518	0.484 < 0.518	0.025 < 0.518	0.096 < 0.518
选配钢筋	计算配筋（mm²）$A_s=\xi bh_0\alpha_1 f_c/f_y$	2587	3345	1405	686.4
	实际配筋（mm²）	6 ⌀ 25（弯 2）	6 ⌀ 25（弯 3） 2 ⌀ 18	3 ⌀ 25（弯 1）	2 ⌀ 25
		$A_s=2945$	$A_s=3454$	$A_s=1473$	$A_s=982$

②箍筋计算——斜截面受剪承载力计算

验算截面尺寸：

$h_w = h_0 - h'_f = 580 - 80 = 500\text{mm}$

$h_w / b = 500/300 = 1.7 < 4$，截面尺寸按下式验算：

$0.25\beta_c f_c bh_0 = 0.25 \times 1.0 \times 14.3 \times 300 \times 580 = 622\text{kN} > V = 36.8\text{kN}$，可知道截面尺寸满足要求。

验算是否需要计算配置箍筋。

$0.7 f_t bh_0 = 0.7 \times 1.43 \times 300 \times 580 = 174\text{kN} < V = 368\text{kN}$ 故需进行配置箍筋计算。

计算所需腹筋；采用 $\phi 8@100$ 双肢箍。

$$\rho_{sv} = \frac{A_{sv}}{bs} = \frac{50.3 \times 2}{300 \times 100} = 0.335\% > 0.24\frac{f_t}{f_{yv}} = 0.163\%$$，满足要求。

$$V_{cs} = 0.7 f_t bh_0 + 1.25 f_{yv} \frac{A_{sv}}{s} h_0$$

$$= 0.7 \times 1.43 \times 300 \times 580 + 1.25 \times 210 \times \frac{50.3 \times 2}{100} \times 580$$

$$= 327.3\text{kN} > (V_A = 234.1\text{kN} \text{ 和 } V_{Br} = 327.4\text{kN})$$

$$< V_{Bl} = 368\text{kN}$$

因此应在 B 支座截面左边按计算配置弯起钢筋，主梁剪力图呈矩形，在 B 截面左边的 2.3m 范围内需布置 3 排弯起钢筋才能覆盖此最大剪力区段，现先后弯起第一跨跨中的 2Φ25 和支座处的一根 1Φ25 鸭筋：

$A_{sb} = 490.9\text{mm}^2$，弯起角取 $\alpha_s = 45°$

$V_{sb} = 0.8 f_y A_{sb} \sin\alpha = 0.8 \times 360 \times 490.9 \times \sin 45° = 99.95\text{kN}$

$V_{cs} + V_{sb} = 327 + 99.95 = 426.95\text{kN} > V_{max} = 368\text{kN}$（满足要求）

③次梁两侧附加横向钢筋计算。

次梁传来的集中力 $F = 73.5 + 197.4 = 270.9\text{kN}$

$h_1 = 650 - 550 = 100\text{mm}$，附加箍筋布置范围：

$s = 2h + 3b = 2 \times 100 + 3 \times 250 = 950\text{mm}$

取附加箍筋 $\phi 8@100$，双肢箍，则长度 s 内可布置附加箍筋的排数：

$m =$（950 − 250）/100 + 1 = 8，次梁两侧各布置 4 排，另加吊筋 1Φ18，$A_s = 254.5\text{mm}^2$

$2 f_y A_s \sin a + mn f_{yv} A_{sv1} = 2 \times 300 \times 254.5 \times 0.707 + 8 \times 2 \times 210 \times 50.3 = 277 > 270.9$（可以）

(5) 主梁正截面抗弯承载力图（材料图）、纵筋的弯起和截断

①按比列绘出主梁的弯矩包络图

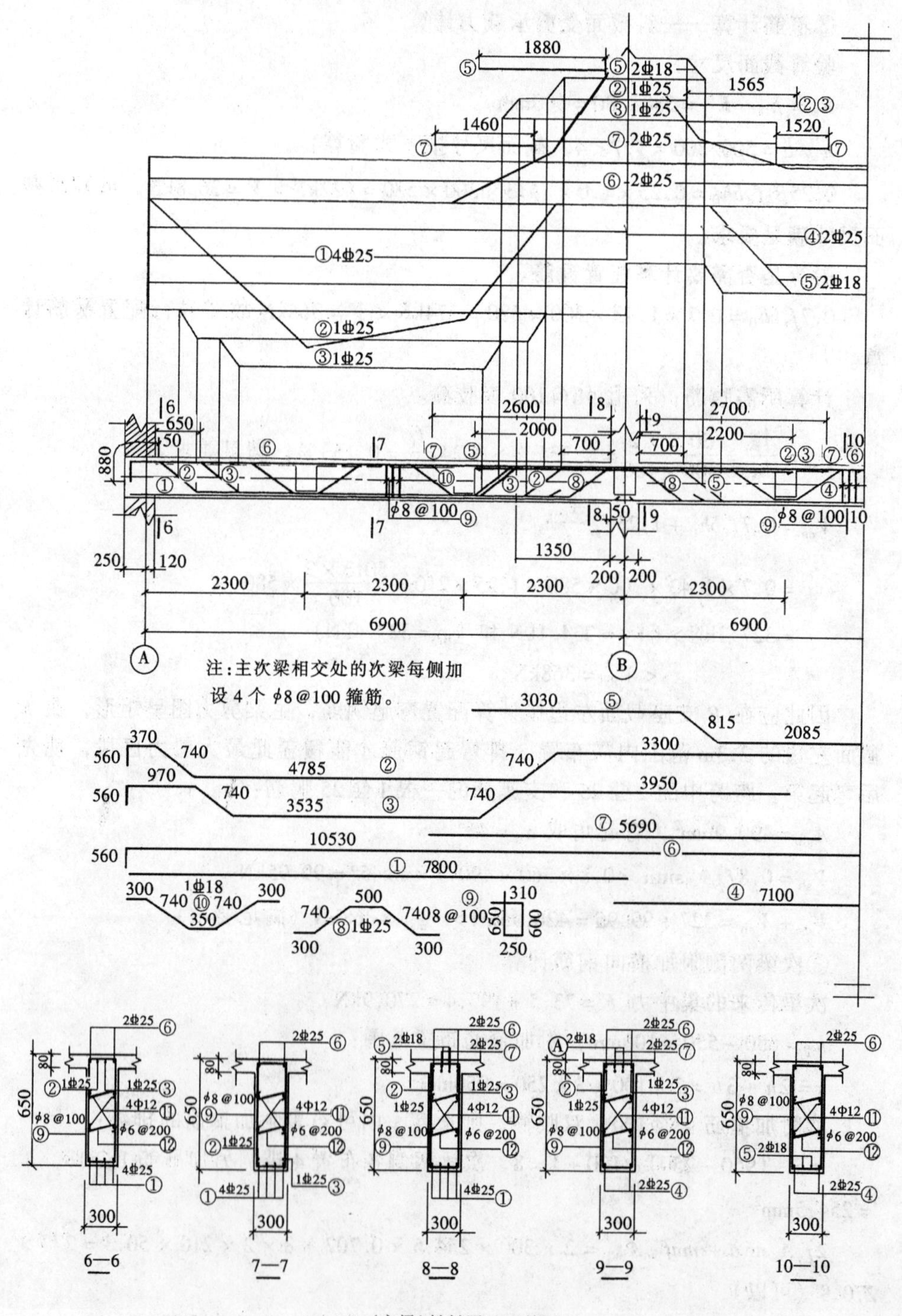

L1(主梁)材料图及配筋图

图 1-39 主梁材料图与配筋图

②按同样比列绘出主梁的抗弯承载力图（材料图），并满足以下构造要求：

弯起钢筋之间的间距不超过箍筋的最大容许间距 s_{max}；钢筋的弯起点距充分利用点的距离应大于等于 $h_0/2$，如 2、3 和 5 号钢筋。

按《混凝土结构设计原理》第四章所述的方法绘材料图，并用每根钢筋的正截面抗弯承载力直线与弯矩包络图的交点，确定钢筋的理论截断点（即按正截面抗弯承载力计算不需要该钢筋的截面）。

当 $V>0.7f_t bh_0=174\text{kN}$ 时，且其实际截断点到理论截断点的距离不应小于等于 h_0 或 $20d$，钢筋的实际截断点到充分利用点的距离应大于等于 $1.2l_a+h_0$。

若按以上方法确定的实际截断点仍位于负弯矩的受拉区，其实际截断点到理论截断点的距离不应小于等于 $1.3h_0$ 或 $20d$。钢筋的实际截断点到充分利用点的距离应大于等于 $1.2l_\alpha+1.7h_0$。

如 5 号钢筋的截断计算：

因为剪力 $V=368\text{kN}>0.7f_t bh_0=174\text{kN}$，且钢筋截断后仍处于负弯矩区，所以钢筋的截断点距充分利用点的距离应大于等于 $1.2l_\alpha+1.7h_0$，即：

$$1.2\times l_a+1.7h_0=1.2\times0.14\times\frac{360}{1.43}\times25+1.7\times580=2043\text{mm}$$

且距不需要点的距离应大于等于 $1.3h_0$ 或 $20d$，即：

$1.3h_0=1.3\times580=754\text{mm}$。

$20d=20\times25=500\text{mm}$

通过画图可知从（$1.2l_\alpha+1.7h_0$）中减去钢筋充分利用点与理论截断点（不需要点）的距离后的长度为 1840mm＞（754mm 和 500mm），现在取距离柱边 1960mm 处截断 5 号钢筋。

其他钢筋的截断如图所示。

主梁纵筋的伸入墙中的锚固长度的确定：

梁顶面纵筋的锚固长度：

$l=l_a=\alpha\dfrac{f_y}{f_t}d=0.14\times\dfrac{360}{1.43}\times25=880\text{mm}$，取 880mm。

梁底面纵筋的锚固长度：$12d=12\times25=300\text{mm}$，取 300mm

③检查正截面抗弯承载力图是否包住弯矩包络图和是否满足构造要求。

主梁的材料图和实际配筋图如图 1-39 所示。

1.4 双向板肋梁楼盖

1.4.1 双向板的受力分析和试验研究

板在荷载作用下沿两个正交方向受力并且都不可忽略时称为双向板。

双向板可以为四边支承、三边支承或两邻边支承板，但在肋梁楼盖中每一区格板的四边一般都有梁或墙支承，是四边支承板，板上的荷载主要通过板的受弯作用传到四边支承的构件上。根据弹性薄板理论的分析，当区格板的长边与短边之比超过一定数值时，荷载主要通过沿板的短边方向的弯曲及剪切作用传递，沿长边方向传递的荷载可以忽略不计，这样的板称为“单向板”；否则，它将在两个方向的横截面上均作用有弯矩和剪力，沿长边方向和短边方向同时传递荷载，这样的板即为“双向板”。双向板的受力特征与单向板不同。

1. 双向板的受力分析

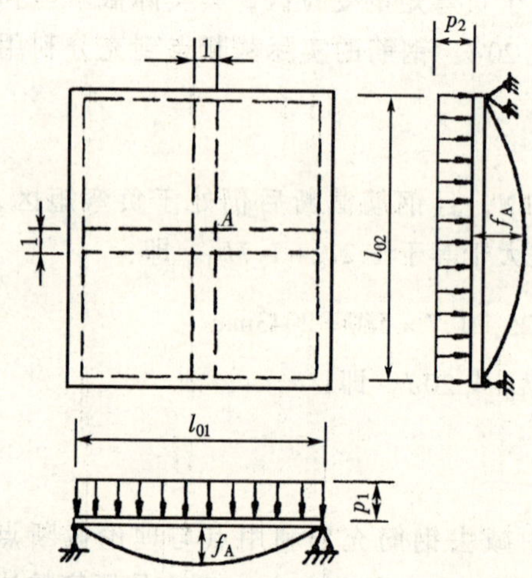

图 1-41　双向板受力的近似分析

以均布荷载作用下四边简支的板为例进行内力的近似分析，如图 1-41 所示。在板中心点 A 处，取出两个单位宽度（板宽 $b=1000\text{mm}$）的正交板带，板带的计算跨度分别为 l_{01} 和 l_{02}。设单位面积总荷载为 p，沿 x 方向和 y 方向分配的荷载分别为 p_1 和 p_2，则：

$$p = p_1 + p_2 \tag{1-30}$$

忽略相邻的板带的影响，根据两个板带在跨中 A 处挠度相等的条件，可将板上的均布荷载在两个方向进行分配：

$$f_A = \frac{5p_1 l_{01}^4}{384E_c I_1} = \frac{5p_2 l_{02}^4}{384E_c I_2} \tag{1-31}$$

式中　p_1、p_2——分配给 l_{01}、l_{02}方向板带的均布荷载；

I_1、I_2——l_{01}、l_{02}方向板带的换算截面惯性矩；

若忽略钢筋在两个方向的位置高低及数量不同的影响，则 $I_1 = I_2 = I$ 由（1-31）式得：

$$\frac{p_1}{p_2} = \left(\frac{l_{02}}{l_{01}}\right)^4 \tag{1-32}$$

解式（1-30）、(1-32)，得：

$$p_2 = \frac{p}{1+\left(\frac{l_{02}}{l_{01}}\right)^4} \tag{1-33}$$

$$p_1 = p - p_2 \tag{1-34}$$

分别取不同的$\frac{l_{02}}{l_{01}}$值代入（1-33）、(1-34）式，计算 p_1、p_2：

①当$\frac{l_{02}}{l_{01}}=1$时，得：$p_1=p_2=\frac{p}{2}$；

②当$\frac{l_{02}}{l_{01}}=2$时，得：$p_2=\frac{p}{17}$，$p_1=\frac{16p}{17}$；

③当$\frac{l_{02}}{l_{01}}=3$时，得：$p_2=\frac{p}{81}$，$p_1=\frac{80p}{81}$。

由此可见，随着$\frac{l_{02}}{l_{01}}$值的增大，大部分的荷载将沿板的短方向传递，主要在短跨方向发生弯曲变形，因此“规范”规定：当$\frac{l_{02}}{l_{01}}>3$，按单向板计算；而当$\frac{l_{02}}{l_{01}}<2$，按双向板计算。

2. 双向板的试验研究

四边简支的钢筋混凝土双向板（方板和矩形板），在均布荷载作用下的试验表明：在裂缝出现之前，板基本上于弹性工作阶段。随着荷载的增加，方板沿板底对角线出现第一批裂缝，之后向两个正交的对角线方向发展且裂缝宽度不断加宽；继续增加荷载，钢筋应力达到屈服点，裂缝显著开展；即将破坏时，板顶面靠近四角处，出现垂直对角线方向、大体呈环状的裂缝，这种裂缝

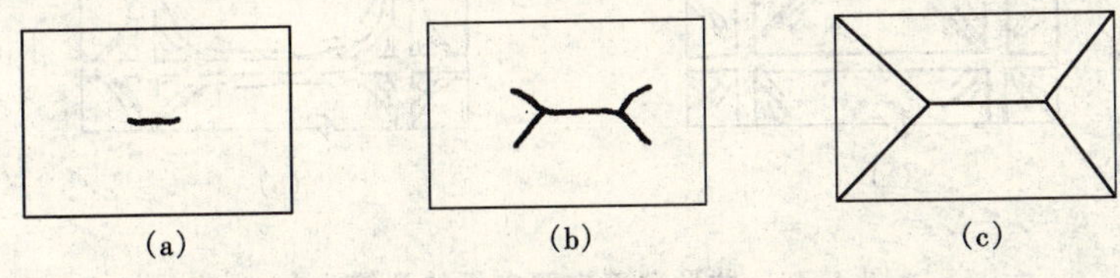

图 1-42　简支矩形板破坏图形形成的过程

(a) 板底跨中先裂；(b) 裂缝向四角展开；(c) 形成破坏机构

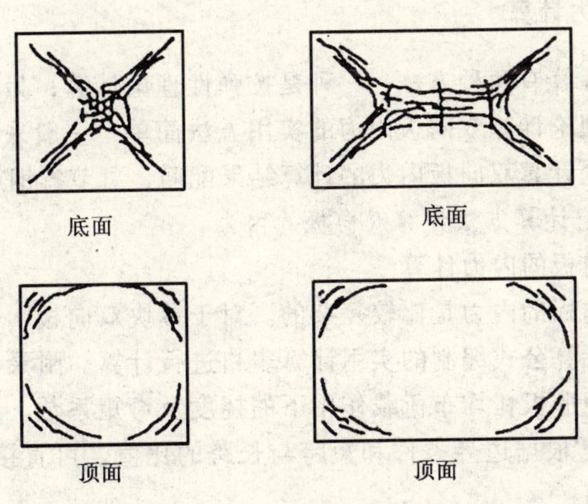

图 1-43　双向板破坏时裂缝分布

的出现，促使板底裂缝进一步开展；此后，板随即破坏。矩形板的第一批裂缝，出现在板底中部且平行于长边方向；随着荷载的不断增加，裂缝宽度不断开展，并分支向四角延伸，如图 1-42，伸向四角的裂缝大体与板边成 45°；即将破坏时，板顶角区也产生与方板类似的环状裂缝。

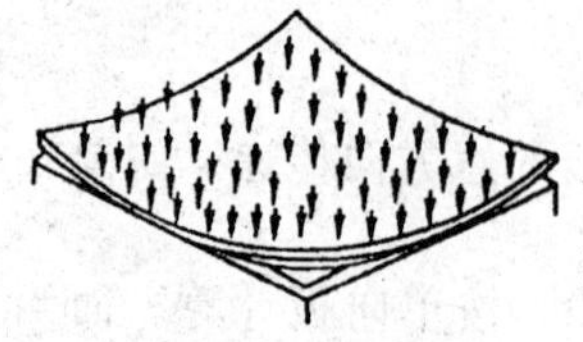

图 1-44 双向板的变形

双向板破坏时板底、板顶裂缝如图 1-43 所示。

分析简支方板或矩形板板面出现环状裂缝的原因，认为：试件所以在板面出现环状裂缝是因为板四角受到试验中拉杆的约束，不能自由翘起造成的。

双向板在弹性工作阶段，板的四角有翘起的趋势，若周边没有可靠固定，将产生如图 1-44 所示犹如碗形的变形，板传给支座的压力沿边长不是均匀分布的，而是在每边的中心处达到最大值，因此，在双向板肋形楼盖中，由于板顶面实际会受墙或支承梁约束，破坏时就会出现如图 1-45 所示的板底及板顶裂缝。

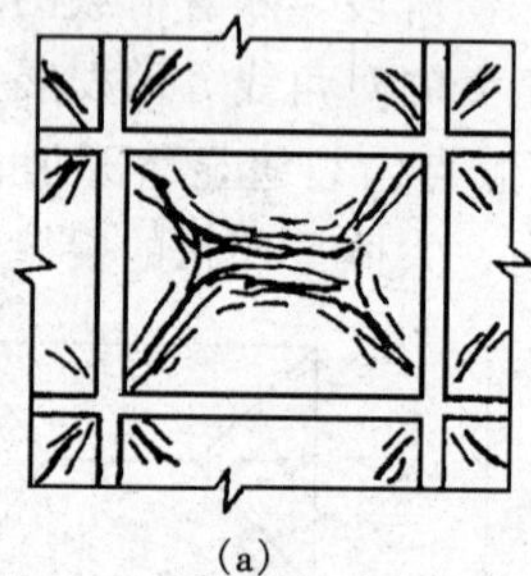

(a)

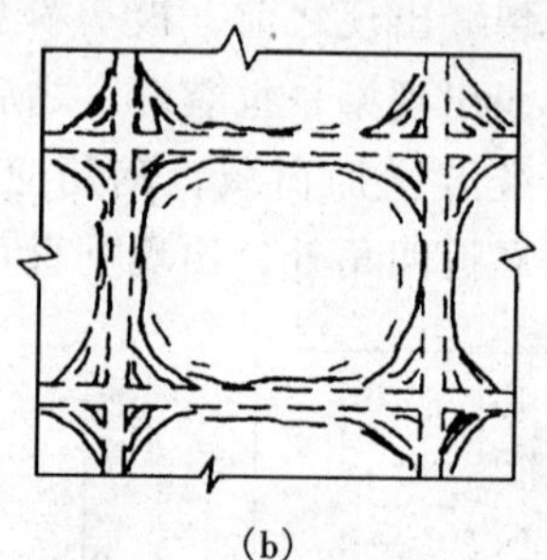

(b)

图 1-45 肋形楼盖中双向板的裂缝分布

(a) 板底面裂缝分布；(b) 板顶面裂缝分布

1.4.2 双向板内力计算

双向板内力计算有两种方法：一种是按弹性理论计算；另一种是按塑性理论计算。按弹性理论计算双向板内力的实用方法简单，一般采用计算表格进行计算；按塑性理论计算双向板内力的计算结果配筋，可节省钢筋、便于施工。

1. 按弹性理论计算方法计算双向板的内力

(1) 单块双向板的内力计算

精确计算双向板的内力是比较复杂的。对于单块双向板，目前一般采用根据弹性薄板理论计算公式编制的实用计算表格进行计算。附录 2 中列出了六种不同边界条件的矩形板在均布荷载作用下的挠度及弯矩系数。计算时，取单位板宽 $b = 1000$mm，根据边界条件和短跨与长跨的比值，可直接查出弯矩系数，算得相应的弯矩值：

$$m = \alpha \cdot p \cdot l_0^2 \tag{1-35}$$

式中 m——跨中或支座单位板宽内的弯矩设计值（kN·m/m）；

p——板上作用的均布荷载设计值（kN/m^2），$p = g + q$；

g——作用在板上的均布恒载设计值（kN/m^2）；

q——作用在板上的均布活载设计值（kN/m^2）；

l_0——短跨方向的计算跨度（m），计算方法与单向板的计算相同；

a——查附录 2 附录 2-1 ~ 附表 2-6 所得弯矩系数。

注意：附录 2 中的附表是根据材料的泊桑比 $\nu = 0$ 制定的。当 $\nu \neq 0$ 时，可按下式计算跨中弯矩：

$$m_x^{(\nu)} = m_x + \nu m_y \tag{1-36}$$

$$m_y^{(\nu)} = m_y + \nu m_x \tag{1-37}$$

钢筋混凝土材料的泊桑比 $\nu = 0.2$，跨中弯距的计算公式应为：

$$m_x^{(0.2)} = m_x + 0.2 m_y$$

$$m_y^{(0.2)} = m_y + 0.2 m_x$$

附录 2 中选列出的六种边界条件为：

1）四边简支；

2）一边固定，三边简支；

3）两对边固定，两对边简支；

4）两边固定；

5）两邻边固定，两邻边简支；

6）三边固定，一边简支。

（2）连续双向板的内力计算

精确计算连续双向板内力通常相当的复杂，因此工程中采用实用计算法，该法通过对双向板上可变荷载的最不利布置以及支承情况等的合理简化，将多区格连续板转化为单区格板，后通过查内力系数表来进行计算，方法简单实用。

计算时采用的假定如下：

1）支承梁的抗弯刚度很大，其竖向变形可忽略不计；

2）支承梁的抗扭刚度很小，可以自由转动。

根据上述假定可将梁视为双向板的不动铰支座，从而使计算简化。

在确定活荷载的最不利作用位置时，采用了既接近实际情况又便于利用单区格板计算表的布置方案：当求支座负弯矩时，楼盖各区格板均满布活荷载；当求跨中正弯矩时，在该区格及其前后左右每隔一区格布置活荷载，一般称此为棋盘式布置。如图 1-46。

当连续双向板在同一方向相邻跨的最大跨度差不大于 20% 时，可按下述方

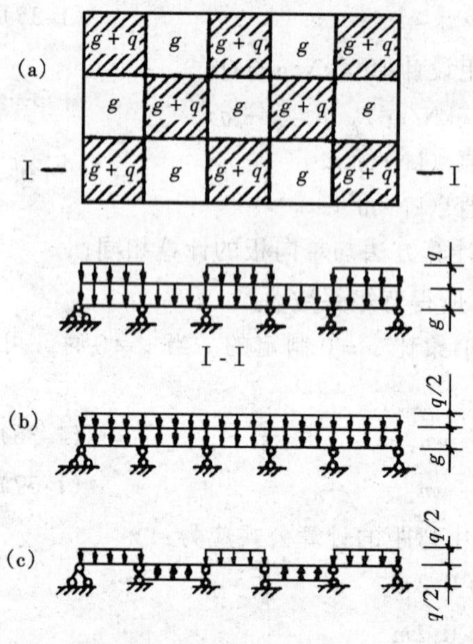

图 1-46　双向板活荷载的最不利布置

法进行内力计算。

1）求跨中最大弯矩的计算

当求某区格板跨中最大弯矩时，可变荷载的最不利布置如图 1-46 所示，即所谓的棋盘形荷载布置。为了利用单区格双向板的内力计算系数表，将按棋盘形布置的可变荷载分解成各跨满布对称荷载 $q/2$ 和各跨向上向下相间作用的反对称荷载土 $q/2$，图 1-6（b）、（c），按以下四步进行内力计算：

①当多区格双向连续板在对称荷载 $g+q/2$ 作用下，可将所有中间支座近似的看作固定支座，所有中间区格均可视为四边固定的双向板。由于内区格板中间支座两边结构对称且中间支座两侧荷载相同，忽略远跨荷载的影响，可以近似地认为支座不转动或发生很小的转动，因此可将所有中间支座近似的看作固定支座，从而所有中间区格均可视为四边固定的双向板，这样即可利用附录 2 求其跨中弯矩。

②当所求区格板作用有反对称荷载土 $q/2$ 时，可近似地将中间支座视为简支支座，从而中间各区格板均可视为四边简支板的双向板。这是因为，此时相邻区格板在支座处的转角方向一致，大小相同，中间支座的弯矩为零或很小，故可近似地将中间支座视为简支支座，从而中间各区格板均可视为四边简支板的双向板。

对上述两种情况，利用单格双向板的内力系数表可以方便地求出各区格板的跨中弯矩。

③将各区格板在两种荷载作用下的跨中弯矩相叠加，即得到各区格板的跨中最大弯矩。

④对边、角区格板，跨中最大弯矩仍采用上述方法计算，但外边界条件按实际情况确定。

2）求支座最大弯矩的计算

求支座最大弯矩时，为了简化计算，假定永久荷载和可变荷载都满布连续双向板所有区格，中间支座均视为固定支座，内区格板均可按四边固定的双向板计算其支座弯矩。对于边、角区格，外边界条件应按实际情况考虑。

对中间支座，由相邻两个区格求出的支座弯矩值常常会不相等，在进行配筋计算时可近似地取其平均值。

3）支座处内力取值

连续梁、板按弹性理论计算时，计算跨度取自轴线尺寸，虽然在支座中心线处求得的内力可能是最大的，但此处的截面高度由于与支承梁（或柱）整体连接而增大，通常并不是最危险的截面，因此，计算时应采用支座边缘截面的内力 M_{cal}、V_{cal}进行设计。

2. 塑性理论计算方法

钢筋混凝土双向板在均布荷载作用下，裂缝不断展开，最后破坏时的裂缝分布如图 1-43 所示。在最大裂缝线上，受拉钢筋达到屈服强度时，其承受的内力矩即为屈服弯矩或极限弯矩，同时此裂缝线具有较强的转动能力，常称为塑性铰线。由于钢筋混凝土双向板具有一定的塑性性质，所以可采用塑性理论进行计算，这样可节省钢筋，使配筋方便，易于施工。双向板为高次超静定结构，按塑性理论精确计算其内力是比较困难的，一般只能按塑性理论计算其上限解和下限解。常用的计算方法有极限平衡法和能量法（亦称虚功法和机动法）等。现介绍用“极限平衡法（塑性铰线法）”计算双向板极限承载力的方法。

（1）塑性铰线法

塑性铰线法是在塑性铰线位置确定的前提下，利用虚功原理建立外荷载与作用在塑性铰线上的弯矩二者间的关系式，从而求出各塑性铰线上的弯矩值，并依此对各截面进行配筋计算的一种方法。通常与“正弯矩”和“负弯矩”的名称相对应，也将位于板底和板面的塑性铰线分别称为“正塑性铰线”和“负塑性铰线”。

（2）基本假定

钢筋混凝土双向板按塑性铰线法计算时，需作如下基本假定：

①板即将破坏时，“塑性铰线”发生在弯矩最大处；

②形成塑性铰线的板是机动可变体系（破坏机构）；

③分布荷载作用下，塑性铰线为直线；

④塑性铰线将板分成若干个板块，并将各板块视为刚性，整个板的变形都集中在塑性铰线上，破坏时各板块都绕塑性铰线转动；

⑤板在理论上存在多种可能的塑性铰线形式，但只有相应于极限荷载为最小的塑性铰线形式才是最危险的；

⑥塑性铰线上只存在一定值的极限弯矩，其它内力可认为等于零。

（3）均布荷载下连续双向板按塑性铰线法的内力计算

四周固定双向板，承受永久均布荷载 g 和可变均布荷载 q 作用，设长向和短向跨度分别为 l_x 和 l_y。当不计四边支承矩形双向板的角部和边界效应时，其破坏模式主要有倒锥形、倒幕形和正幕形三种，倒锥形是最基本的破坏模式。为简化计算，可将倒锥形破坏模式近似看作对称的，跨中斜向塑性铰线与邻边夹角均取为45°。简化后的倒锥形破坏模式如图1-47，其中在四周固定边处产生负塑性铰线，跨内产生正塑性铰线。一般双向板的破坏图式不仅与其平面形状、尺寸、边界条件、荷载形式有关，也与配筋方式和数量有关。

双向板配筋方式常用的有两种：分离式和弯起式。

①采用通长钢筋

假设板内配筋沿两个方向均等间距布置，沿短跨和长跨方向单位板宽的跨中极限弯矩分别为 m_x 和 m_y，支座弯矩分别为 m'_x、m''_x和 m'_y，m''_y。

如果破坏机构在跨中发生向下的单位竖向位移1，则均布荷载 $p=g+g$ 所做的外功为：

$$w_{ex}=p\left[\frac{1}{2}\cdot l_y\cdot 1\cdot (l_x-l_y)+2\cdot\frac{1}{3}\cdot l_y\cdot\frac{l_y}{2}\cdot 1\right]=\frac{l_y}{6}(3l_x-l_y)p \quad (1\text{-}38)$$

根据图1-47所示的几何关系，负塑性铰线的转角均为 $2/l_y$；正塑性铰线 ef 上，板块 A 与 C 的相对转角为 $4/l_y$；斜向正塑性铰线沿长跨和短跨方向的转角均为 $2/l_y$。因此，由负塑性铰线上极限弯矩所做的内功为：

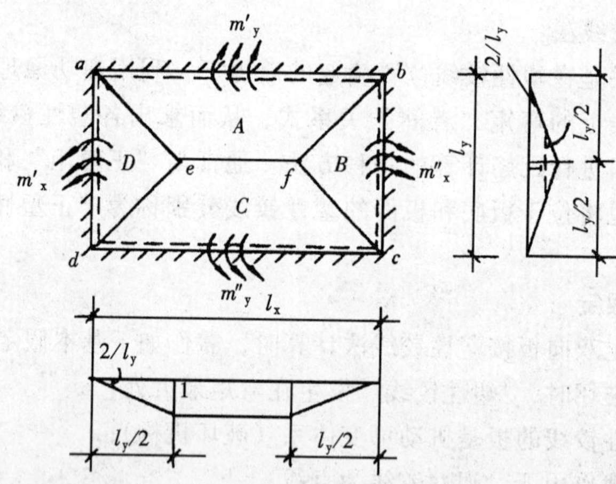

图1-47　均布荷载作用下四边固定双向板的破坏图式

$$w_1=\left[(m'_x+m''_x)l_y+(m'_y+m''_y)l_x\right]\frac{2}{l_y}$$

正塑性铰线 ef 上极限弯矩所做的内功为：

$$w_2=m_y(l_x-l_y)\frac{4}{l_y}$$

四条斜向正塑性铰线沿长跨方向极限弯矩所做的内功为：

$$w_3=4m_x\frac{l_y}{2}\cdot\frac{2}{l_y}=4m_x$$

同理，四条斜向正塑性铰线沿短跨方向极限弯矩所做的内功为：

$$w_4 = 4m_y \frac{l_y}{2} \cdot \frac{2}{l_y} = 4m_y$$

所以，由塑性铰线上极限弯矩所做的总内功为：

$$w_{in} = w_1 + w_2 + w_3 + w_4 \tag{1-39}$$

根据虚功原理，当形成破坏机构时，由极限均布荷载 $p = g + q$ 所做内外功应等于由塑性铰上的极限弯矩所做的内功，即 $w_{ex} = w_{in}$。

设 $M_x = m_x l_y \quad M'_x = m'_x l_y \quad M''_x = m'_x l_y$

$M_y = m_y l_x \quad M'_y = m'_y l_x \quad M''_y = m''_y l_x$

则可得双向板按塑性铰线法计算的基本公式：

$$2M_x + 2M_y + M'_x + M''_x + M'_y + M''_y = \frac{1}{12} p\ (3l_x - l_y)\ l_y^2 \tag{1-40}$$

式中，M_x、M_y——对应于 l_x，l_y 方向整块板内的跨中塑性铰线上总的极限弯矩；

M'_x、M''_x、M'_y、M''_y——对应于 l_x，l_y 方向整块板内两对支座塑性铰线上总的极限弯矩；

p——板上作用的均布荷载设计值；

l_y——双向板短跨长度；

l_x——双向板长跨长度。

利用式（1-40）具体计算时，有六个未知数 M_x，M_y，M'_x，M'_y，M''_x和 M''_y，不可能求解，此时应事先选定各弯矩之间的比值：

设

$$\alpha = \frac{m_y}{m_x} = \frac{l_x^2}{l_y^2}, \quad \beta = \frac{m'_x}{m_x} = \frac{m''_x}{m_x} = \frac{m'_y}{m_y} = \frac{m''_y}{m_y} \tag{1-41}$$

β 值宜在 1.5~2.5 之间选用，通常取 $\beta = 2.0$。因此，式（1-40）中左边各项皆可通过 α、β 换算程 m_x 和 m_y，当已知 l_x，l_y 和 p 后，即可计算出 m_x 或 m_y，进而求出 m'_x，m'_y，m''_x和 m''_y，然后作截面配筋计算。

当双向板周边为简支时，总的极限弯矩值按实际情况计算。

②采用弯起钢筋

为了充分利用钢筋，通常将两个方向承受跨中正弯矩的钢筋，在距支座不大于 $l_y/4$ 范围内将它们弯起，充当部分承受支座负弯矩的钢筋；此时在距支座 $l_y/4$ 以内的跨中塑性铰线上单位板宽的极限弯矩可分别取为 $m_x/2$ 和 $m_y/2$。

对连续双向板，可以首先从中间区格板开始，按四边固定的单区格板进行计算，则塑性铰线上总弯矩的计算公式为：

$$M_x = \frac{3}{4} m_x l_y$$

$$M_y = \alpha m_x \left(l_x - \frac{l_y}{4} \right)$$

$$M'_x = M''_x = \beta m_x l_y$$

$$M'_y = M''_y = \alpha\beta m_x l_x$$

将上述关系代入式（1-40），即可求得 m_x，后代入关系式（1-41），进而求出 m_y、m'_x、m'_y，m''_x和 m''_y。

对中间区格计算完毕后，可将中间区格板计算得出的各支座弯矩值，作为计算相邻区格板支座的已知弯矩值。这样，由内向外直至外区格依次解出。

对边、角区格板，按边界的实际支承情况进行计算。

比较弹性理论计算方法，用塑性铰线方法计算双向板一般可节省钢筋约20%～30%。塑性铰线法，在理论上属于上限解，即偏于“不安全”方面，但实际上由于穹窿作用等的有利影响，所求得的值并非真的“上限值”，可以保证一般工程结构的要求。

(4) 按塑性理论方法计算的适用范围

由于按塑性理论计算方法简单，计算结果更符合结构的实际工作情况，且能节省材料，合理调整钢筋布置，克服了支座处钢筋的拥挤现象，故在设计混凝土连续梁、板时，应尽量采用这种方法。但塑性理论方法是以形成塑性铰或塑性铰线为前提的，因此，并不是在任何情况下都能适用。按塑性理论方法计算的适用范围同单向板。

1.4.3 双向板的截面设计与构造要求

1. 双向板的截面设计

(1) 截面弯矩设计值的确定

试验研究表明：双向板的实际承载能力往往大于其计算值。这主要是因为双向板的实际受力情况与计算简图并不完全一致，此外还有材料潜在强度较高等因素的影响。双向板在荷载作用下，裂缝不断地出现与展开，同时由于支座的约束，导致在板的平面内，逐渐产生相当大的水平推力，整块平板存在着穹顶作用，即周边支承梁对板产生水平推力，使板的跨中弯矩减小，这就提高了板的承载力。因此截面设计时，为了考虑这一有利影响，《规范》规定：四边与梁整体连接板的弯矩可乘以下列折减系数：

①连续板中间区格的跨中及中间支座截面，折减系数为0.8；

②边区格的跨中及自楼板边缘算起的第二支座截面，当 $l_b/l < 1.5$ 时，折减系数为0.8；当 $1.5 \leq l_b/l < 2.0$ 时，折减系数为0.9。l_b 为区格沿楼板边缘方向的跨度，l 为区格垂直于楼板边缘方向的跨度。

③角区格的各截面不折减。

(2) 截面有效高度的确定

考虑短跨方向的弯矩比长跨方向的大，因此应将短跨方向的跨中受拉钢筋放在长跨方向的外侧，以得到较大的截面有效高度。截面有效高度 h_0 通常分别取值如下：

短距方向　$h_0 = h - 20$（mm）

长跨方向　$h_0 = h - 30$（mm）

式中 h 为板厚（mm）。

(3) 配筋计算

在求得板各跨跨中及各支座截面的弯矩设计值后，可根据正截面受弯承载力的计算来确定配筋。双向板在两个方向的配筋都应按计算确定。

板的计算宽度取 $b = 1000$mm，按单筋矩形截面设计。求截面配筋时，内力臂系数可近似地取 $\gamma = 0.90 \sim 0.95$。

2. 双向板的构造要求

(1) 双向板的厚度

一般不宜小于 80mm，也不大于 160mm。为了保证板的刚度，板的厚度 h 还应符合：

简支板　$h > l_x/45$；

连续板　$h > l_x/50$

此处 l_x 是较小跨度。

(2) 钢筋的配置

受力钢筋沿纵横两个方向设置，此时应将弯矩较大方向的钢筋设置在外层，另一方向的钢筋设置在内层。

板的配筋形式类似于单向板，有弯起式与分离式两种。沿墙边及墙角的板内构造钢筋与单向板楼盖相同。

按弹性理论计算时，其跨中弯矩不仅沿板长变化，而且沿板宽向两边逐渐减小；而板底钢筋是按跨中最大弯矩求得的，故应在两边予以减少。将板按纵横两个方向各划分为两个宽为 $l_x/4$（l_x 为较小跨度）的边缘板带和一个中间板

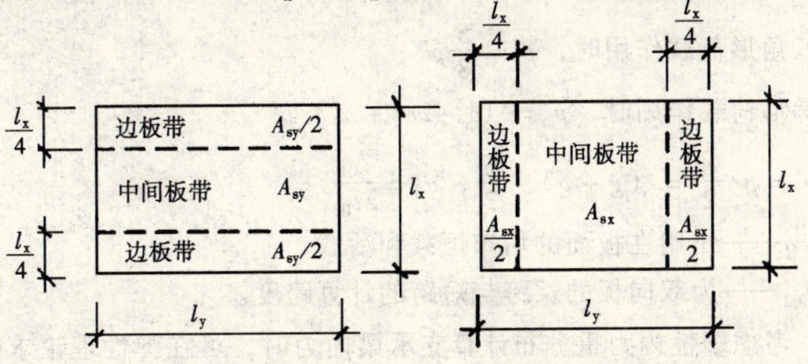

图 1-48　双向板配筋的分区和配筋量规定

带（见图 1-48）。边缘板带的配筋为中间板带配筋的 50%。连续支座上的钢筋，应沿全支座均匀布置。

受力钢筋的直径、间距、弯起点及截断点的位置等均可参照单向板配筋的有关规定。

按塑性铰线法计算时，板的跨中钢筋全板均匀配置；支座上的负弯矩钢筋按计算值沿支座均匀配置。沿墙边、墙角处的构造钢筋，与单向板楼盖中相同。

1.4.4 双向板支承梁的设计

作用在双向板上的荷载一般会向最近的支座方向传递，对于支承梁承受的荷载范围，可近似认为，以 45°等分角线为界，分别传至两相邻支座。这样，沿短跨方向的支承梁，承受板面传来的三角形分布荷载；沿长跨方向的支承梁，承受板面传来的梯形分布荷载，如图 1-49 所示。

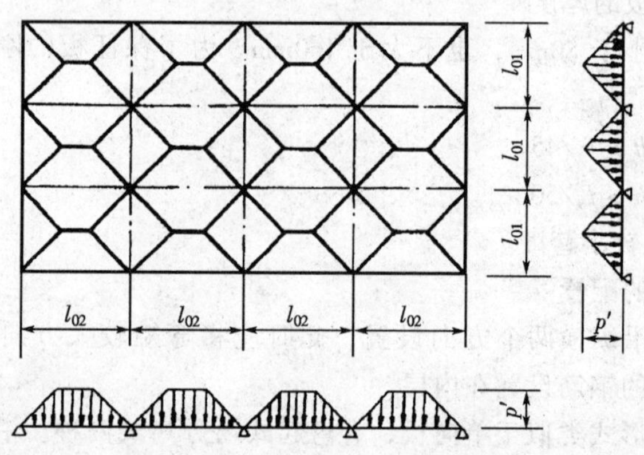

图 1-49 双向板支承梁承受的荷载

(1) 按弹性理论计算时，可采用支座弯矩等效的原则，取等效均布荷载 p_e 代替三角形荷载和梯形荷载，计算支承梁的支座弯矩。p_e 的取值如下：

当三角形荷载作用时，$p_e = \frac{5}{8} p'$ (1-42)

当梯形荷载作用时，$p_e = (1 - 2\alpha_1^2 + \alpha_1^3)\ p'$ (1-43)

式中 $p' = p \cdot \frac{l_{01}}{2} = (g + q) \cdot \frac{l_{01}}{2}$，$\alpha_1 = \frac{l_{01}}{2 l_{02}}$

g、q——作用在板面的均布恒载和活载；

l_{01}、l_{02}——为双向板的长跨与短跨的计算跨度。

(2) 考虑塑性内力重分布计算支承梁内力时，可在弹性理论求得的支座弯矩基础上，进行调幅，选定支座弯矩（通常取支座弯矩绝对值降低 25%），再按实际荷载求出跨中弯矩。

1.5 现浇双向板肋梁楼盖板设计实例

某厂房双向板肋梁楼盖的结构平面布置如图 1-50 所示。楼面可变荷载标准值为 6.0kN/m^2，混凝土强度级别为 C30，钢筋采用 HPB235 钢筋（Ⅰ级钢）。板厚为 100mm，支承梁宽度为 200mm。试分别按弹性理论和塑性理论方法对楼板进行配筋设计。

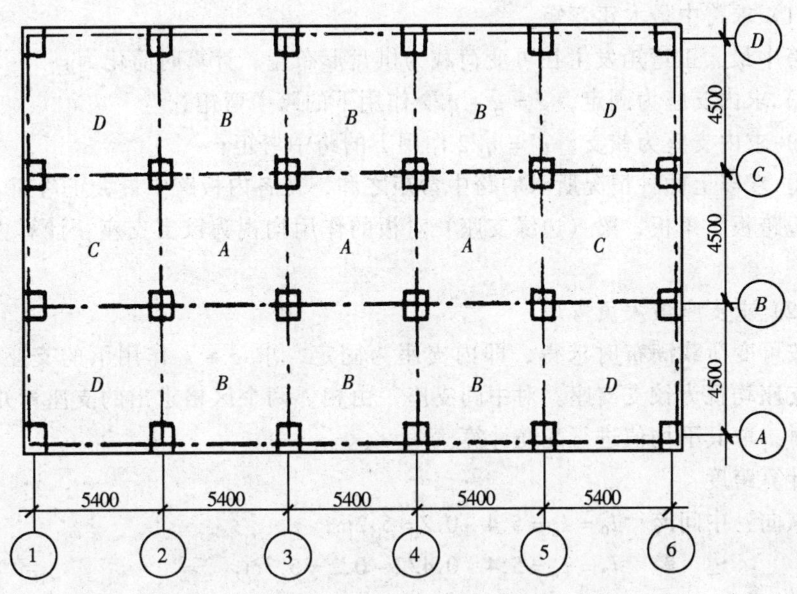

图 1-50 双向板肋梁楼盖结构平面布置图

1. 设计资料

(1) 楼面构造层做法：20mm 厚水泥砂浆面层；15mm 厚混合砂浆天棚抹灰。

(2) 楼面可变荷载标准值为 6.0kN/m^2。

(3) 材料选用

混凝土：采用 C30（$f_c = 14.3\text{N/mm}^2$，$c = 1.43\text{N/mm}^2$）；

钢筋：采用 HPB235 钢筋（Ⅰ级钢，$f_y = 210\text{N/mm}^2$）。

(4) 截面尺寸

柱：400mm × 400mm

梁：两个方向的梁宽均为 $b = 200$mm；梁高分别 400mm 和 500mm

板：板厚 $h = 100$mm

2. 荷载计算

20mm 水泥砂浆面层	$0.02\times20=0.40\text{kN/m}^2$
100mm 钢筋混凝土板	$0.10\times25=2.50\text{kN/m}^2$
15mm 混合砂浆天棚抹灰	$0.015\times17=0.26\text{kN/m}^2$
	3.16kN/m^2
永久荷载设计值	$g=1.2\times3.16=3.79\text{kN/m}^2$
可变荷载设计值	$q=1.3\times6.0=7.80\text{kN/m}^2$
合计	11.59kN/m^2

3. 按弹性理论计算

(1) 求跨中最大正弯矩

跨中最大正弯矩发生在可变荷载为棋盘形布置。计算时简化为：

1) 求内支座为固定，$g=g+q/2$ 作用下的跨中弯矩；

2) 求内支座为铰支，$q'=q/2$ 作用下的跨中弯矩；

3) 求以上两种情况所求的跨中弯矩之和，得各内板跨中最大正弯矩。

边跨板、角板，梁（边缘支座）对板的作用均视为铰支支座，计算方法同内板。

(2) 求支座最大负弯矩

按可变荷载满布时求得，即内支座为固定，求 $g+g$ 作用下的支座弯矩。边缘支座均视为铰支支座。对中间支座，由相邻两个区格求出的支座弯矩值不相等时，取其平均值进行配筋计算。

计算跨度：

纵向：中间跨　$l_0=l_n=5.4-0.2=5.2\text{m}$；

　　　边　跨　$l_0=l_n=5.4+0.4/2-0.2=5.3\text{m}$；

横向：中间跨　$l_0=l_n=4.5-0.2=4.3\text{m}$；

　　　边　跨　$l_0=l_n=4.5+0.4/2-0.2-0.2/2=4.4\text{m}$。

截面的有效高度 h。

对跨中截面：横向 $h_0=100-20=80\text{mm}$，纵向 $h_0=100-30=70\text{mm}$；

对支座截面均取：$h_0=80\text{mm}$。

按弹性理论计算的弯矩，见表 1-16。

配筋计算结果略。

4. 按塑性铰线法设计

(1) 荷载设计值：$p=g+q=11.59\text{kN/m}^2$

(2) 板的配筋方式采用弯起式

(3) 按极限平衡法求塑性铰线上极限弯矩

首先从中间区格 A 开始计算，之后依次求 B、C、D 区格的跨中及支座弯矩。

弯矩的计算结果及配筋计算结果见下表 1-17、1-18 和图 1-51。

按弹性理论计算弯矩（单位：kN·m）　　表 1-16

计算内容		A 区格	B 区格	C 区格	D 区格
l_x/l_y		5.2/4.3	5.2/4.4	5.3/4.3	5.3/4.4
$\nu=0$	m_x	$0.015\times7.69\times4.3^2$ $+0.0341\times3.9\times4.3^2$ $=4.592$	$0.0156\times7.69\times4.4^2$ $+0.0204\times3.9\times4.4^2$ $=3.863$	$0.0146\times7.69\times4.3^2$ $+0.0326\times3.9\times4.3^2$ $=4.427$	$0.016\times7.69\times4.4^2$ $+0.0211\times3.9\times4.4^2$ $=3.975$
	m_y	$0.0259\times7.69\times4.3^2$ $+0.0533\times3.9\times4.3^2$ $=7.526$	$0.0246\times7.69\times4.4^2$ $+0.0400\times3.9\times4.4^2$ $=6.683$	$0.0266\times7.69\times4.3^2$ $+0.0412\times3.9\times4.3^2$ $=6.753$	$0.0256\times7.69\times4.4^2$ $+0.0328\times3.9\times4.4^2$ $=6.288$
$\nu=0.2$	m_x^{ν}	6.097	5.200	5.778	5.233
	m_y^{ν}	8.444	7.456	7.638	7.083
m'_x		$-0.0555\times11.59\times4.3^2$ $=-11.89$	$-0.0551\times11.59\times4.4^2$ $=-12.36$	$-0.0557\times11.59\times4.3^2$ $=-11.94$	$-0.0554\times11.59\times4.4^2$ $=-12.43$
m'_y		$-0.0645\times11.59\times4.3^2$ $=-13.82$	$-0.0626\times11.59\times4.4^2$ $=-14.05$	$-0.0658\times11.59\times4.3^2$ $=-14.10$	$-0.0634\times11.59\times4.4^2$ $=-14.23$

按塑性铰线法计算弯矩（单位：kN·m）　　表 1-17

计算内容	A 区格	B 区格	C 区格	D 区格
l_x（m）	5.2	5.2	5.3	5.3
l_y（m）	4.3	4.4	4.3	4.4
M_x	$3.225m_x$	$3.3m_x$	$3.225m_x$	$3.3m_x$
M_y	$6.032m_x$	$5.726m_x$	$6.419m_x$	$6.094m_x$
M'_x	$8.6m_x$	$8.8m_x$	$8.6m_x$（边）	$8.8m_x$（边）
M'_y	$15.21m_x$	$8.924\times5.2=46.40$	$16.10m_x$	$9.148\times5.3=48.48$
M''_x	$8.6m_x$	$8.8m_x$	$6.102\times4.3=26.24$	$6.496\times4.4=28.58$
M''_y	$15.21m_x$	$14.53m_x$（边）	$16.10m_x$	$15.38m_x$（边）
m_x（kN·m）	3.051	3.248	3.011	3.211
m_y（kN·m）	4.462	4.536	4.574	4.659
m'_x（kN·m）	6.102	6.496	6.022	6.422
m'_y（kN·m）	8.924	8.924	9.148	9.148
m''_x（kN·m）	6.102	6.496	6.102	6.496
m''_y（kN·m）	8.924	9.072	9.148	9.318

按塑性铰线法计算配筋 **表 1-18**

截面			h_0（mm）	M（kN·m）	A_s（mm²）	选配钢筋	实际 A_s（mm²）
跨中	A 区格	l_x 方向	70	3.051×0.8=2.441	169.1	Φ8@160	314
		l_y 方向	80	4.462×0.8=3.750	216.8	Φ8@160	314
	B 区格	l_x 方向	70	3.248×0.8=2.598	180.1	Φ8@160	314
		l_y 方向	80	4.536×0.8=3.629	220.5	Φ8@160	314
	C 区格	l_x 方向	70	3.011×0.8=2.409	166.8	Φ8@160	314
		l_y 方向	80	4.574×0.8=3.569	222.3	Φ8@160	314
	D 区格	l_x 方向	70	3.211	223.7	Φ8@160	314
		l_y 方向	80	4.659	284.8	Φ8@160	314
支座	A—A		80	−6.102×0.8=−4.882	298.8	Φ8@320+Φ8@320	314
	A—B		80	−8.924×0.8=−7.139	442.9	Φ8@160+Φ8@320	471
	A—C		80	−6.102×0.8=−4.882	298.8	Φ8@320+Φ8@320	314
	B—B		80	−6.496×0.8=−5.197	318.7	Φ8@320+Φ8@320	314
	B—D		80	−6.496	401.5	Φ8@160+Φ8@320	471
	C—D		80	−9.148	574.9	Φ8@160+Φ8@160	629
	B 边支座		80	−9.072	569.8	Φ8@320+Φ10@160	648
	C 边支座		80	−6.022	371.1	Φ8@320+Φ8@160	471
	D 边支座（l_x 方向）		80	−6.422	396.7	Φ8@320+Φ8@160	471
	D 边支座（l_y 方向）		80	−9.318	586.2	Φ8@320+Φ10@160	648

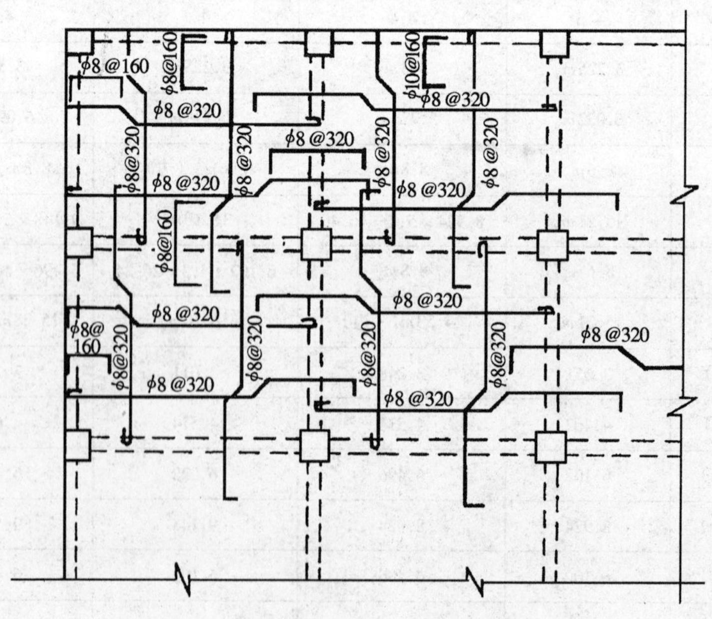

图 1-51　按塑性铰线法设计的板的配筋

1.6 装配式混凝土楼盖

装配式混凝土楼盖主要由搁置在承重墙或梁上的预制混凝土铺板组成，故又称为装配式铺板楼盖。

设计装配式楼盖时，一方面应注意合理地进行楼盖结构布置和预制构件选型，另一方面要处理好预制构件间的连接以及预制构件和墙（柱）的连接。

装配式楼盖主要有铺板式，密肋式和无梁式等，其中铺板式应用最广。铺板式楼盖的主要构件是预制板和预制梁。各地大量采用的是本地区的通用定型构件，由各地预制构件厂供应，当有特殊要求，或施工条件受到限制时，才进行专用的构件设计。因此，本书着重介绍铺板的形式、优缺点及其适用范围。对这种楼盖的连接构造和装配式构件的计算特点也做扼要的介绍。

1.6.1 预制铺板的形式、特点及其适用范围

常用的预制铺板有实心板、空心板、槽形板、T形板等，其中以空心板的应用最为广泛。我国各地区或省一般均有自编的标准图，其他铺板大多数也编有标准图。随着建筑业的发展，预制的大型楼板（平板式或双向肋形板）也日益增多。

1. 实心板

实心板（图 1-52a）上下表面平整，制作简单，但材料用量较多，适用于荷载及跨度较小的走道板、管沟盖板、楼梯平台板等。

常用板长 $l = 1.8\text{m} \sim 2.4\text{m}$，板厚 $h \geqslant l/30$，常用 50mm ~ 100mm；板宽 $B =$ 500mm ~ 1000mm。

2. 空心板

空心板自重比实心板轻，截面高度可取较实心板大，故其刚度较大，隔音、隔热效果亦较好，其顶棚或楼面均较槽形板易于处理，因而在装配式楼盖

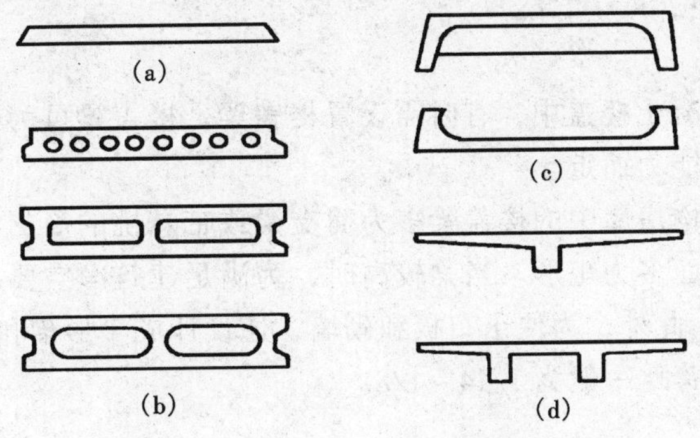

图 1-52 预制铺板的截面形式

中应用甚为广泛。空心板的缺点是板面不能任意开洞，自重也较槽形板大。

空心板截面的孔型有圆形、方形、矩形或长圆形（图 1-52b），视截面尺寸及抽芯设备而定，孔数视板宽而定。扩大和增加孔洞对节约混凝土减轻自重和隔音有利，但若孔洞过大，其板面需按计算配筋时反而不经济，此外，大孔洞板在抽芯时，易造成尚未结硬的混凝土坍落。为避免空心板端部压坏，在板端应塞混凝土堵头。

空心板截面高度可取为跨度的 $l/20 \sim l/25$（普通钢筋混凝土的）或 $l/30 \sim l/35$（预应力混凝土的），其取值宜符合砖的模数。通常有 120mm、180mm、240mm 几种。空心板的宽度主要根据当地制作、运输和吊装设备的具体条件而定，常用 500mm、600mm、900mm、1200mm。应尽可能地采取宽板以加快安装进度。板的长度视房间或进深的大小而定，一般有 3.0m、3.3m、3.6m，……6m，多数按 0.3m 进级。目前，非预应力空心板的最大长度为 4.8m，预应力的可达 7.5m。

3. 槽形板

槽形板有肋向下（正槽板）和肋向上（倒槽板）两种（图 1-52c）。正槽板可以较充分利用板面混凝土抗压，但不能直接形成平整的天棚，倒槽板则反之。槽形板较空心板轻，但隔音隔热性能较差。

槽形板由于开洞较自由，承载能力较大，故在工业建筑中采用较多。此外，也可用于对天花板要求不高的民用建筑屋盖和楼面结构。

4. T 形板

T 形板有单 T 板和双 T 板两种（图 1-52d）。这类板受力性能良好，布置灵活，能跨越较大的空间，且开洞也较自由，但整体刚度不如其它类型的板。双 T 板比单 T 板有较好的整体刚度，但自重较大，对吊装能力要求较高。T 形板适用于板跨在 12m 以内的楼面和屋盖结构。

T 形板的翼缘宽度为 1500mm ~ 2100mm；截面高度为 300mm ~ 500mm。视其跨度大小而定。

1.6.2 楼盖梁

在装配式混凝土楼盖中，有时需设置楼盖梁。楼盖梁可为预制或现浇，视梁的尺寸和吊装能力而定。

一般混合结构房屋中的楼盖梁多为简支梁或带悬挑的简支梁，有时也做成连续梁。梁的截面多为矩形。当梁较高时，为满足建筑净空要求，往往做成花篮梁（十字梁）。此外，为便于布板和砌墙，还设计成 T 形梁和 Γ 形梁。

简支梁的高跨比一般为 1/14 ~ 1/8。

1.6.3 装配式构件的计算要点

装配式梁板构件，其使用阶段承载力、变形和裂缝开展验算与现浇整体式结构完全相同。但是，这种构件在制作、运输和吊装阶段的受力与使用阶段不同，故还需要进行施工阶段的验算（包括吊环、吊钩的计算）。

1. 施工阶段的验算

对于装配式钢筋混凝土梁板构件，必须进行运输和吊装验算。对于预应力混凝土构件。还应进行张拉（后张法构件）和放松（先张法构件）预应力钢筋时构件承载力和抗裂度的验算。这时，应注意下列各点：

(1) 按构件实际堆放情况和吊点位置确定计算简图；

(2) 考虑运输、吊装时的动力作用，构件自重应乘以1.5的动力系数；

(3) 对于预制楼板、挑檐板、雨篷板等构件，应考虑在其最不利位置作用1kN的施工集中荷载（当计算挑檐、雨篷承载力时，沿板宽每隔1m考虑一个集中荷载，在验算其倾覆时，沿板宽每隔2.5m~3m考虑一个集中荷载），该集中荷载与使用活荷载不同时考虑。

2. 吊环的计算与构造

在吊装过程中，每个吊环可考虑两个截面受力，故吊环截面面积可按下式计算

$$A=\frac{G}{2m\,[\sigma_s]} \tag{1-44}$$

式中 G——构件自重（不考虑动力系数）的标准值；

m——受力吊环数，当构件设有4个吊环时，最多只能考虑3个，即取 $m=3$；

$[\sigma_s]$——吊环钢的容许设计应力，考虑动力作用之后，规范规定 $[\sigma_s]=50\text{N/mm}^2$。

吊环应采用HPB235钢筋，并严禁冷拉，以保持吊环具有良好的塑性。吊环锚固深度应不小于30d，并宜焊接或绑扎在构件钢筋的骨架上。

1.6.4 装配式混凝土楼盖的连接构造

楼盖除承受竖向荷载外，它还作为纵墙的支点，起着将水平荷载传递给横墙的作用。在这一传力过程中，楼盖在自身平面内，可视为支承在横墙上的深梁，其中将产生弯曲和剪切应力。因此，要求铺板与铺板之间、铺板与墙之间以及铺板与梁之间的连接应能承受这些应力，以保证这种楼盖在水平方向的整体性。此外，增强铺板之间的连接，也可增加楼盖在垂直方向受力时的整体性，改善各独立铺板的工作条件。因此，在装配式混凝土楼盖设计中，应处理

好各构件之间的连接构造。

1. 板与板的连接

板与板的连接，一般采用强度不低于 C20 的细石混凝土或砂浆灌缝（图 1-53a）。

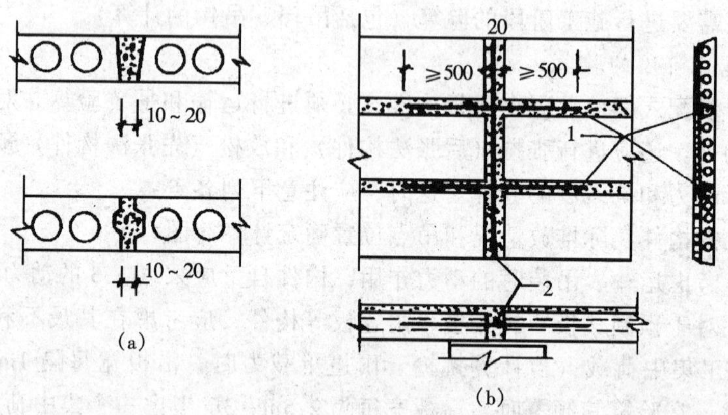

图 1-53　板与板的连接构造

(a) 一般连接构造；(b) 有抗震要求时的连接构造

1—拉接钢筋，间距≤2000mm；2—通长构造钢筋

当楼面有振动荷载或房屋有抗震设防要求时，板缝内应设置拉接钢筋（图 1-53b）。此时，板间缝应适当加宽。

2. 板与墙和板与梁的连接

板与墙和梁的连接，分支承与非支承两种情况。

板与其支承墙和梁的连接，一般采用在支座上坐浆（厚度约为 10mm ~ 20mm）。板在砖墙上支承宽应≥100mm，在钢筋混凝土梁上支承宽应≥60mm ~ 80mm（图 1-54），方能保证可靠地连接。

板与非支承墙和梁的连接，一般采用细石混凝土灌缝（图 1-55a）。当板长

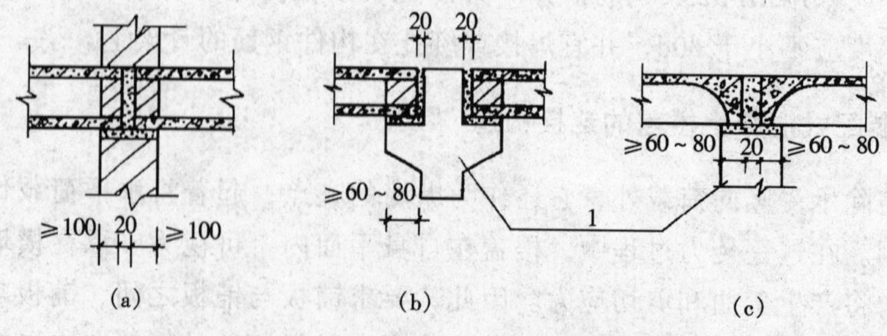

图 1-54　板与支承墙和板与支承梁的连接构造

(a) 板与墙的连接；(b)、(c) 板与钢筋混凝土梁的连接

1—钢筋混凝土梁

≥5m 时，应在板的跨中设置二根直径为 8mm 的联系筋（图 1-55b），或将钢筋混凝土圈梁设置于楼盖平面处（图 1-55c），以增强其整体性。

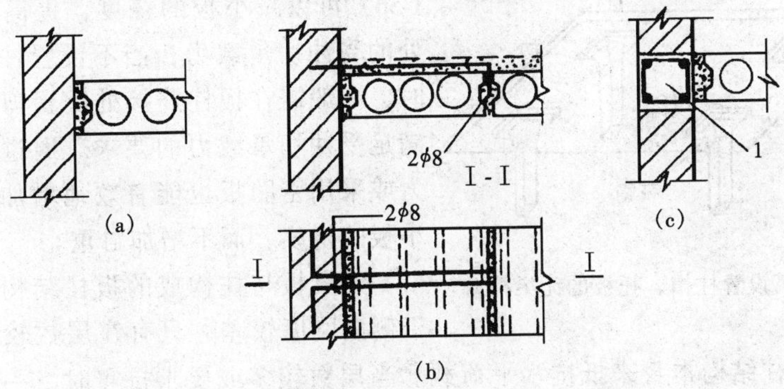

图 1-55　板与非支承墙的连接构造

(a) 板长 < 5m 时；(b)、(c) 板长 ≥5m 时

1—钢筋混凝土圈梁

3. 梁与墙的连接

梁在砖墙上的支承长度，应满足梁内受力钢筋在支座处的锚固要求和支座处砌体局部抗压承载力的要求。当砌体局部抗压承载力不足时，应按砌体结构设计规范设置梁下垫块。

预制梁也应在支承处坐浆 10mm ~ 20mm；必要时，在梁端设置拉结钢筋。

1.7　无梁楼盖

1.7.1　概述

所谓无梁楼盖，就是在楼盖中不设梁肋，而将板直接支承在柱上。

无梁楼盖是一种双向受力楼盖，楼面荷载直接传给柱子，再传给基础，因此，它的柱网都采用正方形或矩形，以正方形最为经济，板内钢筋沿两个方向布置。楼盖的四周可支承在墙上或边梁上，或悬臂伸出边柱以外。悬臂板挑出适当的距离，能减小边跨的跨中弯矩。

无梁楼盖的特点是传力体系简化，又没有梁，因此扩大了楼层净空，并且底面平整，模板简单，便于施工。根据经验，当楼面可变荷载标准值在 5kN/m^2 以上、跨度在 6m 以内时，无梁楼盖较肋梁楼盖经济。因而无梁楼盖常用于多层厂房、商场、库房等建筑。

无梁楼盖的主要缺点是由于取消了肋梁，无梁楼盖的抗弯刚度减小、挠度增大；柱子周边的剪应力高度集中，可能会引起局部板的冲切破坏。

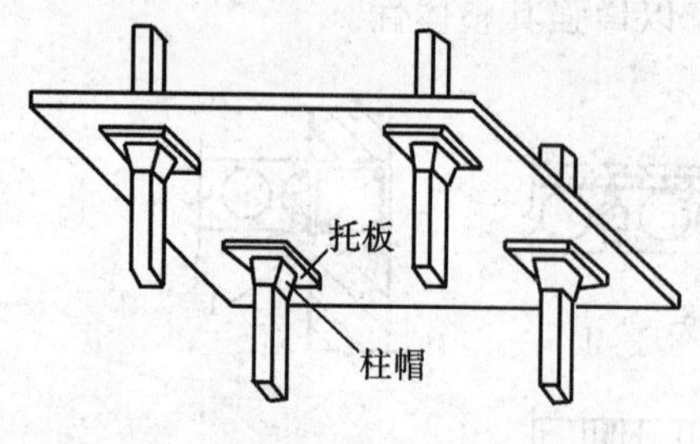

图 1-56 设置柱帽、托板的无梁楼盖

通过在柱的上端设置柱帽、托板（图 1-56）可以减小板的挠度，提高板柱连接处的受冲切承载力；当不设置柱帽、托板时，一般需在板柱连接处配置剪切钢筋来满足受冲切承载力的要求。通过施加预应力或采用密肋板也能有效地增加刚度、减小板的挠度，而不增加自重。

无梁板与柱构成的板柱结构体系，由于侧向刚度较差，只有在层数较少的建筑中才靠板柱结构本身来抵抗水平荷载。当层数较多或要求抗震时，一般需设剪力墙来增加侧向刚度，构成板柱-剪力墙结构。

无梁楼盖按楼面结构形式分为平板和密肋板。按有无柱帽分为无柱帽轻型无梁楼盖和有柱帽无梁楼盖。按施工程序分为现浇式无梁楼盖和装配整体式无梁楼盖。采用升板法施工的无梁楼盖即为装配整体式的一种。

1.7.2 无梁楼盖的内力计算

1. 破坏特征

图 1-57 所示为有柱帽无梁楼盖在破坏时的裂缝分布。试验中观察到，在均布荷载作用下，第一批裂缝出现在柱帽顶面上；继续加载，在板顶出现沿柱列轴线的裂缝。随着荷载的不断增加，顶板裂缝不断发展，在板底跨中约 1/3 跨度内成批地出现互相垂直且平行于柱列轴线的裂缝。当即将破坏时，在柱帽顶面上和柱列轴线的顶板以及跨中板底的裂缝中出现一些特别大的主裂缝。在这些裂缝处，受拉钢筋达到屈服，受压区混凝土被压碎，此时楼板即告破坏。

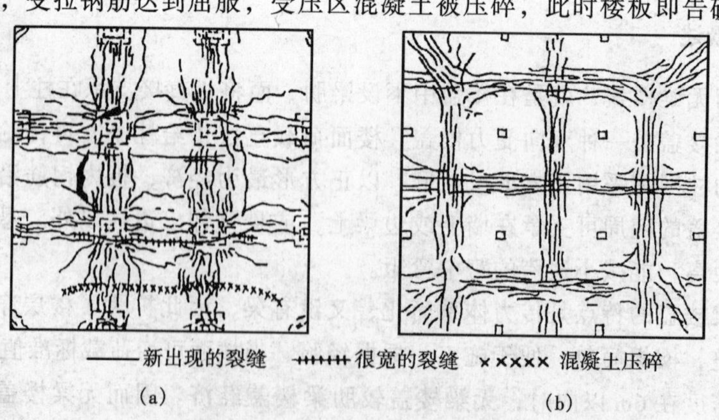

图 1-57 无梁楼盖的破坏裂缝

a—板面裂缝；b—板底裂缝

2. 受力特点

直接支承于柱的无梁板（亦称平板）是双向受力的。为了更清楚地了解无梁板的受力特点，先将其与前面介绍过的单向板、双向板做个比较。图 1-58 中的正方形无梁板、单向板和双向板都是在四个角点用柱支承，如果板上的面荷载为 q，不难知道，单向板跨中弯矩与柱支承平板的跨中弯矩一样，都等于$\frac{1}{8}ql_y l_x^2$。双向板两侧有梁支承，梁的反力在板内引起的弯矩与荷载引起的弯矩抵消一部分，使得板的跨中弯矩要小于$\frac{1}{8}ql_y l_x^2$。于是，可以得到这样的结论：无梁板虽然是双向受力，但其受力特点却更接近于单向板，只不过单向板是一向由板受弯、另一向由梁受弯；而无梁板在两个方向都是由板受弯。与单向板不同的是，在无梁板计算跨度内的任一截面，内力与变形沿宽度方向是处处不同的。

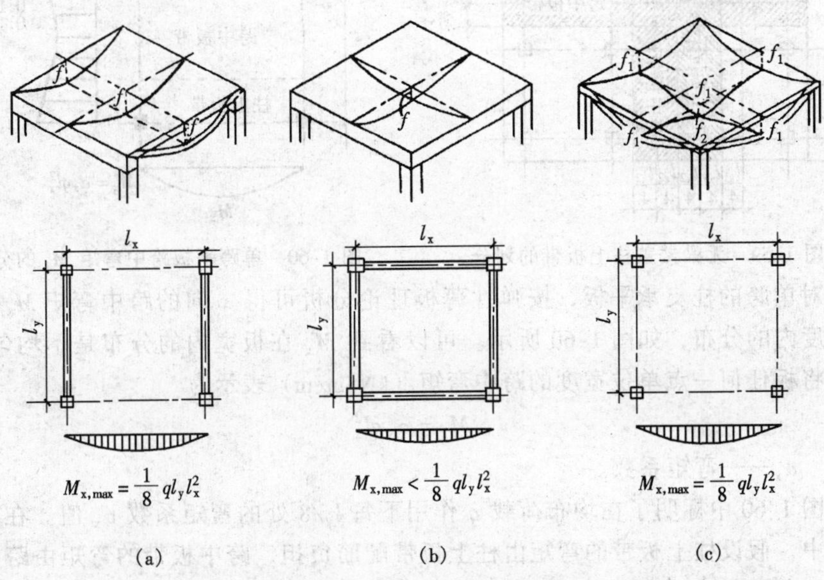

图 1-58 单向板、双向板和无梁板的受力比较
(a) 单向板；(b) 双向板；(c) 无梁板

无梁楼盖可按柱网划分成若干区格，将其视为由支承在柱上的"柱上板带"和弹性支承于柱上板带的"跨中板带"组成的水平结构，如图 1-59 所示。柱中心线两侧各 1/4 跨度范围内的板带称为柱上板带，跨中板带是柱上板带之间的部分，其宽度是跨度的 1/2。考虑到钢筋混凝土板具有内力重分布的能力，可以假定在同一种板带宽度内，内力的数值是均匀的，钢筋也可以均匀地布置。

3. 内力计算

无梁楼盖既可按弹性理论计算，也可按塑性理论计算。下面介绍的是两种应用较广的弹性理论计算方法：弯矩系数法和等代框架法。

(1) 弯矩系数法

弯矩系数法是在弹性薄板理论的分析基础上，给出柱上板带和跨中板带在跨中截面、支座截面上的弯矩计算系数；计算时，先算出总弯矩，再乘以相应的弯矩计算系数即可得到各截面的弯矩。

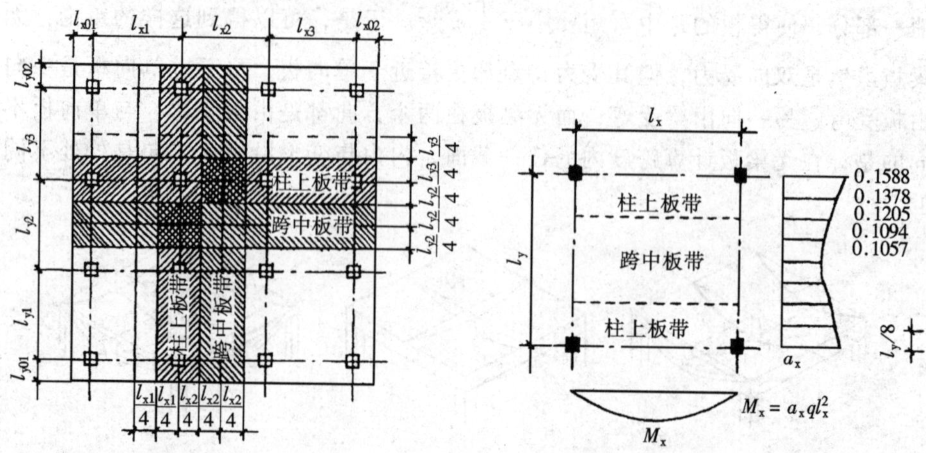

图 1-59　无梁楼盖柱上板带的划分　　　　图 1-60　单跨平板跨中弯矩 M_x 的分布

对单跨的柱支承平板，按弹性薄板理论分析可得 x 向的跨中弯矩 M_x 沿 y 向宽度内的分布，如图 1-60 所示。可以看到 M_x 在板宽内的分布是不均匀的，如果将板任何一点单位宽度的跨中弯矩（kN·m/m）表示为

$$M_x = \alpha_x q l_x^2$$

式中　α_x——弯矩系数。

图 1-60 中标明了在均布荷载 q 作用下每 $l_y/8$ 处的弯矩系数 α_x 值。在实际工程中，假设柱上板带的弯矩由柱上板带配筋负担，跨中板带的弯矩由跨中板带配筋负担，设计时取同一板带内的平均弯矩值进行计算。

由图 1-60，可得柱上板带正弯矩为

$$\begin{aligned}\Sigma\left(M_x \frac{l_y}{8}\right) &= \Sigma\left(\alpha_x q l_x^2 \frac{l_y}{8}\right) = \frac{1}{8} q l_y l_x^2 \Sigma\alpha_x \\ &= \frac{1}{8} q l_y l_x^2 \ (0.1588 + 2\times 0.1378 + 0.1205) \\ &= 0.555 \times \frac{1}{8} q l_y l_x^2 \approx 0.55 M_0\end{aligned}$$

式中，$M_0 = \frac{1}{8} q l_y l_x^2$，是简支梁跨中弯矩，或称总弯矩，0.55 就是柱上板带跨中正弯矩计算系数。类似地，可得跨中板带正弯矩计算系数为 0.45。

表 1-19 汇总了无梁板在不同截面的弯矩计算系数，它可用于承受均布荷载的钢筋混凝土连续平板的计算。

无梁板的弯矩计算系数 **表 1-19**

截面位置	端跨			内跨	
	边支座	跨中	内支座	跨中	支座
柱上板带	-0.48	-0.22	-0.50	-0.18	-0.50
跨中板带	-0.05	0.18	-0.17	0.15	-0.17

注：1. 表中系数可用于长跨和短跨之比小于 1.5；
2. 端跨外有悬臂板且悬臂板端部的负弯矩大于端跨边支座弯矩时，需考虑悬臂弯矩对边支座和内跨弯矩的影响。

采用弯矩系数法时，必须符合下列条件：

①每个方向至少有三个连续跨；

②任一区格板的长跨和短跨之比值不大于 1.5；

③同方向相邻跨度的差值不超过较长跨度的 1/3；

④可变荷载与永久荷载设计值之比值 $q/g \leqslant 3$。

用该法计算时，板面荷载取全部均布荷载，而不必考虑活荷载的不利组合。

在一个区格板中，两个方向的总弯矩设计值分别为

$$M_{0x} = \frac{1}{8}(g+q)l_y\left(l_x - \frac{2}{3}c\right)^2$$

$$M_{0y} = \frac{1}{8}(g+q)l_x\left(l_y - \frac{2}{3}c\right)^2 \tag{1-45}$$

式中 g，q——板面永久荷载和可变荷载设计值（kN/m^2）；

l_x，l_y——沿纵、横两个方向的柱网轴线尺寸；

c——柱帽计算宽度，按图 1-61 确定。

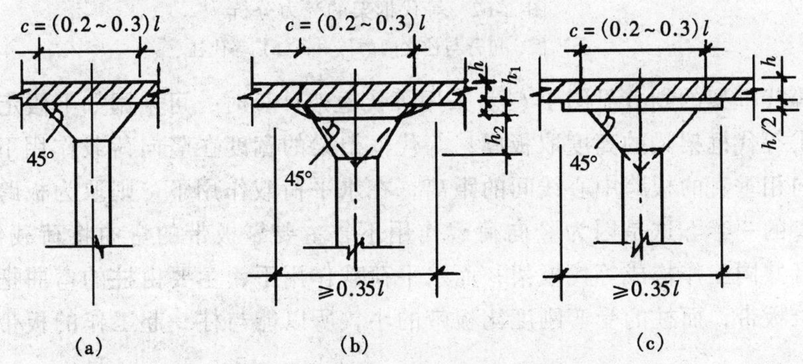

图 1-61 各种形式的柱帽和有效跨度

(a) 台锥形柱帽；(b) 折线形柱帽；(c) 带托板柱帽

(2) 等代框架法

等代框架法是把整个结构分别沿纵、横柱列划分为具有“等代框架柱”和“等代框架梁”的纵向等代框架和横向等代框架。等代框架与普通框架有所不同。在普通框架中，梁和柱可直接传递内力（弯矩、剪力和轴力）。而在等代框架中，在竖向荷载作用下，等代框架梁的宽度取与梁跨方向相垂直的板跨中心线间的距离，其值大大超过柱宽，故仅有一部分竖向荷载（大体相应于柱或柱帽的那部分荷载）产生的弯矩可以通过板直接传递给柱，其余都要通过扭矩进行传递。这时可以假设两端与柱（或柱帽）等宽的板为扭臂，如图 1-62 所示，柱（或柱帽）宽以外的那部分荷载使扭臂受扭，并将扭矩传递给柱，使柱受弯。因此，在无梁楼盖等代框架中的柱应该是包括柱（柱帽）和两侧扭臂在内的等代柱，它的刚度应为考虑柱的受弯刚度和扭臂的受扭刚度后的等代刚度。至于柱本身和等代梁的截面和跨度的确定，则要考虑板柱节点处柱帽的影响。柱帽既加强了等代柱，也加强了等代梁，因而等代梁端和等代柱端往往有一个刚度为无穷大的区段，它对等代框架梁的跨度、柱高、刚度以及用力矩分配法计算时的弯矩传递系数等都会产生影响。

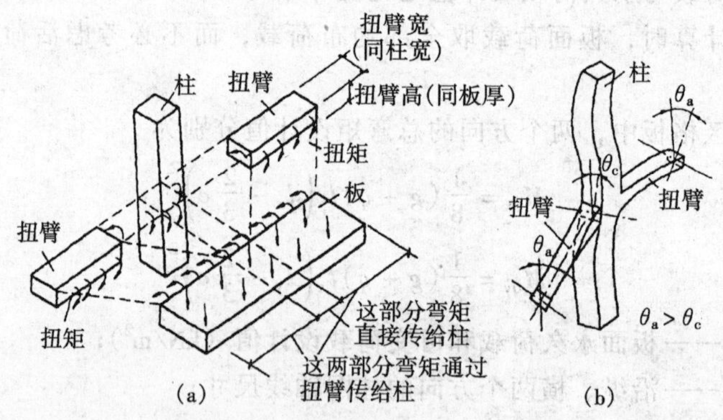

图 1-62　等代框架的受力分析

（a）板、扭臂与柱之间的传力；（b）等代柱

等代框架的划分见图 1-63。采用等代框架计算时，可采用如下假定：

①等代框架梁的高度取板厚；等代框架梁的宽度在竖向荷载作用下取与梁跨方向相垂直的板跨中心线间的距离，在水平荷载作用下，则取为板跨中心线间距离的一半。这是因为竖向荷载作用下，主要靠板带的弯曲将荷载传给柱，使两者共同工作构成等代框架；而水平荷载作用下，主要由柱的弯曲把水平荷载传给板带，而柱的受弯刚度比板带的小，所以能与柱一起工作的板带宽度要小些。等代框架梁的跨度，在两个方向分别取 $l_x - \frac{2}{3}c$ 与 $l_y - \frac{2}{3}c$，c 是柱帽的计算宽度。

②等代框架柱的截面取柱本身的截面；柱的计算高度，对于一般层，取层高减去柱帽的高度，对于底层，取基础顶面至底层楼面的高度减去柱帽高度。

③当仅有竖向荷载作用时，框架可按分层法简化计算，即所计算的上、下层楼板均视作上层柱与下层柱的固定远端。

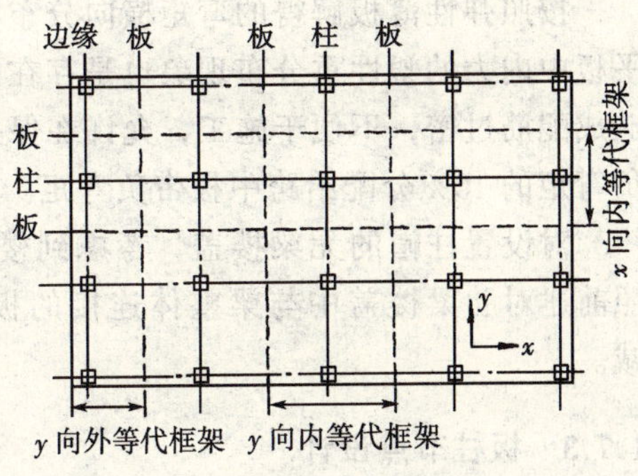

图 1-63　等代框架的划分

按等代框架计算时，应考虑可变荷载的最不利布置。但当可变荷载值不超过永久荷载值的75%时，可变荷载可按各跨满布考虑。

按框架内力分析得出的柱内力，可以直接用于柱的截面设计。对于梁的内力，还需分配给不同的板带。当区格板的边长比 $l_x/l_y \leqslant 1.5$ 时，可将计算所得的等代框架梁中各截面的弯矩值按表 1-20 所列的分配比值分配给柱上板带和跨中板带。但严格地说，当 $l_x/l_y \neq 1$ 时，就应采用表 1-21 所列的分配比值。

等代框架计算的弯矩分配比值　　　　**表 1-20**

项目	端跨			内跨	
	边支座	跨中	内支座	跨中	支座
柱上板带	0.90	0.55	0.75	0.55	0.75
跨中板带	0.10	0.45	0.25	0.45	0.25

注：本表适用于周边连续板

不同边长比时柱上板带和跨中板带的弯矩分配比值　　　　**表 1-21**

l_x/l_y	负弯矩		正弯矩	
	柱上板带	跨中板带	柱上板带	跨中板带
0.5～0.6	0.55	0.45	0.50	0.50
0.6～0.75	0.65	0.35	0.55	0.45
0.75～1.33	0.70	0.30	0.60	0.40
1.33～1.67	0.80	0.20	0.75	0.25
1.67～2.0	0.85	0.15	0.85	0.15

注：1. 本表适用于周边连续板；

2. 对有柱帽的平板，表中的分配比值应作如下修正：

负弯矩：柱上板带 +0.05，跨中板带 −0.05；

正弯矩：柱上板带 −0.05，跨中板带 +0.05；

3. 在保持总弯矩值不变的情况下，允许在板带之间或支座弯矩与跨中弯矩之间相应调幅 10%。

按照弹性薄板解得的弯矩横向分布状况并不完全符合实际，在钢筋混凝土平板中内力的塑性重分布现象也是存在的。鉴于柱上板带负弯矩分配较多可能造成配筋过密，不便于施工，允许在保持总弯矩值不变的情况下，将柱上板带负弯矩的10%分配给跨中板带负弯矩。

对设置柱帽的无梁楼盖，考虑到楼盖中存在的穹隆作用（拱作用），可参照前述对肋梁楼盖中与梁整体连接的板的规定，对计算所得的弯矩值予以折减。

1.7.3 板柱节点设计

1. 冲切破坏特征

国内外已对混凝土板的冲切问题进行过大量的试验研究。在图1-64所示的板柱连接试件中，在集中的柱反力作用下，柱子面积内的板面向内凹陷，而板的另面则向外隆起。当达到极限承载力时，隆起部分的边界形成环状的裂缝，仿佛板的局部被“冲”出，通常将这种局部破坏称作冲切破坏，“冲出”部分则称作冲切破坏锥。对于平板，实测的冲切破坏锥斜面的倾角（简称冲切角）一般为20°～30°。但事实上冲切破坏面是比较复杂的、呈凹形的曲面，冲切角沿板的厚度是处处不同的，靠近柱根处冲切角约为45°。

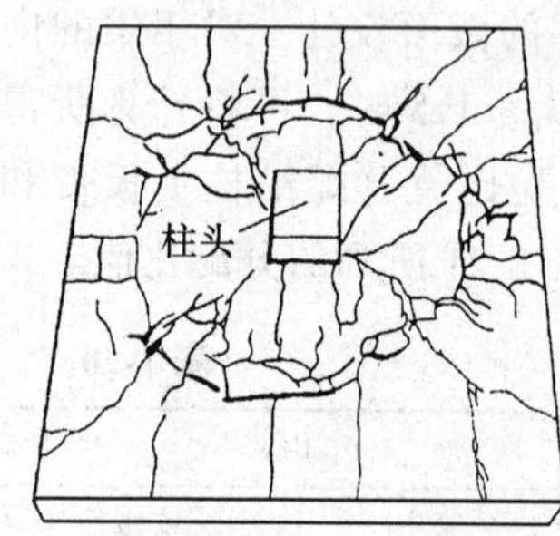

图1-64 板柱节点的冲切破坏形态

2. 受冲切承载力计算公式

在局部荷载或集中反力作用下的混凝土板可能会发生冲切破坏，根据混凝土板中心冲切的试验结果并参考了国外的有关资料，我国《混凝土结构设计规范》（GB50010—2002）对混凝土板的受冲切承载力计算作出了如下规定：

(1) 对不配置受冲切箍筋或弯起钢筋的混凝土板，其受冲切承载力可按下列公式计算：

$$F_l \leqslant (0.7\beta_h f_t + 0.15\sigma_{pc,m})\ \eta u_m h_0 \tag{1-46}$$

公式（1-46）中的系数 η 应按下列两个公式计算，并取其中较小值：

$$\eta_1 = 0.4 + \frac{1.2}{\beta_s} \tag{1-47}$$

$$\eta_2 = 0.5 + \frac{\alpha_s h_0}{4u_m} \tag{1-48}$$

式中 F_l——局部荷载设计值或集中反力设计值（当计算无梁楼盖柱帽处的受冲切承载力时，取柱所受的轴向力设计值减去柱顶冲切破坏锥体范围内的荷载设计值)；

β_h——截面高度影响系数：当 $h \leqslant 800$mm 时，取 $\beta_h = 1.0$；当 $h \geqslant 2000$mm 时，取 $\beta_h = 0.9$；

f_t——混凝土轴心抗拉强度设计值；

$\sigma_{pc,m}$——截面上混凝土有效的平均预压应力，其值应控制在 1.0～3.5N/mm² 范围内；对于非预应力混凝土板，取 $\sigma_{pc,m} = 0$；

u_m——临界周长，即距局部荷载或集中反力作用面积 $h_0/2$ 处的平均周长（图 1-65）；当板中开孔位于距集中荷载或反力作用面积边缘的距离不大于 6 倍板有效高度时，从集中荷载或反力作用面积中心至开孔外边上、下两条切线之间所包含的临界周长应予扣除（图 1-66）；当 $l_1 > l_2$ 时，孔洞边长 l_2 应用$\sqrt{l_1 l_2}$代替；当单个孔洞中心靠近柱边且孔洞最大宽度小于 1/4 柱宽或 1/2 板厚中的较小者时，该孔洞对周长 u_m 的影响可略去不计；

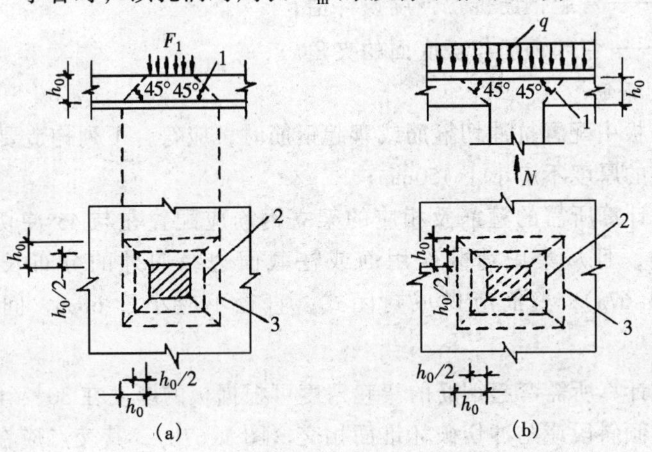

图 1-65　GB50010—2002 规范采用的假想冲切锥

1—冲切破坏锥体的斜截面；2—距荷载面积周边 $h_0/2$ 处的周长；3—冲切破坏锥体的底面线

(a) 局部荷载作用下；(b) 集中反力作用下

h_0——截面有效高度，取两个配筋方向的截面有效高度的平均值；

η_1——局部荷载或集中反力作用面积形状的影响系数；

η_2——临界截面周长与板截面有效高度之比的影响系数；

β_s——局部荷载或集中反力作用面积为矩形时的长边与短边尺寸的比值，β_s 不宜大于 4；当 $\beta_s < 2$ 时，取 $\beta_s = 2$；当面积为圆形时，取 $\beta_s = 2$；

α_s——板柱结构中柱类型的影响系数：对中柱，取 $\alpha_s = 40$；对边柱，取 $\alpha_s = 30$；对角柱，取 $\alpha_s = 20$。

(2) 在局部荷载或集中反力作用下，当受冲切承载力不满足式（1-46）的要求且板厚受到限制时，可配置箍筋或弯起钢筋。此时，受冲切截面应符合下列条件：

$$F_l \leqslant 1.05 f_t \eta u_m h_0 \tag{1-49}$$

对配置箍筋或弯起钢筋的板，其受冲切承载力可按下列公式计算：

当配置箍筋时

$$F_l \leqslant (0.35 f_t + 0.15\sigma_{pc,m})\ \eta u_m h_0 + 0.8 f_{yv} A_{svu} \tag{1-50}$$

当配置弯起钢筋时

$$F_l \leqslant (0.35 f_t + 0.15\sigma_{pc,m})\ \eta u_m h_0 + 0.8 f_y A_{sbu} \sin\alpha \tag{1-51}$$

式中 A_{svu}——与呈 45°冲切破坏锥体斜截面相交的全部箍筋截面面积；

A_{sbu}——与呈 45°冲切破坏锥体斜截面相交的全部弯起钢筋截面面积；

f_{yv}——箍筋抗拉强度设计值；

f_y——弯起钢筋抗拉强度设计值；

α——弯起钢筋与板底面的夹角。

3. 冲切钢筋

混凝土板中配置抗冲切箍筋或弯起钢筋时，应符合下列构造要求：

(1) 板的厚度不应小于 150mm；

(2) 按计算所需的箍筋及相应的架立钢筋应配置在与 45°冲切破坏锥面相交的范围内，且从集中荷载作用面或柱截面边缘向外的分布长度不应小于 $1.5h_0$（图 1-67a）；箍筋应做成封闭式，直径不应小于 6mm，间距不应大于 $h_0/3$；

(3) 按计算所需弯起钢筋的弯起角度可根据板的厚度在 30°~45°之间选取；弯起钢筋的倾斜段应与冲切破坏锥面相交（图 1-67b），其交点应在集中荷载作用面或柱截面边缘以外（1/2~1/3）h 的范围内。弯起钢筋直径不宜小于 12mm，且每一方向不宜少于 3 根。

研究与工程实践表明，在混凝土板内配置抗剪锚栓、扁钢 U 形箍、型钢（如工字钢、槽钢）等也能有效地提高冲切承载力。

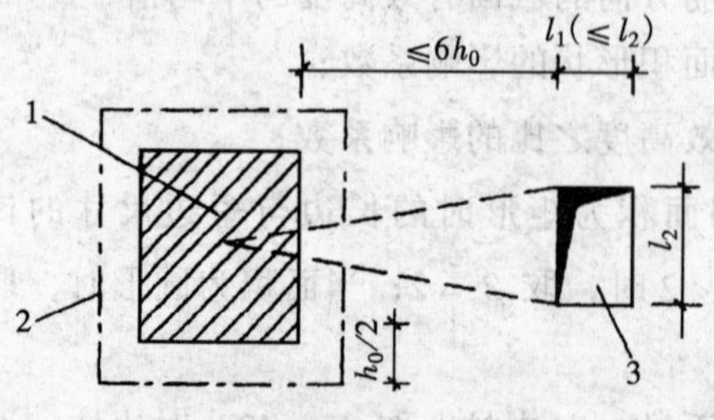

图 1-66 邻近开孔的临界周长

1—柱截面；2—临界周长；3—孔洞

对配置受冲切钢筋的板，冲切破坏锥体很可能在已配置受冲切钢筋区域以外的板内形成。此时，可以将受冲切钢筋在底部锚固范围内的面积视作局部荷载或集中反力作用面积，并取该面积以外 $0.5h_0$ 处最不利的临界周长，按不配置受冲切钢筋的情况，

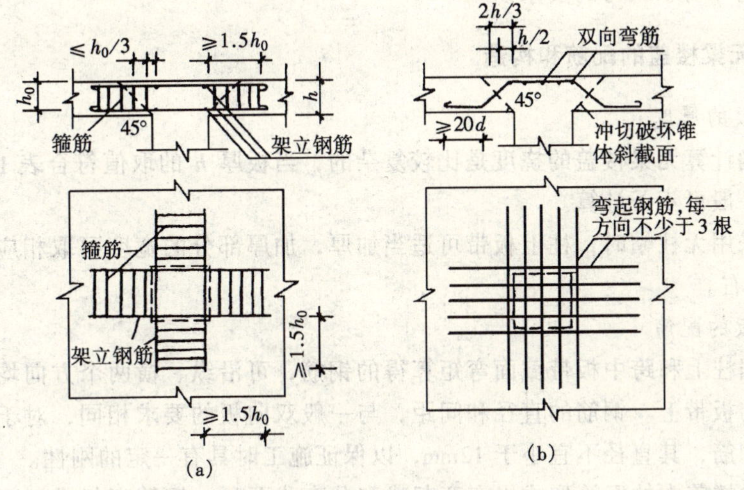

图 1-67　板中受冲切钢筋布置

(a) 箍筋；(b) 弯起钢筋

用式（1-46）进行受冲切承载力验算。

4. 柱帽

在无梁板下层柱的顶端设置柱帽，可以增大板柱连接面积，提高板的冲切承载力。设置柱帽还可以减小板的计算跨度和柱的计算长度。但是设置柱帽可能会减少室内的有效空间，给施工也带来诸多不便。

常用柱帽有三种形式（图 1-61）：①台锥形柱帽；②折线形柱帽；③带托板柱帽。还可将柱帽做成各种艺术形式。柱帽的计算宽度按 45°压力线确定，一般取 $c=(0.2\sim0.3)l$，l 为板区格的边长；托板宽度一般取 $a\geqslant0.35l$，托板厚度一般取板厚的一半。

柱帽内的应力值通常很小，钢筋按构造要求配置即可（图 1-68）。

对设置柱帽的板，按式（1-46）计算受冲切承载力时，将集中荷载的边长取为柱帽计算宽度 c。由于集中荷载面积成倍放大，通常不配置受冲切钢筋即

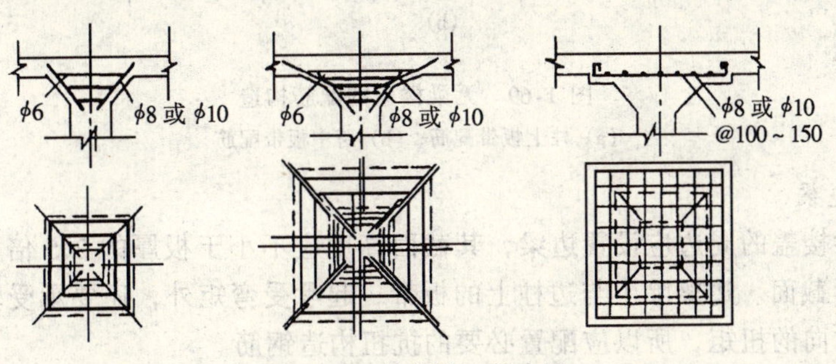

图 1-68　柱帽的配筋布置

可满足受冲切承载力的要求。

1.7.4 无梁楼盖的配筋和构造

1. 板的厚度

精确计算无梁楼盖的挠度是比较复杂的，当板厚 h 的取值符合表 1-5 的规定时，一般可不予计算。

当采用无柱帽时，柱上板带可适当加厚，加厚部分的宽度可取相应板跨的 0.3 倍左右。

2. 板的配筋

根据柱上和跨中板带截面弯矩算得的钢筋，可沿纵、横两个方向均匀布置于各自的板带上。钢筋的直径和间距，与一般双向板的要求相同，对于承受负弯矩的钢筋，其直径不宜小于 12mm，以保证施工时具有一定的刚性。

无梁楼盖中的配筋形式也有弯起式和分离式两种。钢筋弯起或切断的位置应满足图 1-69 所示的要求。如果将柱网轴线上一定数量的钢筋连通起来，对于防止因整块板掉落而引起的结构连续性倒塌是有利的。

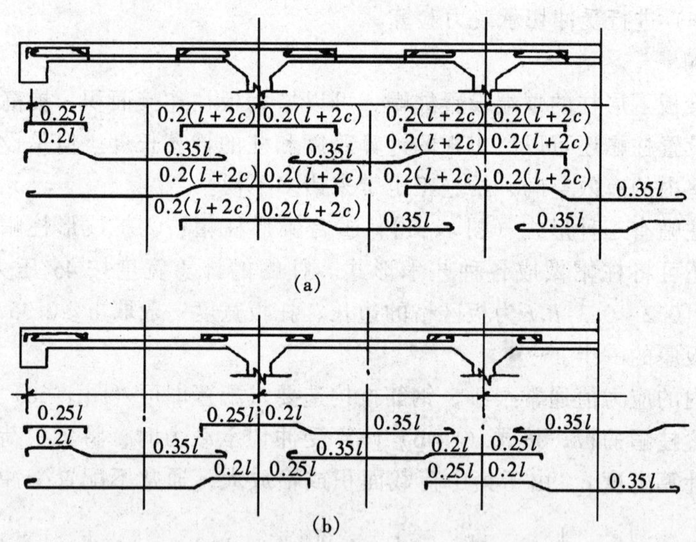

图 1-69 无梁楼盖的配筋构造

(a) 柱上板带配筋；(b) 跨中板带配筋

3. 边梁

无梁楼盖的周边应设置边梁，其截面高度应不小于板厚的 2.5 倍，与板形成倒 L 形截面。边梁除了与边柱上的板带一起承受弯矩外，还要承受垂直于边梁轴线方向的扭矩，所以应配置必要的抗扭构造钢筋。

1.8 无粘结预应力混凝土楼盖

1.8.1 概述

在无粘结预应力混凝土中，允许配置的预应力筋在张拉后与周围混凝土产生相对滑动。无粘结预应力筋一般由钢丝束或钢铰线涂上润滑油脂，外加注塑成型的聚乙烯塑料套管而构成。施工时，将无粘结预应力筋像普通的钢筋一样，浇筑在混凝土内，当混凝土达到规定强度后，用千斤顶张拉，两端用锚具锚固。无粘结预应力混凝土不需预留管道、穿筋和灌浆，简化了施工工艺。无粘结预应力筋易于形成连续的多波形状，受到的摩擦力也很小，因此特别适合需要复杂的连续曲线配筋的多跨楼盖结构。

无粘结预应力混凝土是以采用高强钢材、先进的预应力工艺和现代的设计方法为特征，非常适用于建造大柱网、大开间、大空间的多、高层及超高层建筑楼盖。

我国在无粘结预应力混凝土的设计计算理论、材料加工、锚具系统和工艺设备、施工操作等方面已取得大量的研究成果和实践经验，还专门制定颁布了一系列技术规程和产品标准，如《无粘结预应力混凝土结构技术规程（JGJ/T92—93)、《钢铰线、钢丝束无粘结预应力筋（JG3006—93)》、《预应力筋用锚具、夹具和联结器应用技术规程（JGJ85—92》等。

1.8.2 预应力楼盖的截面设计与构造

1. 预应力楼盖的尺寸

预应力楼盖的截面高度与其跨度、形式、荷载情况等有关，同时必须满足各种截面承载能力、挠度、裂缝、防火及钢筋防腐蚀等方面的要求。根据我国的工程经验，预应力楼盖的跨高比和跨度可参照表 1-22 取用。

预应力混凝土梁板的跨度比及经济跨度 **表 1-22**

结构形式	跨高比	经济跨度（m）	结构形式	跨高比	经济跨度（m）
单向梁	16~25	8~15	单向板	35~45	6~9
扁梁	20~25	9~18	双向板	40~50	7~10
框架梁	12~18	15~25	密肋板	30~35	10~15
井字梁	20~25	16~32	悬臂板	≤16	—
悬臂梁	≤10	—			

2. 无粘结预应力筋应力设计值

《无粘结预应力混凝土结构技术规程（JGJ/T92—93）规定，在受弯承载力极限状态下无粘结筋的应力设计值 σ_p 按下列公式计算：

当跨高比≤35 时 $$\sigma_p=\frac{1}{\gamma_s}\left[\sigma_{pe}+(500-770\beta_0)\right] \tag{1-52}$$

当跨高比＞35 时 $$\sigma_p=\frac{1}{\gamma_s}\left[\sigma_{pe}+(250-380\beta_0)\right] \tag{1-53}$$

式中 σ_{pe}——无粘结预应力筋扣除全部预应力损失后的有效预应力；

β_0——综合配筋指标，$\beta_0=\frac{\rho_p\sigma_{pe}}{f_{cm}}+\frac{\rho_s f_y}{f_{cm}}$，且 $\beta_0\leqslant 0.45$；

ρ_p，ρ_s——预应力筋、非预应力筋的配筋率；

f_y——非预应力筋抗拉强度设计值；

f_{cm}——混凝土弯曲抗压强度设计值，数值取为 $1.1f_c$（f_c 为混凝土轴心抗压强度设计值）；

γ_s——材料分项系数，取 1.2。

同时，σ_p 不应大于无粘结预应力筋的抗拉强度设计值 f_{py}，且不小于其有效预应力 σ_{pe}。

3. 无梁板内预应力筋的布置

无梁板两个方向的预应力筋用量确定后，可采用以下两种布置方式：

（1）在两个方向按柱上板带和跨中板带布置（图 1-70a），其中柱上板带占 60%～75%，相应地跨中板带占 40%～25%。这种布置方式比较符合板的受力状态，缺点是要将两个方向的抛物线形预应力筋交织成网，施工上诸多不便。

（2）无粘结预应力筋在一向集中布置，在另一向均匀布置（图 1-70b）。集中布置的无粘结预应力筋宜分布在柱两边各 1.5 倍板厚的范围内；均匀布置的无粘结预应力筋的间距不得超过 6 倍的板厚，且不宜大于 1m。这种布置方式易于保证无粘结筋的曲线形状。

以上两种布置方式中，每一方向穿过柱子的无粘结预应力筋不得少于 2

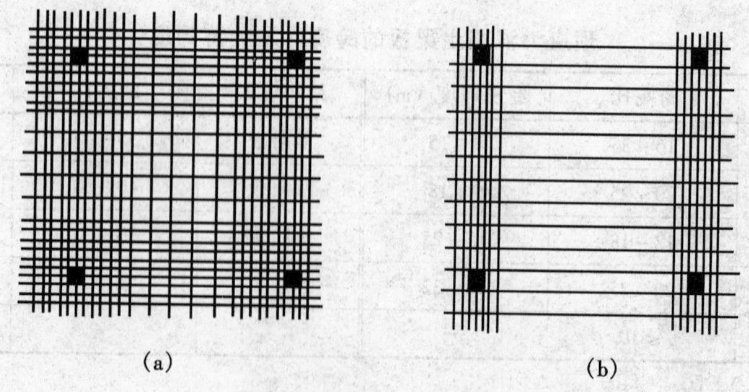

图 1-70 无梁板中无粘结预应力筋的布置

根。

4. 非预应力筋的配置

现代预应力混凝土结构中通常都配置适当数量的有粘结的非预应力钢筋，这样能防止受拉区混凝土突然开裂，而且能使裂缝分布均匀，破坏时有预兆。

如果配置的预应力筋数量不能满足承载力要求，可用非预应力钢筋予以补充。

截面中最大配筋率与最小配筋率应符合有关规定的要求。

对采用无粘结预应力筋作主筋的受弯截面，在尚无充足的试验依据之前，非预应力筋的最小配筋量应满足

$$A_s \geqslant 0.004 A_t \tag{1-54}$$

其中，A_t 为受弯截面中受拉区域的面积。

对于地震区的主梁，普通钢筋的相对含量应满足下式要求

$$\frac{f_y A_s}{f_y A_s + \sigma_p A_p} \geqslant 0.25 \tag{1-55}$$

1.9 楼梯、雨篷计算与构造

楼梯、雨篷、阳台等是建筑物中的重要组成部分，本节主要讲述楼梯和雨篷的结构计算及构造要点。

1.9.1 楼梯

楼梯的平面布置，踏步尺寸、栏杆形式等由建筑设计确定。板式楼梯和梁式楼梯是最常见的现浇楼梯，宾馆和公共建筑有时也采用一些特种楼梯，如螺旋板式楼梯和剪刀式楼梯（图 1-71）。此外也有采用装配式楼梯的。

楼梯的结构设计包括以下内容：

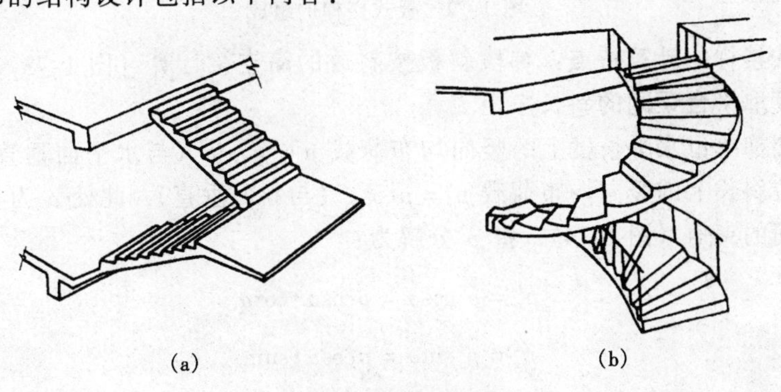

(a)　　(b)

图 1-71　特种楼梯

(a) 剪刀式楼梯；(b) 螺旋板式楼梯

1）根据建筑要求和施工条件，确定楼梯的结构型式和结构布置；

2）根据建筑类别，按《荷载规范》确定楼梯的活荷载标准值。需要注意的是楼梯的活荷载往往比所在楼面的活荷载大。生产车间楼梯的活荷载可按实际情况确定，但不宜小于 3.5kN/m（按水平投影面计算）。除以上竖向荷载外，设计楼梯栏杆时尚应按规定考虑栏杆顶部水平荷载 0.5kN/m（对于住宅、医院、幼儿园等）或 1.0kN/m（对于学校、车站、展览馆等）；

3）进行楼梯各部件的内力计算和截面设计；

4）绘制施工图，特别应注意处理好连接部位的配筋构造。

1. 板式楼梯

板式楼梯由梯段板、休息平台和平台梁组成（图 1-72）。梯段是斜放的齿形板，支承在平台梁上和楼层梁上，底层下端一般支承在地垄墙上。板式楼梯的优点是下表面平整，施工支模较方便，外观比较轻巧。缺点是斜板较厚，约为梯段板斜长的 1/25—1/30，其混凝土用量和钢材用量都较多，一般适用于梯段板的水平跨长不超过 3m 时。

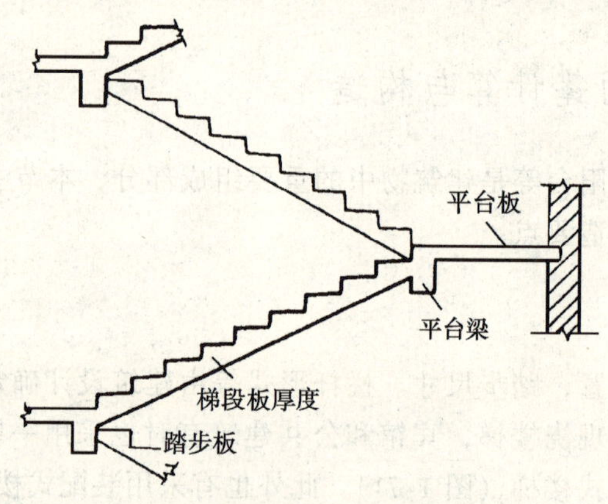

图 1-72　板式楼梯的组成

板式楼梯的计算特点：梯段斜板按斜放的简支梁计算（图 1-73），斜板的计算跨度取平台梁间的斜长净距 l_n'。

设楼梯单位水平长度上的竖向均布荷载 $p = g + q$（与水平面垂直），则沿斜板单位斜长上的竖向均布荷载 $p' = p\cos\alpha$（与斜面垂直），此处 α 为梯段板与水平线间的夹角（图 1-74），将 p' 分解为：

$$p_x' = p'\cos\alpha = p\cos\alpha \cdot \cos\alpha$$

$$p_y' = p'\sin\alpha = p\cos\alpha \cdot \sin\alpha$$

此处 p_x'，p_y' 分别为 p' 在垂直于斜板方向及沿斜板方向的分力，忽略 p_y' 对梯段板的影响，只考虑 p_x' 对梯段板的弯曲作用。

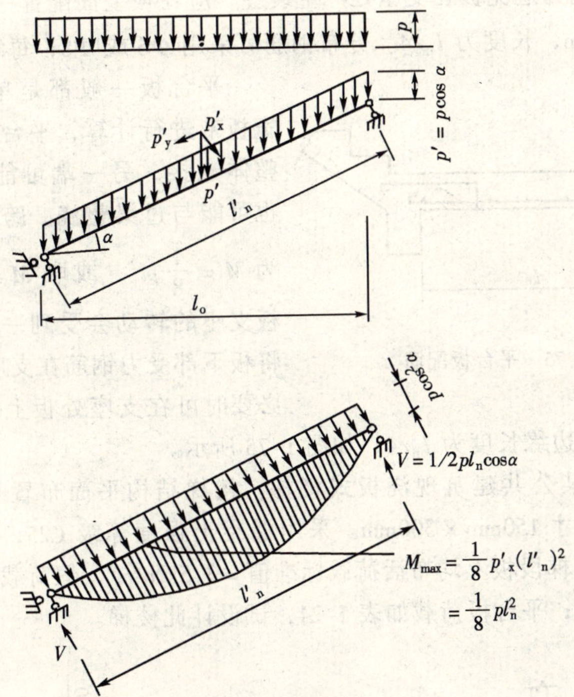

图 1-73　梯段板的内力

设 l_n 为梯段板的水平净跨长，l'_n为其斜向净跨长，因

$$l_n = l'_n \cos\alpha$$

故斜板弯矩：$M_{\max} = \frac{1}{8}p'_x(l'_n)^2 = \frac{1}{8}p\cos^2\alpha \times (l_n/\cos\alpha)^2 = \frac{1}{8}pl_n^2$

斜板剪力：$V_{\max}\frac{1}{2}p'_x l'_n = \frac{1}{2}p\cos^2\alpha \times (l_n/\cos\alpha) = \frac{1}{2}pl_n \times \cos\alpha$

因此，可以得到简支斜板（梁）计算的特点为：

1）简支斜梁在竖向均布荷载 p（沿单位水平长度）作用下的最大弯矩，等于其水平投影长度的简支梁在 p 作用下的最大弯矩；

2）最大剪力等于斜梁为水平投影长度的简支梁在 p 作用下的最大剪力值乘以 $\cos\alpha$；

3）截面承载力计算时梁的截面高度应垂直于斜面量取。

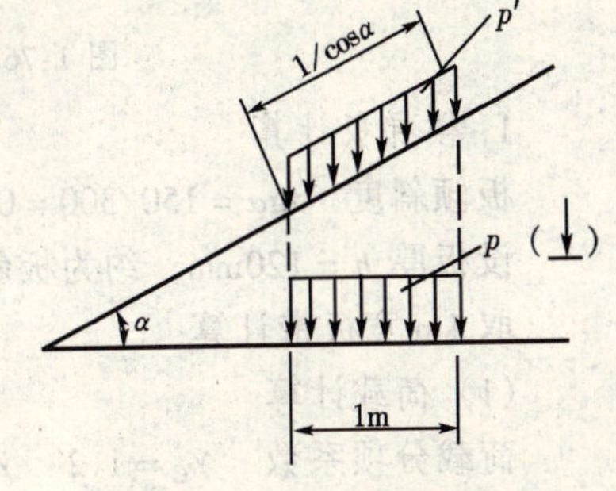

图 1-74　斜板上的荷载

虽然斜板按简支计算，但由于梯段与平台梁整浇，平台对斜板的变形有一定约束作用，故计算板的跨中弯矩时，也可以近似取

$M_{\max}=ql_n^2/10$。为避免板在支座处产生裂缝，应在板上面配置一定量钢筋，一般取 $\Phi8$@200mm，长度为 $l_n/4$。分布钢筋可采用 $\Phi6$ 或 $\Phi8$，每级踏步一根。

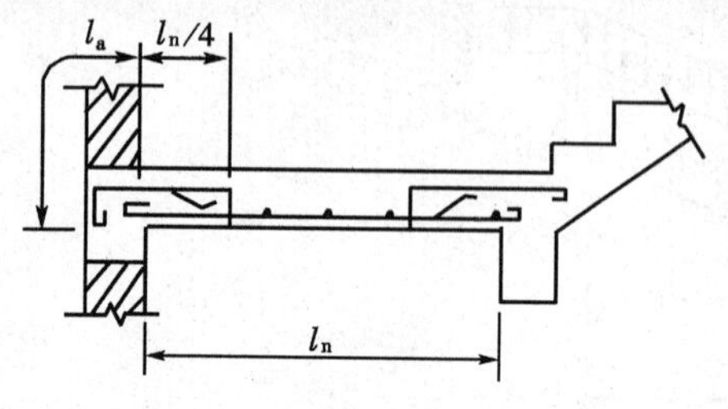

图 1-75　平台板配筋

平台板一般都是单向板，可取 1m 宽板带进行计算，平台板一端与平台梁整体连接，另一端可能支承在砖墙上，也可能与过梁整浇，跨中弯矩可近似取为 $M=\dfrac{1}{8}pl^2$，或取 $M\cong\dfrac{1}{10}pl^2$。考虑到板支座的转动会受到一定约束，一般应将板下部受力钢筋在支座附近弯起一半，必要时可在支座处板上面配置一定量钢筋，伸出支承边缘长度为 $l_n/4$，如图 1-75 所示。

例 1-4　某公共建筑现浇板式楼梯，楼梯结构平面布置见图 1-76。层高 3.6m，踏步尺寸 150mm × 300mm。采用混凝土强度等级 C25，钢筋为 HPB235、HRB335。楼梯梯段板上均布活荷载标准值 = 3.5kN/m^2，恒荷载标准值 = 6.6kN/m^2，如表 1-23；平台板荷载如表 1-24，试设计此楼梯。

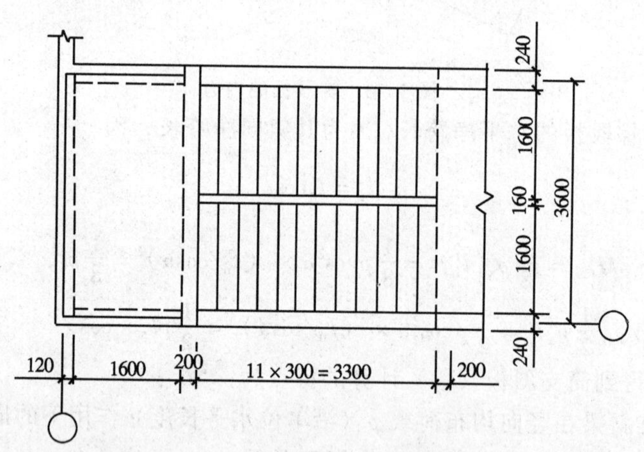

图 1-76　例 1-4 的楼梯结构平面

1. 楼梯板计算

板倾斜度　$\mathrm{tg}\alpha=150/300=0.5$，$\cos\alpha=0.894$

设板厚 $h=120$mm；约为板斜长的 1/30。

取 1m 宽板带计算

(1) 荷载计算

荷载分项系数　$\gamma_G=1.2$　$\gamma_Q=1.4$

基本组合的总荷载设计值 $p=6.6\times1.2+3.5\times1.4=12.82$kN/m

(2) 截面设计

板水平计算跨度　$l_n = 3.3\text{m}$

梯段板的荷载　　**表 1-23**

荷载种类		荷载标准值（kN/m）
恒载	水磨石面层	$(0.3+0.15)\times 0.65\times\frac{1}{0.3}=0.98$
	三角形踏步	$\frac{1}{2}\times 0.3\times 0.15\times 25\times\frac{1}{0.3}=1.88$
	斜板	$0.12\times 25\times\frac{1}{0.894}=3.36$
	板底抹灰	$0.02\times 17\times\frac{1}{0.894}=0.38$
	小计	6.6
活荷载		3.5

弯矩设计值　$M=\frac{1}{10}pl_n^2=\frac{1}{10}\times 12.82\times 3.3^2=13.96\text{kN}\cdot\text{m}$

$h_0=120-20=100\text{mm}$

$\alpha_s=\frac{M}{\alpha_1 f_c bh_0^2}=\frac{13.96\times 10^6}{11.9\times 1000\times 100^2}=0.117$

$\xi=1-\sqrt{1-2\alpha_s}=1-\sqrt{1-2\times 0.117}=0.124<\xi_b=0.614$

$A_s=\frac{\alpha_1 f_c bh_0\xi}{f_y}=\frac{11.9\times 1000\times 100\times 0.124}{210}=703\text{mm}^2$

$\rho_1=\frac{A_s}{bh}=\frac{703}{1000\times 120}=0.59\%>\rho_{min}=0.45\frac{f_t}{f_y}=0.45\frac{1.27}{210}=0.27\%$

选配 $\phi 10$@110mm，$A_s=714\text{mm}^2$

分布筋 $\phi 8$，每级踏步下一根，梯段板配筋见图 1-77。

2. 平台板计算

设平台板厚 $h=70\text{mm}$，取 1m 宽板带计算。

(1) 荷载计算

总荷载设计值

$p=1.2\times 2.74+1.4\times 3.5=8.19\text{kN/m}$

平台板的荷载　　**表 1-24**

荷载种类		荷载标准值（kN/m）
恒载	水磨石面层	0.65
	70 厚混凝土板	$0.07\times 25=1.75$
	板底抹灰	$0.02\times 17=0.34$
	小计	2.74
活荷载		3.5

(2) 截面设计

板的计算跨度

$$l_0=1.8-0.2/2+0.12/2=1.76\text{m}$$

弯矩设计值　$M=\frac{1}{10}pl_0^2=\frac{1}{10}\times 8.19\times 1.76^2=2.54\text{kN}\cdot\text{m}$

$h_0=70-20=50\text{mm}$

$\alpha_s=\frac{M}{\alpha_1 f_c bh_0^2}=\frac{2.54\times 10^6}{11.9\times 1000\times 50^2}=0.085$

$$\xi = 1 - \sqrt{1 - 2\alpha_s} = 1 - \sqrt{1 - 2 \times 0.085} = 0.09 < \xi_b = 0.614$$

$$A_s = \frac{\alpha_1 f_c b h_0 \xi}{f_y} = \frac{11.9 \times 1000 \times 50 \times 0.09}{210} = 255\text{mm}^2$$

$$\rho_1 = \frac{A_s}{bh} = \frac{255}{1000 \times 70} = 0.364\% > \rho_{\min} = 0.45\frac{f_t}{f_y} = 0.45\frac{1.27}{210} = 0.27\%$$

选配 $\phi 6/8$ @140mm，$A_s = 281\text{mm}^2$

平台板配筋见图 1-77。

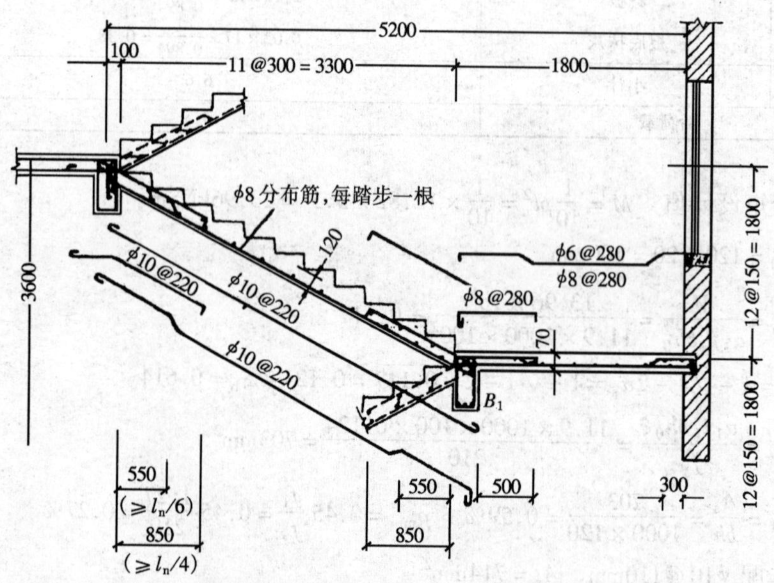

图 1-77　梯段板和平台板配筋

3. 平台梁 B1 计算

设平台梁截面　$b = 200\text{mm}$　$h = 350\text{mm}$

(1) 荷载计算

总荷载设计值　$p = 14.95 \times 1.2 + 8.93 \times 1.4 = 30.44\text{kN/m}$

(2) 截面设计

计算跨度　$l_0 = 1.05 l_n = 1.05\ (3.6 - 0.24) = 3.53\text{m}$

弯矩设计值

$$M = \frac{1}{8} p l_0^2 = \frac{1}{8} \times 30.44 \times 3.53^2 = 47.4\text{kN}\cdot\text{m}$$

剪力设计值

$$V = \frac{1}{2} p l_n = \frac{1}{2} \times 30.44 \times 3.36 = 51.1\text{kN}$$

截面按倒 L 形计算，$b'_f = b + 5h'_f = 200 + 5 \times 70 = 550\text{mm}$

$$h_0 = 350 - 35 = 315\text{mm}$$

经计算属第一类 T 形截面，采用 HRB335 钢筋。

$$\alpha_s = \frac{M}{\alpha_1 f_c b_f' h_0^2} = \frac{47.4 \times 10^6}{11.9 \times 550 \times 315^2} = 0.07$$

$$\xi = 1 - \sqrt{1 - 2\alpha_s} = 1 - \sqrt{1 - 2 \times 0.07} = 0.074 < \xi_b = 0.55$$

$$A_s = \frac{\alpha_1 f_c b_f' h_0 \xi}{f_y} = \frac{11.9 \times 550 \times 315 \times 0.074}{300} = 508\text{mm}^2$$

$$\rho_1 = \frac{A_s}{bh} = \frac{508}{200 \times 350} = 0.73\% > \rho_{\min} = 0.45\frac{f_t}{f_y} = 0.2\%$$

选 2Φ14 + 1Φ16，$A_s = 509.1\text{mm}^2$

斜截面受剪承载力计算

配置箍筋 $\phi 6$@200mm

$$V_u = 0.7 f_t b h_0 + 1.25 f_{yv} \frac{A_{sv}}{S} h_0 = 0.7 \times 1.27 \times 200 \times 315 + 1.25 \times 210 \times \frac{2 \times 28.3}{200} \times 315$$

$$= 79.41\text{kN} > V = 51.1\text{kN}$$

满足要求

平台梁配筋见图 1-78。

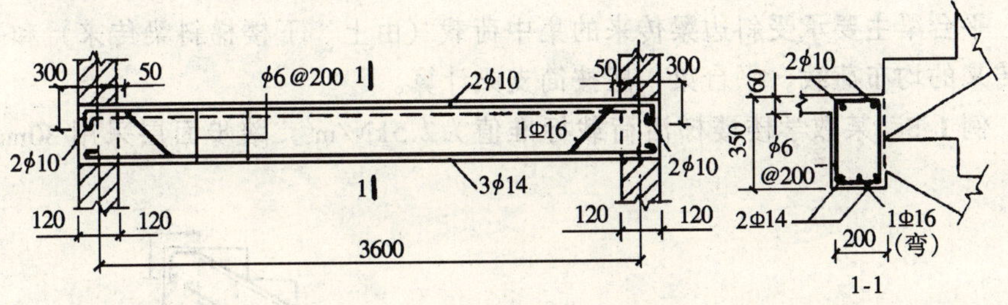

图 1-78　平台梁配筋

2. 梁式楼梯

梁式楼梯由踏步板，斜梁和平台板、平台梁组成（图 1-79)。其荷载传递为：

梯段上荷载 —均布荷载→ 踏步板 —均布荷载→ 斜边梁 —集中荷载→ 平台梁 —集中荷载→ 侧墙（或框架梁）

平台板 —均布荷载→ 平台梁

1）踏步板

踏步板按两端简支在斜梁上的单向板考虑，计算时一般取一个踏步作为计算单元，踏步板为梯形截面，板的计算高度可近似取平均高度 $h=(h_1+h_2)/2$（图 1-80）板厚一般不小于 30mm ~ 40mm，每一踏步一般需配置不少于 2ϕ6 的受力钢筋，沿斜向布置间距不大于 300mm 的 ϕ6 分布钢筋。

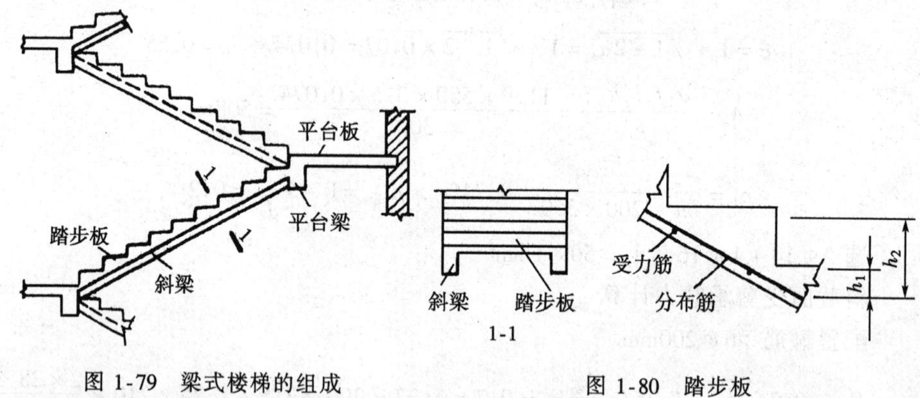

图 1-79 梁式楼梯的组成　　图 1-80 踏步板

2）斜边梁

斜边梁的内力计算特点与梯段斜板相同。踏步板可能位于斜梁截面高度的上部，也可能位于下部，计算时可近似取为矩形截面。图 1-81 为斜边梁的配筋构造图。

3）平台梁

平台梁主要承受斜边梁传来的集中荷载（由上、下楼梯斜梁传来）和平台板传来的均布荷载，平台梁一般按简支梁计算。

例 1-5 某数学楼楼梯活荷载标准值为2.5kN/m²，踏步面层采用 30mm 厚

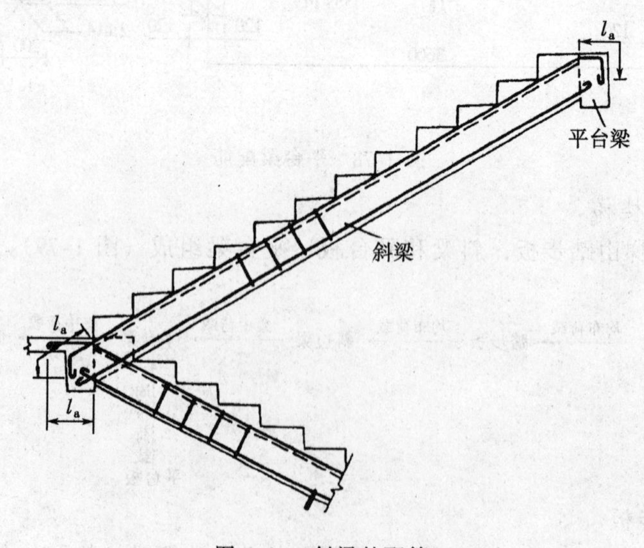

图 1-81 斜梁的配筋

水磨石，底面为 20mm 厚，混合砂浆抹灰，混凝土采用 C25，梁中受力钢筋采用 HPB335，其余钢筋采用 HRB235，楼梯结构布置如图 1-82 所示。试设计此楼梯。

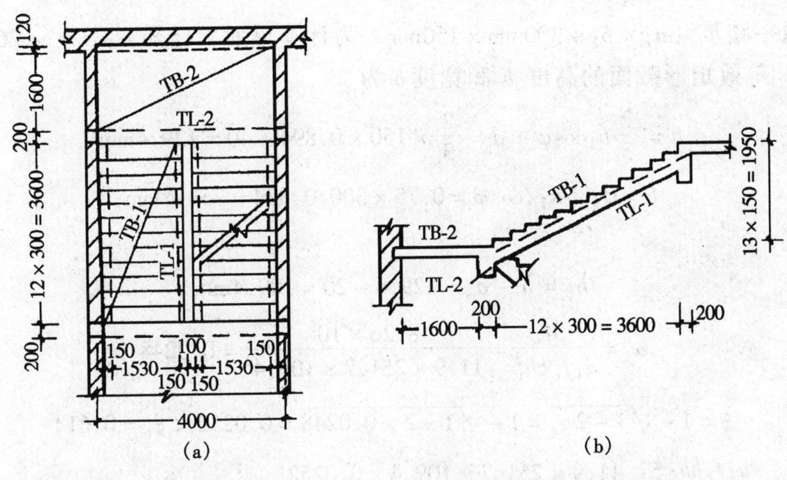

图 1-82　梁式楼梯结构布置图

(a) 楼梯结构平面；(b) 楼梯结构剖面

解：1. 踏步板（TB-1）的计算

（1）荷载计算（踏步尺寸 $a_1 \times b_1 = 300\text{mm} \times 150\text{mm}$。底板厚 $d = 40\text{mm}$）

恒荷载

踏步板自重　$1.2 \times \dfrac{0.195 + 0.045}{2} \times 0.3 \times 25 = 1.08\text{kN/m}$

踏步面层重　$1.2 \times (0.3 + 0.15) \times 0.65 = 0.35\text{kN/m}$

（计算踏步板自重时，前述 ABCDE 五角形踏步截面面积可按上底为 $d/\cos\varphi = 40/0.894 = 45\text{mm}$，下底为 $b_1 + d/\cos\varphi = 150 + 40/0.894 = 195\text{mm}$，高为 $a_1 = 300\text{mm}$ 的梯形截面计算。）

踏步抹灰重　$1.2 \times \dfrac{0.3}{0.894} \times 0.02 \times 17 = 0.14\text{kN/m}$

$$g = 1.08 + 0.35 + 0.14 = 1.57\text{kN/m}$$

使用活荷载　$q = 1.4 \times 2.5 \times 0.3 = 1.05\text{kN/m}$

垂直于水平面的荷载及垂直于斜面的荷载分别为

$$g + q = 2.62\text{kN/m}$$

$$g' + q' = 2.62 \times 0.894 = 2.34\text{kN/m}$$

（2）内力计算

斜梁截面尺寸选用 $150\text{mm} \times 350\text{mm}$，则踏步的计算跨度为

$$l_0 = l_n + b = 1.53 + 0.15 = 1.68\text{m}$$

踏步板的跨中弯矩

$$M=\frac{1}{8}(g'+q')l_0^2=\frac{1}{8}\times 2.34\times 1.68^2=0.826\text{kN}\cdot\text{m}$$

(3) 截面承载力计算

取一踏步（$a_1\times b_1+300\text{mm}\times 150\text{mm}$）为计算单元，已知 $\cos\varphi=\cos 26°56'=0.894$，等效矩形截面的高度 h 和宽度 b 为

$$h=\frac{2}{3}b_1\cos\varphi+d=\frac{2}{3}\times 150\times 0.894+40=129.4\text{mm}$$

$$b=0.75a_1/\cos\varphi=0.75\times 300/0.894=251.7\text{mm}$$

则：

$$h_0=h-a_s=129.4-20=109.4\text{mm}$$

$$\alpha_s=\frac{M}{\alpha_1 f_c bh_0^2}=\frac{8.26\times 10^5}{11.9\times 251.7\times 109.4^2}=0.0248$$

$$\xi=1-\sqrt{1-2\alpha_s}=1-\sqrt{1-2\times 0.0248}=0.0252<\xi_b=0.614$$

$$A_s=\frac{\alpha_1 f_c bh_0\xi}{f_y}=\frac{11.9\times 251.7\times 109.4\times 0.0252}{210}=36.4\text{mm}^2$$

$$\rho_1=\frac{A_s}{bh}=\frac{36.4}{251.7\times 129.4}=0.112\%<\rho_{min}=0.45\frac{f_t}{f_y}=0.45\frac{1.27}{210}=0.27\%$$

则：$A_s=\rho_{min}bh=0.0027\times 251.7\times 129.4=87.9\text{mm}^2$

踏步板应按 ρ_{min} 配筋，每米宽沿斜面配置的受力钢筋

$A_s=\dfrac{87.9\times 1000}{300}\times 0.894=261.9\text{mm}^2/\text{m}$，为保证每个踏步至少有两根钢筋，故选用 $\phi 8@150$（$A_s=335\text{mm}^2$）

2. 楼梯斜梁（TL-1）计算

(1) 荷载

踏步板传来 $\frac{1}{2}\times 2.62\times(1.53+2\times 0.15)\times\frac{1}{0.3}=7.99\text{kN/m}$

斜梁自重 $1.2\times(0.35-0.04)\times 0.15\times 25\times\frac{1}{0.894}=1.56\text{kN/m}$

斜梁抹灰 $1.2\times(0.35-0.04)\times 0.02\times 17\times 2\times\frac{1}{0.894}=0.28\text{kN/m}$

楼梯栏杆 $1.2\times 0.1=0.12\text{kN/m}$

总计 $g+q=9.95\text{kN/m}$

(2) 内力计算

取平台梁截面尺寸 $b\times h=200\text{mm}\times 450\text{mm}$，则斜梁计算跨度：

$$l_0=l_n+b=3.6+0.2=3.8\text{m}$$

斜梁跨中弯矩和支座剪力为：

$$M=\frac{1}{8}(g+q)l_0^2=\frac{1}{8}\times 9.95\times 3.8^2=18.0\text{kN}\cdot\text{m}$$

$$V=\frac{1}{2}(g+q)l_n=\frac{1}{2}\times 9.95\times 3.6=17.9\text{kN}$$

（3）截面承载能力计算

取 $h_0=h-a=350-35=315\text{mm}$

翼缘有效宽度 b'_f

按梁跨考虑　$b'_f=l_0/6=633\text{mm}$

按梁肋净距考虑　$b'_f=\frac{s_0}{2}+b=\frac{1530}{2}+150=915\text{mm}$

由于 $h'_f/h=40/350>0.1$，b'_f可不按翼缘厚度考虑，最后应取 $b'_f=633\text{mm}$。

判别T形截面类型：

$\alpha_1 f_c b'_f h'_f(h_0-0.5h'_f)=11.9\times 633\times 40\times(315-0.5\times 40)=82\text{kN}\cdot\text{m}>M=18\text{kN}\cdot\text{m}$

故按等一类T形截面计算

$$\alpha_s=\frac{M}{\alpha_1 f_c b'_f h_0^2}=\frac{18\times 10^6}{11.9\times 633\times 315^2}=0.025$$

$$\xi=1-\sqrt{1-2\alpha_s}=1-\sqrt{1-2\times 0.025}=0.0264<\xi_b=0.550$$

$$A_s=\frac{\alpha_1 f_c b'_f h_0\xi}{f_y}=\frac{11.9\times 633\times 315\times 0.0264}{300}=187\text{mm}^2$$

$$\rho_1=\frac{A_s}{bh}=\frac{187}{150\times 350}=0.36\%>\rho_{min}=0.45\frac{f_t}{f_y}=0.2\%$$

故选用2Φ12，$A_s=226\text{mm}^2$

由于无腹筋梁的抗剪能力：

$V_c=0.7f_t bh_0=0.7\times 1.27\times 150\times 315=42005.25N>V=17900\text{N}$

可按构造要求配置箍筋，选用双肢箍ϕ6@300。

3. 平台梁（TL-2）计算

（1）荷载

斜梁传来的集中力　$G+Q=\frac{1}{2}\times 9.95\times 3.8=18.9\text{kN}$

平台板传来的均布恒荷载

$1.2\times(0.65+0.06\times 25+0.02\times 17)\times\left(\frac{1.6}{2}+0.2\right)=2.99\text{kN/m}$

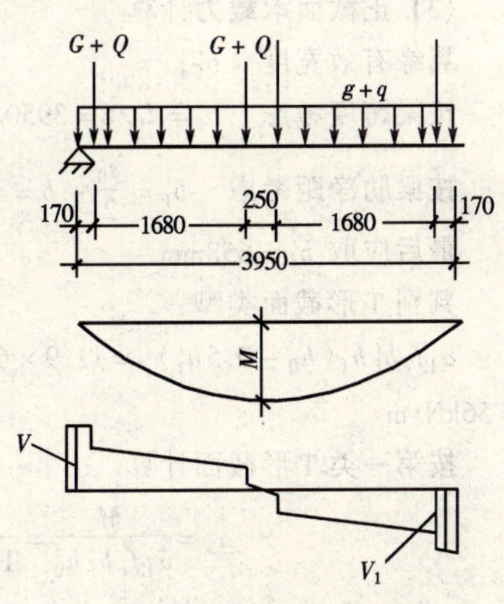

图 1-83　平台梁计算简图

平台板传来的均布活荷载　$1.4\times\left(\frac{1.6}{2}+0.2\right)\times 2.5=3.5\text{kN/m}$

平台梁自重　$1.2\times 0.2\times(0.45-0.06)\times 25=2.34\text{kN/m}$

平台梁抹灰　$2\times 1.2\times 0.02\times(0.45-0.06)\times 17=0.32\text{kN/m}$

总计　$g+q=9.15\text{kN/m}$

(2) 内力计算（计算简图见图 1-83）

平台梁计算跨度

$l_0=l_n+a=3.76+0.24=4.00\text{m}$

$l_0=1.05l_n=1.05\times 3.76=3.95\text{m}<4.00\text{m}$

故取　$l_0=3.95\text{m}$

跨中弯距

$$M=\frac{1}{8}(g+q)l_0^2+2(G+Q)\frac{l_0}{2}-(G+Q)\left[\left(a+\frac{b}{2}\right)+\frac{b}{2}\right]$$

$$=\frac{1}{8}\times 9.15\times 3.95^2+2\times 18.9\times\frac{3.95}{2}-18.9\times\left[\left(1.68+\frac{0.25}{2}\right)+\frac{0.25}{2}\right]$$

$$=56\text{kN}\cdot\text{m}$$

支座剪力

$$V=\frac{1}{2}(g+q)l_n+2(G+Q)$$

$$\frac{1}{2}\times 9.15\times 3.76+2\times 18.9=55.0\text{kN}$$

考虑计算的斜截面应取在斜梁内侧，故

$$V=\frac{1}{2}\times 9.15\times 3.76+18.9=36.1\text{kN}$$

(3) 正截面承载力计算

翼缘有效宽度　b'_f：

按梁跨度考虑　$b'_f=l_0/6=3950/6=658\text{mm}$

按梁肋净距考虑　$b'_f=\frac{s_0}{2}+b=\frac{1600}{2}+200=1000\text{mm}$

最后应取 $b'_f=658\text{mm}$

判别 T 形截面类型：

$\alpha_1 f_c b'_f h'_f(h_0-0.5h'_f)=11.9\times 658\times 60\times(415-0.5\times 60)=167\text{kN}\cdot\text{m}>M=56\text{kN}\cdot\text{m}$

按第一类 T 形截面计算

$$\alpha_s=\frac{M}{\alpha_1 f_c b'_f h_0^2}=\frac{56\times 10^6}{11.9\times 658\times 415^2}=0.045$$

$$\xi=1-\sqrt{1-2\alpha_s}=1-\sqrt{1-2\times 0.045}=0.046<\xi_b=0.550$$

$$A_s = \frac{\alpha_1 f_c b'_f h_0 \xi}{f_y} = \frac{11.9 \times 658 \times 415 \times 0.046}{300} = 498\text{mm}^2$$

$$\rho_1 = \frac{A_s}{bh} = \frac{498}{200 \times 450} = 0.55\% > \rho_{\min} = 0.45\frac{f_t}{f_y} = 0.2\%$$

选用 2Φ18（$A_s = 509\text{m}^2$）

(4) 斜截面承载力计算

由于无腹筋梁的承载力

$$V_c = 0.7 f_t b h_0 = 0.7 \times 1.27 \times 200 \times 415 = 73787\text{N} > V = 36100\text{N}$$

可按构造要求配置箍筋，

选用双肢箍 $\phi 6$@200。

(5) 附加箍筋计算

采用附加箍筋承受由斜梁传来的集中力，若附加箍筋仍采用双肢箍筋Φ6，则附加箍筋总数为：

$$m = \frac{G + Q}{nA_{sv1} f_{yv}} = \frac{18900}{2 \times 28.3 \times 210} = 1.59 \text{ 个}$$

斜梁侧需附加 2 个 $\phi 6$ 的双肢箍筋。

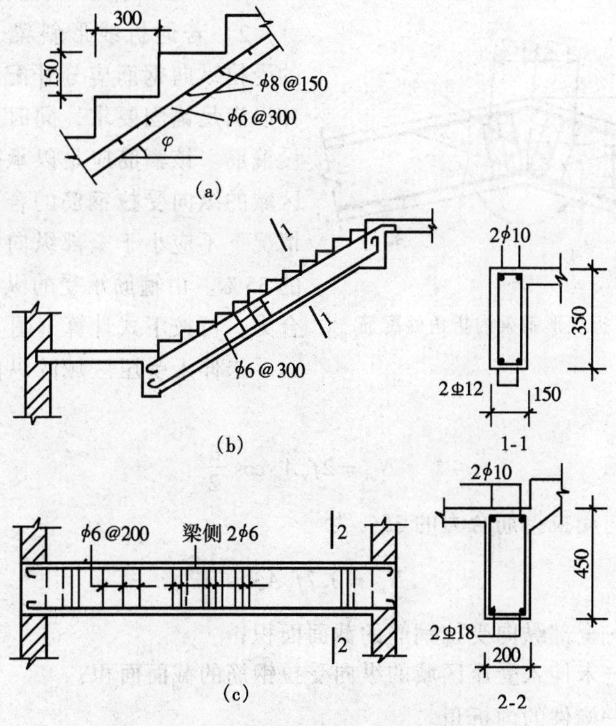

图 1-84　踏步板、斜梁和平台梁配筋图

(a) TB-1；(b) TL-1；(c) TL-2

踏步板（TB-1）、斜梁（TL-1）和平台梁（TL-2）的配筋图如图 1-84a、b、c 所示。

3. 现浇楼梯的一些构造处理

1）当楼梯下净高不够，可将楼层梁向内移动（图 1-85），这样板式楼梯的梯段就成为折线形。对此设计中应注意两个问题：（1）梯段中的水平段，其板厚应与梯段相同，不能处理成和平台板同厚；（2）折角处的下部受拉纵筋不允许沿板底弯折，以免产生向外的合力将该处的混凝土崩脱，应将此处纵筋断开，各自延伸至上面再行锚固。若板的弯折位置靠近楼层梁，板内可能出现负弯矩，则板上面还应配置承担负弯矩的短钢筋（图 1-86）。

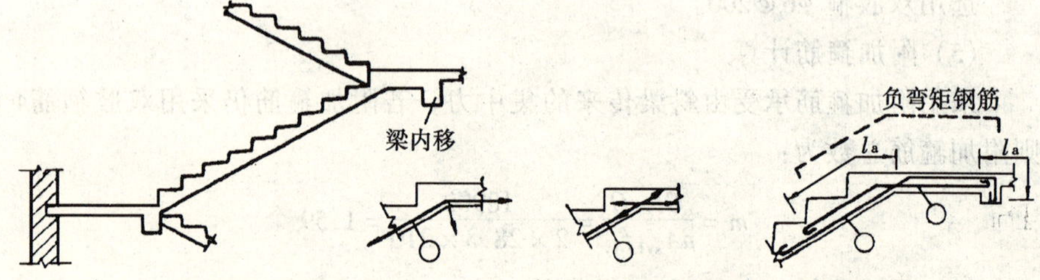

图 1-85　楼层梁内移时

图 1-86　板内折角时的配筋

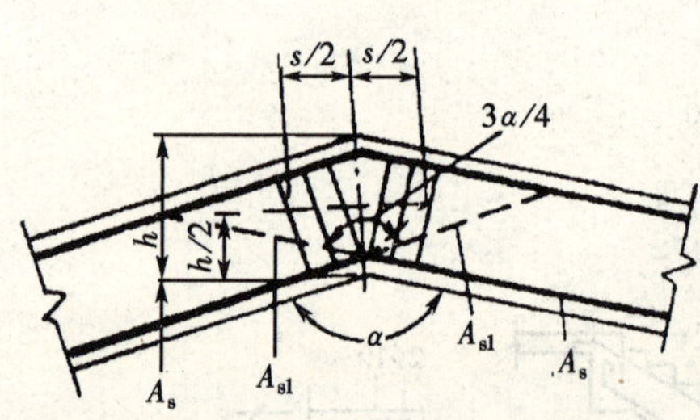

图 1-87　折线形斜梁内折角处配筋

2）若遇折线形斜梁，梁内折角处的受拉纵向钢筋应分开配置，并各自延伸以满足锚固要求，同时还应在该处增设箍筋。该箍筋应足以承受未伸入受压区域的纵向受拉钢筋的合力，且在任何情况下不应小于全部纵向受拉钢筋合力的 35%。由箍筋承受的纵向受拉钢筋的合力，可按下式计算（图 1-87）。

未伸入受压区域的纵向受拉钢筋的合力

$$N_{s1} = 2f_y A_{s1} \cos\frac{\alpha}{2}$$

全部纵向受拉钢筋合力的 35% 为

$$N_{s2} = 0.7f_y A_s \cos\frac{\alpha}{2}$$

式中　A_s——全部纵向受拉钢筋的截面面积；

A_{s1}——未伸入受压区域的纵向受拉钢筋的截面面积：

α——构件的内折角。

按上述条件求得的箍筋，应设置在长度为 $s = h\text{tg}\,\frac{3}{8}\alpha$ 的范围内。

1.9.2 雨篷

雨篷、外阳台、挑檐是建筑工程中常见的悬挑构件，它们的设计除与一般梁板结构相似外，悬挑构件还存在倾覆翻倒的危险，因此应进行抗倾覆验算。现以雨篷为例，讲述其计算特点。

1. 一般要求

板式雨篷一般由雨篷板和雨篷梁两部分组成（图 1-88）。雨篷梁既是雨篷板的支承，又兼有过梁的作用。

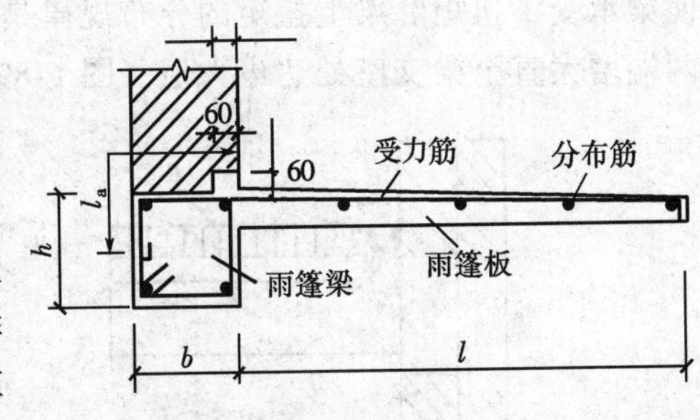

图 1-88 板式雨篷

一般雨篷板的挑出长度为 0.6～1.2m 或更大，视建筑要求而定。现浇雨篷板多数做成变厚度的，一般取根部板厚为 1/10 挑出长度，但不小于 70mm，板端不小于 50mm。雨篷板周围往往设置凸沿以便能有组织地排泄雨水。雨篷梁的宽度一般取与墙厚相同，梁的高度应按承载能力要求确定。梁两端伸进砌体的长度应考虑雨篷抗倾覆的因素确定。雨篷计算包括三方面内容：1）雨篷板的正截面承载力计算；2）雨篷梁在弯矩、剪力、扭矩共同作用下的承载力计算；3）雨篷抗倾覆验算。

2. 雨篷板和雨篷梁的承载能力计算

1）作用在雨篷板上的荷载：雨篷板上的荷载有恒载（包括自重、粉刷等)、雪荷载；雨篷板上的均布活荷载（按《荷载规范》取活荷载标准值为 0.7kN/m^2)，以及施工和检修集中荷载。以上荷载中，雨篷均布活荷载与雪荷载不同时考虑，取两者中较大值进行设计。每一集中荷载值为 1.0kN，进行承载能力计算时，沿板宽每隔 1m 考虑一个集中荷载：进行雨篷抗倾覆验算时，沿板宽每隔 2.5～3.0m 考虑一个。

施工集中荷载和雨篷的均布活荷载不同时考虑。

雨篷板的内力分析，当无边梁时，其受力特点和一般悬臂板相同，应分别按上述荷载组合作用，取较大的弯矩值进行正截面受弯承载力计算，计算截面取在梁截面外边缘（即板的跨度为 l。构造上应保证板中纵向受拉钢筋在雨篷梁内有足够的受拉锚固长度。施工时应经常检查钢筋，注意维持雨篷板截面的有效高度，特别是板根部的纵筋，应防止被踩下沉。

对于有边梁的雨篷，其受力特点和一般梁、板体系的构件相同。

2）雨篷梁计算：雨篷梁所承受的荷载有自重，梁上砌体重，可能计入的楼盖传来的荷载，以及雨篷板传来的荷载。梁上砌体重量和楼盖传来的荷载应按过梁荷载的规定计算。

现以雨篷板上作用均布荷载为例，来讲述雨篷梁的扭矩问题。

对于雨篷梁横截面的对称轴，板传给梁的内力有沿板宽每 1m 的竖向力 $V = pl$（kN/m）和力矩 m_p（图 1-89a），此处

$$m_p = pl\left(\frac{b+l}{2}\right)\text{kN}\cdot\text{m/m}$$

力矩 m_p 使雨篷梁发生转动，但由于梁两端砌固于墙体内可阻止梁转动，使梁承受了扭矩。梁上扭矩的分布规律是，在跨度中点处为零，按直线规律向两端增大直至梁支座处达最大值（图 1-89b）。

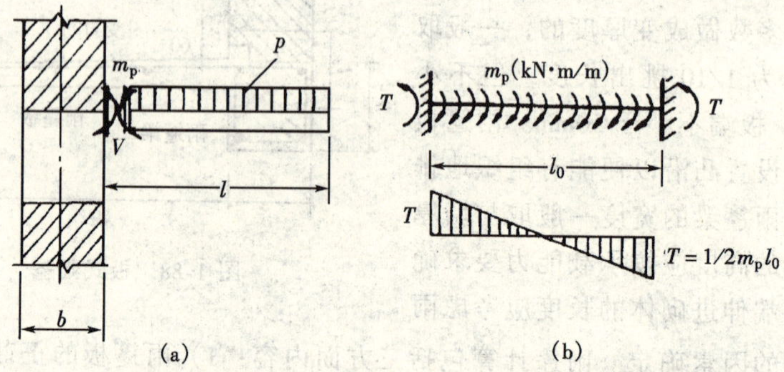

图 1-89　雨篷梁上的扭矩

(a) 雨篷板传来的 V 和 m_p；(b) 雨篷梁上的扭矩分布

根据平衡条件，在梁两砌固端所产生的大小相等、方向相反的抵抗扭矩值为

$$T = m_p l_0/2$$

此处 l_0 为雨篷梁的跨度，可近似取为 $l_0 = 1.05l_n$（l_n 为梁的净跨）。

雨篷梁在自重、梁上砌体重等荷载作用下，承受弯、剪，在雨篷板传来的荷载作用下，雨篷梁不仅承受弯、剪，而且还受扭，因此雨篷梁是受弯、剪、扭的构件。

雨篷梁应按弯、剪、扭构件确定所需纵向钢筋和箍筋的截面面积，并满足有关构造要求。

3）雨篷抗倾覆验算

雨篷板上的荷载使整个雨篷绕雨篷梁底的倾覆点 O 转动而倾倒（图 1-90），但是梁的自重，梁上砌体重量等却有阻止雨篷倾覆的稳定作用。《砌体结构设计规范》取雨篷的倾覆点位于墙的外边缘。进行抗倾覆验算要求满足

$$M_{ov} \leq M_r$$

式中　M_{ov}——雨篷板的荷载设计值对 O 点的倾覆力矩，

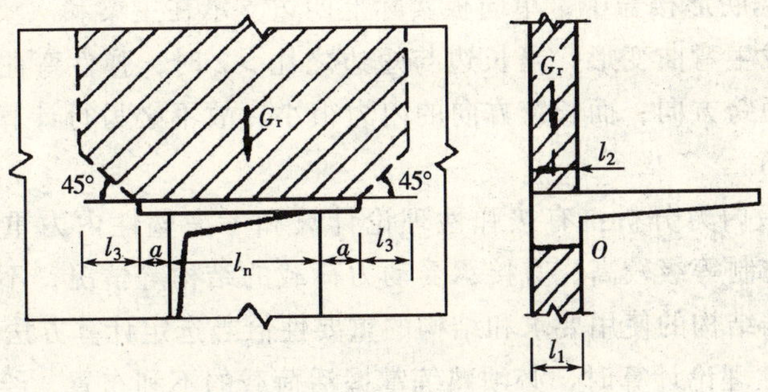

图 1-90　雨篷的抗倾覆荷载

M_r——雨篷的抗倾覆力矩设计值。

$$M_r = 0.8G_r (l_2 - x_0)$$

G_r——雨篷的抗倾覆荷载。为雨篷梁尾端上部45°扩散角范围内（其水平长度为 l_3，要求 $l_3 = l_n/2$ 的砌体与楼面恒荷载标准值之和。

l_2——Gr 作用点至墙外边缘的距离（mm），$l_2 = l_1/2$。

当 $l_1 \geqslant 2.2h_b$ 时，$x_0 = 0.3h_b$，且不大于 $0.13l_1$；

当 $l_1 < 2.2h_b$ 时，$x_0 = 0.13l_1$

l_1——雨篷梁埋入砌体中的长度（mm）；

x_0——计算倾覆点至墙外边缘的距离（mm）；

h_b——雨篷梁的截面高度（mm）。

雨篷梁两端埋入砌体愈长，压在梁上的砌体重量增加，则抵抗倾覆的能力增强，所以当公式不满足时，可以将雨篷梁两端延长，或者采用其它拉结措施。一般当梁的净跨长 $l_n < 1.5$m 时，梁一端埋入砌体的长度 a 宜取 $a \geqslant$ 300mm，当 $l_n \geqslant 1.5$m 时，宜取 $a \geqslant 500$mm。

1.10　小结

1. 熟悉各种楼盖结构，如现浇单向板肋形楼盖、双向板肋形楼盖、双重井式楼盖、无梁楼盖、装配式楼盖等结构的受力特点及其结构适用范围，以便根据不同的建筑要求和使用条件选择合适的结构类型。

2. 楼面、屋盖、楼梯等梁板结构设计的步骤是：（1）结构选型、结构布置及构件截面尺寸确定；（2）结构计算，包括确定计算简图（计算跨度和支承简图）、计算荷载、内力分析、内力组合及截面配筋计算等；（3）绘制结构施工图，包括结构布置及配筋图。上述步骤，不仅适用于梁板结构，也适用于其他结构设计。

3. 在现浇肋形楼盖中，单向板实际上四边支承在主梁和次梁或墙上，在板的双向同时发生弯曲变形，当长边与短边之比＞2时，弹性弯曲变形和内力才主要发生在短跨方向；而长跨方向的内力很小，故不必另行计算，只按构造要求要配置钢筋。

4. 单向板内力分析：有按弹性理论计算和考虑塑性内力重分布的计算方法。对裂缝控制等级较高、直接承受动力荷载的结构等情况，不能采用后一种方法，应根据结构的使用要求和结构的重要性恰当选定计算方法。

5. 按弹性理论计算时，必须熟练掌握活荷载的不利布置，绘制梁的弯矩和剪力包络图，根据内力包络图中的内力值确定纵向钢筋及腹筋数量，确定钢筋弯起和截断位置。

6. 对于超静定结构中的连续板（梁），由于构件截面的刚度改变以及塑性铰转动引起内力重分布，因而达到承载能力极限的标志不仅是某一截面的“屈服”或形成塑性铰，而是结构形成破坏机构。

7. 考虑钢筋混凝土超静定结构非弹性变形的计算方法很多，工程界多采用弯矩调幅法进行，即是先按弹性理论求出结构的截面弯矩值，再根据需要，将结构中某些截面的最大弯矩（按绝对值）予以调整。确定调幅值时应满足三方面的条件，即（1）力的平衡条件；（2）塑性铰有足够的转动能力（$\xi \leqslant 0.35$）；（3）满足使用需求（调幅不超过20%）。

8. 在实际结构中由于温度变化、混凝土收缩、计算荷载和计算简图与实际情况的差异等多种因素影响，板（梁）内将产生次应力。这些影响及应力较难通过计算精确地予以解决。因此，根据工程经验和试验研究，采用布置各种附加构造钢筋来补偿。

9. 现浇肋形楼盖中，当板的长边与短边之比≤2时，板在荷载作用下，沿两个正交受力且都不可忽略，称为双向板。双向板需分别按计算确定长边与短边方向的内力及配筋。

10. 双向板内力计算有两种方法：一种是按弹性理论计算；另一种是按塑性理论计算。

11. 按塑性理论计算方法简单，计算结果更符合结构的实际工作情况，且能节省材料，合理调整钢筋布置，克服支座处钢筋的拥挤现象，故在设计混凝土连续梁、板时，应尽量采用这种方法。但塑性理论方法是以形成塑性铰或塑性铰线为前提的，因此，并不是在任何情况下都能适用。

12. 一般在下列情况下，应按弹性理论方法进行设计：①直接承受动力和重复荷载的结构；②在使用阶段不允许出现裂缝或对裂缝开展有较严格限制的结构。

13. 装配式混凝土楼盖主要由搁置在承重墙或梁上的预制混凝土铺板组成，

故又称为装配式铺板楼盖。装配式楼盖主要有铺板式，密肋式和无梁式等，其中铺板式应用最广。铺板式楼盖的主要构件是预制板和预制梁。

14. 现浇钢筋混凝土楼梯按受力方式的不同分为：梁式楼梯和板式楼梯等。梁式楼梯和板式楼梯的主要区别，在于楼梯梯段是采用梁承重还是板承重。前者受力较合理，用材较省，但施工较繁且欠美观，宜用于梯段较长的楼梯；后者反之。

15. 雨篷、阳台等悬臂结构，除控制截面承载力计算外，尚应作整体抗倾覆的验算。工程事故表明，不宜采用悬挑板式阳台，而应采用悬挑梁式阳台，以确保安全。

16. 无梁楼盖是指在楼盖中不设梁肋，而将板直接支承在柱上。无梁楼盖是一种双向受力楼盖，楼面荷载直接传给柱子，再传给基础，其特点是传力体系简化，又没有梁，因此扩大了楼层净空，并且底面平整，模板简单，便于施工。无梁楼盖常用于多层厂房、商场、库房等建筑。无梁楼盖按楼面结构形式分为平板和密肋板；按有无柱帽分为无柱帽轻型无梁楼盖和有柱帽无梁楼盖。按施工程序分为现浇式无梁楼盖和装配整体式无梁楼盖。

思考题

1. 钢筋混凝土楼盖结构有哪几种主要类型？分别说出它们各自的优缺点和适用范围。

2. 写出钢筋混凝土梁板结构的设计步骤。

3. 单向板和双向板的受力特点如何？

4. 板、次梁和主梁的常用跨度各是多少？截面尺寸如何确定？

5. 现浇单向板肋形楼盖中的板、次梁和主梁，当其内力按弹性理论计算时，如何确定其计算简图？当按塑性理论计算时，其计算简图又如何确定？如何绘制主梁的弯矩包络图？钢筋截断、弯起应满足的构造要求有哪些？

6. 连续梁、板跨中、支座截面弯矩及支座截面剪力的最不利荷载布置原则是什么？

7. 考虑折算荷载的物理意义是什么？

8. 钢筋混凝土结构中的塑性铰与结构力学中的理想铰有何异同？影响塑性铰转动能力的主要因素有哪些？

9. 塑性铰与塑性内力重分布有什么关系？

10. 什么叫弯矩调幅法，计算步骤如何？有哪些计算原则？考虑塑性内力重分布方法有何优缺点？常应用在什么情况？

11. 考虑塑性内力重分布计算用钢筋混凝土连续梁时，为什么要限制截面受压区高度？

12. 现浇单向板肋形楼盖板、次梁和主梁的配筋计算和构造有哪些?

13. 单向板有哪些构造钢筋? 为什么要配这些钢筋?

14. 在主梁高度范围内承受集中荷载时，为什么要布置附加横向钢筋?

15. 按弹性理论计算方法，连续双向板是怎样利用单块板的计算系数表的?

16. 画出双向板支承梁的计算简图，其上的荷载如何计算? 当荷载简图确定后，怎样确定梁上的弯矩分布?

17. 什么叫塑性铰线? 钢筋混凝土双向板按塑性铰线法计算时，需作哪些基本假定? 塑性铰线理论的基本要点是什么?

18. 周边与梁整体连接的板，在什么情况下，可以对其算得的弯矩值予以折减? 如何折减?

19. 双向板中的受力钢筋是如何配置的? 与单向板的配筋有何不同?

20. 双向板中的次梁、主梁中有哪些受力钢筋、构造钢筋? 其配置与单向板中的次梁、主梁配筋有何异同?

习　题

1. 某5跨连续板如图1-91所示，板跨为2.4m，受恒荷载标准值 $g_k=3.8\text{kN/m}^2$，活荷载标准值 $q_k=3.5\text{kN/m}^2$；混凝土强度等级为C25，钢筋纵筋用HRB335级，

(1) 求按弹性理论计算时板的计算简图;

(2) 求按弹性理论计算时，第一跨中截面和 B 支座弯矩最大设计值。并说明活荷载最不利布置的方式;

(3) 求当考虑塑性内力重分布计算时板的计算简图;

(4) 求当考虑塑性内力重分布计算时，第一跨中截面和 B 支座弯矩最大设计值。

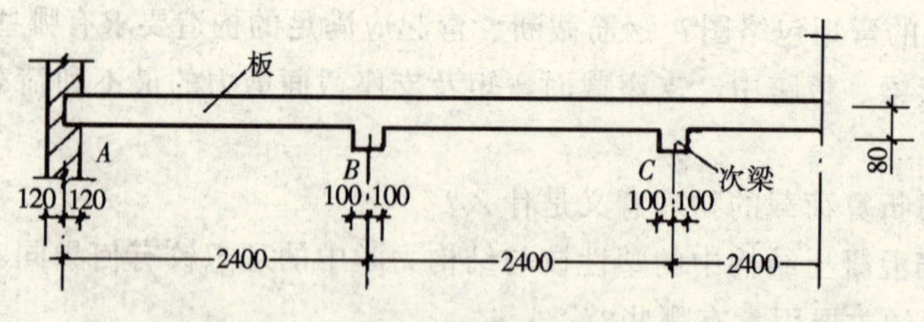

图 1-91

2. 荷载和按弹性理论计算的弯矩图如图1-92所示。当考虑塑性内力重分布计算时，若 A 和 B 支座弯矩调幅系数为0.2，求：该梁的 AB 跨内最大弯矩值和支座的弯矩值。

3. 如图1-93所示的三跨连续梁，截面尺寸为250mm×550mm 环境类别为一

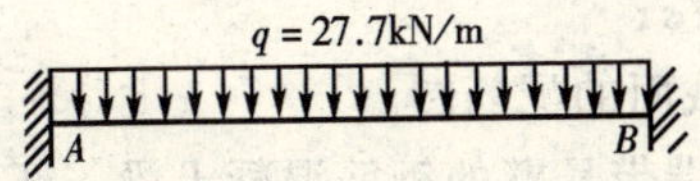

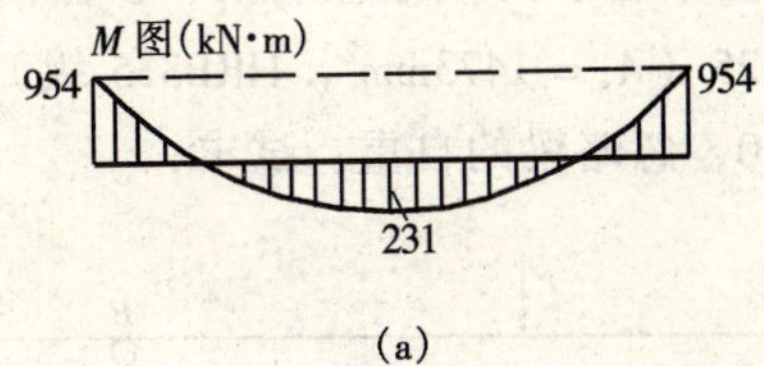

(a)

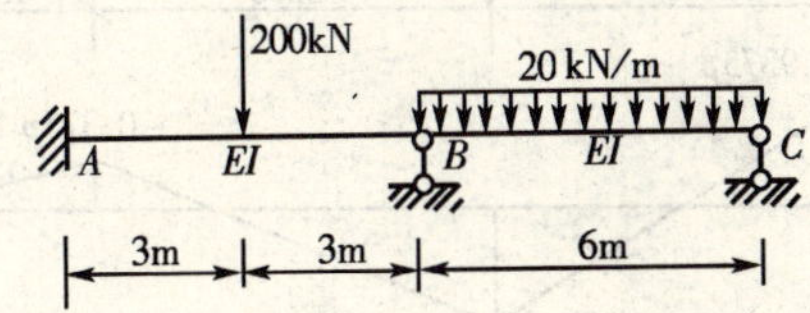

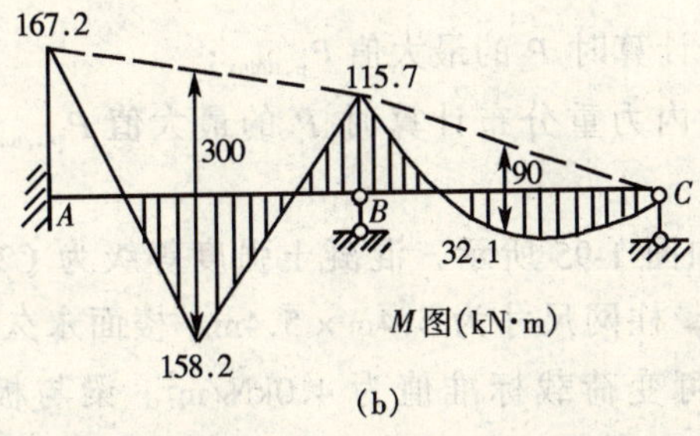

(b)

图 1-92

类，采用混凝土 C25，纵筋用 HRB335 级，箍筋用 HRB235 级，作用在梁上的荷载标准值见图，其分项系数为 1.2，标准荷载作用下的弯矩和剪力如图 1-92 所示。梁端调幅系数为 0.2。求：

1. 6m 跨梁的跨中弯矩及支座配筋值 A_s；

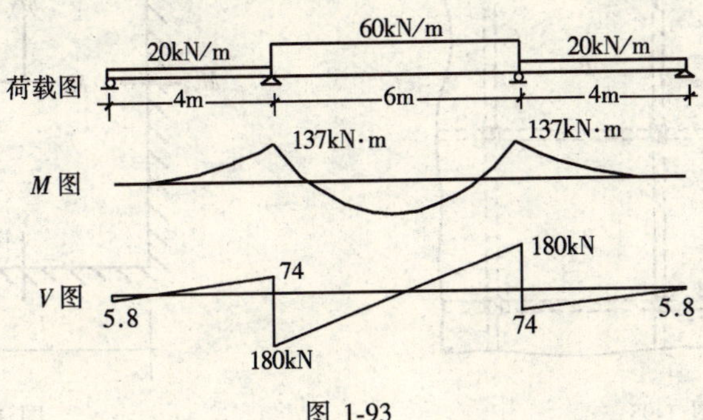

图 1-93

2．6m 跨梁的箍筋 A_{sv}/s；

3．绘出 6m 跨梁支座截面的配筋图。

4．一根左端嵌固，右端带悬臂的钢筋混凝土梁，环境类别为一类，其荷载和按弹性理论计算的弯矩图如图 1-94 所示。若 A、B 截面的负弯矩钢筋及 C 截面的正弯矩钢筋均为 3 Φ 25（$A_s = 1473\text{mm}^2$，HRB335 级）。混凝土强度等级为 C25。截面尺寸为 250×650，忽略梁的自重。试求：

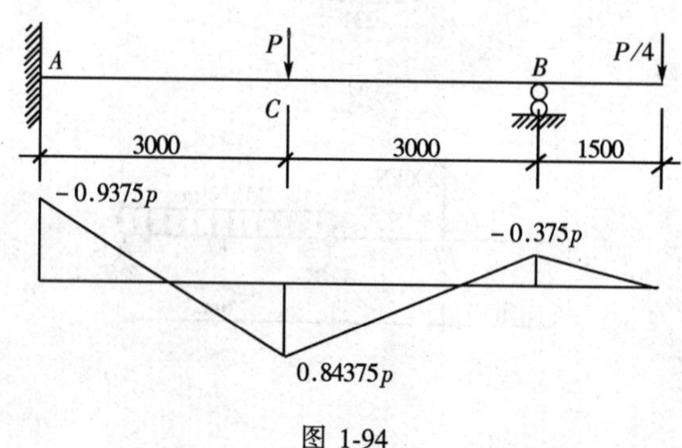

图 1-94

（1）按弹性理论计算时 P 的最大值 $P_{e,umax}$；

（2）按考虑塑性内力重分布计算时 P 的最大值 $P_{pu,max}$ 及相应弯矩调幅系数 β。

5．某双向楼盖如图 1-95 所示，混凝土强度等级为 C25，梁沿柱网轴线设置，板厚 $h = 110\text{mm}$，柱网尺寸为 5.4m×5.4m。楼面永久荷载（包括板自重）标准值为 3kN/m^2，可变荷载标准值为 4.0kN/m^2。梁与板整浇，截面尺寸为 300mm×600mm。试用弹性理论确定中区格 A、边区格 B、角区格 C 的内力并计算配筋。

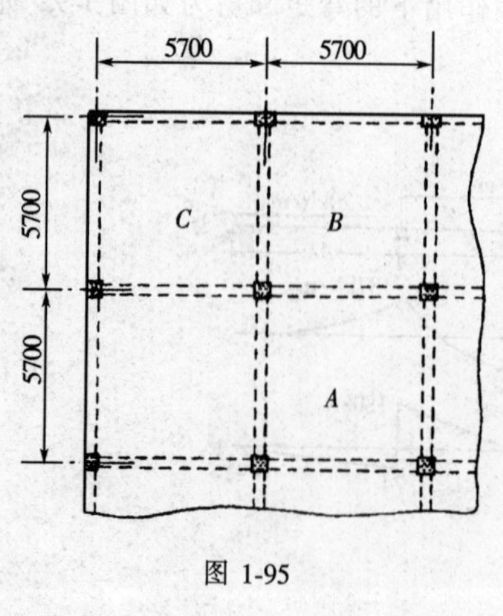

图 1-95

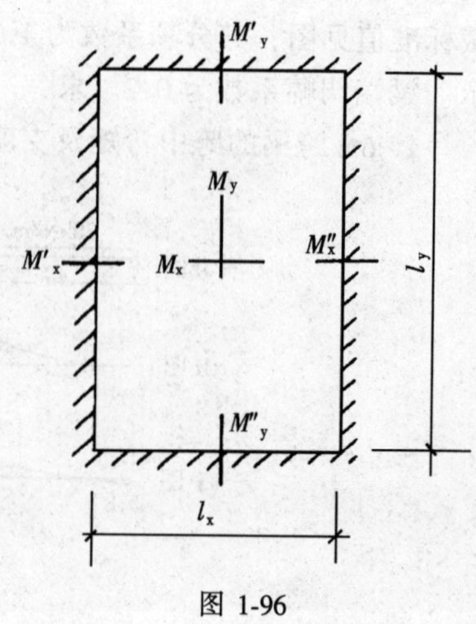

图 1-96

6. 某矩形双向板如图 1-96 所示，$l_x = 4\text{m}$，$l_y = 6\text{m}$，已知板上永久荷载和可变荷载的设计值为 $g + g = 10\text{kN/m}^2$，设 $m_y/m_x = (l_x/l_y)^2$，$m'_x/m_x = m''_x/m_x = m'_y/m_y = m''_y/m_y = 2$，用塑性铰线法求板中的极限弯矩值。

现浇单向板肋梁楼盖课程设计任务书

1. 设计资料

某多层厂房采用钢筋混凝土现浇单向板肋梁楼盖，其中三层平面图如图 1-97 所示，楼面荷载、材料及构造等设计资料如下：

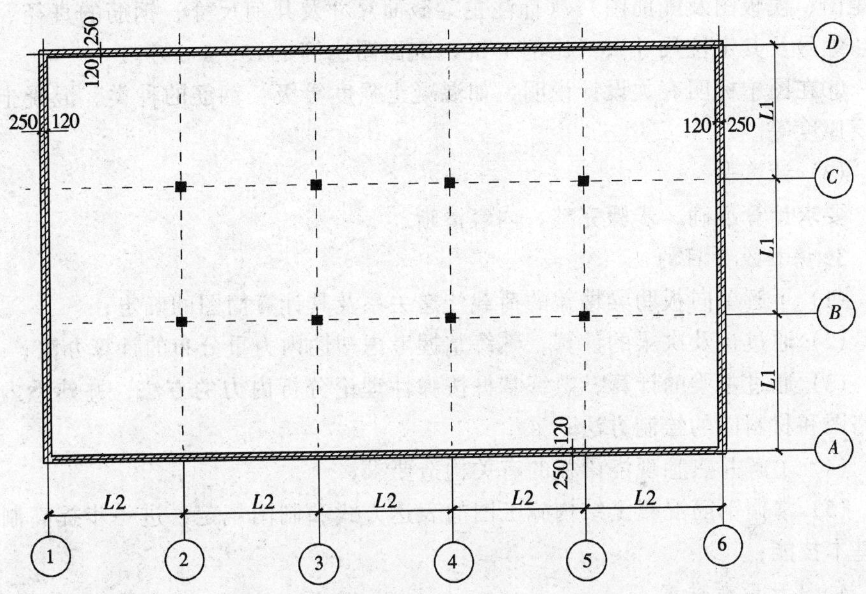

图 1-97　平面图

（1）楼面活荷载标准值 $q_k = 6\text{kN/m}^2$ 或（$q_k = 7\text{kN/m}^2$、$q_k = 8\text{kN/m}^2$、$q_k = 9\text{kN/m}^2$）；

（2）楼面面层用 20mm 厚水泥砂浆抹面（$\gamma = 20\text{kN/m}^3$），板底及梁用 15mm 厚石灰砂浆抹底（$\gamma = 17\text{kN/m}^3$）；

（3）混凝土强度等级采用 C20、C25 或 C30，钢筋采用 HPB235、HRB335 或 HRB400；

（4）板伸入墙内 120mm，次梁伸入墙内 240mm，主梁伸入墙内 370mm；柱的截面尺寸 $b \times h = 350\text{mm} \times 350\text{mm}$（或 $400\text{mm} \times 400\text{mm}$ 或自定）。

2. 设计内容和要求

（1）板和次梁按考虑塑性内力重分布方法计算内力；主梁按弹性理论计算内力，并绘出弯矩包络图。

(2) 绘制楼盖结构施工图

①楼面结构平面布置图（标注墙、柱定位轴线编号和梁、柱定位尺寸及构件编号）。(比例 1:100～1:200)；

②板模板图及配筋平面图（标注板厚、板中钢筋的直径、间距、编号及其定位尺寸）(比例 1:100～1:200)；

③次梁模板及配筋图（标注次梁截面尺寸及几何尺寸、钢筋的直径、根数、编号及其定位尺寸）(比例 1:50，剖面图比例 1:15～1:30)；

④梁材料图、模板图及配筋图（按同一比例绘出主梁的弯矩包络图、抵抗弯矩图、模板图及配筋图)，(标注主梁截面尺寸及几何尺寸、钢筋的直径、根数、编号及其定位尺寸)；(比例 1:50，剖面图比例 1:15～1:30)；

⑤在图中标明有关设计说明，如混凝土强度等级、钢筋的种类、混凝土保护层厚度等。

(3) 计算书

要求计算准确，步骤完整，内容清晰。

3. 课程设计目的

(1) 了解单向板肋梁楼盖的荷载传递关系及其计算简图的确定；

(2) 通过板及次梁的计算，熟练掌握考虑塑性内力重分布的计算办法；

(3) 通过主梁的计算，熟练掌握按弹性理论分析内力的方法，并熟悉内力包络图和材料图的绘制方法；

(4) 了解并熟悉现浇梁板的有关构造要求；

(5) 掌握钢筋混凝土结构施工图的表达方式和制图规定，进一步提高制图的基本技能；

4. 设计参考进度

第一天：布置设计任务，阅读设计任务书、指导书及设计例题，复习有关课程内容。确定梁格布置、板计算及绘制板的配筋草图；

第二天：次梁的计算及绘制配筋草图；

第三天：主梁的计算及绘制配筋草图；

第四至第五天：绘制板、次梁和主梁的施工图。

柱网尺寸表

序号	*L*1	*L*2	序号	*L*1	*L*2
1	5700	5400	6	6000	6000
2	5700	5700	7	6300	4800
3	6000	5100	8	6300	5100
4	6000	5400	9	6300	6000
5	6000	5700	10	6300	6300

2 单 层 厂 房

2.1 单层厂房的结构组成和布置

2.1.1 结构组成

钢筋混凝土单层厂房结构有两种基本类型：排架结构与刚架结构，如图2-1所示。

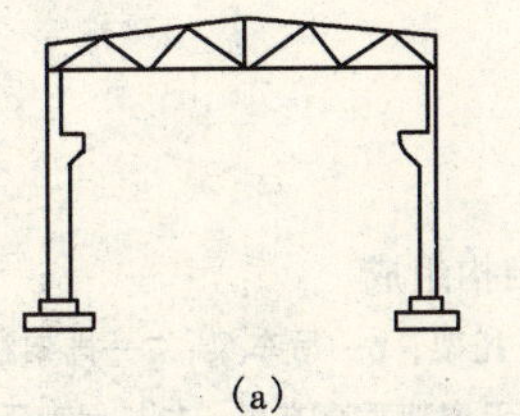

(a)

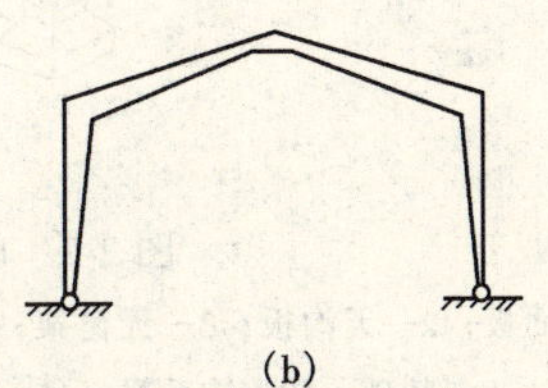

(b)

图 2-1 钢筋混凝土单层厂房的两种基本类型

(a) 排架结构；(b) 刚架结构

排架结构是由屋架（或屋面梁)、柱、基础等构件组成，其柱与屋架铰接，与基础刚接。此类结构能承担较大的荷载，在冶金和机械工业厂房中应用广泛，其跨度可达 30m，高度 20～30m，吊车吨位可达 150t 或 150t 以上。

刚架结构的主要特点是梁与柱刚接，柱与基础通常为铰接。因梁、柱整体结合，故受荷载后，在刚架的转折处将产生较大的弯矩，容易开裂；另外，柱顶在横梁推力的作用下，将产生相对位移，使厂房的跨度发生变化，故此类结构的刚度较差，仅适用于屋盖较轻的厂房或吊车吨位不超过 10t，跨度不超过 10m 的轻型厂房或仓库等。

本章主要讲述钢筋混凝土铰结排架结构的单层厂房，这类厂房通常由下列结构构件所组成，如图 2-2 所示。

1. 屋盖结构

分无檩和有檩两种体系，前者由大型屋面板、屋面梁或屋架（包括屋盖支撑）组成；后者由小型屋面板、檩条、屋架（包括屋盖支撑）组成，屋盖结构有时还有天窗架、托架，其作用主要是维护和承重（承受屋盖结构的自重、屋面活载、雪载和其它荷载，并将这些荷载传给排架柱)，以及采光和通风等。

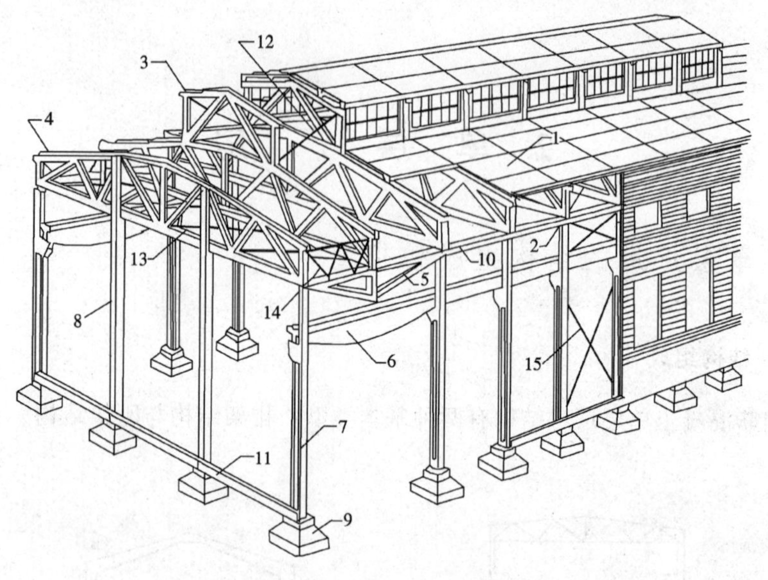

图 2-2　单层厂房的结构组成

1—屋面板；2—天沟板；3—天窗架；4—屋架；5—托架；6—吊车梁；7—排架柱；8—抗风柱；9—基础；10—连系梁；11—基础梁；12—天窗架垂直支撑；13—屋架下弦横向水平支撑；14—屋架端部垂直支撑；15—柱间支撑

2. 横向平面排架

由横梁（屋面梁或屋架）和横向柱列（包括基础）组成，它是厂房的基本承重结构。厂房结构承受的竖向荷载（结构自重、屋面活载、雪载和吊车竖向荷载等）及横向水平荷载（风载和吊车横向制动力、地震作用）主要通过它将荷载传至基础和地基，如图 2-3 所示。

3. 纵向平面排架

由纵向柱列（包括基础）、连系梁、吊车梁和柱间支撑等组成，其作用是保证厂房结构的纵向稳定性和刚度，并承受作用在山墙和天窗端壁并通过屋盖结构传来的纵向风载、吊车纵向水平荷载（图 2-4）、纵向地震作用以及温度应力等。

4. 吊车梁

简支在柱牛腿上，主要承受吊车竖向和横向或纵向水平荷载，并将它们分别传至横向或纵向排架。

5. 支撑

包括屋盖和柱间支撑，其作用是加强厂房结构的空间刚度，并保证结构构件在安装和使用阶段的稳定和安全。同时起传递风载和吊车水平荷载或地震力

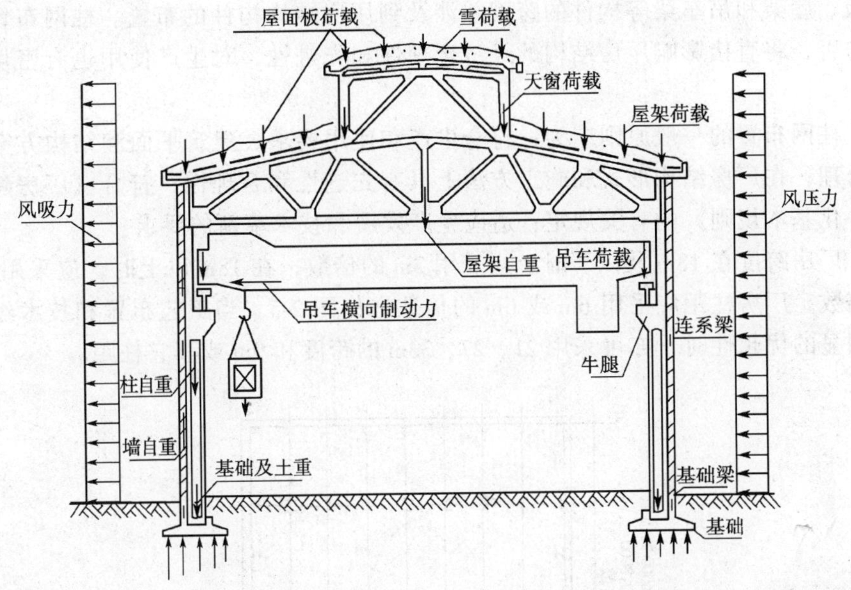

图 2-3　单层厂房的横向排架及其荷载示意图

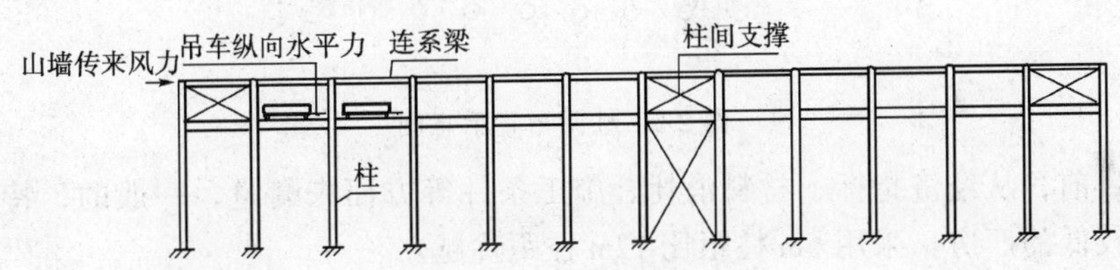

图 2-4　纵向排架示意图

的作用。

6. 基础承受柱和基础梁传来的荷载并将它们传至地基。

7. 围护结构

包括纵墙和横墙（山墙）及由墙梁、抗风柱（有时还有抗风梁或抗风桁架）和基础梁等组成的墙架。这些构件所承受的荷载，主要是墙体和构件的自重以及作用在墙面上的风荷载。

2.1.2　柱网及变形缝的布置

1. 柱网布置

厂房承重柱（或承重墙）的纵向和横向定位轴线，在平面上排列所形成的网格，称为柱网。柱网布置就是确定纵向定位轴线之间（跨度）和横向定位轴线之间（柱距）的尺寸。确定柱网尺寸，既是确定柱的位置，同时也是确定屋面板、屋架和吊车梁等构件的跨度并涉及到厂房结构构件的布置。柱网布置恰当与否，将直接影响厂房结构的经济合理性和先进性，对生产使用也有密切关系。

柱网布置的一般原则应为：符合生产和使用要求；建筑平面和结构方案经济合理；在厂房结构形式和施工方法上具有先进性和合理性；符合《厂房建筑统一化基本规则》的有关规定；适应生产发展和技术革新的要求。

厂房跨度在18m及以下时，应采用3m的倍数；在18m以上时，应采用6m的倍数。厂房柱距应采用6m或6m的倍数，如图2-5。当工艺布置和技术经济有明显的优越性时，亦可采用21、27、33m的跨度和9m或其它柱距。

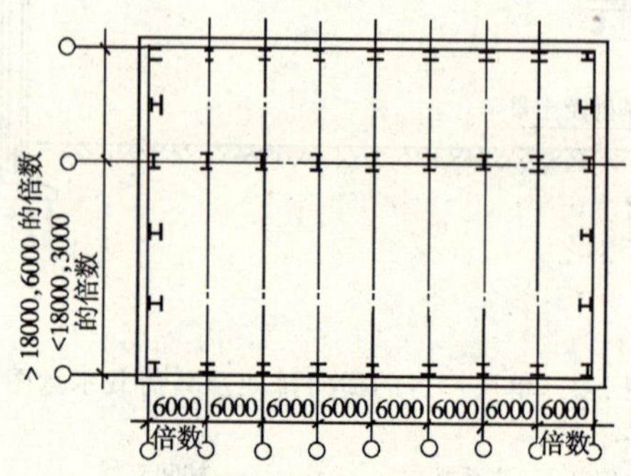

图2-5 柱网布置示意图

目前，从经济指标、材料消耗、施工条件等方面来衡量，一般的，特别是高度较低的厂房，采用6m柱距比12m柱距优越。

但从现代化工业发展趋势来看，扩大柱距，对增加车间有效面积，提高设备布置和工艺布置的灵活性，机械化施工中减少结构构件的数量和加快施工进度等，都是有利的。当然，由于构件尺寸增大，也给制作、运输和吊装带来不便。12m柱距是6m柱距的扩大模数，在大小车间相结合时，两者可配合使用。此外，12m柱距可以利用现有设备做成6m屋面板系统（有托架梁）；当条件具备时又可直接采用12m屋面板（无托架梁）。所以，在选择12m柱距和9m柱距时，应优先采用前者。

2. 变形缝

变形缝包括伸缩缝、沉降缝和防震缝三种。

如果厂房长度和宽度过大，当气温变化时，将使结构内部产生很大的温度应力，严重的可将墙面、屋面等拉裂，影响使用。为减小厂房结构中的温度应力，可设置伸缩缝，将厂房结构分成几个温度区段。伸缩缝应从基础顶面开始，将两个温度区段的上部结构构件完全分开。并留出一定宽度的缝隙，使上部结构在气温变化时，水平方向可以自由地发生变形。温度区段的形状，应力求简单，并应使伸缩缝的数量最少。温度区段的长度（伸缩缝之间的距离），取决于结构类型和温度变化情况。《混凝土结构设计规范》GB 50010—2002 对钢筋混凝土结构伸缩缝的最大间距作了规定（《规范》表 9.1.1），当厂房的伸缩缝间距超过规定值时，应验算温度应力。伸缩缝的具体做法见有关建筑构造手册。

在一般单层厂房中可不做沉降缝，只有在特殊情况下才考虑设置，如厂房相邻两部分高度相差很大（如 10m 以上）、两跨间吊车起重量相差悬殊，地基承载力或下卧层土质有较大差别，或厂房各部分的施工时间先后相差很长，地基土压缩程度不同等情况。沉降缝应将建筑物从屋顶到基础全部分开，以使在缝两边发生不同沉降时不致损坏整个建筑物。沉降缝可兼作伸缩缝。

防震缝是为了减轻厂房地震灾害而采取的有效措施之一。当厂房平、立面布置复杂或结构高度或刚度相差很大，以及在厂房侧边贴建生活间、变电所、炉子间等附属建筑时，应设置防震缝将相邻部分分开。地震区的厂房，其伸缩缝和沉降缝均应符合防震缝的要求。

2.1.3 支撑的作用和布置原则

在装配式钢筋混凝土单层厂房结构中，支撑虽非主要的构件，但却是连系主要结构构件以构成整体的重要组成成分。实践证明，如果支撑布置不当，不仅会影响厂房的正常使用，甚至可能引起工程事故，所以应予以足够的重视。

下面主要讲述各类支撑的作用和布置原则，至于具体布置方法及与其它构件的连接构造，可参阅有关标准图集。

1. 屋盖支撑

屋盖支撑包括设置在屋面梁（屋架）间的垂直支撑、水平系杆以及设置在上、下弦平面内的横向支撑和通常设置在下弦水平面内的纵向水平支撑。

(1) 屋面梁（屋架）间的垂直支撑及水平系杆。

垂直支撑和下弦水平系杆是用以保证屋架的整体稳定（抗倾覆）以及防止在吊车工作时（或有其他振动）屋架下弦的侧向颤动。上弦水平系杆则用以保证屋架上弦或屋面梁受压翼缘的侧向稳定（防止局部失稳）。

当屋面梁（或屋架）的跨度 $l>18$m 时，应在第一或第二柱间设置端部垂直支撑并在下弦设置通长水平系杆；当 $l\leqslant18$m，且无天窗时，可不设垂直支撑和水平系杆，仅对梁支座进行抗倾覆验算即可。当为梯形屋架时，除按上述要求处理外，必须在伸缩缝区段两端第一或第二柱间内，在屋架支座处设置端部垂直支撑。

(2) 屋面梁（屋架）间的横向支撑。

上弦横向支撑的作用是:构成刚性框,增强屋盖整体刚度,保证屋架上弦或屋面梁上翼缘的侧向稳定,同时将抗风柱传来的风力传递到(纵向)排架柱顶。

当屋面采用大型屋面板，并与屋面梁或屋架有三点焊接，并且屋面板纵肋间的空隙用 C20 细石混凝土灌实，能保证屋盖平面的稳定并能传递山墙风力时，则认为可起上弦横向支撑的作用，这时不必再设置上弦横向支撑。凡屋面为有檩体系，或山墙风力传至屋架上弦而大型屋面板的连接又不符合上述要求时，则应在屋架上弦平面的伸缩缝区段内两端各设一道上弦横向支撑，当天窗通过伸缩缝时，应在伸缩缝处天窗缺口下设置上弦横向支撑。

下弦横向水平支撑的作用是：保证将屋架下弦受到的水平力传至（纵向）排架柱顶。故当屋架下弦设有悬挂吊车或受有其它水平力，或抗风柱与屋架下弦连接，抗风柱风力传至下弦时，则应设置下弦横向水平支撑。

(3) 屋面梁（屋架）间的纵向水平支撑。

下弦纵向水平支撑是为了提高厂房刚度，保证横向水平力的纵向分布，增强排架的空间工作性能而设置的。设计时应根据厂房跨度、跨数和高度，屋盖承重结构方案，吊车吨位及工作制等因素考虑在下弦平面端节点中设置。如厂房还设有横向支撑时，则纵向支撑应尽可能同横向支撑形成封闭支撑体系，如图 2-6（a)；当设有托架时，必须设置纵向水平支撑，如图 2-6（b)；如果只在部分柱间设有托架，则必须在设有托架的柱间和两端相邻的一个柱间设置纵向水平支撑，如图 2-6（c)，以承受屋架传来的横向风力。

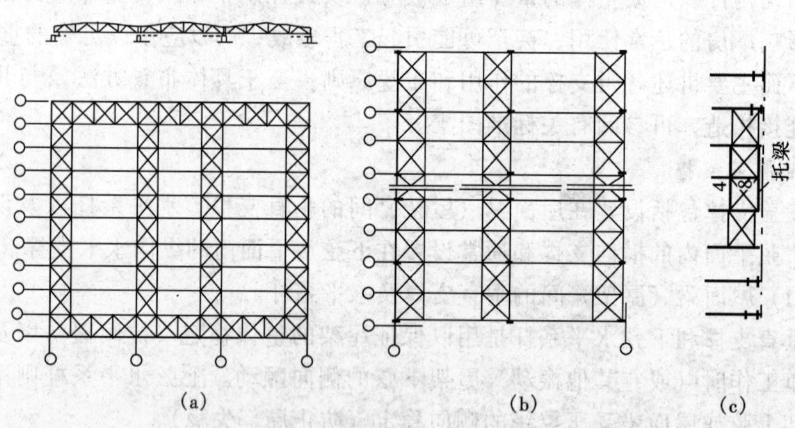

图 2-6 各类支撑平面图

(a) 纵横向支撑形成封闭支撑体系；(b) 设有托架的纵向水平支撑；

(c) 部分柱间设有托架的纵向水平支撑

2. 柱间支撑

柱间支撑的作用主要是提高厂房的纵向刚度和稳定性。对于有吊车的厂房，柱间支撑分上部和下部两种，前者位于吊车梁上部，用以承受作用在山墙上的风力并保证厂房上部的纵向刚度；后者位于吊车梁下部，承受上部支撑传来的力和吊车梁传来的吊车纵向制动力，并把它们传至基础，如图 2-4 所示。

一般单层厂房，凡属下列情况之一者，应设置柱间支撑：

(1) 设有悬臂式吊车或 3t 及以上悬挂式吊车时；

(2) 吊车工作级别为 A6 ~ A8 或吊车工作级别为 A1 ~ A5 且起重量在 10t 或大于 10t 时；

(3) 厂房跨度在 18m 及大于 18m 或柱高在 8m 以上时；

(4) 纵向柱的总数在 7 根以下时；

(5) 露天吊车栈桥的柱列。

当柱间内设有强度和稳定性足够的墙体，且其与柱连接紧密能起整体作用，同时吊车起重量较小（≤5t）时，可不设柱间支撑。柱间支撑应设在伸缩缝区段的中央或临近中央的柱间。这样有利于在温度变化或混凝土收缩时，厂房可自由变形，而不致发生较大的温度或收缩应力。

当柱顶纵向水平力没有简捷途径传递时，则必须设置一道通长的纵向受压水平系杆（如连系梁）。柱间支撑杆件应与吊车梁分离，以免受吊车梁竖向变形的影响。

柱间支撑宜用交叉形式，交叉倾角通常在 35° ~ 55°间。当柱间因交通、设备布置或柱距较大而不宜或不能采用交叉式支撑时，可采用图 2-7 所示的门架式支撑。

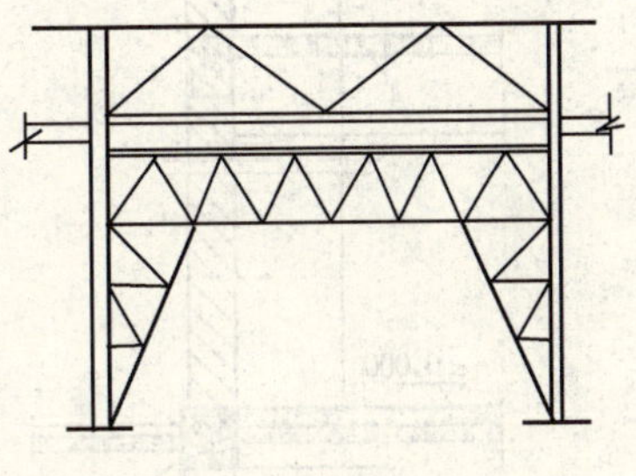

图 2-7　门架式支撑

柱间支撑一般采用钢结构，杆件截面尺寸应经强度和稳定性验算。

2.1.4　抗风柱、圈梁、连系梁、过梁和基础梁的作用及布置原则

1. 抗风柱

单层厂房的端墙（山墙）受风面积较大，一般需要设置抗风柱将山墙分成几个区格，使墙面受到的风载一部分（靠近纵向柱列的区格）直接传至纵向柱列，另一部分则经抗风柱下端直接传至基础和经上端通过屋盖系统传至纵向柱列。

当厂房高度和跨度均不大（如柱顶在 8m 以下，跨度为 9 ~ 12m）时，可在山墙设置砖壁柱作为抗风柱；当高度和跨度较大时，一般都设置钢筋混凝土抗风柱，柱外侧再贴砌山墙。在很高的厂房中，为不使抗风柱的截面尺寸过大，可加设水平抗风梁或钢抗风桁架，如图 2-8 (a)，作为抗风柱的中间铰支点。

抗风柱一般与基础刚接，与屋架上弦铰接，根据具体情况，也可与下弦铰接或同时与上、下弦铰接。抗风柱与屋架连接必须满足两个要求：一是在水平

方向必须与屋架有可靠的连接以保证有效地传递风载；二是在竖向允许两者之间有一定相对位移的可靠性，以防厂房与抗风柱沉降不均匀时产生不利影响。所以，抗风柱和屋架一般采用竖向可以移动，水平向又有较大刚度的弹簧板连接，如图 2-8（b）；如厂房沉降较大时，则宜采用螺栓连接，如图 2-8（c）

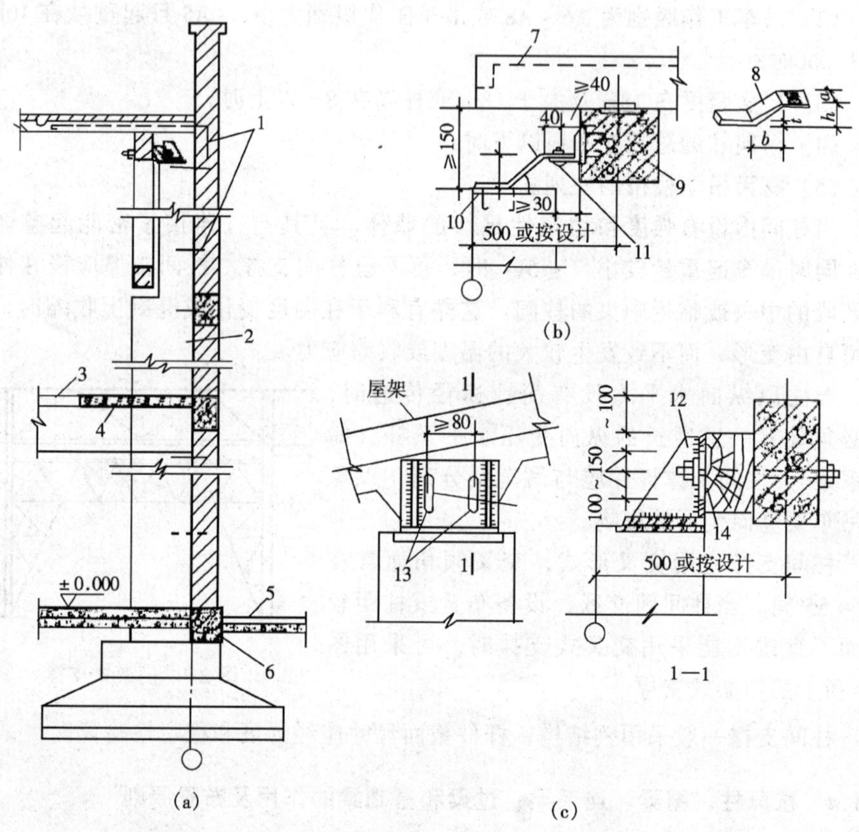

图 2-8　抗风柱及连接示意图

（a）抗风柱；（b）弹簧板连接；（c）螺栓连接

1—锚拉钢筋；2—抗风柱；3—吊车梁；4—抗风梁；5—散水坡；6—基础梁；7—屋面板纵肋或檩条；8—弹簧板；9—屋架上弦；10—柱中预埋件；11—≥2ϕ16 螺栓；12—加劲板；13—长圆孔；14—硬木块

2. 圈梁、连系梁、过梁和基础梁

当用砖作为厂房围护墙时，一般要设置圈梁、连系梁、过梁及基础梁。

圈梁的作用是将墙体同厂房柱箍在一起，以加强厂房的整体刚度，防止由于地基的不均匀沉降或较大振动荷载引起对厂房的不利影响。圈梁设置于墙体内，和柱连接仅起拉结作用。圈梁不承受墙体重量，所以柱上不设置支承圈梁的牛腿。

圈梁的布置与墙体高度、对厂房刚度的要求以及地基情况有关。对于一般单层厂房，可参照下述原则布置：对无桥式吊车的厂房，当墙厚≤240mm，檐高为5~8m时，应在檐口附近布置一道，当檐高大于8m时，宜增设一道；对有桥式吊车或有较大振动设备的厂房，除在檐口或窗顶布置外，尚宜在吊车梁处或墙中适当位置增设一道，当外墙高度大于15m时，还应适当增设。

圈梁应连续设置在墙体的同一平面上，并尽可能沿整个建筑物形成封闭状。当圈梁被门窗洞口切断时，应在洞口上部墙体中设置一道附加圈梁（过梁)，其截面尺寸不应小于被切断的圈梁。两者搭接长度的要求可参阅《砌体结构》教材。

连系梁的作用是连系纵向柱列，以增强厂房的纵向刚度并传递风载到纵向柱列。此外，连系梁还承受其上部墙体的重量。连系梁通常是预制的，两端搁置在柱牛腿上，其连接可采用螺栓连接或焊接连接。过梁的作用是承托门窗洞口上部墙体重量。

在进行厂房结构布置时，应尽可能将圈梁，连系梁和过梁结合起来，以节约材料、简化施工，使一个构件在一般厂房中，能起到两种或三种构件的作用。通常用基础梁来承托围护墙体的重量，而不另做墙基础。基础梁底部距土壤表面应预留100mm的空隙，使梁可随柱基础一起沉降。当基础梁下有冻胀性土时，应在梁下铺设一层干砂、碎砖或矿渣等松散材料，并预留50~150mm的空隙，这可防止地基土冻结膨胀时将梁顶裂。基础梁与柱一般不要求连接，将基础梁直接放置在柱基础杯口上，或当基础埋置较深时，放置在基础上面的混凝土垫块上，如图2-9所示。施工时，基础梁支承处应坐浆。

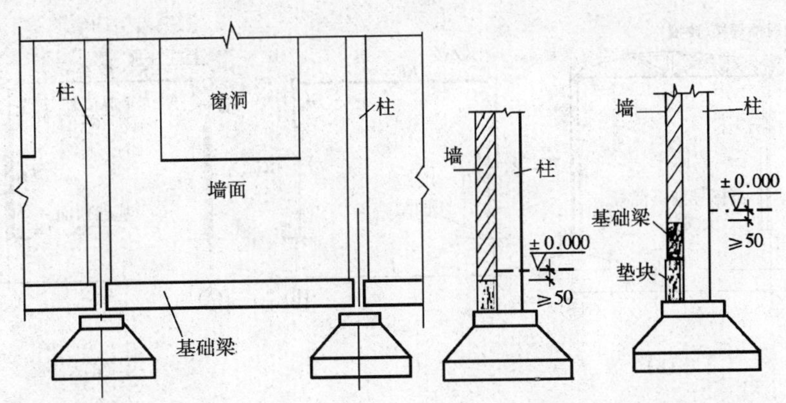

图2-9　基础梁的位置

当厂房不高、地基比较好、柱基础又埋得较浅时，也可不设基础梁而做砖石或混凝土墙基础。

连系梁、过梁和基础梁的选用，均可查国标、省标或地区标准图集，如连系梁可查图集 G321 和 CG421，过梁可查图集 G322 和 CG422，基础梁可查图集 G320 和 CG420。

2.2 排架计算

2.2.1 排架计算简图

1. 计算单元

作用在厂房排架上的各种荷载，如结构自重、雪荷载、风荷载等（吊车荷载除外），沿厂房纵向都是均匀分布的；横向排架的间距一般都是相等的。在不考虑排架间的空间作用的情况下，每一中间的横向排架所承担的荷载及受力情况是完全相同的。计算时，可通过任意两相邻排架的中线，截取一部分厂房（图 2-10（a）中阴影部分）作为计算单元。

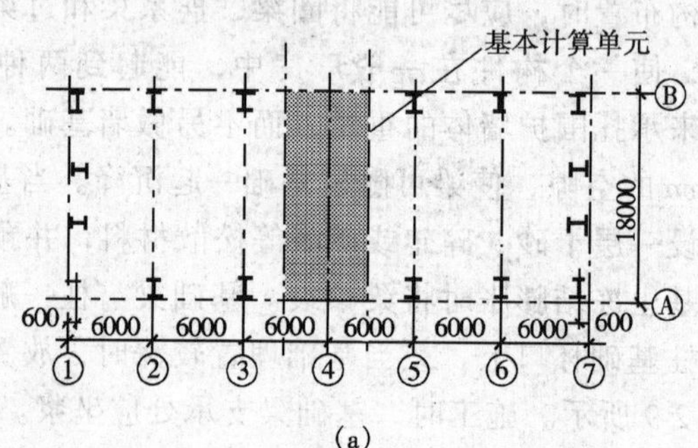

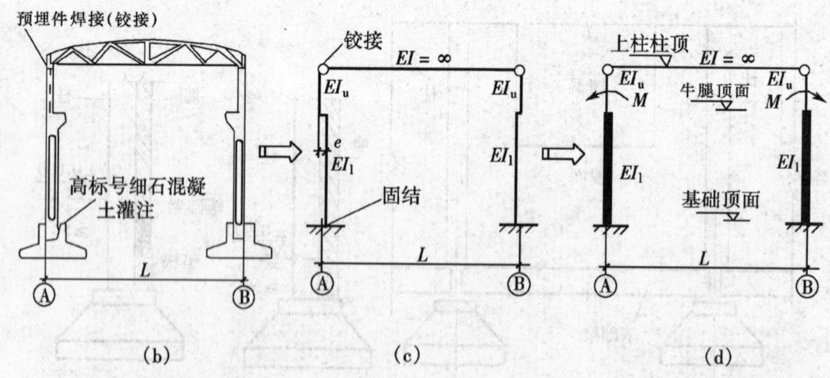

图 2-10 横向排架计算简图

2. 基本假定

为了简化计算，根据构造与实践经验，作如下假定：

(1) 柱下端固接于基础顶面，横梁铰接在柱上；

（2）横梁为没有轴向变形的刚性杆件。

如图 2-10（b）所示，由于柱插入基础杯口有一定的深度，并用细石混凝土和基础紧密地浇捣成一体（对二次浇捣的细石混凝土应注意养护，不使其开裂），且地基变形是受控制的，基础的转动一般较小，因此假定（1）通常是符合实际的，但有些情况，例如地基土质较差、变形较大或有比较大的荷载（如大面积堆料）等，则应考虑基础位移和转动对排架内力的影响。

由假定（2）可知，横梁两端的水平位移相等。假定（2）对于屋面梁或大多数下弦杆刚度较大的屋架是适用的，对于组合式屋架或两铰、三铰拱屋架应考虑其轴向变形对排架内力的影响。

3. 柱的尺寸

排架计算属超静定问题，其内力与杆件尺寸有关，故在计算简图中需初步确定柱的尺寸。

计算简图中，柱的计算轴线应取上、下部柱截面的形心线（图 2-10（c））。

柱总高 H = 柱顶标高 + 基础底面标高的绝对值 − 初步拟定的基础高度；

上柱高 H_u = 柱顶标高 − 轨顶标高 + 轨道构造高度 + 吊车梁支承处的梁高；

为使支承吊车梁的牛腿顶面标高能符合 300mm 的倍数，吊车轨顶的构造高度与标志高度之间允许有 ±200mm 的差值。

柱截面尺寸要能满足承载力与刚度的要求，主要取决于厂房的跨度、高度及吊车起重量等参数，可参考同类厂房或按表 2-1、表 2-2、表 2-3 初步选定。

通过计算最后确定的截面尺寸，若其截面惯性矩与初选的截面惯性矩之差在 30% 以内，则可不必重新计算。

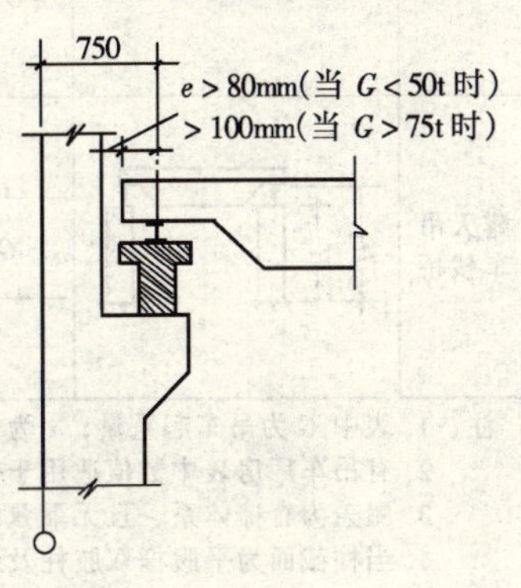

图 2-11　吊车端部的预留孔隙

为了保证吊车的正常运行，确定柱截面尺寸时，尚应考虑到应使吊车的外边缘与上柱侧面之间留有一定的空隙，如图 2-11 所示，详见有关吊车设计资料。

6m 柱距可不做刚度验算的柱截面最小尺寸　　**表 2-1**

项　目	简　　图	适用条件	截面高度 h	截面宽度 b
无吊车厂房	H	单　跨 多　跨	$\frac{H}{18}$ $\frac{H}{20}$	$\frac{H}{30}$及 300mm $r \geq H/105$ 及 $d \geq 300$mm 管柱

续表

项目	简图	适用条件		截面高度 h	截面宽度 b
有吊车厂房		$G<10\text{t}$		$\frac{H_k}{14}$	$\frac{H_k}{20}$及 400mm $r \geqslant \frac{H_k}{85}$及 $d \geqslant 400\text{mm}$ 管柱
		$G=(15\sim20)\text{t}$	$H_k \leqslant 10\text{m}$	$\frac{H_k}{11}$	
			$H_k \geqslant 12\text{m}$	$\frac{H_k}{12}$	
		$G=30\text{t}$	$H_k \leqslant 10\text{m}$	$\frac{H_k}{9}$	
			$H_k \geqslant 12\text{m}$	$\frac{H_k}{10}$	
		$G=50\text{t}$	$H_k \leqslant 11\text{m}$	$\frac{H_k}{9}$	
			$H_k \geqslant 13\text{m}$	$\frac{H_k}{11}$	
		$G=(75\sim100)\text{t}$	$H_k \leqslant 12\text{m}$	$\frac{H_k}{9}$	
			$H_k \geqslant 14\text{m}$	$\frac{H_k}{8}$	
露天吊车栈桥		$G<10\text{t}$		$\frac{H_k}{10}$	$\frac{H_k}{25}$及 500mm $r \geqslant \frac{H_k}{70}$及 $d \geqslant 400\text{mm}$ 管柱
		$G=(15\sim30)\text{t}$	$H_k \leqslant 12$	$\frac{H_k}{9}$	
		$G=50\text{t}$	$H_k \leqslant 12$	$\frac{H_k}{8}$	

注：1. 表中 G 为吊车起重量；r 为管柱单管回转半径；d 为单管外径。

2. 有吊车厂房表中数值适用于重级工作制。当为中级工作制时截面高度 h 可乘以系数 0.95。

3. 屋盖为有檩体系，且无下弦纵向水平支撑时柱截面高度宜适当增大。

4. 当柱截面为平腹杆双肢柱及斜腹杆双肢柱时柱截面高度 h 应分别乘以系数 1.1 及 1.05。

单层厂房边柱常用截面（mm） **表 2-2**

吊车起重量（t）	轨顶标高（m）	6m 柱距		12m 柱距	
		上柱	下柱	上柱	下柱
≤5	6~7.8	矩 400×400	矩 400×600	矩 400×400	Ⅰ400×700×100×100
10	8.4	矩 400×400	Ⅰ400×700×100×100 （矩 400×600）	矩 400×400	Ⅰ400×800×150×100
	10.2	矩 400×400	Ⅰ400×800×150×100 （Ⅰ400×700×100×100）	矩 400×400	Ⅰ400×900×150×100
15~20	8.4	矩 400×400	Ⅰ400×900×150×100 （Ⅰ400×800×150×100）	矩 400×400	Ⅰ400×1000×150×100 （Ⅰ400×900×150×100）
	10.2	矩 400×400	Ⅰ400×1000×150×100 （Ⅰ400×900×150×100）	矩 400×400	Ⅰ400×1100×150×100 （Ⅰ400×1000×150×100）
	12.0	矩 500×400	Ⅰ500×1000×200×120 （Ⅰ500×900×150×120）	矩 500×400	Ⅰ500×1000×200×120 （Ⅰ500×1000×200×120）

续表

吊车起重量(t)	轨顶标高(m)	6m柱距		12m柱距	
		上柱	下柱	上柱	下柱
30/5	10.2	矩 500×500 (矩 400×500)	Ⅰ500×1000×200×120 (Ⅰ×400×1000×150×100)	矩 500×500	Ⅰ500×1100×200×120 (Ⅰ500×1000×200×120)
	12.0	矩 500×500	Ⅰ500×1100×200×120 (Ⅰ500×1000×200×120)	矩 500×500	Ⅰ500×1200×200×120 (Ⅰ500×1100×200×120)
	14.4	矩 600×500	Ⅰ600×1200×200×120	矩 600×500	Ⅰ600×1300×200×120 (Ⅰ600×1200×200×120)
50/10	10.2	矩 500×600	Ⅰ500×1200×200×120 (Ⅰ500×1100×200×120)	矩 500×600	Ⅰ500×1400×200×120 (Ⅰ500×1200×200×120)
	12.0	矩 500×600	Ⅰ500×1300×200×120 (Ⅰ500×1200×200×120)	矩 500×600	Ⅰ500×1400×200×120
	14.0	矩 600×600	(Ⅰ600×1400×200×120)	矩 600×600	双 600×1600×300 (Ⅰ600×1400×200×120)
75/20	12.0	矩 600×900	Ⅰ600×1400×200×120	矩 600×900	双 600×1800×300 (双 600×1600×300)
	14.4	矩 600×900	双 600×1600×300	矩 600×900	双 600×2000×350① (双 600×1600×300)
	16.2	矩 700×900	双 700×1800×300	矩 700×900	双 700×2000×250
100/20	12.0	矩 600×900	双 600×1600×300	矩 600×900	双 600×2000×350 (双 600×1800×300)
	14.4	矩 600×900	双 600×1800×300 (双 600×1600×300)	矩 600×900	双 600×2200×350 (双 600×2000×350)
	16.2	矩 700×900	双 700×2000×350	矩 700×900	双 700×2200×350

注：① 刚度控制的截面。

单层厂房中柱常用截面（mm） **表 2-3**

吊车起重量(t)	轨顶标高(m)	6m柱距		12m柱距	
		上柱	下柱	上柱	下柱
≤5	6~7.8	矩 400×600	矩 400×600	矩 400×600	矩 400×800
10	8.4 10.2	矩 400×600 矩 400×600	Ⅰ400×800×100×100 Ⅰ400×900×150×100	矩 500×600 矩 500×600	Ⅰ500×1100×200×120 Ⅰ500×1100×200×120
15~20	8.4 10.2 12.0	矩 400×600 矩 400×600 矩 500×600	Ⅰ400×900×150×100 (Ⅰ400×800×150×100) Ⅰ400×1000×150×100 (Ⅰ400×800×150×100) Ⅰ500×1000×150×120	矩 500×600 矩 500×600 矩 500×600	双 500×1600×300 双 500×1600×300 双 500×1600×300
30/5	10.2 12.0 14.4	矩 500×600 矩 500×600 矩 600×600	Ⅰ500×1100×200×120 Ⅰ500×1200×200×120 Ⅰ600×1200×200×120	矩 500×700 矩 500×700 矩 600×700	双 500×1600×300 双 500×1600×300 双 600×1600×300
50/10	10.2 12.0 14.4	矩 500×700 矩 500×700 矩 600×700	Ⅰ500×1300×200×120 Ⅰ500×1400×200×120 Ⅰ600×1400×200×120	矩 600×700 矩 600×700 矩 600×700	双 600×1800×300 双 600×1800×300 双 600×1800×300

续表

吊车起重量(t)	轨顶标高(m)	6m柱距		12m柱距	
		上 柱	下 柱	上 柱	下 柱
75/20	12.0 14.4 16.2	矩 600×900 矩 600×900 矩 700×900	双 600×2000×350 双 600×2000×350 双 700×2000×350	矩 600×900 矩 600×900 矩 700×900	双 600×2000×350 双 600×2000×350 双 600×2000×350
100/20	12.0 14.4 16.2	矩 600×900 矩 600×900 矩 700×900	双 600×2000×350 双 600×2000×350 双 700×2000×350	矩 600×900 矩 600×900 矩 700×900	双 600×2000×350 双 600×2200×350 双 700×2200×350

2.2.2 排架荷载计算

1. 恒荷载

恒载包括屋盖、吊车梁和柱的自重，以及支承在柱上的围护墙的重量等，其值可根据构件的设计尺寸和材料的重力密度进行计算；对于标准构件，可从标准图集上查出。各类常用材料的自重的标准值可查《建筑结构荷载规范》。

2. 屋面活荷载

屋面活荷载包括雪荷载、积灰荷载和施工荷载等，其标准值可从《建筑结构荷载规范》中查得。考虑到不可能在屋面积雪很深时进行屋面施工，故规定雪荷载与施工荷载不同时考虑，设计时取两者中的较大值。当有积灰荷载时，应与雪荷载或施工荷载中的较大者同时考虑。

屋面水平投影面上的雪荷载标准值 s_k（kN/m^2）可按下式计算：

$$s_k = \mu_r \cdot s_0 \tag{2-1}$$

式中 s_k——雪荷载标准值（kN/m^2）；

s_0——基本雪压（kN/m^2），系以当地一般空旷平坦地面上统计所得的50年一遇的最大积雪的自重确定。可从《建筑结构荷载规范》中查出全国各地的基本雪压值。对山区，应乘以系数1.2；

μ_r——屋面积雪分布系数，可根据各类屋面的形状从《建筑结构荷载规范》中查取。

3. 吊车荷载

吊车荷载是由吊车两端行驶的四个轮子以集中力形式作用于两边的吊车梁上，再经吊车梁传给排架柱的牛腿上，如图2-12所示，吊车荷载可分为竖向荷载和水平荷载两种形式。

(1) 吊车竖向荷载。吊车竖向荷载是指吊车（大车和小车）重量与所吊重量经吊车梁传给柱的竖向压力。

如图2-13所示，当吊车起重量达到额定最大值 G_{max}，而小车同时驶到大车桥一端的极限位置时，则作用在该柱列吊车梁轨道上的压力达到最大值，称为

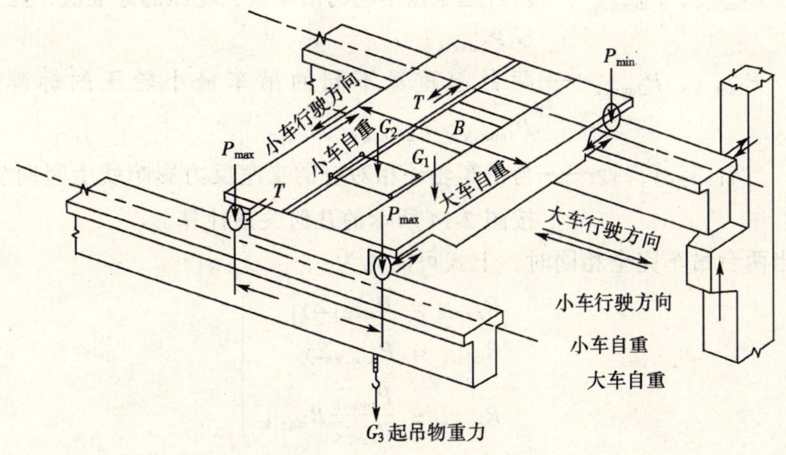

图 2-12　吊车荷载示意图

最大轮压 P_{max}；此时作用在对面柱列轨道上的轮压则为最小轮压 P_{min}。P_{max} 与 P_{min} 的标准值，可根据吊车的规格（吊车类型、起重量、跨度及工作级别）从《起重机设计规范》及产品样本中查出。

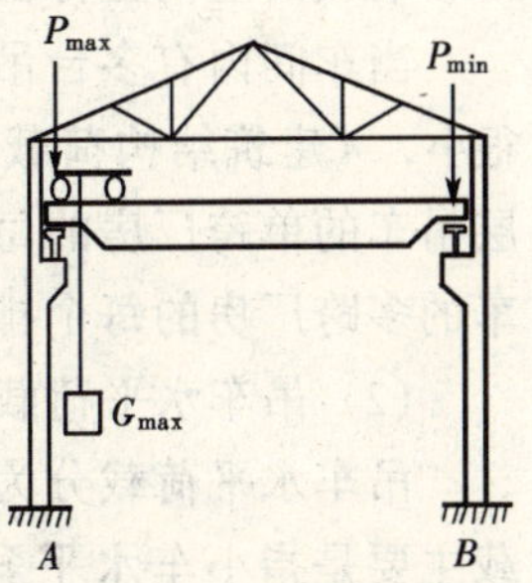

图 2-13　吊车的最大轮压与最小轮压

当 $P_{max,k}$ 与 $P_{min,k}$ 确定后，即可根据吊车梁（按简支梁考虑）的支座反力影响线及吊车轮子的最不利位置，如图 2-14 所示，计算两台吊车由吊车梁传给柱子的最大吊车竖向荷载的标准值 $R_{max,k}$ 与最小吊车竖向荷载标准值 $R_{min,k}$。

当两台吊车不同时：

$$\left.\begin{aligned} R_{max,k} &= P_{1max,k}(y_1 + y_2) + P_{2max,k}(y_3 + y_4) \\ R_{min,k} &= P_{1min,k}(y_1 + y_2) + P_{2min,k}(y_3 + y_4) \end{aligned}\right\} \tag{2-2}$$

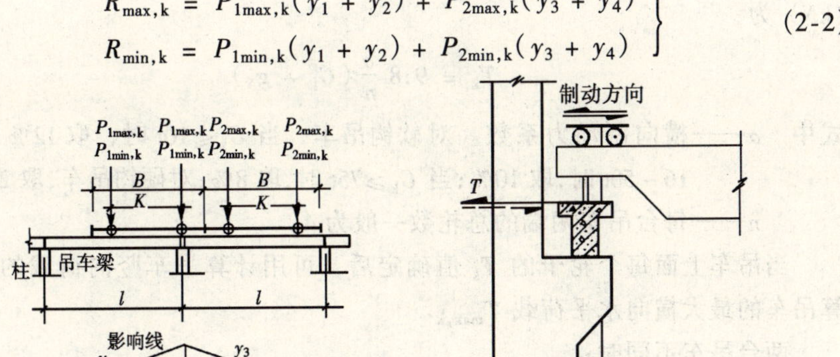

图 2-14　吊车梁的支座反力影响线及吊车轮子的最不利位置

图 2-15　吊车的横向水平荷载

式中 $P_{1\max,k}$、$P_{2\max,k}$——两台起重量不同的吊车最大轮压的标准值，且 $P_{1\max,k} > P_{2\max,k}$；

$P_{1\min,k}$、$P_{2\min,k}$——两台起重量不同的吊车最小轮压的标准值，且 $P_{1\min,k} > P_{2\min,k}$；

y_1、y_2、y_3、y_4——与吊车轮子相对应的支座反力影响线上竖向坐标值，按图 2-14 所示的几何关系计算。

当两台吊车完全相同时，上式可简化为：

$$\left.\begin{aligned} R_{\max,k} &= P_{\max,k}\Sigma y_i \\ R_{\min,k} &= P_{\min,k}\Sigma y_i \\ R_{\min,k} &= \frac{P_{\min,k}}{P_{\max,k}}R_{\max,k} \end{aligned}\right\} \tag{2-3}$$

式中 $\Sigma y_i = y_1 + y_2 + y_3 + y_4$ 为相应于吊车轮压处于最不利位置时，支座反力影响线的竖向坐标值之和，按图 2-14 计算。

当车间内有多台吊车共同工作时，考虑到同时达到最不利荷载位置的概率很小，《建筑结构荷载规范》规定：计算排架考虑多台吊车竖向荷载时，对一层吊车的单跨厂房的每个排架，参与组合的吊车台数不宜多于 2 台；对一层吊车的多跨厂房的每个排架，不宜多于 4 台。

(2) 吊车水平荷载

吊车水平荷载分为横向水平荷载和纵向水平荷载两种。吊车的横向水平荷载主要是指小车水平刹车或启动时产生的惯性力，其方向与轨道垂直，可由正、反两个方向如图 2-15 所示作用在吊车梁的顶面与柱联结处。

吊车横向水平荷载的标准值，可按小车重量 g_k 与额定起重量 G_k 之和的百分数采用，并乘以重力加速度。因此，吊车上每个轮子所传递的横向水平力 T_k (kN) 为：

$$T_k = 9.8\,\frac{\alpha}{n}(G_k + g_k) \tag{2-4}$$

式中 α——横向制动力系数。对软钩吊车，当 $G_k \leqslant 10t$ 时，取 12%；当 $G_k = 16 \sim 50t$ 时，取 10%；当 $G_k \geqslant 75t$ 时，取 8%，对硬钩吊车，取 20%；

n——每台吊车两端的总轮数一般为 4。

当吊车上面每个轮子的 T_k 值确定后，可用计算吊车竖向荷载的办法，计算吊车的最大横向水平荷载 $T_{\max,k}$。

两台吊车不同时：

$$T_{\max,k} = T_{1k}(y_1 + y_2) + T_{2k}(y_3 + y_4) \tag{2-5a}$$

两台吊车相同时：

$$T_{\max,k} = T_k \cdot \Sigma y_i \tag{2-5b}$$

注意 $T_{max,k}$是同时作用在吊车两边的柱列上。

吊车的纵向水平荷载是指大车刹车或启动时所产生的惯性力，作用于刹车轮与轨道的接触点上，方向与轨道方向一致，由厂房的纵向排架承担。吊车纵向水平荷载标准值，应按作用在一边轨道上所有刹车轮的最大轮压力之和的10%计算，即

$$T_{1max,k} = 0.1mnP_{max} \tag{2-6}$$

式中 m——吊车台数；

n——每台吊车刹车轮数。

吊车纵向水平荷载，仅在验算纵向排架柱少于7根时使用。

当车间内有多台吊车共同工作时，计算吊车水平荷载，规范规定，对单跨或多跨厂房的每个排架，参与组合的吊车台数不应多于2台。

(3) 多台吊车的荷载折减系数

在排架分析中，常常考虑多台吊车的共同作用。多台吊车同时达到荷载标准值的概率很小，故在设计中进行荷载组合时，根据规范规定，应对其标准值乘以相应的折减系数。折减系数如表2-4所示：

多台吊车的荷载折减系数　　表 2-4

参与组合的吊车台数	吊车的工作级别	
	A1～A5	A6～A8
2	0.90	0.95
3	0.85	0.90
4	0.80	0.80

注：对于多层吊车的单跨或多跨厂房，计算排架时，参与组合的吊车台数及荷载的折减系数，应按实际情况考虑。

(4) 吊车的动力系数

当计算吊车梁及其连接的强度时，规范规定吊车竖向荷载应乘以动力系数。对悬挂吊车（包括电动葫芦）及工作级别A1～A5的软钩吊车，动力系数可取1.05；对工作级别为A6～A8的软钩吊车、硬钩吊车和其他特种吊车，动力系数可取为1.1。

(5) 吊车荷载的组合值、频遇值及准永久值系数

吊车荷载的组合值、频遇值及准永久值系数可按表2-5中的规定采用。厂房排架设计时，在荷载准永久组合中不考虑吊车荷载。但在吊车梁按正常使用极限状态设计时，可采用吊车荷载的准永久值。

吊车荷载的组合值、频遇值及准永久值系数　　表 2-5

吊车工作级别	组合值系数 ψ_c	频遇值系数 ψ_f	准永久值系数 ψ_q
软钩吊车			
工作级别 A1～A3	0.7	0.6	0.5
工作级别 A4、A5	0.7	0.7	0.6
工作级别 A6、A7	0.7	0.7	0.7
硬钩吊车及工作级别A8的软钩吊车	0.95	0.95	0.95

4. 风荷载

作用在排架上的风荷载，是由计算单元这部分墙身和屋面传来的，其作用方向垂直于建筑物的表面，如图 2-16 所示，分压力和吸力两种。风荷载的标准值 w_k（kN/m²）可按下式计算：

$$w_k = \beta_z \mu_z \mu_s w_0 \tag{2-7}$$

式中 w_0——基本风压（kN/m²），以当地比较空旷平坦地面上离地 10m 高统计所得 50 年一遇 10 分钟平均最大风速 v_0（m/s）为标准，按 $w_0 = \frac{v_0^2}{1600}$确定。w_0 值与建筑物所在地和环境有关，可从《建筑结构荷载规范》中全国基本风压分布图中查得，对山区和沿海区，应乘以相应的调整系数，w_0 应大于或等于 0.30kN/m²；

β_z——高度 z 处的风振系数，对于单层厂房结构，可取 $\beta_z = 1$；

μ_s——风荷载体型系数，取决于建筑物的体型，由风洞试验确定，可从《建筑结构荷载规范》中有关表格查取；

μ_z——风压高度变化系数，一般来讲，离地面越高，风压值越大，μ_z 即为建筑物不同高度处的风压与基本风压（10m 标高处）的比值，它与建筑物所处的地面粗糙度有关，其值可从《建筑结构荷载规范》中的有关表格查取。

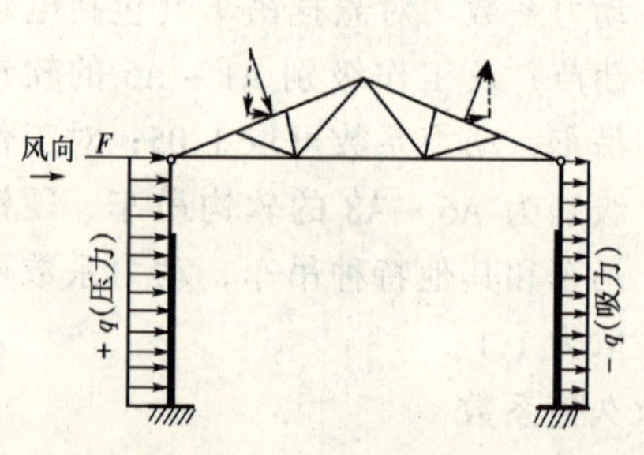

图 2-16 排架风荷载计算简图

计算单层厂房风荷载时，柱顶以下的风荷载可按均布荷载计算，屋面与天窗架所受的风荷载一般折算成作用在柱顶上的集中水平风荷载 F。

2.2.3 排架内力计算

单层厂房的横向排架可分为两种类型：等高排架和不等高排架。如果排架各柱顶标高相同，或者柱顶标高不同，但由倾斜横梁贯通联结，当排架发生水平位移时，其柱顶的位移相同，如图 2-17 所示。在排架计算中，这类排架称为等高排架；若柱顶位移不相等，则称为不等高排架。对于等高排架，可采用下面介绍的简便方法计算，对于不等高排架，可参阅有关资料按力法进行计算。

由结构力学可知，当单位水平力作用于单阶悬臂柱顶时，如图 2-18（a）所示，柱顶水平位移为

$$\delta = \frac{H^3}{3EI_l}\left[1 + \lambda^3\left(\frac{1}{n} - 1\right)\right] = \frac{H^3}{C_0 EI_l} \tag{2-8}$$

式中 $\lambda=\frac{H_u}{H}$，$n=\frac{I_u}{I_l}$，$C_0=\frac{3}{1+\lambda^3\left(\frac{1}{n}-1\right)}$，$C_0$ 可由附录 4 中附图 4-1 查得。

因此要使柱顶产生单位水平位移，则需在柱顶施加 $1/\delta$ 的水平力，如图2-18(b)所示。显然，若材料相同，柱的刚度越大，需要施加的水平力越大。由此可见 $1/\delta$ 反映了柱抵抗侧移的能力，称之为“抗侧移刚度”，有时也称之为“抗剪刚度”。

对于由若干柱子构成的等高排架，在柱顶水平力作用下，其柱顶剪力可根据各柱的抗剪刚度进行分配，这就是结构力学中的剪力分配法。下面就柱顶作用水平力和作用任意荷载两种情况，分别讨论剪力分配法在等高排架内力计算时的应用。

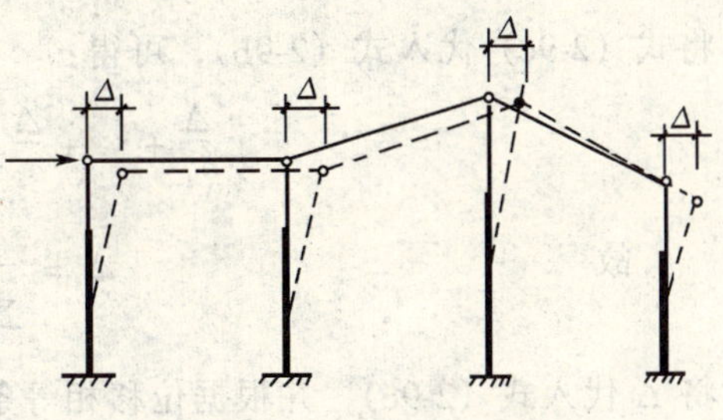

图 2-17 等高排架的形式

1. 柱顶作用水平集中力 F 时

如图2-18(c)所示，设排架有 n 根柱，n 任一柱的抗剪刚度为$\frac{1}{\delta_i}$，则其分担的柱顶剪力 V_i 可由平衡条件和变形条件求得。

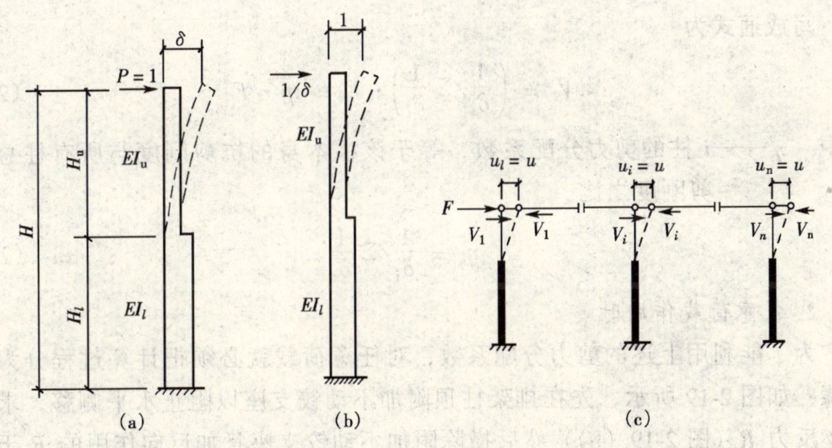

图 2-18 排架柱顶位移

根据横梁刚度为无限大，受力后不产生轴向变形的假定，那么各柱顶的水平位移值应是相等的，即

$$\Delta_n=\Delta_i=\cdots=\Delta_n \tag{2-9a}$$

在考虑平衡条件时为了使各柱顶的剪力与相应的柱顶位移相联系，可在柱顶上部切开，在各柱的切口处的内力为一对相应的剪力（铰处无弯矩），如图

2-18（c）所示，并取上部为隔离体，由平衡条件得

$$F = V_1 + V_2 + V_3 + \cdots + V_i + \cdots + V_n = \sum_{i=1}^{n} V_i \tag{2-9b}$$

由 δ 的概念可知，各柱顶的位移为

$$\Delta_1 = V_1\delta_1,\ \Delta_i = V_i\delta_i,\ \Delta_n = V_n\delta_n$$

即

$$V_1 = \frac{1}{\delta_1}\Delta_1,\ V_i = \frac{1}{\delta_i}\Delta_i,\ V_n = \frac{1}{\delta_n}\Delta_n \tag{2-9c}$$

将式（2-9c）代入式（2-9b），可得：

$$\frac{\Delta}{\delta_1} + \cdots + \frac{\Delta}{\delta_i} + \cdots + \frac{\Delta}{\delta_n} = F$$

故

$$\Delta = \frac{1}{\Sigma \frac{1}{\delta_i}} \cdot F \tag{2-9d}$$

将 Δ 代入式（2-9c），并根据位移相等条件可得

$$V_1 = \frac{1}{\delta_1} / \Sigma \frac{1}{\delta_i} \cdot F = \eta_1 \cdot F$$

$$V_2 = \frac{1}{\delta_2} / \Sigma \frac{1}{\delta_i} \cdot F = \eta_2 \cdot F$$

$$V_n = \frac{1}{\delta_n} / \Sigma \frac{1}{\delta_i} \cdot F = \eta_n \cdot F$$

写成通式为

$$V_i = \left(\frac{1}{\delta_i} / \Sigma \frac{1}{\delta_i}\right) \cdot F = \eta_i \cdot F \tag{2-10a}$$

式中　η_i——i 柱的剪力分配系数，等于该柱本身的抗剪刚度与所有柱总的抗剪刚度之比

$$\eta_i = \frac{1}{\delta_i} / \Sigma \frac{1}{\delta_i} \tag{2-10b}$$

2. 任意荷载作用时

为了能利用上述的剪力分配系数，对任意荷载就必须把计算过程分为两个步骤：如图 2-19 所示，先在排架柱顶附加不动铰支座以阻止水平侧移，求出其支座反力 R（图 2-19（b））然后撤除附加不动铰支座且加反向作用的 R 于排架柱顶(图 2-19(c))，以恢复到原受力状态。叠加上述两步骤中的内力，即为排架的实际内力。

各种荷载作用下的不动铰支座支反力 R 可从本书附录 4 的附图 4-2 ~ 4-27 中查得。图 2-19 中的 C_5 即为吊车横向水平荷载 T_{max} 作用下的不动铰支座反力系数。

【例 2-1】 用剪力分配法计算图 2-20 所示的排架在风荷载作用下的内力。

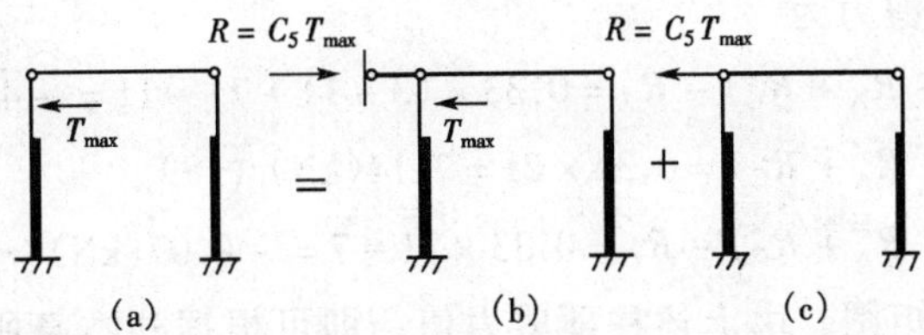

图 2-19　任意荷载作用时排架计算示意图

(a) 任意荷载作用下的排架；(b) 在柱顶附加不动铰支座；(c) 支座反力 R 作用于柱顶

已知：屋面及天窗架传来的风荷载集中力设计值为 $W=3.0\text{kN}$，由墙传来的风荷载均布荷载设计值为 $W_1=2.5\text{kN/m}$，$W_2=1.6\text{kN/m}$。柱截面参数：边柱 $I_{1A}=I_{1C}=2.13\times10^9\text{mm}^4$，$I_{2A}=I_{2C}=9.23\times10^9\text{mm}^4$，中柱 $I_{1B}=4.17\times10^9\text{mm}^4$，$I_{2B}=9.23\times10^9\text{mm}^4$；上柱高均为 $H_1=3.10\text{m}$，柱总高为 $H_2=12.22\text{m}$。

解：(1) 计算剪力分配系数：

$\lambda=\dfrac{3.10}{12.22}=0.254$，边柱 $n=\dfrac{2.13}{9.23}=0.231$，中柱 $n=\dfrac{4.17}{9.23}=0.452$

由本书附录 4 的附图 4-1，得位移系数计算式 $C_0=\dfrac{3}{1+\lambda^3\left(\dfrac{1}{n}-1\right)}$

边柱 $C_0=2.85$，$\delta_A=\delta_C=\dfrac{12.22^3\times10^9}{E\times9.23\times10^9\times2.85}=69.4\dfrac{1}{E}$ (mm)

中柱 $C_0=2.94$，$\delta_B=\dfrac{12.22^3\times10^9}{E\times9.23\times10^9\times2.94}=67.2\dfrac{1}{E}$ (mm)

剪力分配系数为：

$$\eta_A=\eta_C=\frac{1}{69.4}\Big/\left(2\times\frac{1}{69.4}+\frac{1}{67.2}\right)=0.33$$

$$\eta_B=\frac{1}{67.2}\Big/\left(2\times\frac{1}{69.4}+\frac{1}{67.2}\right)=0.34$$

(2) 计算各柱顶剪力，把荷载分为 W、W_1 和 W_2 三种情况，分别求出各柱顶所产生的剪力，然后叠加。

在 W_1 的作用下，由附录 4 的附图 4-26，得反力系数计算式 $C_{11}=\dfrac{3}{8}\cdot\dfrac{1+\lambda^4\left(\dfrac{1}{n}-1\right)}{1+\lambda^3\left(\dfrac{1}{n}-1\right)}$，$C_{11A}=C_{11C}=0.361$

柱顶不动铰支座反力：

$$R_A=C_{11A}W_1H=0.361\times2.5\times12.22=11.0\ (\text{kN})\ (\leftarrow)$$

在 W_2 的作用下，$R_c=11.0\times\dfrac{1.6}{2.5}=7.0$ (kN) (←)

故各柱总的柱顶剪力为

$$V_A = \eta_A(W + R_A + R_C) - R_A = 0.33\times(3+11+7) - 11 = -4.07(\text{kN})\ (\leftarrow)$$

$$V_B = \eta_B(W + R_A + R_C) = 0.34\times 21 = 7.14(\text{kN})\ (\rightarrow)$$

$$V_C = \eta_C(W + R_A + R_C) - R_C = 0.33\times 21 - 7 = -0.07(\text{kN})(\leftarrow)$$

（3）绘制弯矩图。由上述柱顶剪力值，即可根据柱本身所受荷载情况，绘制出各柱的弯矩图，如图 2-20 所示。

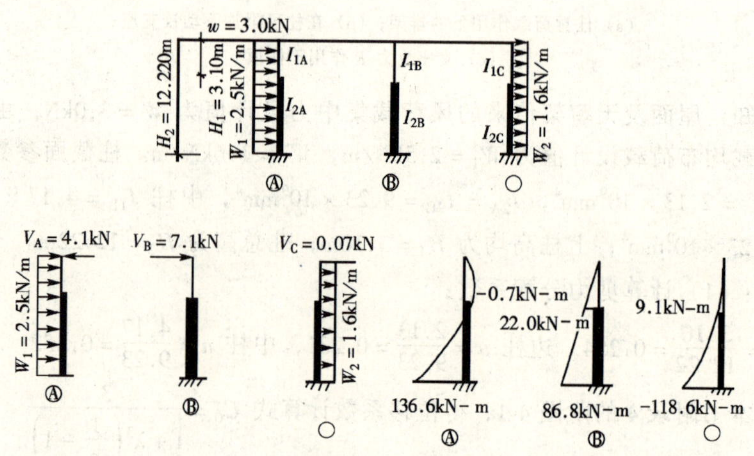

图 2-20　例 2-1 图

2.2.4　排架内力组合

通过排架的内力分析，可分别求出排架柱在恒荷载及各种活荷载作用下所产生的内力（M、N、V）。但柱及柱基础在恒荷载及哪几种活荷载（不一定是全部的活荷载）的作用下才产生最危险的内力，然后根据它来进行柱截面的配筋计算及柱基础设计，此乃排架内力组合所需解决的问题。

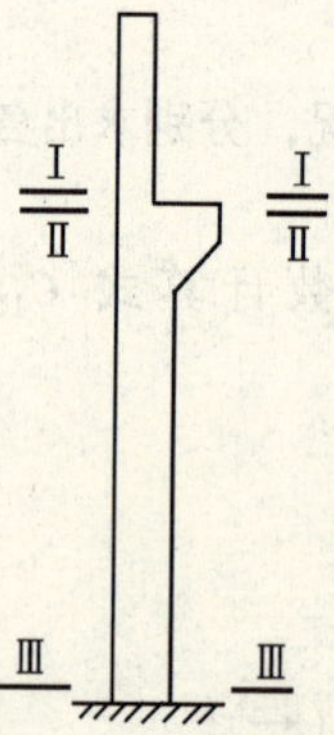

1. 控制截面

为便于施工，阶形柱的各段均采用相同的截面配筋，并根据各段柱产生最危险内力的截面（称为"控制截面"）进行计算。

上柱：最大弯矩及轴力通常产生于上柱的底截面Ⅰ-Ⅰ（图 2-21），此即上柱的控制截面。

下柱：在吊车竖向荷载作用下，牛腿顶面处Ⅱ-Ⅱ截面的弯矩最大；在风荷载或吊车横向水平力作用下，柱底截面Ⅲ-Ⅲ的弯矩最大，故常取此两截面为下柱的控制截面。对于一般中、小型厂房，吊车荷载不大，故往往是柱底截面Ⅲ-Ⅲ控

图 2-21　排架柱的控制截面

制下柱的配筋；对吊车吨位大的重型厂房，则有可能是Ⅱ-Ⅱ截面。下柱底截面Ⅲ-Ⅲ的内力值也是设计柱基的依据，故必须对其进行内力组合。

2. 荷载组合

《建筑结构荷载规范》中规定：对于一般排架、框架结构，基本组合可采用简化规则，并应按下列组合值中取最不利值确定：

（1）由可变荷载效应控制的组合：

$$S = \gamma_G S_{Gk} + \gamma_{Q1} S_{Q1k} \tag{2-11}$$

$$S = \gamma_G S_{Gk} + 0.9\sum_{i=1}^{n}\gamma_{Qi} S_{Qik} \tag{2-12}$$

（2）由永久荷载效应控制的组合：

$$S = \gamma_G S_{Gk} + \sum_{i=1}^{n}\gamma_{Qi}\psi_{ci} S_{Qik} \tag{2-13}$$

式中 γ_G——永久荷载的分项系数；

γ_{Qi}——第 i 个可变荷载的分项系数，其中 γ_{Q1}为可变荷载 Q_1 的分项系数；

S_{Gk}——按永久荷载标准值 G_k 计算的荷载效应值；

S_{Qik}——按可变荷载标准值 Q_{ik}计算的荷载效应值，其中 S_{Q1k}为诸可变荷载效应中起控制作用者；

ψ_{ci}——可变荷载 Q_i 的组合值系数；

n——参与组合的可变荷载数。

注：1. 基本组合中的设计值仅适用于荷载与荷载效应为线性的情况。

2. 当对 S_{Q1k}无法明显判断时，轮次以各可变荷载效应为 S_{Q1k}，选其中最不利的荷载效应组合。

3. 当考虑以竖向的永久荷载效应控制的组合时，参与组合的可变荷载仅限于竖向荷载。

常用的几种荷载效应组合为：

（1）1.2×永久荷载效应+1.4×屋面活荷载效应

（2）1.2×永久荷载效应+1.4×吊车荷载效应

（3）1.2×永久荷载效应+1.4×风荷载效应

（4）1.2×永久荷载效应+0.9×（1.4×吊车荷载效应+1.4×风荷载效应+1.4×屋面活荷载效应）

（5）1.2×永久荷载效应+0.9×（1.4×吊车荷载效应+1.4×风荷载效应）

（6）1.2×永久荷载效应+0.9×（1.4×风荷载效应+1.4×屋面活荷载效应）

（7）1.2×永久荷载效应+0.9×（1.4×吊车荷载效应+1.4×屋面活荷载效应）

（8）1.35×永久荷载效应+0.7×（1.4×吊车竖向荷载效应+1.4×屋面活荷载效应）

3. 内力组合

单层排架柱是偏心受压构件，其截面内力有 $\pm M$，N，$\pm V$。因有异号弯矩，且为便于施工，柱截面常用对称配筋，即 $A_s = A'_s$。

对称配筋构件，当 N 一定时，无论大、小偏压，M 越大，则钢筋用量也越大。当 M 一定时，对小偏压构件，N 越大，则钢筋用量也越大；对大偏压构件，N 越大，则钢筋用量反而减小。因此，在未能确定柱截面是大偏压还是小偏压之前，一般应进行下列五种内力组合：

(1) $+M_{max}$与相应的 N；

(2) $-M_{max}$与相应的 N；

(3) N_{max}与相应的 $\pm M$（取绝对值较大者）；

(4) N_{min}与相应的 $\pm M$（取绝对值较大者）；

(5) $|V|_{max}$及相应的 M 和 N。

组合时以某一种内力为目标进行组合，例如组合最大正弯矩时，其目的是为了求出某截面可能产生的最大弯矩值，所以，凡使该截面产生正弯矩的活荷载项，只要实际上是可能发生的，都要参与组合，然后将所选项的 N 值相加。内力组合时，需要注意的事项有：

(1) 永久荷载是始终存在的，故无论何种组合均应参加；

(2) 在吊车竖向荷载中，对单跨厂房应在 R_{max}与 R_{min}中取一个；对多跨厂房，因一般按不多于四台吊车考虑，故只能在不同跨各取一项；

(3) 吊车的最大横向水平荷载 T_{max}同时作用于其左、右两边的柱上，其方向可左，可右，不论单跨还是多跨厂房，因为只考虑两台吊车，故组合时只能选择向左或向右；

(4) 同一跨内的 R_{max}与 T_{max}不一定同时发生，但组合时不能仅选用 T_{max}，而不选 R_{max}或 R_{min}，因为 T_{max}不能脱离吊车竖向荷载而独立存在；

(5) 左、右向风不可能同时发生；

(6) 在组合 N_{max}或 N_{min}时，应使相应的 $\pm M$ 也尽可能大些，这样更为不利。故凡使 $N=0$，但 $M\neq 0$ 的荷载项，只要有可能，应参与组合；

(7) 在组合 $+M_{max}$与 $-M_{max}$时应注意，有时 $\pm M$ 虽不为最大，但其相应的 N 却比 $+M_{max}$时的 N 大得多（小偏压时）或小得多（大偏压时），则有可能更为不利。故在上述各种组合中，不一定包括了所有可能的最不利组合。

2.2.5 排架考虑厂房空间作用时的计算

如图 2-22 所示，若厂房某一排架柱顶受一水平集中力 P 的作用，当按平面排架计算时，力 P 完全由这一榀排架单独承担，将产生柱顶平面位移 Δ（图 2-22 (a)）。但实际上，厂房是由若干榀排架组成的整体空间结构，排架与排架间由纵向构件连接，故力 P 是由全部厂房排架及两端山墙所共同承担，在这榀排架上仅承担 $\mu \cdot p$，故其柱顶空间位移仅为 $\Delta' = \mu \cdot \Delta$（图 2-22（b））。令空间位移与平面位移的比值为：

$$\mu = \frac{\Delta'}{\Delta} \tag{2-14}$$

称为厂房的“空间作用分配系数”，显然厂房的空间作用愈好，μ 值就愈小。据实测，某无檩屋盖的单跨厂房，其 μ 值仅为 0.12。

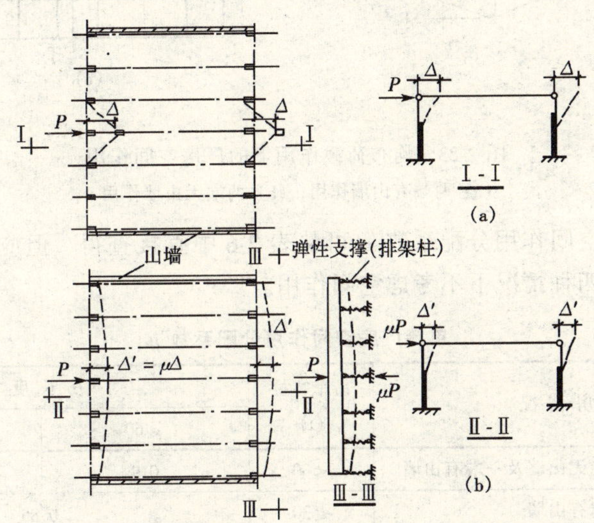

图 2-22　厂房排架的空间作用

（a）按平面排架计算；（b）考虑空间作用时的排架计算

根据实测及理论分析，μ 值的大小主要与下列因素有关：

（1）屋盖刚度。屋盖刚度大时，沿纵向分布的荷载能力强，空间作用好，μ 值小。因此，无檩屋盖的 μ 值小于有檩屋盖。

（2）厂房两端有无山墙。山墙的横向刚度很大，能分担大部分的水平荷载。故两端有山墙的厂房的 μ 值远远小于无山墙的 μ 值。

（3）厂房长度。厂房的长度大，水平荷载可由较多的横向排架分担，则 μ 值小，空间作用大。

（4）荷载形式。局部荷载作用下，厂房的空间作用好；当厂房承担均匀分布的荷载时，如风荷载，因各排架直接承受的荷载基本相同，仅靠两端的山墙分担荷载，如图 2-23（a）所示，其空间作用小；若两端无山墙，在均布荷载作用下，如图 2-23（b）所示，近于平面排架受力，$\mu \approx 1$，无空间作用。

目前在单层厂房计算中，仅在分析吊车荷载内力时，才考虑厂房的空间作

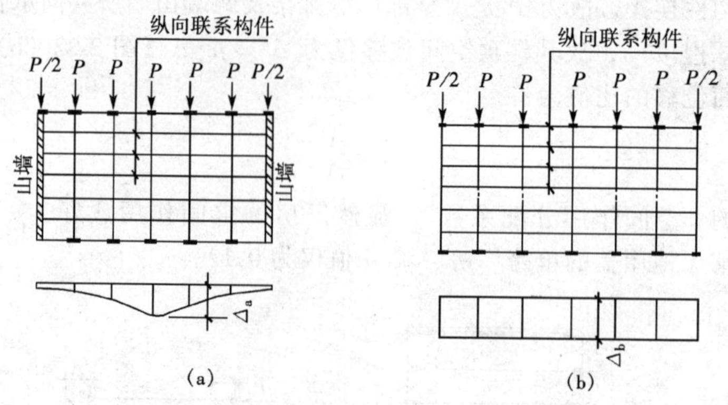

图 2-23 均布荷载作用下的厂房空间作用

(a) 两端有山墙作用；(b) 两端无山墙作用

用。单层厂房空间作用分配系数 μ 可从表 2-6 中直接查得，但应注意，该表下部注中强调了四种情况下不考虑空间作用。

单跨厂房空间作用分配系数 μ 表 2-6

<table>
<tr><th colspan="2" rowspan="2">厂 房 情 况</th><th rowspan="2">吊车吨拉
(t)</th><th colspan="4">厂 房 长 度 (m)</th></tr>
<tr><th colspan="2">≤60</th><th colspan="2">>60</th></tr>
<tr><td rowspan="2">有檩屋盖</td><td>两端无山墙及一端有山墙</td><td>≤30</td><td colspan="2">0.9</td><td colspan="2">0.85</td></tr>
<tr><td>两端有山墙</td><td>≤30</td><td colspan="4">0.85</td></tr>
<tr><td rowspan="4">无檩屋盖</td><td rowspan="3">两端无山墙及一端有山墙</td><td rowspan="3">≤75</td><td colspan="4">厂 房 跨 度 (m)</td></tr>
<tr><td>12 ~ 27</td><td>>27</td><td>12 ~ 27</td><td>>27</td></tr>
<tr><td>0.9</td><td>0.85</td><td>0.85</td><td>0.8</td></tr>
<tr><td>两端有山墙</td><td>≤75</td><td colspan="4">0.8</td></tr>
</table>

注：在下列情况下，因厂房过短，或屋盖刚度过度被削弱，不允许考虑空间作用（即取 $\mu=1$）：

1. 当厂房一端有山墙或两端均无山墙，且厂房长度小于 36m 时；
2. 当天窗跨度大于厂房跨度的二分之一，或者天窗布置使厂房屋盖沿纵向不连续时；
3. 厂房柱距大于 12m 时（包括柱距小于 12m，但有个别柱距不等且最大柱距超过 12m 的情况）；
4. 当屋架下弦为柔性拉杆时。

平面排架考虑厂房的空间作用的计算方法，与排架内力计算中的任意荷载作用时相类似，仅在其排架顶部加一弹性支承即可。如图 2-24 所示，其内力计算可按下列步骤进行：

(1) 先假设排架无侧移，求出吊车荷载作用下的柱顶反力 R 及柱顶剪力；

(2) 将柱顶反力 R 乘以空间分配系数 μ，并将其沿反方向加于可侧移的排架上，求出各柱顶剪力；

(3) 将上述两项的柱顶剪力叠加，即为考虑空间作用的柱顶剪力。

平面排架考虑厂房的空间作用后，其所负担的荷载及侧移值均减少，故排架柱的主筋可节约5%～20%左右；但直接承受荷载的上柱，其弯矩值则有所增大，需增加配筋。

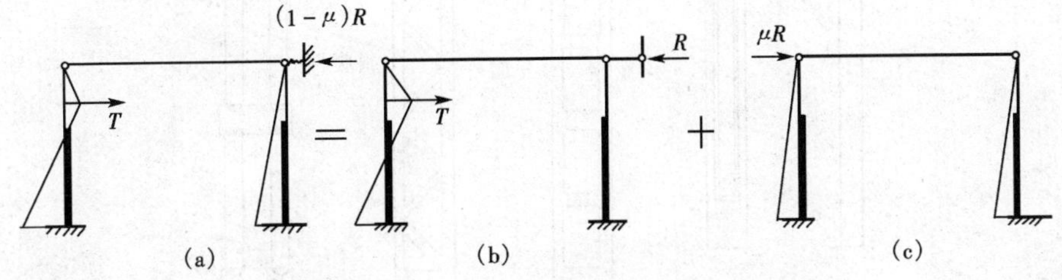

图 2-24 厂房排架考虑空间作用的计算

(a) 加有弹性支承的排架结构；(b) 吊车荷载下求内力；(c) μ_R 作用下求内力

2.3 单层厂房柱

2.3.1 柱的形式

单层厂房柱的形式很多，常用的见图 2-25，分为下列几种：

矩形截面柱：如图 2-25 (a) 所示，其外形简单，施工方便，但自重大，经济指标差，主要用于截面高度 $h \leqslant 700$mm 的偏压柱。

工字形柱：如图 2-25 (b) 所示，能较合理地利用材料，在单层厂房中应用较多，已有全国通用图集可供设计者选用。但当截面高度 $h \geqslant 1600$mm 后，自重较大，吊装较困难，故使用范围受到一定限制。

双肢柱：如图 2-25 (c)、(d) 所示，可分为平腹杆与斜腹杆两种。前者构造简单，制造方便，在一般情况下受力合理，且腹部整齐的矩形孔洞便于布置工艺管道，故应用较广泛。当承受较大水平荷载时，宜采用具有桁架受力特点的斜腹杆双肢柱。双肢柱与工字形柱相比，自重较轻，但整体刚度较差，构造复杂，用钢量稍多。

管柱：如图 2-25 (e) 所示，可分为圆管和方管（外方内圆）混凝土柱，以及钢管混凝土柱三种。前两种采用离心法生产，质量好，自重轻，但受高速离心制管机的限制，且节点构造较复杂；后一种利用方钢管或圆钢管内浇膨胀混凝土后，可形成自应力（预应力）钢管混凝土柱，可承受较大荷载作用。

单层厂房柱的形式虽然很多、但在同一工程中，柱型及规格宜统一，以便为施工创造有利条件。通常应根据有无吊车、吊车规格、柱高和柱距等因素，做到受力合理、模板简单、节约材料、维护简便，同时要因地制宜，考虑制

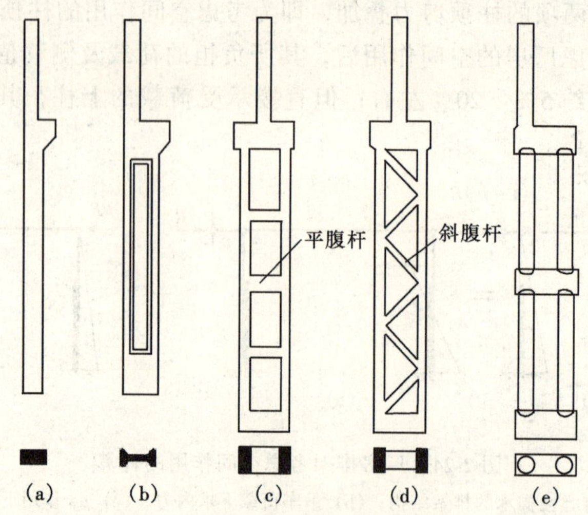

图 2-25　柱的形式
(a) 矩形截面柱；(b) 工字形柱；(c) 平腹杆双肢柱；
(d) 斜腹杆双肢柱；(e) 管柱

作、运输、吊装及材料供应等具体情况。一般可按柱截面高度 h 参考以下原则选用：

当 $h \leqslant 500$mm 时，采用矩形；

当 $600 \leqslant h \leqslant 800$mm 时，采用矩形或工字形；

当 $900 \leqslant h \leqslant 1200$mm 时，采用工字形；

当 $1300 \leqslant h \leqslant 1500$mm 时，采用工字形或双肢柱；

当 $h \geqslant 1600$mm 时，采用双肢柱。

柱高 h 可按表 2-1 确定，柱的常用截面尺寸，边柱查表 2-2，中柱查表 2-3。对于管柱或其他柱型可根据经验和工程具体条件选用。

2.3.2　柱的设计

柱的设计一般包括确定柱截面尺寸、截面配筋设计、构造、绘制施工图等。当有吊车时还需要进行牛腿设计。

1. 截面尺寸

柱截面尺寸除应保证具有足够的承载力外，还应有一定的刚度以免造成厂房横向和纵向变形过大，发生吊车轮和轨道的过早磨损，影响吊车正常运行或导致墙和屋盖产生裂缝，影响厂房的使用。柱的截面尺寸可按表 2-1 ~ 2-3 确定。

工字形柱的翼缘高度不宜小于 120mm，腹板厚度不应小于 100mm，当处于高温或侵蚀性环境中，翼缘和腹板的尺寸均应适当增大。工字形柱的腹板可以开孔洞，当孔洞的横向尺寸小于柱截面高度的一半，竖向尺寸小于相邻两孔洞中距的一半时，柱的刚度可按实腹工字形柱计算，承载力计算时应扣除孔洞的削弱部分。当开孔尺寸超过上述范围时，则应按双肢柱计算。

2. 截面配筋设计

根据排架计算求得的控制截面的最不利内力组合 M、N 和 V，按偏心受压构件进行截面配筋计算。由于柱截面在排架方向有正反方向相近的弯矩，并避免施工中主筋易放错，一般采用对称配筋。具有刚性屋盖的单层厂房柱和露天栈桥柱的计算长度 l_0 可按表 2-7 取用。

采用刚性屋盖的单层工业厂房和露天吊车栈桥柱的计算长度 l_0　　表 2-7

项 次	柱的类型		排架方向	垂直排架方向	
				有柱间支撑	无柱间支撑
1	无吊车厂房柱	单　跨	$1.5H$	$1.0H$	$1.2H$
		两跨及多跨	$1.25H$	$1.0H$	$1.2H$
2	有吊车厂房柱	上　柱	$2.0H_u$	$1.25H_u$	$1.5H_u$
		下　柱	$1.0H_l$	$0.8H_l$	$1.0H_l$
3	露天吊车和栈桥柱		$2.0H_l$	$1.0H_l$	—

注：① H——从基础顶面算起的柱全高；

H_l——从基础顶面至装配式吊车梁底面或现浇式吊车梁顶面的柱下部高度；

H_u——从装配式吊车梁底面或从现浇式吊车梁顶面算起的柱上部高度。

② 表中有吊车厂房排架柱的计算长度，当计算中不考虑吊车荷载时，可按无吊车厂房的计算长度采用；但上柱的计算长度仍按有吊车厂房采用。

③ 表中有吊车厂房柱，在排架方向柱的计算长度，适用于 $H_u/H_l \geq 0.3$ 的情况。为 $H_u/H_l \leq 0.3$ 时，宜采用 $2.5H_u$。

3. 吊装运输阶段的验算

单层厂房施工时，往往采用预制柱，现场吊装装配，故柱经历运输、吊装工作阶段。

柱在吊装运输时的受力状态与其使用阶段不同，故应进行施工阶段的承载力及裂缝宽度验算。

吊装时柱的混凝土强度一般按设计强度的 70%考虑，当吊装验算要求高于设计强度的 70%方可吊装时，应在设计图上予以说明。

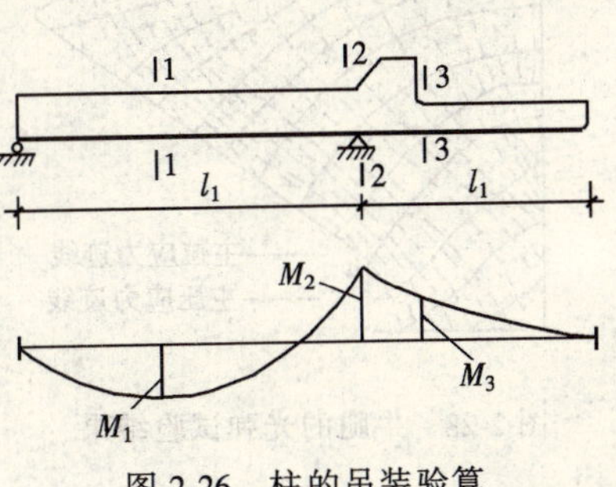

图 2-26　柱的吊装验算

如图 2-26 所示，吊点一般设在变阶处，故应按图中的 1-1，2-2，3-3 三个截面进行吊装时的承载力和裂缝宽度的验算。验算时，柱自重采用标准值，并乘以动力系数 1.5。

承载力验算时，考虑到施工荷载下的受力状态为临时性质，安全等级可降一级使用。裂缝宽度验算时，可采用受拉钢筋应力为：

$$\sigma_s = \frac{M}{0.87 h_0 A_s} \tag{2-15}$$

求出 σ_s 后，可按《混凝土结构设计原理》确定裂缝宽度是否满足要求。当变阶处柱截面验算钢筋不满足要求时，可在该局部区段附加配筋。运输阶段的验算，可根据支点位置，按上述方法进行。

2.3.3 牛腿与预埋件设计

单层厂房排架柱一般都带有短悬臂（牛腿）以支承吊车梁、屋架及连系梁等，并在柱身不同标高处设有预埋件，以便和上述构件及各种支撑进行连接，如图 2-27 所示。下面分别就牛腿和预埋件的设计进行讨论。

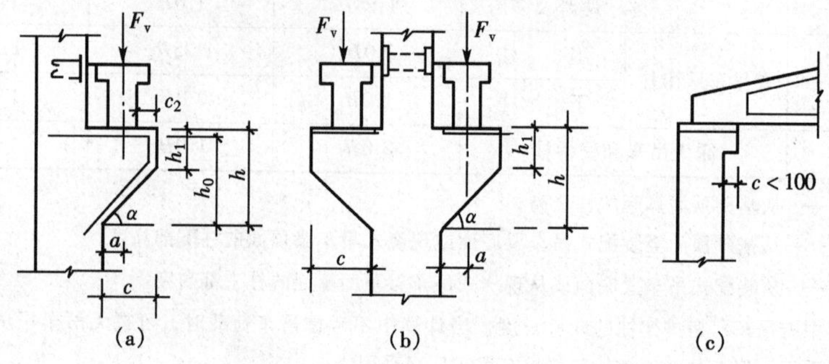

图 2-27　几种常见的牛腿形式

（a）边柱牛腿；（b）中柱牛腿；（c）支承屋架牛腿

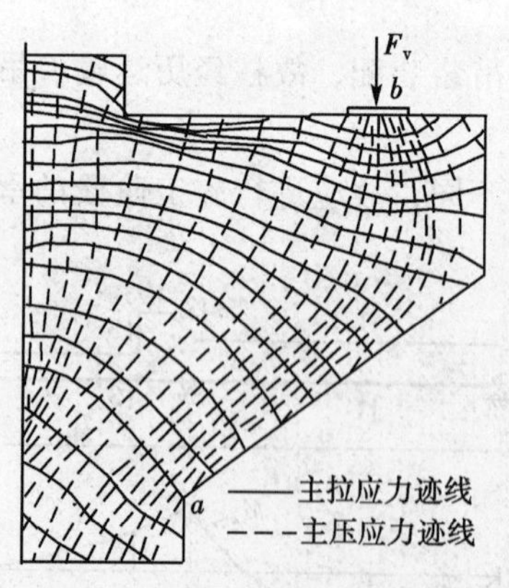

图 2-28　牛腿的光弹试验结果

1. 牛腿的设计

（1）牛腿的受力特点，破坏形态与计算简图。

如图 2-27 所示，牛腿指的是其上荷载 F_V 的作用点至下柱边缘的距离 $a \leqslant h_0$（短悬臂梁的有效高度）的短悬臂梁。它的受力性能与一般的悬臂梁不同，属变截面深梁。图 2-28 是一环氧树脂牛腿模型（$a/h_0 = 0.5$）的光弹实验结果。从图中可看出，主拉应力的方向基本上与牛腿的上表面平行，且分布较均匀；主压应力则主要集中在从加载点到牛腿下部转角点的连线附近，这与一般悬臂梁有很大的区别。

试验表明，在吊车的竖向和水平荷载作用下，随 a/h_0 值的变化，牛腿呈现出下列几种破坏形态，如图 2-29 所示。当 $a/h_0<0.1$ 时，发生剪切破坏；当 $a/h_0=0.1\sim0.75$ 时，发生斜压破坏；当 $a/h_0>0.75$ 时，发生弯压破坏；当牛腿上部由于加载板太小而导致混凝土强度不足时，发生局压破坏。

常用牛腿的 $a/h_0=0.1\sim0.75$，其破坏形态为斜压破坏。实验验证的破坏特征是：随着荷载增加，首先在牛腿上表面与上柱交接处出现垂直裂缝，但它始终开展很小（当配有足够受拉钢筋时），对牛腿的受力性能影响不大，当荷载增至 40%～60%的极限荷载时，在加载板内侧附近出现斜裂缝①（图 2-29（b）），并不断发展；当荷载增至 70%～80%的极限荷载时，在裂缝①的外侧附近出现大量短小斜裂缝；随荷载继续增加，当这些短小斜裂缝相互贯通时，混凝土剥落崩出，表明斜压主压应力已达 f_c，牛腿即破坏。也有少数牛腿在斜裂缝①发展到相当稳定后，如图 2-29（c）所示，突然从加载板外侧出现一条通长斜裂缝②，然后随此斜裂缝的开展，牛腿破坏。破坏时，牛腿上部的纵向水平钢筋象桁架的拉杆一样，从加载点到固定端的整个长度上，其应力近于均匀分布，并达到 f_y。

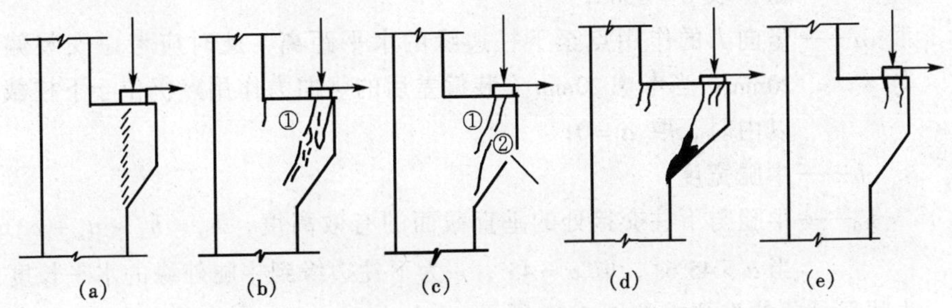

图 2-29　牛腿的各种破坏形态

(a) 剪切破坏（$a/h_0<0.1$）；(b)、(c) 斜压破坏（$a/h_0=0.1\sim0.75$）；(d) 弯压破坏（$a/h_0>0.75$）；(e) 局压破坏

根据上述破坏形态，$a/h_0=0.1\sim0.75$ 的牛腿可简化成图 2-30 所示的一个以纵向钢筋为拉杆，混凝土斜撑为压杆的三角形桁架，这即为牛腿的计算简图。

(2) 牛腿尺寸的确定。

牛腿的宽度与柱宽相同。牛腿的高度 h 是按抗裂要求确定的。因牛腿负载很大，设计时应使其在使用荷载下不出现裂缝。由上述受力分析可知，影响牛腿第一条斜裂缝出现的主要参数是剪跨比 a/h_0、水平荷载 F_{hk} 与竖向荷载 F_{vk} 的值。根据试验回归分析，可得以下计算公式：

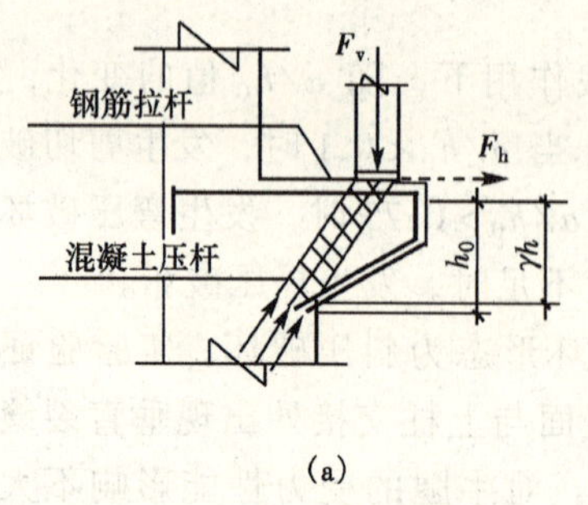

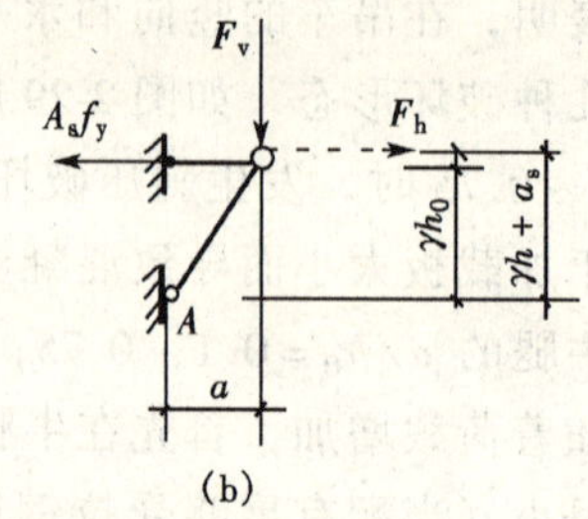

图 2-30　牛腿的计算简图

$$F_{vk} \leqslant \beta \left(1 - 0.5 \frac{F_{hk}}{F_{vk}}\right) \frac{f_{tk} b h_0}{0.5 + \dfrac{a}{h_0}} \tag{2-16}$$

式中　F_{vk}——作用于牛腿顶部按荷载效应标准组合计算的竖向力值；

F_{hk}——作用于牛腿顶部按荷载效应标准组合计算的水平拉力值；

β——裂缝控制系数，对支承吊车梁的牛腿，取 $\beta = 0.65$；对其他牛腿，取 $\beta = 0.80$；

a——竖向力的作用点至下柱边缘的水平距离，此时应考虑安装偏差 20mm；当考虑 20mm 安装偏差后的竖向力作用点仍位于下柱截面以内时，取 $a = 0$；

b——牛腿宽度；

h_0——牛腿与下柱交接处的垂直截面的有效高度，$h_0 = h_1 - a_s + c \cdot \mathrm{tg}\alpha$ 当 $\alpha > 45°$时，取 $\alpha = 45°$，c 为下柱边缘到牛腿外缘的水平长度。

牛腿尺寸的构造要求如图 2-31 所示。

牛腿底面的倾角 α 不应大于 45°，倾角 α 过大，会使折角处产生过大的应力集中（见图 2-28）或使斜裂缝①（图 2-29）向牛腿斜面方向发展，这都会导致牛腿承载能力的降低。当牛腿的悬挑长度 $c \leqslant 100$mm 时，也可不做斜面，即取 $\alpha = 0$（图 2-27c）。

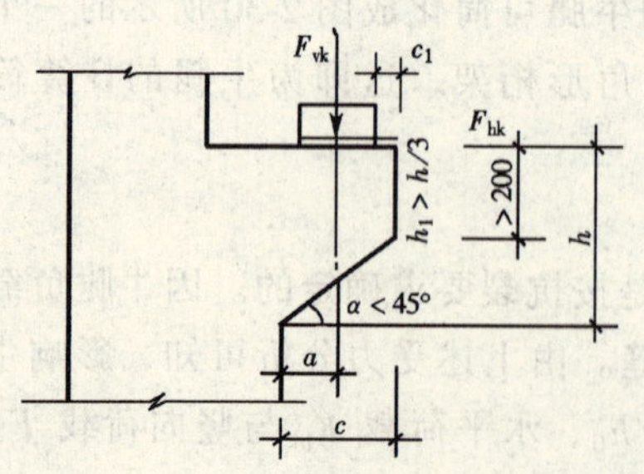

图 2-31　牛腿尺寸的构造要求

牛腿的外边缘高度 h_1 应大于或等于 $h/3$，且不小于 200mm。

为了防止保护层剥落，要求 $c_1 \geqslant 70$mm。

在竖向标准值 F_{vk} 的作用下，为防止牛腿产生局压破坏，牛腿支承面上的局部压应力不应超过 $0.75 f_c$，否则应采取必要的措施，例如加置垫板以扩大承压面积，或提高混凝土强度等级，或设置钢筋网等。

(3) 牛腿的配筋计算与构造要求

牛腿的纵向受力钢筋由承受竖向力所需的受拉钢筋和承受水平拉力所需的水平锚筋组成，钢筋的总面积 A_s，应按下式计算：

$$A_s \geqslant \frac{F_v a}{0.85 f_y h_0} + 1.2 \frac{F_h}{f_y} \tag{2-17}$$

式中 F_v——作用在牛腿顶部的竖向力设计值；

F_h——作用在牛腿顶部的水平拉力设计值；

a——竖向力作用点至下柱边缘的水平距离，当 $a < 0.3h_0$ 时，取 $a = 0.3h_0$。

承受竖向力所需的纵向受力钢筋的配筋率，按牛腿的有效截面计算，不应小于 0.2% 及 $0.45 f_t/f_y$，也不宜大于 0.6%；其数量不宜少于 4 根，直径不宜小于 12mm。纵向受拉钢筋的一端伸入柱内，并应具有足够的锚固长度 l_a，其水平段长度不小于 $0.4l_a$，在柱内的垂直长度，除满足锚固长度 l_a 外，尚不小于 $15d$，不大于 $22d$；另一端沿牛腿外缘弯折，并伸入下柱 150mm（图 2-32）。纵向受拉钢筋是拉杆，不得下弯兼作弯起钢筋。

牛腿内应按构造要求设置水平箍筋及弯起钢筋（图 2-32），它能起抑制裂缝的作用。

水平箍筋应采用直径 6~12mm 的钢筋，在牛腿高度范围内均匀布置，间距 100~150mm。但在任何情况下，在上部 $\frac{2}{3}h_0$ 范围内的水平箍筋的总截面面积不宜小于承受竖向力的受拉钢筋截面面积的二分之一。

当牛腿的剪跨比 $\frac{a}{h_0} \geqslant 0.3$ 时，宜设置弯起钢筋。弯起钢筋宜用变形钢筋，并应配置在集中荷载作用点到牛腿斜边下端点连线的交点位于牛腿上部 $l/6$ 至 $l/2$ 之间主拉应力较集中的区域见图 2-28，图 2-32，以保证充分发挥其作用。弯起钢筋的截面面积 A_{sb} 不宜小于承受竖向力的受拉钢筋截面面积的 $\frac{1}{2}$，数量不少于 2 根，直径不宜小于 12mm。

2. 预埋件设计

柱中的预埋件一般由锚板（或型钢）和对称于力作用线的直锚筋所组成。锚板尺寸及锚筋数量应根据其不同的受力情况，分别进行计算。

(1) 锚筋计算。

如图 2-33（a）所示，由锚板和对称配置的直锚筋所组成的受力预埋件，其锚筋的总截面面积 A_s，应按下列原则计算：

①当有剪力、法向拉力和弯矩共同作用时，应按下列两个公式计算，并取

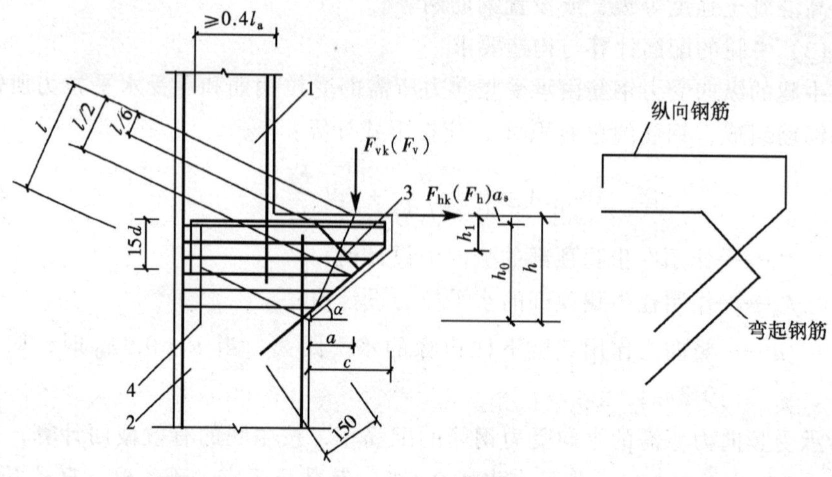

图 2-32 牛腿配筋的构造要求

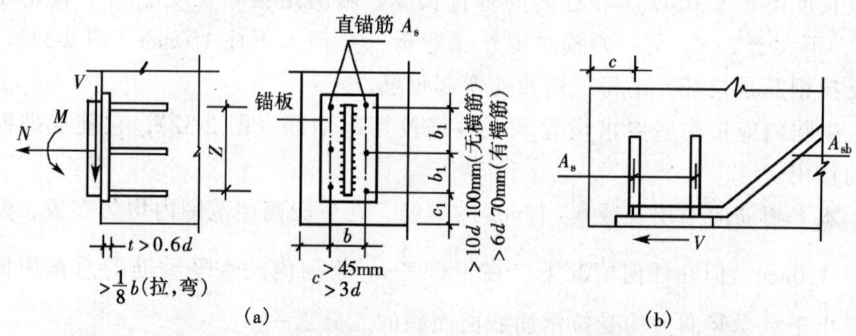

图 2-33 预埋件示意图

(a) 由锚板和直锚筋组成的预埋件；(b) 由锚板和弯折锚筋组成的预埋件

其中的较大值：

$$A_s \geqslant \frac{V}{\alpha_r \alpha_v f_y} + \frac{N}{0.8\alpha_b f_y} + \frac{M}{1.3\alpha_r \alpha_b f_y z} \tag{2-18}$$

$$A_s \geqslant \frac{N}{0.8\alpha_b f_y} + \frac{M}{0.4\alpha_r \alpha_b f_y z} \tag{2-19}$$

②当有剪力、法向压力和弯矩共同作用时，应按下列两个公式计算，并取其中的较大值：

$$A_s \geqslant \frac{V - 0.3N}{\alpha_r \alpha_v f_y} + \frac{M - 0.4Nz}{1.3\alpha_r \alpha_b f_y z} \tag{2-20}$$

$$A_s \geqslant \frac{M - 0.4Nz}{0.4\alpha_r \alpha_b f_y z} \tag{2-21}$$

当 $M<0.4Nz$ 时，取 $M=0.4Nz$；

式中 α_b——锚板的弯曲变形折减系数；

α_r——锚筋层数的影响系数；当等间距配置时：二层取 1.0；三层取 0.9；四层取 0.85；

α_v——锚筋的受剪承载力系数；

M——弯矩设计值；

V——剪力设计值；

N——法向拉力或法向压力设计值，法向压力设计值应符合 $N \leq 0.5f_cA$，此处，A 为锚板的面积；

系数 α_v，α_b 应按下列公式计算：

$$\alpha_v=(4.0-0.08d)\sqrt{\frac{f_c}{f_y}} \tag{2-22}$$

$\alpha_v>0.7$ 时，取 $\alpha_v=0.7$；d 为锚筋直径（mm）；

$$\alpha_b=0.6+0.25\frac{t}{d} \tag{2-23}$$

当采取措施防止锚板弯曲变形时，可取 $\alpha_b=1$；

t——锚板厚度；

z——沿剪力作用方向最外层锚筋中心线之间的距离。

③由锚板和对称配置的弯折锚筋与直锚筋共同承受剪力的预埋件（图 2-33（b）），其弯折锚筋的截面面积 A_{sb} 应按下式计算

$$A_{sb}\geq 1.4\frac{V}{f_y}-1.25\alpha_vA_s \tag{2-24}$$

当直锚筋按构造要求设置时，应取 $A_s=0$。弯折锚筋与钢板间的夹角宜在 15°～45°之间。

（2）构造要求

①受力预埋件的锚板和型钢，宜采用 Q235 级钢；锚筋宜采用 HPB235、HPB235 级或 HPB400 级钢筋，不得采用冷加工钢筋。

②预埋件的受力直锚筋不宜少于 4 根（仅受剪的预埋件，允许采用 2 根），不宜多于 4 层；直径不宜小于 8mm，亦不宜大于 25mm。

③受拉直锚筋和弯折锚筋的锚固长度应符合规范规定的受拉钢筋锚固长度要求；受剪和受压直锚筋的锚固长度不应小于 $15d$（d 为锚筋的直径）。

④受力预埋件应采用直锚筋与锚板 T 形焊，锚筋直径不大于 20mm 时，应优先采用压力埋弧焊；锚筋直径大于 20mm 时，宜采用穿孔塞焊。当采用手工焊时，焊缝高度不宜小于 6mm 及 $0.6d$（HPB235 级钢筋）或 $0.6d$（HPB235 级和 HPB400 级钢筋）。

⑤锚板厚度 t 宜大于锚筋直径的 0.6 倍；当为受拉和受弯预埋件时，t 尚宜大于 $b/8$（见图 2-33）。锚筋到锚板边缘的距离 c_1，当锚筋下部无横向钢筋时，c_1 应不小于 $10d$ 及 100mm；当锚筋下有横向钢筋时，c_1 应不小于 $6d$ 及 70mm。受剪预埋件锚筋的间距 b 及 b_1 应不大于 300mm，其中 b_1 亦应不小于 $6d$ 及 70mm。

2.4 柱下独立基础

单层厂房中的柱下基础可有各种形式，如独立基础（扩展基础）、条形基础及桩基础等，但最常用的是柱下独立基础。基础是一个重要的结构构件，作用于厂房上的全部荷载，最后都要通过它传递到地基土中。在基础设计中，不仅要保证基础有足够的承载力，而且要保证地基的变形，使基础的沉降不能过大，以免引起上部结构的开裂甚至破坏。

2.4.1 基础底面尺寸的确定

基础的底面尺寸应按地基的承载能力和变形条件来确定，但当符合《建筑地基基础设计规范》表 3.0.2 要求时，可只按地基的承载能力计算，而不必验算其变形。

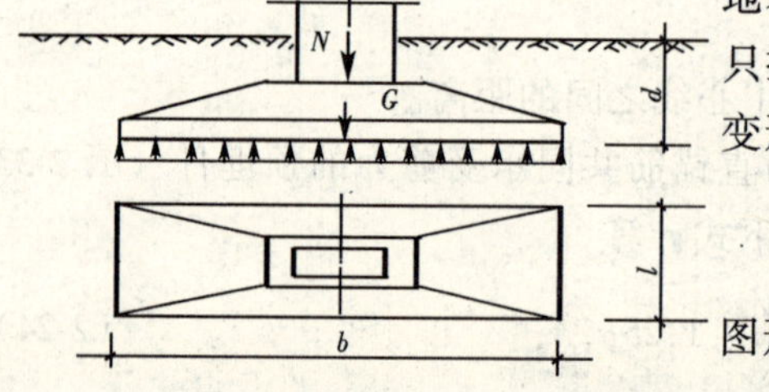

图 2-34　轴压基础的计算图形

1. 轴心受压基础

图 2-34 所示为轴心受压基础的计算图形

假定基础底面处的压应力标准值 p_k 为均匀分布，f_a 为修正后的地基承载力特征值，那么设计时应满足下式要求

$$p_k = \frac{N_k + G_k}{A} \leqslant f_a \qquad (2\text{-}25)$$

式中 N_k——相应于荷载效应标准组合时，上部结构传到基础顶面的竖向力值；

G_k——基础自重值和基础上的土重；

A——基础底面面积，$A = b \times l$，b 为基础的长边边长；l 为基础的短边边长。

设 γ 为考虑基础自重标准值和基础上的土重后的平均重度，常取 $\gamma = 20\text{kN/m}^3$；d 为基础的埋置深度，那么由式（2-25）可导出：

$$A \geqslant \frac{N_k}{f_a - \gamma d} \qquad (2\text{-}26)$$

2. 偏心受压基础

图 2-35 为偏心受压基础的计算图形。假定在上部荷载作用下基础底面压应力按线性（非均匀）分布，根据力学公式，基础底面两边缘的最大和最小应力为

$$\left.\begin{matrix} p_{\mathrm{kmax}} \\ p_{\mathrm{kmin}} \end{matrix}\right\} = \frac{N_{\mathrm{k}} + G_{\mathrm{k}}}{bl} \pm \frac{M_{\mathrm{k}}}{W} \tag{2-27}$$

式中 M_{k}——相应于荷载效应标准组合时，作用于基础底面的力矩值；

b，l——基础底面的长边与短边长度，b 为力矩作用方向的边长；

W——基础底面的抵抗矩，$W = \frac{lb^2}{6}$。

设 e 为基础底面合力 $N_{\mathrm{k}} + G_{\mathrm{k}}$ 的偏心距，$e = \frac{M_{\mathrm{k}}}{N_{\mathrm{k}} + G_{\mathrm{k}}}$，将其代入式（2-27）可得

$$\left.\begin{matrix} p_{\mathrm{kmax}} \\ p_{\mathrm{kmin}} \end{matrix}\right\} = \frac{N_{\mathrm{k}} + G_{\mathrm{k}}}{bl}\left(1 \pm \frac{6e}{b}\right) \tag{2-28}$$

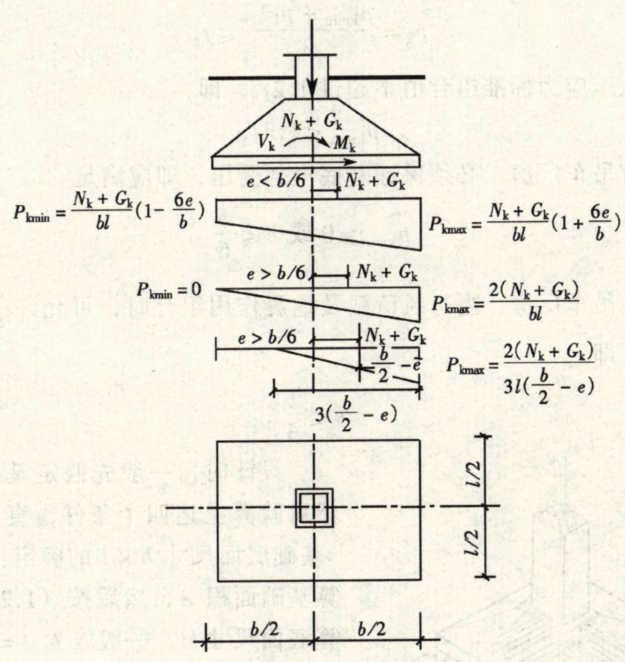

图 2-35 偏心受压基础的计算图形

由式（2-28）可知，随 e 值变化，基底应力分布将相应变化；

(1) 当 $e < \frac{b}{6}$时，$p_{\mathrm{kmax}} = \frac{N_k + G_k}{bl}\left(1 + \frac{6e}{b}\right)$ (2-29a)

$$p_{\mathrm{kmin}} = \frac{N_k + G_k}{bl}\left(1 - \frac{6e}{b}\right) \quad (2\text{-}29b)$$

(2) 当 $e = \frac{b}{6}$时，$p_{\mathrm{kmax}} = \frac{N_k + G_k}{bl}$ (2-29c)

$$p_{\mathrm{kmin}} = 0 \quad (2\text{-}29d)$$

(3) 当 $e > \frac{b}{6}$，$p_{\mathrm{kmin}} < 0$ 时，基底将出现拉应力，由于地基与基础间无粘结作用，实际上不可能发生，因此按式（2-29a）无法计算 p_{kmax}。由图 2-35 可知，基底反力的合力 D 与（$N_k + G_k$）应相平衡。假定三角形应力分布的合力 D 至 p_{kmax}的距离为 $a = \frac{b}{2} - e$，那么，$D = \frac{1}{2} p_{\mathrm{kmax}} 3al$，$D = N_k + G_k$

$$p_{\mathrm{kmax}} = \frac{2(N_k + G_k)}{3al} \quad (2\text{-}29e)$$

为了满足地基承载力要求，设计时应该保证基底压应力符合下列条件：

(1) 平均压应力标准组合值 p_k 不超过地基承载力特征值 f_a，即

$$p_k = \frac{p_{\mathrm{kmin}} + p_{\mathrm{kmax}}}{2} \leqslant f_a \quad (2\text{-}30)$$

(2) 最大压应力标准组合值不超过 $1.2f_a$，即

$$p_{\mathrm{kmax}} \leqslant 1.2 f_a \quad (2\text{-}31)$$

(3) 对有吊车厂房，必须保证基底全部受压，即应满足

$$p_{\mathrm{kmin}} \geqslant 0 \text{ 或 } e \leqslant \frac{b}{6} \quad (2\text{-}32)$$

(4) 对无吊车厂房，当与风荷载及地震作用组合时，可允许$\frac{b}{4}$长的基础底面与土脱离，即

$$e \leqslant \frac{b}{4} \quad (2\text{-}33)$$

设计时，一般先假定基础底面面积，然后验算上述四个条件，直至满足为止。

基础底面尺寸 $b \times l$ 的确定：先按轴压计算基础面积 A，然后按（1.2～1.4）A 估算底面尺寸 bl，一般取 $b/l = 1.5 \sim 2$。

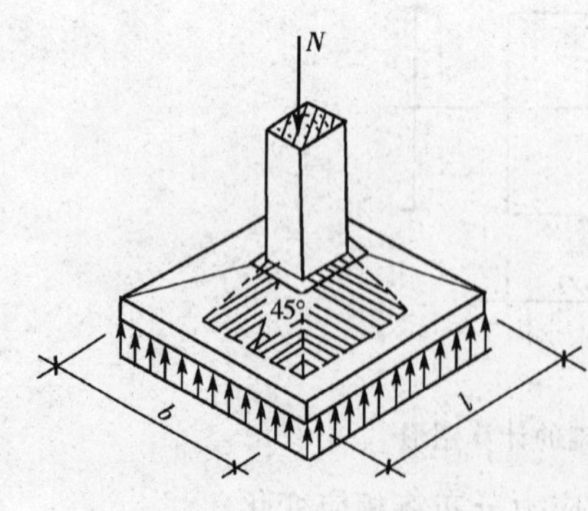

图 2-36 基础的冲切破坏

2.4.2 基础高度的确定

柱下独立基础可分为锥形和阶形两种形式，其高度 h 是按构造要求及满足柱对

基础的冲切承载力两个条件决定的。对阶形基础，尚需按相同原则对变阶处的高度进行验算。

如图 2-36 所示，在柱的轴向荷载作用下，若基础的高度不够，则将沿柱周边（或变阶处）产生锥体形的冲切破坏，即沿 45°锥体斜面的斜拉破坏。

为此，必须满足如下条件：

$$F_l \leqslant 0.7\beta_h f_t b_m h_0 \tag{2-34}$$

$$F_l = p_s \cdot A \tag{2-35}$$

$$b_m = \frac{b_t + b_b}{2} \tag{2-36}$$

式中 β_h——截面高度影响系数：当 $h \leqslant 800$mm 时，取 $\beta_h = 1.0$；当 $h \leqslant 2000$mm 时，取 $\beta_h = 0.9$；其间按线性内插法取用；

b_t——冲切破坏锥体最不利一侧斜截面的上边长：当计算柱与基础交接处的受冲切承载力时，取柱宽；当计算基础变阶处的受冲切承载力时，取上阶宽；

b_b——柱与基础交接处或基础变阶处的冲切破坏锥体最不利一侧斜截面的下边长，$b_b = b_t + 2h_0$；

h_0——柱与基础交接处或基础变阶处的截面有效高度，取两配筋方向的截面有效高度的平均值；

p_s——按荷载效应基本组合计算并考虑结构重要性系数的基础底面地基反力设计值（可扣除基础自重及其上的土重），当基础偏心受力时，可取用最大的地基反力设计值；

A——考虑冲切荷载时取用的多边形面积（图 2-37 中的阴影面积）；

当 $l \geqslant l_c + 2h_0$ 时，

$$A = \left(\frac{b}{2} - \frac{b_c}{2} - h_0\right) l - \left(\frac{l}{2} - \frac{l_c}{2} - h_0\right)^2 \tag{2-37}$$

当 $l < l_c + 2h_0$ 时，

$$A = \left(\frac{b}{2} - \frac{b_c}{2} - h_0\right) l \tag{2-38}$$

b_c，l_c 分别为柱截面的长度和宽度。

若验算阶形基础变阶处的受冲切承载力时，式（2-37）和式（2-38）中的 b_c 与 l_c 应改为基础上阶的长度和宽度。

设计时，一般先按构造要求选定基础的高度和各阶高度，再用式（2-34 ~ 2-38）进行验算。

2.4.3 基础底板配筋计算

如图 2-38 所示，在地基反力作用下，柱下独立基础可看作为双向并固定于

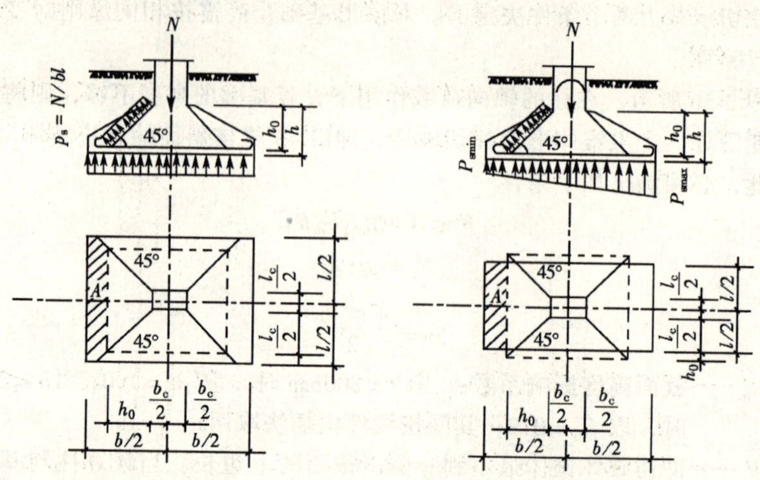

图 2-37 基础冲切破坏的计算图形

柱周边的悬臂板，其单向配筋可按柱边截面计算；当为阶形基础时，还应按变阶处截面计算。《建筑地基基础设计规范》规定：在轴心荷载或单向偏心荷载作用下底板受弯可按下列简化方法计算（图 2-39）：

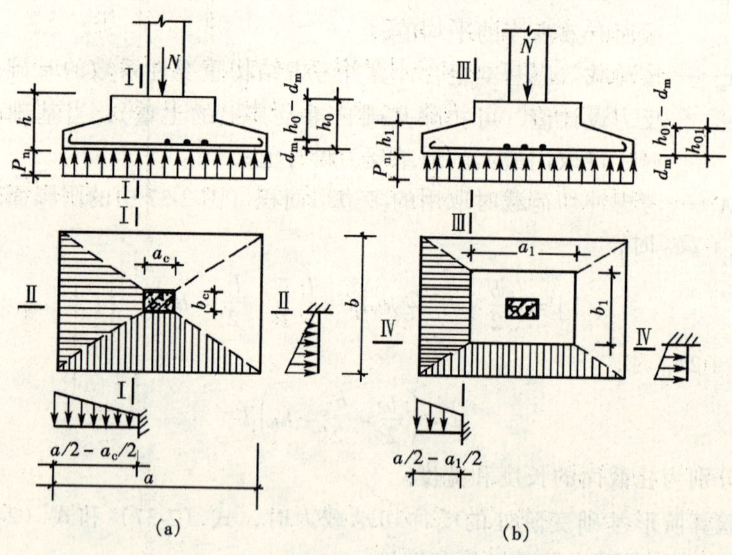

图 2-38 基础底板配筋的计算图形

对于矩形基础，当台阶的宽高比小于或等于 2.5 和偏心距小于或等于 1/6 基础宽度时，任意截面的弯矩可按下列公式计算：

$$M_{\text{I}} = \frac{1}{12}a_1^2\left[(2l + a')\left(p_{j\max} + p_j - \frac{2G}{A}\right) + (p_{j\max} - p_j)\ l\right] \tag{2-39}$$

$$M_{\text{Ⅱ}} = \frac{1}{48}(l - a')^2(2b + b')\left(p_{j\max} + p_{j\min} - \frac{2G}{A}\right) \tag{2-40}$$

式中　$M_{\text{Ⅰ}}$、$M_{\text{Ⅱ}}$——任意截面Ⅰ—Ⅰ、Ⅱ—Ⅱ处相应于荷载效应基本组合时的弯矩设计值；

a'，b'——任意截面Ⅰ—Ⅰ，Ⅱ—Ⅱ在基底的投影被基础四棱台棱线在基底的投影所截的距离，见图2-39。

a_1——任意截面Ⅰ—Ⅰ至基底边缘最大反力处的距离；

l、b——基础底面的边长；

$p_{j\max}$、$p_{j\min}$——相应于荷载效应基本组合时的基础底面边缘最大和最小地基净反力设计值；

p_j——相应于荷载效应基本组合时在任意截面Ⅰ—Ⅰ处基础底面地基净反力设计值；

G——考虑荷载分项系数的基础自重及其上的土自重；当组合值由永久荷载控制时，$G = 1.35G_k$，G_k为基础及其上土的标准自重。

当Ⅰ—Ⅰ、Ⅱ—Ⅱ为柱边截面且为轴心荷载时，式（2-39）和（2-40）：

$$M_{\text{Ⅰ}} = \frac{p_j}{24}(b - h)^2(2l + a) \tag{2-41}$$

$$M_{\text{Ⅱ}} = \frac{p_j}{24}(l - a)^2(2b + h) \tag{2-42}$$

当Ⅰ—Ⅰ、Ⅱ—Ⅱ为柱边截面且为偏心荷载时，计算$M_{\text{Ⅰ}}$时，式（2-41）中地基土净反力按$p_j = \frac{p_{j\max} + p_{j\text{Ⅰ}}}{2}$；在计算$M_{\text{Ⅱ}}$时，式（2-42）中地基土净反力按$p_j = \frac{p_{j\max} + p_{j\min}}{2}$。式中$p_{j\text{Ⅰ}}$为截面Ⅰ—Ⅰ（柱边）处的地基土净反力。

基础由于配筋率较低，截面抗弯的内力臂系数γ变化很小，一般可近似取$\gamma \approx 0.9$。于是沿长边布置的基底钢筋，可按下式计算：

$$A_{s\text{Ⅰ}} = \frac{M_{\text{Ⅰ}}}{0.9f_y h_0} \tag{2-43}$$

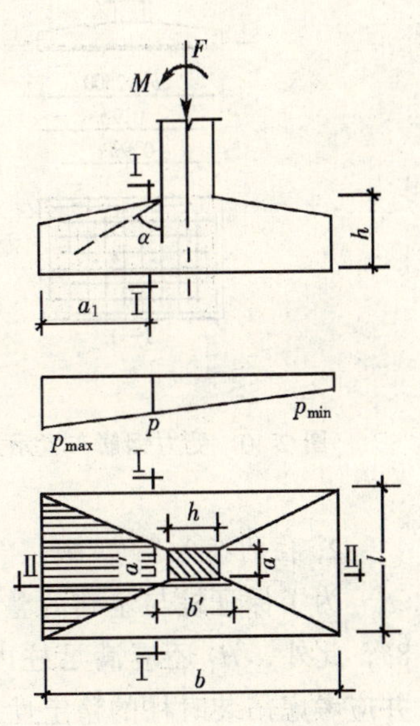

图2-39　矩形基础底板的计算示意

沿短边布置的基底钢筋，可按下式计算

$$A_{s\text{Ⅱ}} = \frac{M_{\text{Ⅱ}}}{0.9f_y(h_0 - d)} \tag{2-44}$$

其中 d 为沿长边布置的基底钢筋直径。

基础变阶处的配筋计算可参照柱边截面处理。

2.4.4 基础的构造要求

1. 一般规定

基础的混凝土强度等级不宜低于 C20。受力钢筋的直径不宜小于 10mm，间距不宜大于 200mm，也不宜小于 100mm。当基础边长大于或等于 2.5m 时，沿此向钢筋的长度可减小 10%，但应交错放置，如图 2-40。

基底常设 100mm 厚、强度等级为 C10 的素混凝土垫层（垫层厚度不宜小于 70mm），则底板受力钢筋的保护层厚度不小于 40mm；若地基土质干燥，也可不设垫层，但保护层的厚度不宜小于 70mm。

锥形基础的边缘高度一般不小于 200mm；阶形基础的每阶高度一般为 300 ~ 500mm（图 2-41）。

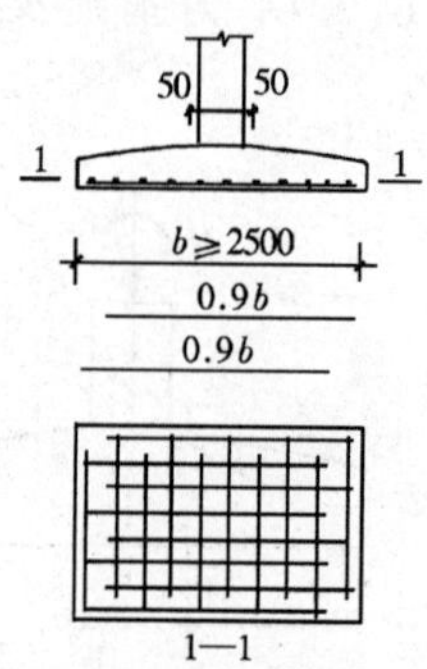

图 2-40　受力钢筋布置示意图

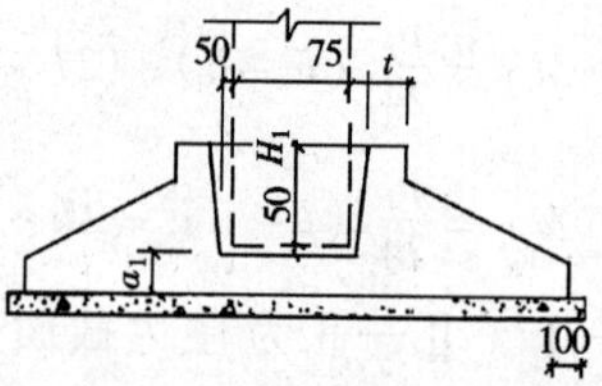

图 2-41　基础的构造

2. 柱的插入深度 H_1

为了保证桩与基础的整体结合，柱插入基础应有足够的深度 H_1（见表 2-8），此外，H_1 还应满足柱内纵向钢筋（直径 d）锚固长度不小于 l_a 的要求，并应考虑吊装时柱的稳定性，即要求 $H_1 \geqslant 0.05$ 预制柱长。

柱的插入深度 H_1　　表 2-8

矩形或工字形截面				双肢柱
$h<500$	$500 \leqslant h<800$	$800 \leqslant h \leqslant 1000$	$h>1000$	
$H_1=(1.0 \sim 1.2)\ h$	$H_1=h$	$H_1=0.9h$ $H_1 \geqslant 800$	$H_1=0.8h$ $H_1 \geqslant 1000$	$H_1=\left(\frac{1}{3} \sim \frac{2}{3}\right)h$ $H_1=(1.5 \sim 1.8)\ b$

注：1. h 为柱截面长边尺寸；b 为短边；

2. 柱轴心受压或小偏心受压时，H_1 可适当减小；偏心距大于 $2h$ 时，H_1 应适当加大。

3. 基础杯底厚度和杯壁厚度

为了防止安装预制柱时，杯底可能发生冲切破坏，基础的杯底应有足够的厚度 a_1。其值见表 2-9。同时，杯口内应铺垫 50mm 厚的水泥砂浆。基础的杯壁应有足够的抗弯强度，其厚度 t 可按表 2-9 选用。

基础杯底厚度和杯壁厚度 **表 2-9**

柱截面长边尺寸 h	杯底厚度 a_1	杯壁厚度 t
$h<500$	≥150	150~200
$500\leqslant h<800$	≥200	≥200
$800\leqslant h<1000$	≥200	≥300
$1000\leqslant h<1500$	≥250	≥350
$1500\leqslant h\leqslant 2000$	≥300	≥400

注：1. 双肢柱的 a_1 值可适当加大；
2. 当有基础梁时，基础梁下的杯壁厚度应满足其支承宽度的要求；
3. 柱插入杯口部分的表面应凿毛。柱与杯口之间的空隙，应用细石混凝土（比基础混凝土强度高一级）密实充填，其强度达到基础混凝土强度设计值的 70% 以上时，方能进行上部吊装。

4. 杯壁配筋

当柱为轴心受压或小偏心受压，且 $t\geqslant 0.65h_1$（h_1 为杯壁高度）时，或为大偏心受压且 $t\geqslant 0.75h_1$ 时，杯壁内一般不配筋。当柱为轴心或小偏心受压，且 $0.5\leqslant \frac{t}{h_1}<0.65$ 时，杯壁内可按表 2-10、图 2-42 的要求配置钢筋；其他情况下，应按计算配筋。

杯壁的配筋数量 **表 2-10**

柱截面长边尺寸 h（mm）	$h<1000$	$1000\leqslant h<1500$	$1500\leqslant h\leqslant 2000$
钢筋网直径（mm）	ϕ8~10	ϕ10~12	ϕ12~16

5. 双杯口基础及高杯口基础。

在厂房伸缩缝处，需设置双杯口基础。当两杯口间的宽度 $a_3<400$mm 时，宜在中间杯壁内配筋（图 2-43）。

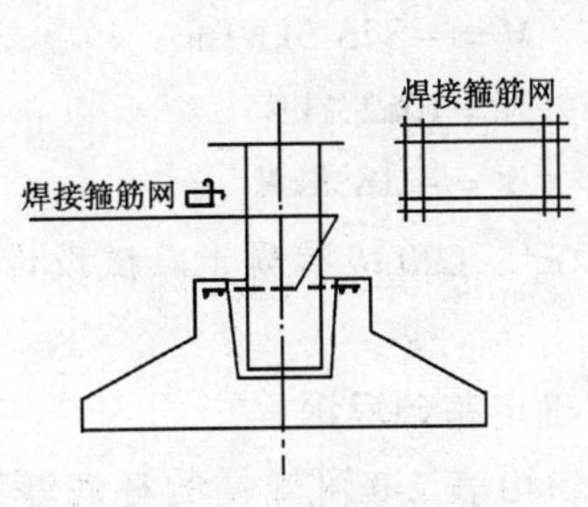

图 2-42 杯口基础及高杯壁口基础

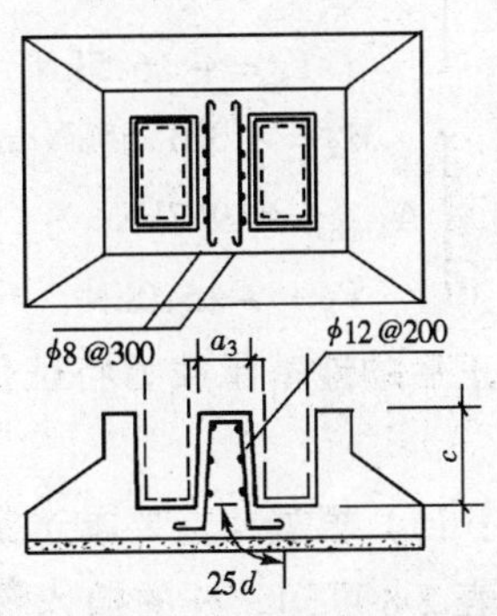

图 2-43 双杯口基础的杯壁配筋

因地质条件，或因有设备基础，在单层厂房中有时需将个别或部分柱基的埋置深度加大。为使厂房预制柱的长度相同，常在这些柱下设置高杯口基础，其杯口尺寸和配筋可参考图 2-44，其下的短柱可按偏心受压构件设计。

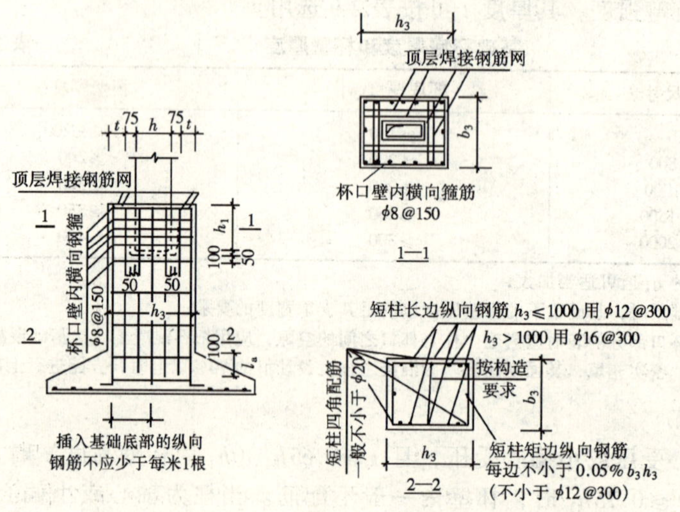

图 2-44　高杯口基础的配筋

【例 2-2】　某工业厂房柱（截面尺寸 400 × 700mm）其基础顶面的荷载由排架内力组合给出三中最不利形式：

$$A:\begin{cases} M_{\mathrm{kmax}} = 99.85\mathrm{kN\cdot m} \\ N_{\mathrm{k}} = 554.1\mathrm{kN} \\ V_{\mathrm{k}} = 10.5\mathrm{kN} \end{cases} \qquad \begin{aligned} M &= 124.8\mathrm{kN\cdot m} \\ N &= 692.6\mathrm{kN} \\ V &= 13.1\mathrm{kN} \end{aligned}$$

$$B:\begin{cases} -M_{\mathrm{kmax}} = -303.71\mathrm{kN\cdot m} \\ N_{\mathrm{k}} = 804.7\mathrm{kN} \\ V_{\mathrm{k}} = -16.5\mathrm{kN} \end{cases} \qquad \begin{aligned} M &= -379.64\mathrm{kN\cdot m} \\ N &= 1005.9\mathrm{kN} \\ V &= -20.6\mathrm{kN} \end{aligned}$$

$$C:\begin{cases} M_{\mathrm{k}} = -301.55\mathrm{kN\cdot m} \\ N_{\mathrm{kmax}} = 849.7\mathrm{kN} \\ V_{\mathrm{k}} = -15.0\mathrm{kN} \end{cases} \qquad \begin{aligned} M &= -376.9\mathrm{kN\cdot m} \\ N &= 1062.1\mathrm{kN} \\ V &= -18.8\mathrm{kN} \end{aligned}$$

修正后的地基承载力特征值 $f_a = 180\mathrm{kN/m^2}$，C20 级混凝土，试设计此杯口基础。

解：（1）根据构造要求选定基础高度及确定基础埋深

由表 2-8 可知，柱的插入深度 $H_1 = 700$，由表 2-9 可知柱的杯底厚度 $a_1 \geq 200\mathrm{mm}$，取 $a_1 = 250\mathrm{mm}$，杯底上部铺设 50mm 水泥砂浆，故

$$h = 700 + 250 + 50 = 1000\mathrm{mm}$$

初选 $h=1000\text{mm}$，选杯壁厚 400mm，高 500mm，见图 2-45

基础埋深 d_1 = 基础顶面埋深 + 柱插入基础深度 + 柱底垫层厚度 + 杯底厚度

因室外基础顶面埋深为 550mm，室内外高差 150mm，故

$$d_1 = 500 + 150 + 700 + 50 + 250 = 1650\text{mm}$$

（2）确定基础底面尺寸

上部结构传至基础底面的设计荷载为下列三种：

$$A:\begin{cases} M_{\text{kmax}} = 110.35\text{kN·m} \\ N_{\text{k}} = 554.1\text{kN} \\ V_{\text{k}} = 10.5\text{kN} \end{cases} \qquad \begin{aligned} M &= 137.9\text{kN·m} \\ N &= 692.6\text{kN} \\ V &= 13.1\text{kN} \end{aligned}$$

$$B:\begin{cases} -M_{\text{kmax}} = -320.21\text{kN·m} \\ N_{\text{k}} = 804.7\text{kN} \\ V_{\text{k}} = -16.5\text{kN} \end{cases} \qquad \begin{aligned} M &= -400.24\text{kN·m} \\ N &= 1005.9\text{kN} \\ V &= -20.6\text{kN} \end{aligned}$$

$$C:\begin{cases} M_{\text{k}} = -316.55\text{kN·m} \\ N_{\text{kmax}} = 849.7\text{kN} \\ V_{\text{k}} = -15.0\text{kN} \end{cases} \qquad \begin{aligned} M &= -395.7\text{kN·m} \\ N &= 1062.1\text{kN} \\ V &= -18.8\text{kN} \end{aligned}$$

1）预估基础底面尺寸

按最大轴力确定底面尺寸，此时地基承载力特征值为 f_{a}，由轴心受压公式得：

$$A \geq \frac{N_{\text{k}}}{f_{\text{a}} - \gamma d}$$

d 为平均埋深：$d = \dfrac{1500 + 1650}{2} = 1580\text{mm}$，$\gamma$ 取 20kN/m^3。故

$$A \geq \frac{849.7}{180 - 20 \times 1.58} = 5.73\text{m}^2$$

按扩大 1.4 倍考虑偏压基础底面面积，则 $A = 1.4 \times 5.73 = 8.02\text{m}^2$

选长边尺寸 $b = 3.4\text{m}$，短边尺寸 $l = 2.4\text{m}$，则

$A = 2.4 \times 3.4 = 8.16\text{m}^2$，满足要求

$$W = \frac{lb^2}{6} = \frac{1}{6} \times 2.4 \times 3.4^2 = 4.624\text{m}^3$$

2）验算所选基底尺寸是否满足要求

对 A 组荷载组合

$$\frac{p_{\text{kmax}}}{p_{\text{kmin}}} = \frac{554.1 + 2.4 \times 3.4 \times 20 \times 1.58}{3.4 \times 2.4} \pm \frac{110.35}{4.624} = \frac{123.37}{75.64}\text{kN/m}^2$$

对 B 组荷载组合

$$\frac{p_{\text{kmax}}}{p_{\text{kmin}}} = \frac{804.7 + 2.4 \times 3.4 \times 20 \times 1.58}{3.4 \times 2.4} \pm \frac{320.21}{4.624} = \frac{199.46}{60.97}\text{kN/m}^2$$

对 C 组荷载组合

$$\frac{p_{\mathrm{kmax}}}{p_{\mathrm{kmin}}}=\frac{849.7+2.4\times3.4\times20\times1.58}{3.4\times2.4}\pm\frac{316.55}{4.624}=\frac{204.19}{67.27}\mathrm{kN/m^2}$$

计算表明，荷载组合以 C 组最为不利，故下面的计算均以 C 组为准。地基反力为：

$$p_{\mathrm{k}}=\frac{1}{2}(p_{\mathrm{kmax}}+p_{\mathrm{kmin}})=135.73\mathrm{kN/m^2}<f_{\mathrm{a}}=180\mathrm{kN/m^2}$$

$$p_{\mathrm{kmax}}=204.19\mathrm{kN/m^2}<1.2f_{\mathrm{a}}=216\mathrm{kN/m^2}$$

故所选基底尺寸满足要求

(3) 基础抗冲切验算

1) 基底净反力设计值

$$\frac{p_{j\mathrm{max}}}{p_{j\mathrm{min}}}=\frac{1062.1}{8.16}\pm\frac{395.7}{4.624}=\frac{215.73}{44.58}\mathrm{kN/m^2}$$

2) 柱边冲切承载力验算

由图 2-46 可知：$h_0=1000-40=960\mathrm{mm}$

$$l_{\mathrm{c}}+2h_0=400+2\times960=2320\mathrm{mm}<l=2400\mathrm{mm}$$

故 $F_l=p_{\mathrm{s}}A=p_{\mathrm{s}}\left(\frac{b}{2}-\frac{b_{\mathrm{c}}}{2}-h_0\right)l-\left(\frac{l}{2}-\frac{l_{\mathrm{c}}}{2}-h_0\right)^2$

$$=215.73\times\left(\frac{3.4}{2}-\frac{0.7}{2}-0.96\right)\times2.4-\left(\frac{2.4}{2}-\frac{0.4}{2}-0.96\right)^2$$

$$=201.58\mathrm{kN}$$

$$b_{\mathrm{m}}=\frac{0.4+0.4+2\times0.96}{2}=1.36\mathrm{m}$$

$0.7\beta_{\mathrm{h}}f_{\mathrm{t}}b_{\mathrm{m}}h_0=0.7\times0.98\times1.1\times1.36\times960=985.2\mathrm{kN}$

$F_l<0.7\beta_{\mathrm{h}}f_{\mathrm{t}}b_{\mathrm{m}}h_0$ 满足要求

3) 变阶处冲切承载力验算（图 2-46）

$h'_0=500-40=460\mathrm{mm}$，$l'_{\mathrm{c}}=1450\mathrm{mm}$，$b'_{\mathrm{c}}=1750\mathrm{mm}$

$l'_{\mathrm{c}}+2h_0=1450+2\times460=2370\mathrm{mm}<l=2400\mathrm{mm}$

$$F_l=215.73\times\left(\frac{3.4}{2}-\frac{1.750}{2}-0.46\right)^2\times2.4-\left(\frac{2.4}{2}-\frac{1.45}{2}-0.46\right)^2=188.93\mathrm{kN}$$

$$b_{\mathrm{m}}=\frac{1.45+1.45+2\times0.46}{2}=1.91\mathrm{m}$$

$0.7\beta_{\mathrm{h}}f_{\mathrm{t}}b_{\mathrm{m}}h_0=0.7\times1.0\times1.1\times1.91\times460=676.52\mathrm{kN}>F_l$ 满足要求

(4) 基底配筋计算

1) 沿长边方向：$p_{j\mathrm{max}}=215.73\mathrm{kN/m^2}$，$p_{j\mathrm{min}}=44.58\mathrm{kN/m^2}$

A. 沿柱边截面：

$$p_{j\mathrm{I}} = p_{j\min} + (p_{j\max} - p_{j\min}) \times \frac{b_{\mathrm{I}}}{b}$$

$$= 44.58 + (215.73 - 44.58)\frac{2.05}{3.4} = 147.77\mathrm{kN/m^2}$$

$$M_{\mathrm{I}} = \frac{1}{48}(P_{j\max} + p_{j\mathrm{I}})(b - h)^2(2l + a)$$

$$= \frac{1}{48} \times (215.73 + 147.77) \times (3.4 - 0.7)^2 \times (2 \times 2.4 + 0.4)$$

$$= 287.07\mathrm{kN \cdot m}$$

$$A_{s\mathrm{I}} = \frac{M_{\mathrm{I}}}{0.9h_0 f_y} = \frac{287.07 \times 10^6}{0.9 \times 960 \times 210} = 1582\mathrm{mm^2}$$

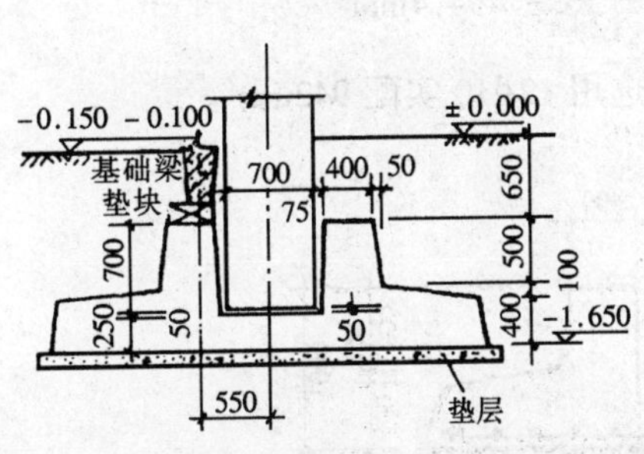

图 2-45　桩基尺寸

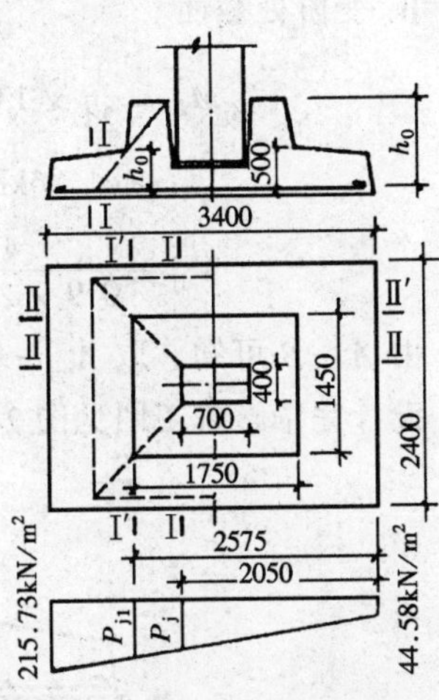

图 2-46　冲切验算

B. 沿变阶处截面

$$P_{j\mathrm{I}} = 44.58 + (215.73 - 44.58)\frac{2.575}{3.4}$$

$$= 174.2\mathrm{kN/m^2}$$

$$M_{\mathrm{I}} = \frac{1}{48} \times (215.73 + 174.2) \times (3.4 - 1.75)^2 \times (2 \times 2.4 + 1.45)$$

$$= 138.23\mathrm{kN \cdot m}$$

$$A_{s\mathrm{I}} = \frac{138.23 \times 10^6}{0.9 \times 460 \times 210} = 1590\mathrm{mm^2}$$

由 A、B 可知，取 $A_{s\mathrm{I}} = 1590\mathrm{mm^2}$。选 $15\phi12$，实配 $1696.5\mathrm{mm^2}$。

2）沿短边方向

$$p_j = \frac{1}{2}(p_{j\max} + p_{j\min}) = \frac{1}{2}(215.73 + 44.58) = 130.2\text{kN/m}^2$$

A. 柱边截面

$$M_{\text{II}} = \frac{1}{24}P_j(l - a)^2(2b + h)$$

$$= \frac{1}{24} \times 130.2 \times (2.4 - 0.4)^2(2 \times 3.4 + 0.7)$$

$$= 162.8\text{kN} \cdot \text{m}$$

$$A_{\text{sII}} = \frac{M_{\text{II}}}{0.9f_y(h_0 - d)} = \frac{162.8 \times 10^6}{0.9 \times 210(960 - 12)}$$

$$= 908.6\text{mm}^2$$

B. 变阶处截面

$$M_{\text{II}} = \frac{1}{24} \times 130.2(2.4 - 1.45)^2(2 \times 3.4 + 1.75)$$

$$= 41.86\text{kN} \cdot \text{m}$$

$$A_{\text{sII}} = \frac{41.86 \times 10^6}{0.9 \times 210 \times (460 - 12)} = 494.4\text{mm}^2$$

由 A、B 可知，取 $A_{\text{sII}} = 908.6\text{mm}^2$，选用 12$\phi$10 实配 942mm²。

设计完毕，施工图见图 2-47。

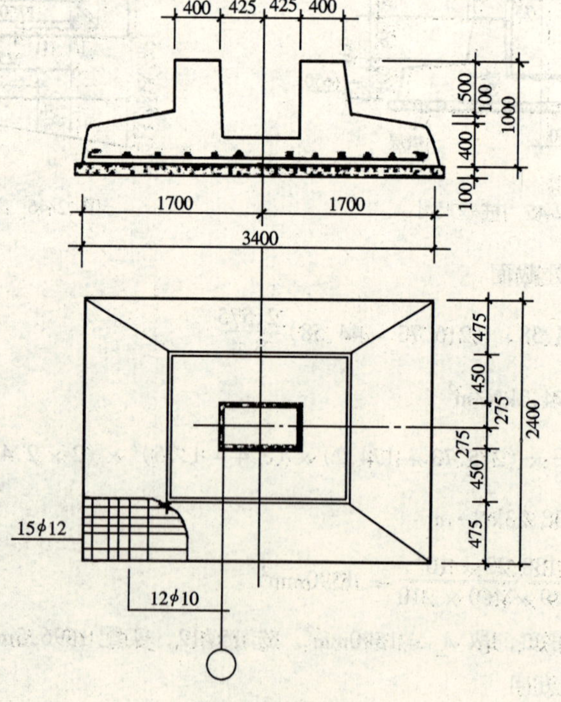

图 2-47　施工图

2.5 单层厂房的屋盖结构选型

2.5.1 概述

目前单层厂房屋盖结构的形式基本上分为无檩和有檩两种体系。无檩体系是将大型屋面板直接焊在（一般不少于三个焊点）屋架或屋面梁上而形成的屋盖结构。这种屋盖的整体性和刚度均较好，构件种类和数量较少，故安装工序少，施工速度快，适用广泛，在具有较大吨位吊车和有较大振动的大中型及重型厂房中经常使用。有檩体系是将小型屋面板或屋面瓦放在檩条上，檩条支承在屋架上而形成的屋盖结构。这种屋盖的构件小而轻，便于运输和吊装，虽然整体刚度较小，但在保证板与檩条、檩条与屋架均已牢固连接的前提下，可满足一般中小型厂房的使用要求。

除上述两种常用的屋盖结构外，工业厂房中还采用了多种形式的板梁合一的屋盖体系，如T形板、拱形弧、V形折板和马鞍形壳板等；其中以T形板使用得最多。

本节将主要介绍屋面构件、屋面梁和屋架、板梁合一结构、天窗架及托架的常用形式及选用方法。

2.5.2 屋盖构件

1. 屋面板

单层厂房中常用的屋面板有预应力混凝土屋面板（槽形板）、预应力混凝土F形屋面板，预应力混凝土单肋板、钢丝网水泥波形瓦、石棉水泥瓦及钢筋混凝土挂瓦板等，详见表2-11。其中应用最广泛的是预应力混凝土屋面板。

屋面板类型表　　表2-11

序号	构件名称（标准图集号）	形　式	特点及适用条件
1	预应力混凝土屋面板（92G410）	5970~8970 1490 240~300	(1) 有卷材防水及非卷材防水两种； (2) 屋面水平刚度好； (3) 适用于中、重型和振动较大，对屋面刚度要求较高的厂房； (4) 屋面坡度：卷材防水最大1/5，非卷材防水1/4

续表

序号	构件名称（标准图集号）	形式	特点及适用条件
2	预应力混凝土F型屋面板（CG412）	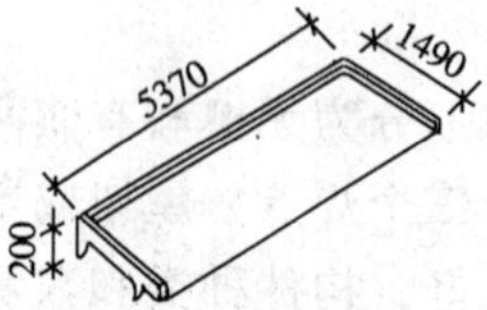	(1) 屋面自防水，板沿纵向互相搭接，横缝及脊缝加盖瓦和脊瓦； (2) 屋面水平刚度及防水效果比预应力混凝土屋面板差，如构造和施工不当，易积雨、积雪； (3) 适用于中、轻型非保温厂房，不适用于对屋面刚度及防水要求高的厂房； (4) 屋面坡度 1/4～1/8
3	预应力混凝土单肋板	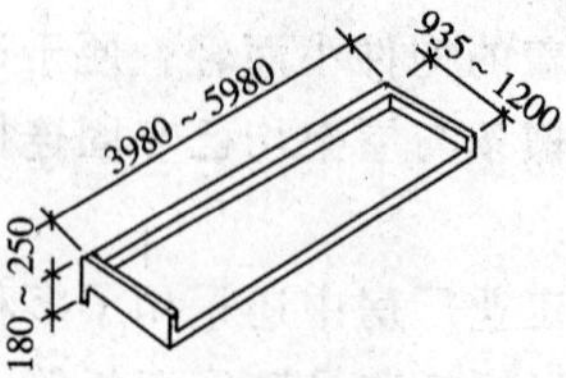	(1) 屋面自防水、板沿纵向互相搭接，横缝及脊缝加盖瓦和脊瓦，主肋只有一个； (2) 屋面材料省，但刚度差； (3) 适用于中、轻型非保温厂房，不适用于对屋面刚度及防水要求高的厂房； (4) 屋面坡度 1/3～1/4
4	预应力混凝土夹心保温屋面板（三合一板）	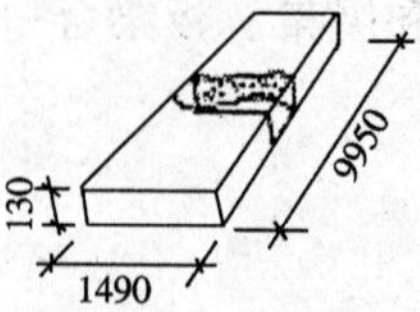	(1) 具有承重、保温、防水三种作用，故也称三合一板； (2) 适用于一般保温厂房，不适用于气候寒冷，冻融频繁地区和有腐蚀性气体及湿度大的厂房； (3) 屋面坡度 1/8～1/12
5	预应力混凝土槽瓦	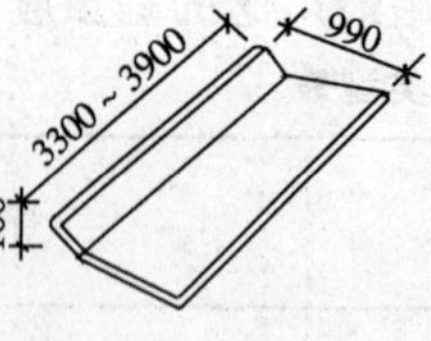	(1) 在檩条上互相搭接，沿横缝及脊缝加盖瓦及脊瓦； (2) 屋面材料省，构造简单，施工方便，但刚度较差，如构造和施工处理不当，易渗漏； (3) 适用于中、轻型厂房，不适用于有腐蚀性介质、有较大振动，对屋面刚度及隔热要求高的厂房； (4) 屋面坡度 1/3～1/5
6	钢丝网水泥波形瓦	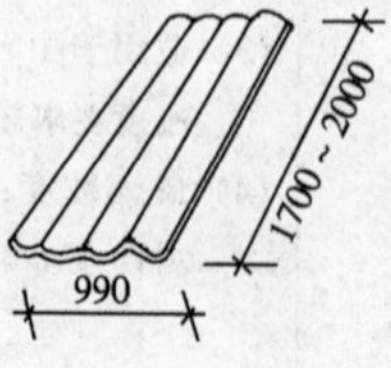	(1) 在纵、横向互相搭接，加脊瓦； (2) 屋面材料省、施工方便，但刚度较差，运输、安装不当，易损坏； (3) 适用于轻型厂房，不适用于有腐蚀性介质、有较大振动、对屋面刚度及隔热要求高的厂房； (4) 屋面坡度 1/3～1/5

预应力混凝土屋面板由面板、横肋和纵肋组成，其传力系统类似梁板结构所介绍的平面楼盖，其中板、横肋和纵肋分别相当于平面楼盖中的板、次梁和主梁。其常见的平面尺寸有 1.5 × 6m，也有采用 3 × 9m、1.5 × 9m 和 3 × 12m 的。屋面板一般承受防水屋面恒载和积灰荷载、雪荷载及施工检修荷载等活载。设计时可根据其柱网布置、屋面荷载等情况分别选用全国性和地区性标准图集，如 G410、CG411 等。

2. 檩条

檩条起着支承小型屋面板并将屋面荷载传给屋架的作用。它与屋架应连接牢固，并与支撑构件共同组成整体，保证厂房的空间刚度，可靠地传递水平荷载。

檩条一般有倒 L 形檩条、T 形檩条两种，其材料可为普通混凝土，也可为预应力混凝土，其常见类型见表 2-12。当檩条跨度为 4m 或 6m 时，一般采用上述形式，当檩条跨度为 9m 或更大时，可采用组合式（上弦为钢筋混凝土，腹杆与下弦杆为钢材）和轻钢檩条。

檩条类型表 **表 2-12**

序号	构件名称（标准图号）	形式	跨度 l（m）
1	钢筋混凝土倒 L 形檩条（原 G144）	L	4 ~ 6
2	钢筋混凝土 T 形檩条（原 G144）	L	4 ~ 6
3	预应力混凝土倒 L 形檩条	L	6
4	预应力混凝土 T 形檩条	L	6

檩条支撑在屋架上弦有正放和斜放两种形式。前者受力较好，但屋架上弦要做水平支托［图 2-48（a）］；后者在荷载作用下产生双向弯曲，若屋面坡度较大时，在未焊牢时易倾翻，故往往需在支座处屋架上弦预埋件上事先焊一短钢板来防止倾翻［图 2-48（b）］。

2.5.3 屋面梁和屋架

屋面梁和屋架是单层厂房中的重要构件，起着支承屋面板或檩条并将屋面

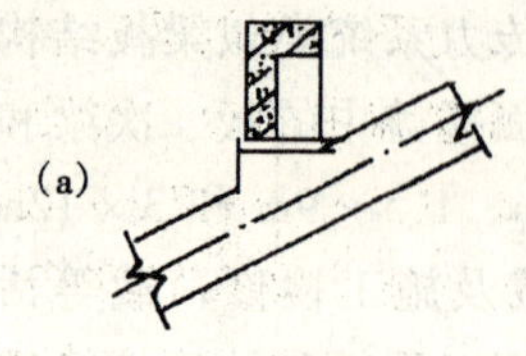

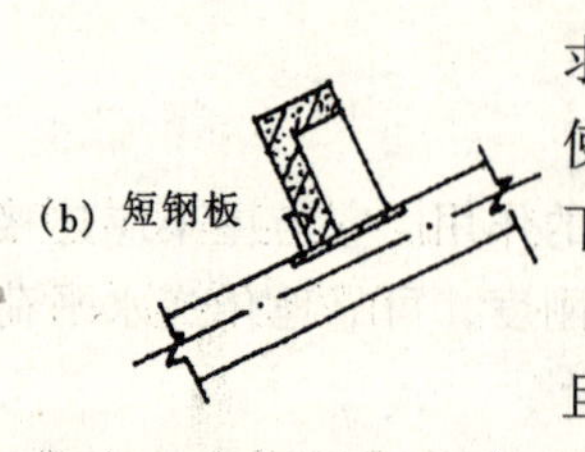

图 2-48 檩条与上弦杆连接方法

荷载传给排架柱的作用，其常见形式、经济指标、特点和适用条件见表 2-13。除表中所列构件外，在纺织厂中一般采用锯齿形屋盖，常用钢筋混凝土三角刚架和钢筋混凝土窗框支承屋面板两种形式。

屋面梁和屋架形式的选择，应根据厂房的使用要求、跨度大小、吊车吨位和工作级别、现场条件及当地使用经验等因素而定。根据国内工程经验，在此提出如下建议：

厂房跨度在 15m 及以下时，当吊车起重量小于 10t，且无大的振动荷载时，可选表 2-13 中序号 3 ~ 6 或序号 7（有檩体系时）；当吊车起重量大于 10t 时，宜选用序号 2 或 8。

厂房跨度在 18m 及以上时，一般宜选用序号 9 ~ 11；对于冶金厂房的热车间，宜选用序号 12；当跨度为 18m 时，亦可采用序号 5 或 6（吊车起重量不大于 10t 时）或序号 2。对于采用横向或井式天窗的厂房，一般宜选用序号 12 或 13。

设计时可根据上述建议灵活选用，屋面梁与屋架均有全国性和地区性的标准图集可查。但遇到特殊情况，需进行屋面梁和屋架设计时，可参考有关资料进行。

2.5.4 板梁合一的屋盖结构

板梁或板架梁一结构是在对原有的厂房屋盖结构进行改革的基础上形成的，它是将屋面板和梁组成整体，既可减少结构构件的种类和数量以及施工吊装工序，又具有受力性能合理、结构高度小、空间刚度好、材料用量省等优点，目前多用于无吊车或吊车起重量小的厂房和仓库。下面简介几种常见结构形式。

1. 预应力混凝土 V 形折板

如图 2-49 所示，预应力混凝土薄板采用先张法叠层生产，折缝处不灌混凝

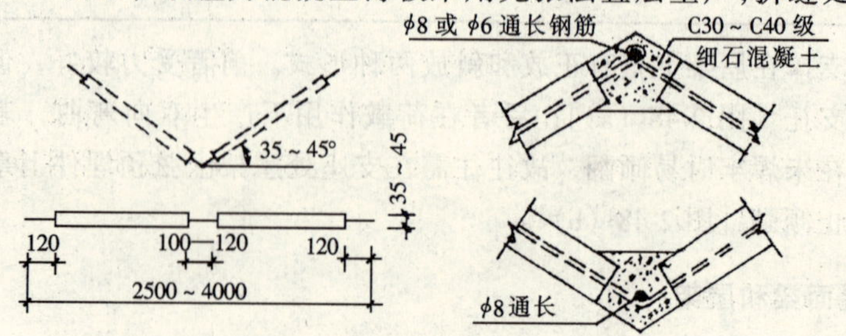

图 2-49 V 形折板生产示意图

常用屋面梁、屋架　　　　**表 2-13**

序号	构件名称 (标准图号)	形　式	跨度 (m)	每平方米材料用量 允许荷载 (kN/m^2)	每平方米材料用量 混凝土 (cm)	每平方米材料用量 钢材 (kg)	特点及适用条件
1	预应力混凝土单坡屋面梁(G414)	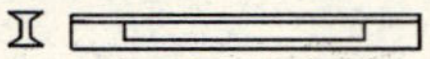	9 12	4.50 4.50	2.13 2.32	4.83 4.96	梁高小、重心低，侧向刚度好，施工较方便，但自重大，适用于有较大振动和腐蚀介质的厂房，屋面坡度 1/8～1/12
2	预应力混凝土双坡屋面梁(G414)	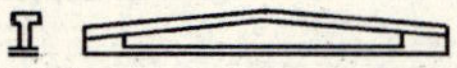	12 15 18	4.50 4.50 4.50	2.43 2.64 3.37	4.80 5.82 6.14	
3	钢筋混凝土两铰拱屋架(G310、CG311)		9 12 15	3.00 3.00 3.00	1.08 1.49 1.93	2.50 3.25 3.88	上弦为钢筋混凝土，下弦为角钢，顶节点刚接，自重较轻。适用于中、小型厂房，应防止下弦受压，屋面坡度：卷材防水 1/5，非卷材防水 1/4
4	钢筋混凝土三铰拱屋架(G312、CG313)		9 12 15	3.00 3.00 3.00	1.00 1.29 1.60	2.85 3.51 3.80	顶节点为铰接，其它同上
5	预应力混凝土三铰拱屋架(CG424)		9 12 15 18	3.00 3.00 3.00 3.00	0.68 1.01 1.21 1.49	2.04 2.60 3.38 4.09	上弦为先张法预应力，下弦为角钢，其它同上
6	钢筋混凝土组合式屋架(CG315)		12 15 18	3.00 3.00 3.00	1.02 1.39 1.36	4.00 5.20 6.00	上弦及受压腹杆为钢筋混凝土，下弦及受拉腹杆为角钢，自重较轻，适用于中小型厂房，屋面坡度 1/4
7	钢筋混凝土三角形屋架(原 G145)		9 12 15	 3.00 3.00	 1.67 1.89	 4.14 4.00	屋架上设檩条或挂瓦板，自重较大，适用于有檩体系的中、小型厂房。屋面坡度 1/2～1/3

续表

序号	构件名称（标准图号）	形式	跨度（m）	每平方米材料用量			特点及适用条件
				允许荷载（kN/m^2）	混凝土（cm）	钢材（kg）	
8	钢筋混凝土折线形屋架（G314）		15 18 21 24	3.50 3.50	2.03 2.00	4.92 5.76	外形较合理，屋面坡度合适，适用于卷材防水屋面的中型厂房
9	预应力混凝土折线形屋架（G415）		18 21 24 27 30	4.00 3.50 3.50 3.50 3.50	2.24 2.70 2.86 3.00 4.14	4.43 5.10 5.47 6.00 6.15	适用于卷材防水屋面的大中型厂房，其它同上
10	预应力混凝土折线形屋架（CG423）		18 21 24	3.50 3.50 3.50	1.71 2.10 2.30	3.80 4.46 5.04	外形较合理，适用于非卷材防水屋面的中型厂房，屋面坡度 1/4
11	预应力混凝土拱形屋架（原 215）		18～36	3.70	2.10	5.00	外形合理，自重轻，但端部屋面坡度太陡，适用于卷材防水屋面的大中型厂房，屋面坡度 1/3～1/30
12	预应力混凝土梯形屋架（CG417）		18～30	3.50	2.50	5.10	自重较大，刚度好，适用于卷材防水屋面，重型、高温及采用井式或横向天窗的厂房，屋面坡度 1/10～1/12
13	预应力混凝土直腹杆屋架		15～36	2.50	2.19	4.69	无斜腹杆，构造简单，但端部坡度较陡，适用于采用井式或横向天窗的厂房

注：1. 标准图号中加“原”字者系 1966 年之前编制的图集；

2. 凡预应力构件均按冷拉Ⅳ级钢筋方案计算材料用量；

3. 序号 11～13 均仅按 24m 跨度计算材料用量。

土，运至工地吊装就位后再在上、下折缝处浇灌混凝土，形成V形整体空间结构。

V形折板具有体型简洁，浇缝后整体刚度和抗震性能好等优点。它制作方便，可叠层生产，便于采用工业化方法制作和施工，用料省，自重轻，已在工业建筑中得到广泛应用。其通常跨度为9~15m，最大已达33m，坡宽（即一个V形折板的水平投影宽度）一般采用2~3m，纵向高跨比不宜小于1/20，板厚不宜小于35mm，折板倾角一般采用30°~38°。设计时可根据跨度及荷载选用全国性或地区性标准图集（如CG434等）。

2. 预应力混凝土T形板

预应力混凝土T形板分单T板和双T板两种，跨度18m以上时应用单T板。其优点是既可做屋面板、楼面板，也可作墙板。且其体型简单，制作方便，便于工业化生产，并可降低围护结构的高度和简化支撑。其缺点是尺寸和重量大，需较大的运输和起重设备，在工地制作时，则要有较大的场地。

预应力混凝土T形板能一件多用，可用一种形式的构件装配成一幢厂房的全体结构和墙体，并易形成大柱网。其高跨比一般为1/30~1/40，板面宽度一般为1.22~3.04m。目前在美国、西欧、日本都已广泛使用。

3. 预应力混凝土双曲抛物面壳板

预应力混凝土双曲抛物面壳板，又称马鞍形壳板，其外形如图2-51所示，为负高斯曲率双曲抛物面。配有两簇交叉的直线预应力钢筋，可在先张法台座上叠层生产。国内常用跨度为9~15m，最大已用到28m，壳板宽度为1.2~3m，板厚35~50mm。

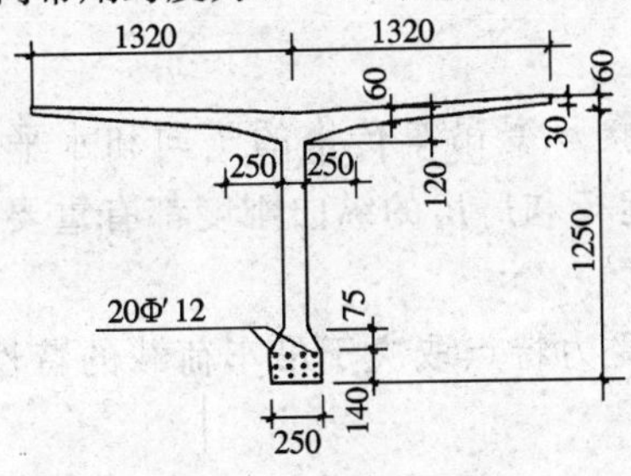

图2-50　T形板图

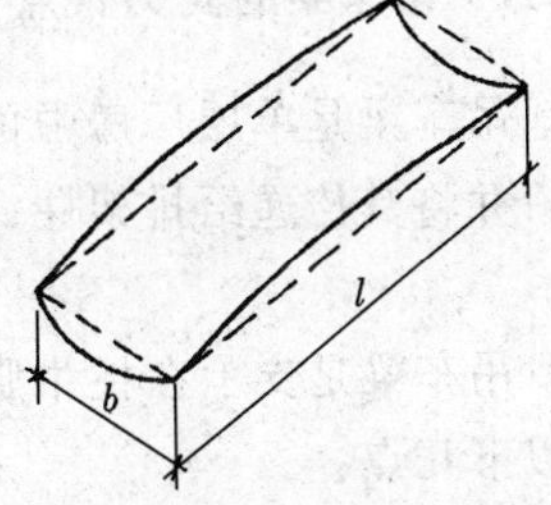

图2-51　双曲线抛物面壳板

双曲抛物面壳板系空间薄壁结构，受力性能好，刚度大，用料省，构件种类少，便于工厂化生产，利用机械化施工。目前国外如欧洲、日本等地区，已将其列为一种工业建筑体系，广泛推广使用。

板梁合一的屋盖结构在一定程度上改革了板、梁（屋架）分离的屋盖体系，减轻了屋盖结构自重，是单层厂房屋盖体系改革值得注意的动向。

2.5.5　天窗架

单层厂房根据采光和通风的要求，有时需设置天窗，传统的气楼或天窗是用天窗架支承屋面构件，并将其上的全部荷载传给屋面梁或屋架。天窗架对整个屋盖结构在受力性能和经济等方面均有较大的影响。除了气楼或天窗外，还有下沉式、井式或其他形式的天窗。

钢筋混凝土天窗架一般由两个三角形刚架组成，中间设一个铰，以便制作和运输。常用形式有 W 形与 Π 形天窗两种。

设计天窗架时，可根据构件跨度、天窗高度在相应的全国性和地区性标准图集中选用。

2.5.6 托架

当柱距大于大型屋面板或檩条的跨度时，则需沿纵向柱列设置托架，用于支承中间屋面梁或屋架，这种情况常常在有大型设备需出入车间时发生，建筑上称抽柱方案。托架的常见形式为三角形或折线形两种，当预应力钢筋为粗钢筋时采用三角形，预应力钢筋为钢丝束时采用折线形。

设计时可根据托架的跨度和其上荷载的大小选用。全国性标准图集和地区性标准图集中均有托架部分，如 G433 等。

2.6 吊车梁的受力特点及选型

2.6.1 吊车梁的受力特点

吊车梁是单层厂房中的重要构件，它直接承受吊车传来的竖向和水平荷载，并将其传递给排架柱，它对吊车的正常运行和厂房的纵向刚度都有重要作用。

吊车梁是支承在柱牛腿上的简支梁，其受力特点取决于吊车荷载的特性，有以下几点：

1. 吊车荷载是可移动的荷载

吊车承受的荷载是两组移动的集中荷载 R 及横向水平荷载 T。所以，既要考虑自重和 R 作用下的竖向弯曲，又要考虑自重、R 和 T 联合作用的双向弯曲。由于是移动荷载，可应用影响线的方法计算各截面的最大内力，或作包络图。在两台吊车作用下，弯矩包络图一般呈‘鸡心状’，这时可对绝对最大弯矩截面至支座一段近似地取为二次抛物线。支座和跨中截面间的剪力包络图形，可近似按直线采用，如图 2-52。

2. 承受的吊车荷载是重复荷载

根据实际调查，在 50 年的使用期内，吊车的利用等级可分 9 级，吊车的载荷状态可分 4 种，其工作级别可分 8 级（A1 ~ A8），详见《起重机设计规范》。

对于工作级别为 A6 ~ A8 的吊车，其荷载的重复次数的总和可达 $4 \sim 6 \times 10^6$ 次；工作级别为 A4 ~ A5 的吊车一般为 1×10^6 次。直接承受这种重复荷载，吊车梁会因疲劳而产生裂缝，直至破坏。所以对工作级别为 A4 ~ A8 的吊车梁，除静力计算外，还要进行疲劳验算。

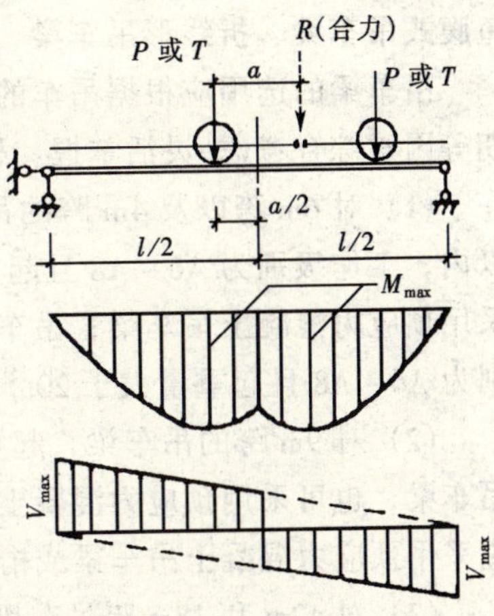

图 2-52 吊车梁的弯矩与剪力包络图

3. 考虑吊车荷载的动力特性

(1) 吊车竖向荷载的动力系数 β。桥式吊车特别是速度较快的 A6 ~ A8 工作级别的桥式吊车，对吊车梁的作用带有明显的动力特性，因此，在计算吊车梁及其连接部分的承载力以及吊车梁的抗裂性能时，都必须对吊车的竖向荷载乘以动力系数 β：悬挂吊车（包括电动葫芦）及工作级别 A1 ~ A5 的软钩吊车，$\beta = 1.05$；工作级别为 A6 ~ A8 的硬钩吊车和其他特种吊车，$\beta = 1.1$。

(2) 吊车横向水平荷载的增大系数 α。由于结构、吊车桥架的变形及其他因素，常在轨道与大车轮之间产生卡轨力，有时甚至会比吊车横向水平惯性力大好几倍。所以应考虑其增大系数 α。α 值见表 2-14。

吊车横向水平荷载增大系数 α **表 2-14**

吊车类别		吊车起重量 (t)	计算吊车梁（或吊车桁架）、制动结构的强度和稳定性	计算吊车梁（或吊车桁架）、制动结构、柱相互间的连接强度
软钩吊车		5 ~ 20	2.0	4.0
		30 ~ 275	1.5	3.0
		≥300	1.3	2.6
硬钩吊车	夹钳或刚性料耙吊车	—	3.0	6.0
	其他硬钩吊车		1.5	3.0

4. 考虑吊车荷载的偏心影响

吊车竖向荷载 βR_{max} 和横向水平荷载 T 对吊车梁横截面的弯曲中心是偏心的。竖向荷载产生偏心是吊车轨道安装时允许有 20mm 的误差所引起的。在这两个偏心荷载作用下，吊车梁将处于受扭状态。

综上所述，吊车梁是重复受力的双向弯曲的弯、剪、扭构件。

2.6.2 吊车梁的选型

目前工业厂房中常用的吊车梁，从材料来分有钢筋混凝土、预应力混凝土和钢—混凝土组合结构三种；从形式上分有等截面 T 形和工字形截面吊车梁、鱼腹式吊车梁、折线形吊车梁、拱型吊车梁以及桁架式吊车梁五种。

吊车梁的选用应根据吊车的跨度、吨位、工作制以及材料供应、技术条件、工期等因素综合考虑,灵活掌握。根据工程实践经验,可参考下列意见选用:

(1) 对 6m 跨以及 4m 跨的吊车梁，吊车工作级别为 A1 ~ A5 且起重量 30t 以内，工作级别为 A6 ~ A8 且起重量 20t 以内，可采用钢筋混凝土吊车梁，也可采用预应力混凝土吊车梁；吊车工作级别为 A1 ~ A5 且起重量大于 30t，工作级别为 A6 ~ A8 且起重量大于 20t，应采用预应力混凝土吊车梁。

(2) 对 9m 跨的吊车梁，起重量为 10t 及 10t 以下，可采用普通钢筋混凝土吊车梁，也可采用预应力混凝土吊车梁；工作级别为 A4 ~ A8，起重量大于 10t，应采用预应力混凝土吊车梁或桁架式吊车梁。

(3) 对 12m 和 18m 跨吊车梁，一般均应采用预应力混凝土吊车梁及桁架式吊车梁。

目前正在实行中的全国性和地区性标准图集中，有关吊车梁部分的内容甚多，设计时可根据当地情况，按以上原则进行选用。

2.7 单层厂房结构设计实例

2.7.1 设计任务

某厂金工车间的等高排架。该金工车间平面、立面布置如图 2-53 所示。柱距除端部为 5.5m 外，其余均为 6m，跨度 18m + 18m；每跨设有两台吊车，吊车

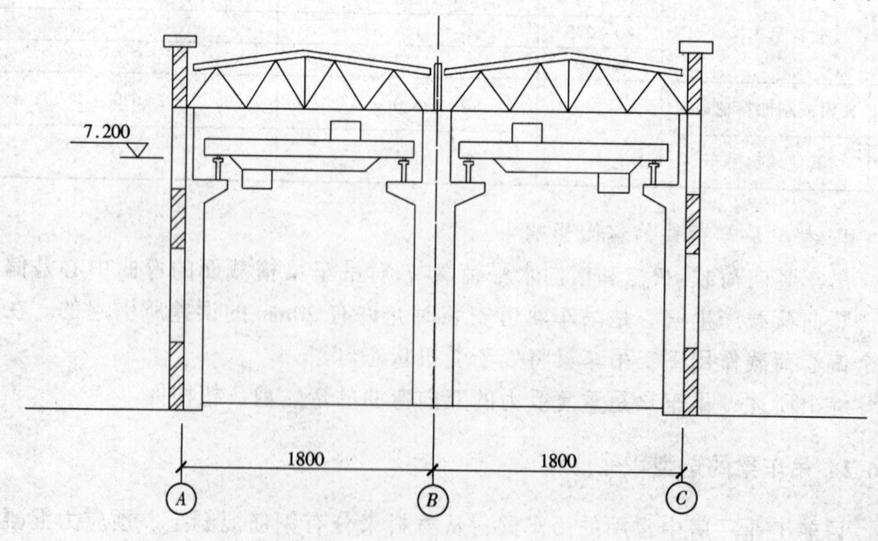

图 2-53 平面图和立面图（一）

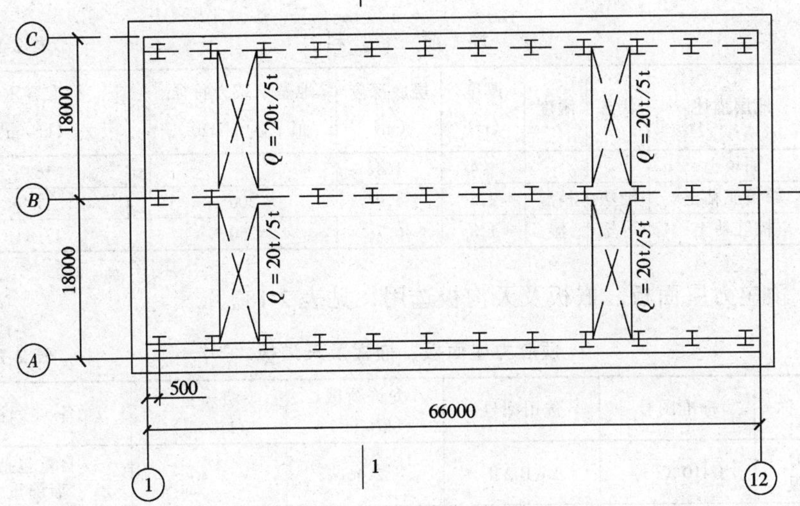

屋面做法：

- 绿豆砂保护层
- 二毡三油防水层
- 20厚水泥砂浆找平层
- 80厚泡沫混凝土保温层
- 预应力混凝土大型屋面板

图 2-53　平面图和立面图（二）

工作制级别为 A5 级，轨顶标高为 7.2m，吊车起重量左右跨相同，具体见表 2-15。外墙无连系梁，墙厚 240mm，每开间侧窗面积 24m^2，钢窗，无天窗。

2.7.2　设计参考资料

1. 荷载资料，见表 2-15。

荷　载　资　料　　　　表 2-15

基本雪压	0.4kN/m^2	地面粗糙度类别	B
基本风压	0.5kN/m^2	屋面活载标准值	0.5kN/m^2
吊车起重量	20t/5t		

2. 吊车起重量及其数据，见表 2-16。

吊车起重量及其数据　　　　表 2-16

起重量	桥跨	轮距	吊车宽	起重机总重	小车重	最大轮压	吊车顶至轨顶	轨中至车外端	最小轮压
Q（t）	L_k（m）	K（mm）	B（mm）	W（kN）	g（kN）	P_{max}（kN）	H（mm）	B_1（mm）	P_{min}（kN）
20t/5t	16.5	4000	5200	223	68.6	174	2094	230	37.5

3. 地质资料，见表 2-17。

地质资料 **表 2-17**

层次	地层描述	状态	湿度	厚度（m）	层底深度（m）	地基承载力特征值 f_{ak}（kN/m²）	标准容重 γ_m（kN/m³）
1	回填土			1.4	1.4		16
2	棕黄亚粘土	硬塑	稍湿	3.5	4.9	200	17
3	棕红粘土	可塑	湿	1.8	6.7	250	17.8

4. 预应力屋面板、嵌板及天沟板选用，见表 2-18。

预应力屋面板、嵌板及天沟板 **表 2-18**

名　称	标准图号	选用型号	允许荷载（kN/m²）	自　重（kN/m²）	备　注
预应力屋面板	G410（一）	YWB-2Ⅱ	2.46	1.40	自重包括灌缝重
嵌　板	G410（二）	KWB-1	2.5	1.75	同上
天沟板	G410（三）	TGB68-1	3.05	1.91	同上

5. 屋架选用图集，见表 2-19。

屋架选用图集 **表 2-19**

跨度（m）	标准图号	选用型号	允许荷载（kN/m²）	自　重	屋架边缘高度（m）
18	G415（一）	YWJA-18-2Aa	3.5	60.5kN/榀 屋盖钢支撑 0.05kN/m²	2.15

6. 吊车梁选用图集，见表 2-20。

吊车梁选用图集 **表 2-20**

标准图号	选用型号	起重量	L_k（m）	自重（kN）	梁高（mm）
G425	YXDL6-6	20t/5t	10.5～22.5	44.2/根	1200

注：轨道连结件重：0.8kN/m

7. 基础梁：选用标准图号 G320 JL-3，16.7kN/根。

8. 钢窗重：0.45kN/m²。

9. 常用材料自重，见表 2-21。

常用材料自重 **表 2-21**

名　称	单位自重（kN/m²）	名　称	单位自重（kN/m²）
二毡三油绿豆砂面层	0.35	泡沫混凝土	8
水泥砂浆	20	240 厚砖墙	4.75

2.7.3 结构构件选型及柱截面尺寸确定

因该厂房跨度在15~36m之间，且柱顶标高大于8m，故采用钢筋混凝土排架结构。为了使屋盖具有较大刚度，选用预应力混凝土折线型屋架及预应力混凝土屋面板。选用钢筋混凝土吊车梁及基础梁。

由图2-54可知柱顶标高为9.6m，牛腿顶面标高为6m；设室内地面至基础顶面的距离为0.5m，则计算简图中柱的总高度 H，下柱高度 H_l 和上柱高度 H_u 分别为：

$$H = 9.6\text{m} + 0.5\text{m} = 10.1\text{m}$$

$$H_l = 6\text{m} + 0.5\text{m} = 6.5\text{m}$$

$$H_u = 10.1\text{m} - 6.5\text{m} = 3.6\text{m}$$

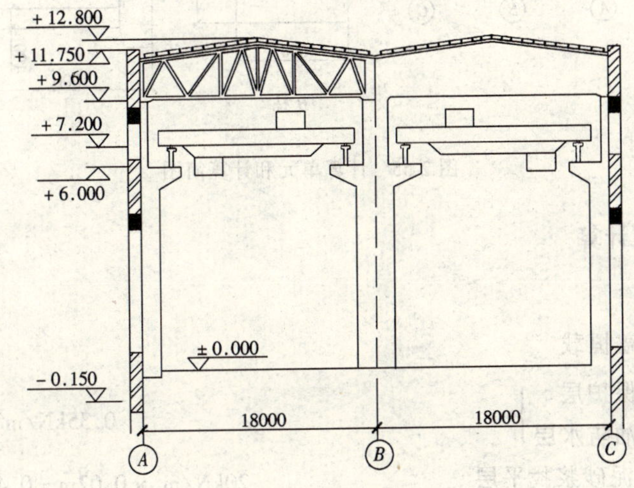

图2-54 厂房剖面图

根据柱的高度、吊车起重量及工作级别等条件，可确定柱的截面尺寸，见表2-22。

柱截面尺寸及相应的计算参数　　表2-22

柱号		截面尺寸（mm）	面积（mm²）	惯性矩（mm⁴）	自重（kN/m）
A，*C*	上柱	矩 400×400	1.6×10^5	21.3×10^8	4.0
	下柱	I 400×900×100×150	1.875×10^5	195.38×10^8	4.69
B	上柱	矩 400×600	2.4×10^5	72×10^8	6.0
	下柱	I 400×1000×100×150	1.975×10^5	256.34×10^8	4.94

本设计仅取一榀排架进行计算，计算单元和计算简图如图 2-55 所示。

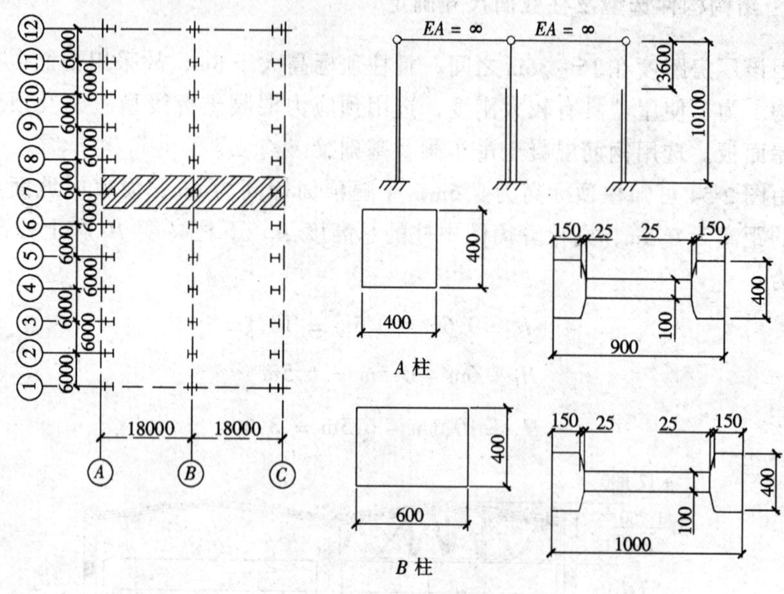

图 2-55　计算单元和计算简图

2.7.4　荷载计算

1. 恒载

(1) 屋盖恒载

绿豆砂保护层 二毡三油防水层	0.35kN/m²
20 厚水泥砂浆找平层	$20kN/m^3 \times 0.02m = 0.40kN/m^2$
80 厚泡沫混凝土保温层	$8kN/m^3 \times 0.08m = 0.64kN/m^2$
预应力混凝土大型屋面板（包括灌缝）	$1.4kN/m^2$
屋盖钢支撑	$0.05kN/m^2$
总计	$2.84kN/m^2$

屋架重力荷载为 60.5kN/榀，则作用于柱顶的屋盖结构的重力荷载设计值为：

$$G_1 = 1.2 \times (2.84kN/m^2 \times 6m \times 18/2m + 60.5/2kN) = 220.33kN$$

(2) 吊车梁及轨道重力荷载设计值：

$$G_3 = 1.2 \times (44.2kN + 0.8kN/m \times 6m) = 58.8kN$$

(3) 柱自重重力荷载设计值

A、C 柱：

上柱：　　　$G_{4A}=G_{4C}=1.2\times4.0\text{kN/m}\times3.6\text{m}=17.28\text{kN}$

下柱：　　　$G_{5A}=G_{5C}=1.2\times4.69\text{kN/m}\times6.5\text{m}=36.58\text{kN}$

B 柱：

上柱：　　　$G_{4B}=1.2\times6.0\text{kN/m}\times3.6\text{m}=25.92\text{kN}$

下柱：　　　$G_{5B}=1.2\times4.94\text{kN/m}\times6.5\text{m}=38.53\text{kN}$

各项恒载作用位置如图 2-56 所示。

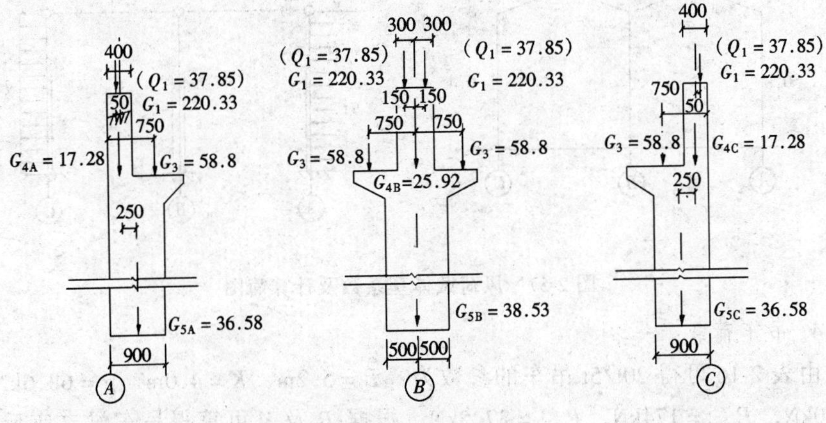

图 2-56　荷载作用位置图（单位：kN）

2. 屋面活荷载

屋面活荷载标准值为 0.5kN/m^2，雪荷载标准值为 0.4kN/m^2，后者小于前者，故仅按前者计算。作用于柱顶的屋面活荷载设计值为：

$$Q_1=1.4\times0.5\text{kN/m}^2\times6\text{m}\times18/2\text{m}=37.8\text{kN}$$

Q_1 的作用位置与 G_1 的作用位置相同，如图 2-56 所示。

3. 风荷载

风荷载的标准值按 $w_k=\beta_z\mu_z\mu_s w_0$ 计算，其中 $w_0=0.5\text{kN/m}^2$，$\beta_z=1.0$，μ_z 根据厂房各部分标高（图 2-54）及 B 类地面粗糙度确定如下：

柱顶（标高 9.6m）　　　$\mu_z=1.000$

檐口（标高 11.75m）　　$\mu_z=1.049$

屋顶（标高 12.80m）　　$\mu_z=1.078$

μ_s 如图 2-57 所示，则由上式可得排架迎风面及背风面的风荷载标准值分别为：

$$w_{1k}=\beta_z\mu_z\mu_{s1}w_0=1.0\times1.0\times0.8\times0.5\text{kN/m}^2=0.4\text{kN/m}^2$$

$$w_{2k}=\beta_z\mu_z\mu_{s2}w_0=1.0\times1.0\times0.4\times0.5\text{kN/m}^2=0.2\text{kN/m}^2$$

则作用于排架计算简图（图 2-57）上的风荷载设计值为：

$$q_1=1.4\times0.4\text{kN/m}^2\times6.0\text{m}=3.36\text{kN/m}$$

$$q_2 = 1.4 \times 0.2\text{kN/m}^2 \times 6.0\text{m} = 1.68\text{kN/m}$$

$$\begin{aligned} F_w &= \gamma_Q[(\mu_{s1} + \mu_{s2})\mu_z h_1 + (\mu_{s3} + \mu_{s4})\mu_z h_2]\beta_z w_0 B \\ &= 1.4 \times [(0.8 + 0.4) \times 1.049 \times 2.15\text{m} + (-0.6 + 0.5) \times 1.078 \times 1.05\text{m}] \\ &\quad \times 1.0 \times 0.5\text{kN/m}^2 \times 6.0\text{m} \\ &= 10.89\text{kN} \end{aligned}$$

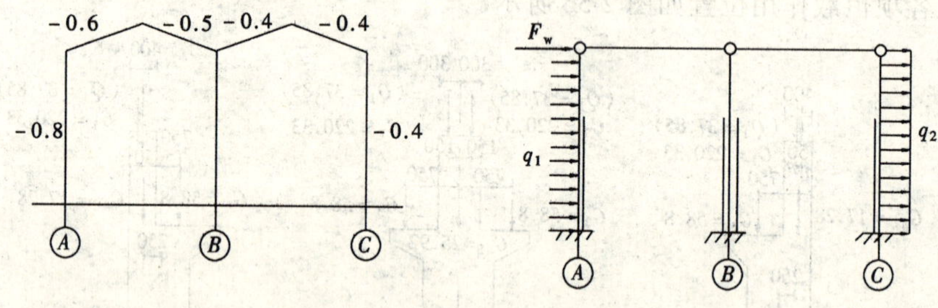

图 2-57　风荷载体型系数及计算简图

4. 吊车荷载

由表 2-16 可得 20t/5t 吊车的参数为：$B = 5.2\text{m}$，$K = 4.0\text{m}$，$g = 68.6\text{kN}$，$Q = 200\text{kN}$，$P_{max} = 174\text{kN}$，$P_{min} = 37.5\text{kN}$，根据 B 及 K 可算得吊车梁支座反力影响线中各轮压对应点的竖向坐标值如图 2-58 所示。

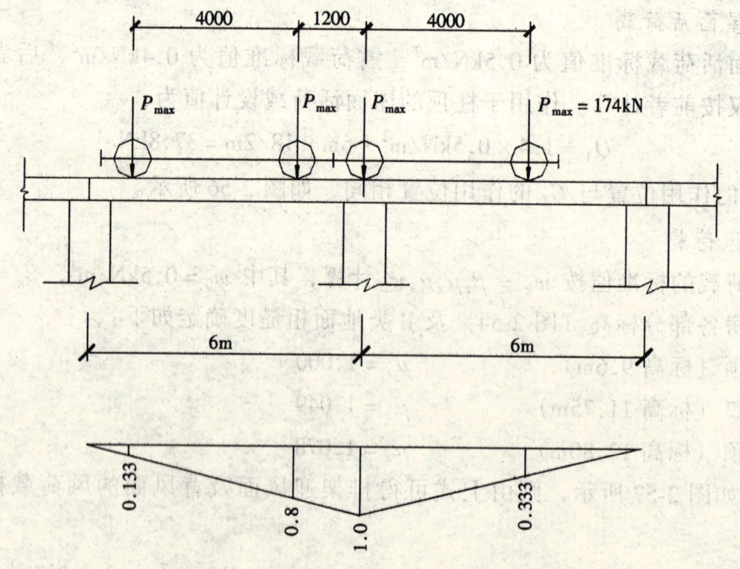

图 2-58　吊车荷载作用下支座反力影响线

(1) 吊车竖向荷载

吊车竖向荷载设计值为：

$$R_{max} = \gamma_Q P_{max} \Sigma y_i = 1.4 \times 174kN \times (1 + 0.8 + 0.133 + 0.333)$$

$$= 551.998kN$$

$$R_{min} = \gamma_Q P_{min} \Sigma y_i = 1.4 \times 37.5kN \times (1 + 0.8 + 0.133 + 0.333)$$

$$= 118.965kN$$

(2) 吊车横向水平荷载

作用于每一个轮子上的吊车横向水平制动力为：

$$T = \frac{1}{4}\alpha(Q + g) = \frac{1}{4} \times 0.1 \times (200kN + 68.6kN) = 6.715kN$$

作用于排架柱上的吊车横向水平荷载设计值为：

$$T_{max} = \gamma_Q T \Sigma y_i = 1.4 \times 6.715kN \times 2.266 = 21.30kN$$

2.7.5 排架内力分析

该厂房为两跨等高排架，可用剪力分配法进行排架内力分析。其中柱的剪力分配系数 η_i 计算，见表 2-23。

柱剪力分配系数 **表 2-23**

柱别	$n = I_u/I_l$ $\lambda = H_u/H$	$C_0 = 3/[1 + \lambda^3(1/n - 1)]$ $\delta = H^3/C_0 E I_l$	$\eta_i = \frac{1/\delta_i}{\Sigma 1/\delta_i}$
A、C 柱	$n = 0.109$ $\lambda = 0.356$	$C_0 = 2.192$ $\delta_A = \delta_C = 2.406 \times 10^{-8}/E$	$\eta_A = \eta_C = 0.277$
B 柱	$n = 0.281$ $\lambda = 0.356$	$C_0 = 2.690$ $\delta_B = 1.494 \times 10^{-8}/E$	$\eta_B = 0.446$

1. 恒载作用下排架内力分析

恒载作用下排架的计算简图如图 2-59（a）所示。图中的重力荷载 $\overline{G}$ 及力矩 M 是根据图 2-56 确定的，即

$$\overline{G}_1 = G_1 = 220.33kN; \overline{G}_2 = G_3 + G_{4A} = 58.8kN + 17.28kN = 76.08kN$$

$$\overline{G}_3 = G_{5A} = 36.58kN; \overline{G}_4 = 2G_1 = 2 \times 220.33kN = 440.66kN$$

$$\overline{G}_6 = G_{5B} = 38.53kN; \overline{G}_5 = G_{4B} + 2G_3 = 25.92kN + 2 \times 58.8kN = 143.52kN$$

$$\overline{M}_1 = \overline{G}_1 e_1 = 220.33kN \times 0.05m = 11.02kN \cdot m$$

$$\overline{M}_2 = (\overline{G}_1 + G_{4A})e_0 - G_3 e_3$$

$$= (220.33kN + 17.28kN) \times 0.25m - 58.8kN \times 0.3m = 41.76kN \cdot m$$

由于图 2-59（a）所示排架为对称结构且作用对称荷载，排架结构无侧移，故各柱可按柱顶为不动铰支座计算内力。柱顶不动铰支座反力 R_i 可根据附录 4

各附图中相应公式计算。对于 A、C 柱：$n=0.109$，$\lambda=0.356$

$$C_1=\frac{3}{2}\times\frac{1-\lambda^2\left(1-\frac{1}{n}\right)}{1+\lambda^3\left(\frac{1}{n}-1\right)}=2.231$$

$$C_3=\frac{3}{2}\times\frac{1-\lambda^2}{1+\lambda^3\left(\frac{1}{n}-1\right)}=0.957$$

$$R_A=\frac{M_1}{H}C_1+\frac{M_2}{H}C_2$$

$$=\frac{11.02\text{kN}\cdot\text{m}\times 2.231+41.76\text{kN}\cdot\text{m}\times 0.957}{10.1\text{m}}$$

$$=6.39\text{kN}(\rightarrow)$$

$$R_C=-6.39\text{kN}(\leftarrow)$$

本例中 $R_B=0$。求得 R_i 后，可用平衡条件求出柱各截面的弯矩和剪力，柱各截面的轴力为该截面以上重力荷载之和。恒载作用下排架结构的弯矩图和轴力图分别见图 2-59（b）、（c）。

图 2-59（d）为排架柱的弯矩、剪力和轴力的正负号规定，下同。

2. 屋面活荷载作用下排架内力分析

（1）AB 跨作用屋面活荷载

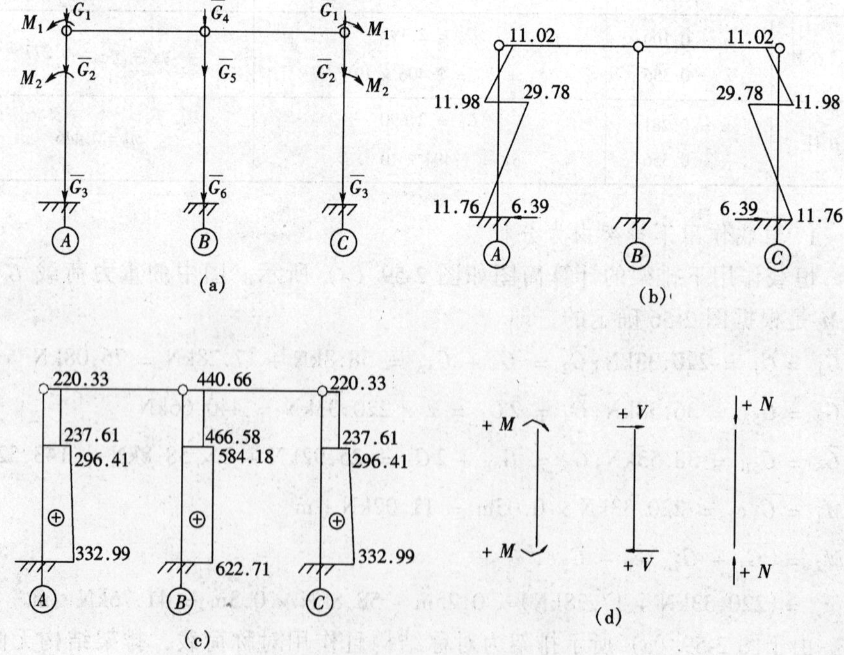

图 2-59 恒载作用下排架内力图

排架计算简图如图 2-60（a）所示，其中 $Q_1 = 37.8\text{kN}$，它在柱顶及变阶处引起的力矩为：

$$M_{1A} = 37.8\text{kN} \times 0.05\text{m} = 1.89\text{kN} \cdot \text{m}$$

$$M_{2A} = 37.8\text{kN} \times 0.25\text{m} = 9.45\text{kN} \cdot \text{m}$$

$$M_{1B} = 37.8\text{kN} \times 0.15\text{m} = 5.67\text{kN} \cdot \text{m}$$

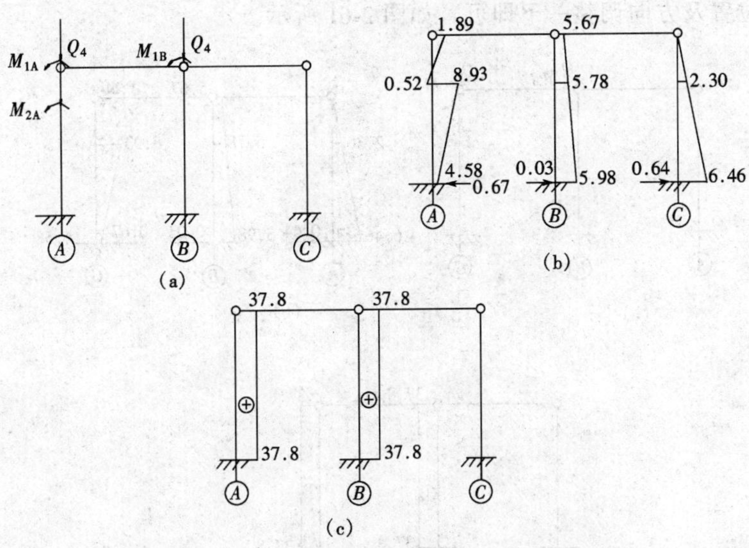

图 2-60　*AB* 跨作用屋面活荷载时排架内力图

对于 *A* 柱，$C_1 = 2.231$，$C_3 = 0.957$，则

$$R_A = \frac{M_{1A}}{H}C_1 + \frac{M_{2A}}{H}C_3$$

$$= \frac{1.89\text{kN} \cdot \text{m} \times 2.231 + 9.45\text{kN} \cdot \text{m} \times 0.957}{10.1\text{m}} = 1.31\text{kN}(\rightarrow)$$

对于 *B* 柱，$n = 0.281$，$\lambda = 0.356$，则

$$C_1 = \frac{3}{2} \times \frac{1 - \lambda^2\left(1 - \frac{1}{n}\right)}{1 + \lambda^3\left(\frac{1}{n} - 1\right)} = 1.781$$

$$R_B = \frac{M_{1B}}{H}C_1 = \frac{5.67\text{kN} \cdot \text{m} \times 1.781}{10.1\text{m}} \approx 1.00\text{kN}(\rightarrow)$$

则排架柱顶不动铰支座总反力为：

$$R = R_A + R_B = 1.31\text{kN} + 1.00\text{kN} = 2.31\text{kN}(\rightarrow)$$

将 R 反向作用于排架柱顶，计算柱顶剪力，并与相应的柱顶不动铰支座反力叠加，可得屋面活荷载作用于 *AB* 跨时的柱顶剪力，即

$$V_A = R_A - \eta_A R = 1.31\text{kN} - 0.277 \times 2.31\text{kN} = 0.67\text{kN}(\rightarrow)$$

$$V_B = R_B - \eta_B R = 1.00\text{kN} - 0.446 \times 2.31\text{kN} = -0.03\text{kN}(\leftarrow)$$

$$V_C = -\eta_C R = -0.277 \times 2.31\text{kN} = -0.64\text{kN}(\leftarrow)$$

排架各柱的弯矩图、轴力图及柱底剪力如图 2-60（b）、（c）所示。

（2）*BC* 跨作用屋面活荷载

由于结构对称，且 *BC* 跨与 *AB* 跨作用荷载相同，故只需将图 2-60 中各内力图的位置及方向调整一下即可，如图 2-61 所示。

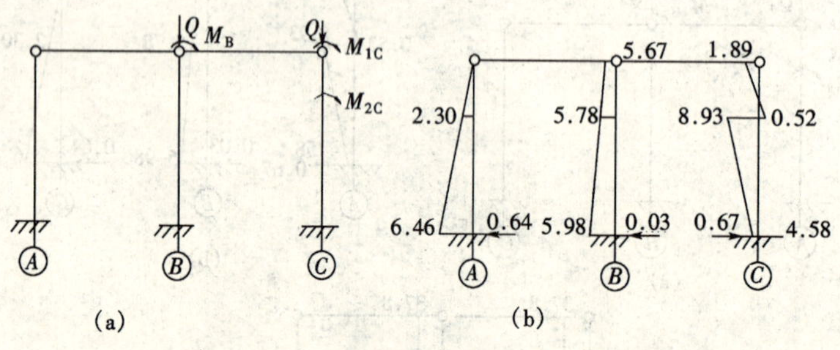

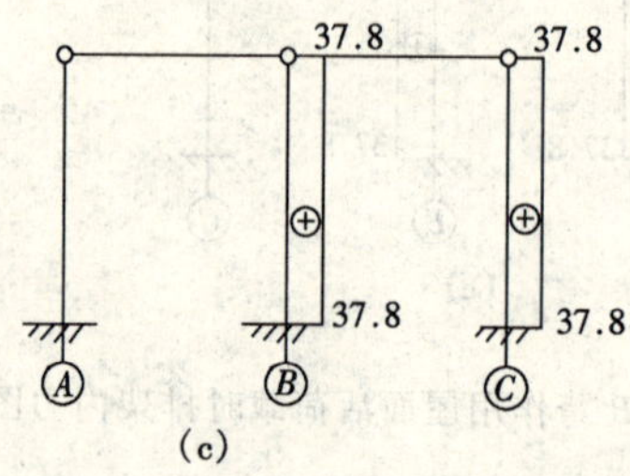

图 2-61　*BC* 跨作用屋面活荷载时的排架内力图

3. 风荷载作用下排架内力分析

（1）左来风时

计算简图如图 2-62（a）所示。对于 *A*、*C* 柱，$n = 0.109$，$\lambda = 0.356$ 得

$$C_{11} = \frac{3\left[1 + \lambda^4\left(\frac{1}{n} - 1\right)\right]}{8\left[1 + \lambda^3\left(\frac{1}{n} - 1\right)\right]} = 0.310$$

$$R_A = -q_1 H C_{11} = -3.36\text{kN/m} \times 10.1\text{m} \times 0.31 = -10.52\text{kN}(\leftarrow)$$

$$R_C = -q_2 H C_{11} = -1.68\text{kN/m} \times 10.1\text{m} \times 0.31 = -5.26\text{kN}(\leftarrow)$$

$$R = R_A + R_C + F_W = -10.52\text{kN} - 5.26\text{kN} - 10.89\text{kN} = -26.67\text{kN}(\leftarrow)$$

各柱顶的剪力分别为

$$V_A = R_A - \eta_A R = -10.52\text{kN} + 0.277 \times 26.67\text{kN} = -3.13\text{kN}(\leftarrow)$$

$$V_B = \eta_B R = 0.446 \times 26.67\text{kN} = 11.89\text{kN}(\rightarrow)$$

$$V_C = R_C - \eta_C R = -5.26\text{kN} + 0.277 \times 26.67\text{kN} = 2.13\text{kN}(\rightarrow)$$

排架内力如图 2-62（b）所示

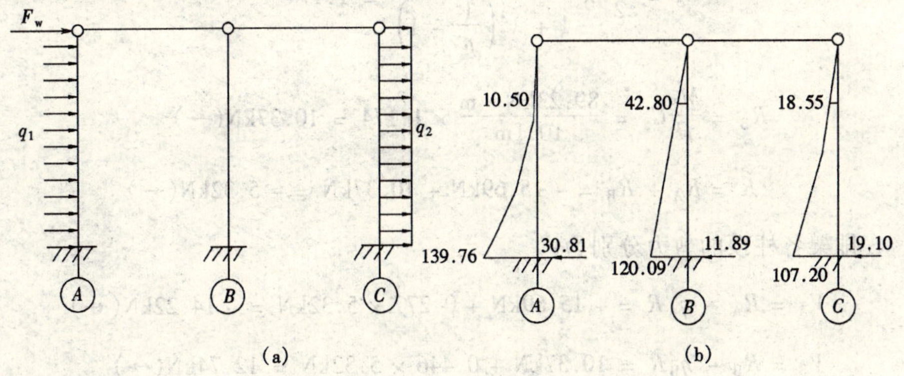

图 2-62　左来风时排架内力图

（2）右来风时

计算简图如图 2-63（a）所示。将图 2-62（b）所示 A、C 柱内力图对换且改变内力符号后可得，如图 2-63（b）所示。

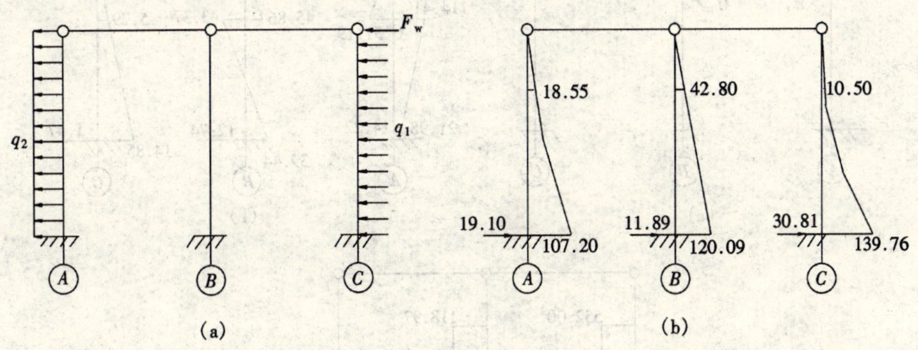

图 2-63　右来风时排架内力图

4. 吊车荷载作用下排架内力分析

（1）R_{max}作用于 A 柱

计算简图如图 2-64（a）所示。其中吊车竖向荷载 R_{max}、R_{min}在牛腿顶面处引起的力矩为：

$$M_A = R_{max} e_3 = 552.00\text{kN} \times 0.3\text{m} = 165.6\text{kN} \cdot \text{m}$$

$$M_B = R_{min} e_3 = 118.97\text{kN} \times 0.75\text{m} = 89.23\text{kN} \cdot \text{m}$$

对于 A 柱，$C_3 = 0.957$，则

$$R_A = -\frac{M_A}{H} C_3 = -\frac{165.6\text{kN} \cdot \text{m}}{10.1\text{m}} \times 0.957 = -15.69\text{kN}(\leftarrow)$$

对于 B 柱，$n=0.281$，$\lambda=0.356$，得

$$C_3 = \frac{3}{2} \times \frac{1-\lambda^2}{1+\lambda^3\left(\frac{1}{n}-1\right)} = 1.174$$

$$R_B = \frac{M_B}{H}C_3 = \frac{89.23\text{kN}\cdot\text{m}}{10.1\text{m}} \times 1.174 = 10.37\text{kN}(\rightarrow)$$

$$R = R_A + R_B = -15.69\text{kN} + 10.37\text{kN} = -5.32\text{kN}(\leftarrow)$$

排架各柱顶的剪力分别为：

$$V_A = R_A - \eta_A R = -15.69\text{kN} + 0.277 \times 5.32\text{kN} = -14.22\text{kN}(\leftarrow)$$

$$V_B = R_B - \eta_B R = 10.37\text{kN} + 0.446 \times 5.32\text{kN} = 12.74\text{kN}(\rightarrow)$$

$$V_C = -\eta_C R = -0.277 \times 5.32\text{kN} = 1.47\text{kN}(\rightarrow)$$

排架各柱弯矩图、轴力图及柱底剪力值如图 2-64（b），（c）所示。

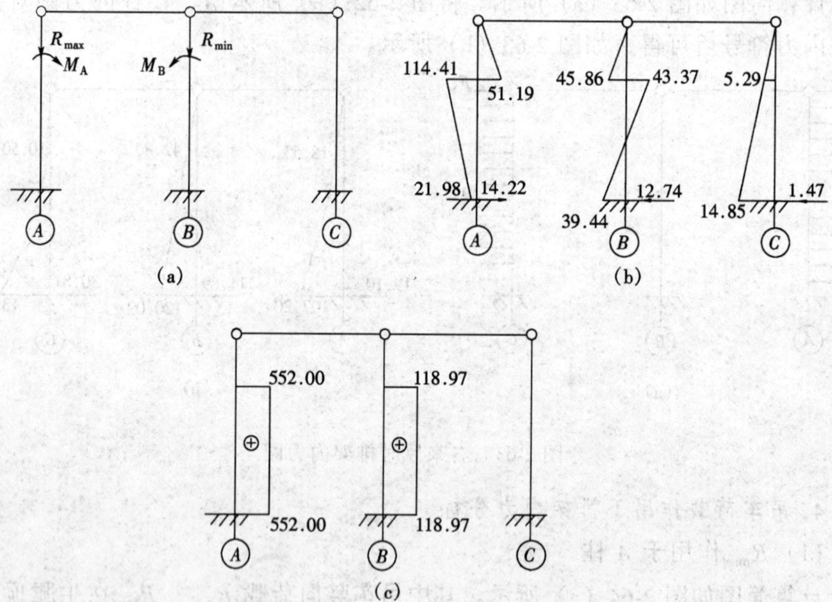

图 2-64 R_{max}作用在 A 柱时排架内力图

（2）R_{max}作用于 B 柱左

计算简图如图 2-65（a）所示。M_A、M_B 计算如下：

$$M_A = R_{min}e_3 = 118.97\text{kN} \times 0.3\text{m} = 35.69\text{kN}\cdot\text{m}$$

$$M_B = R_{max}e_3 = 552.00\text{kN} \times 0.75\text{m} = 414.00\text{kN}\cdot\text{m}$$

柱顶不动铰支反力 R_A、R_B 及总反力 R 分别为：

$$R_A = -\frac{M_A}{H}C_3 = -\frac{35.69\text{kN}\cdot\text{m}}{10.1\text{m}} \times 0.957 = -3.38\text{kN}(\leftarrow)$$

$$R_B = -\frac{M_B}{H}C_3 = -\frac{414.00\text{kN}\cdot\text{m}}{10.1\text{m}} \times 1.174 = 48.12\text{kN}(\rightarrow)$$

$$R = R_A + R_B = -3.38\text{kN} + 48.12\text{kN} = 44.74\text{kN}(\rightarrow)$$

各柱顶剪力分别为：

$$V_A = R_A - \eta_A R = -3.38\text{kN} - 0.277 \times 44.74\text{kN} = -15.77\text{kN}(\leftarrow)$$

$$V_B = R_B - \eta_B R = 48.12\text{kN} - 0.446 \times 44.74\text{kN} = 28.17\text{kN}(\rightarrow)$$

$$V_C = -\eta_C R = -0.277 \times 44.74\text{kN} = -12.39\text{kN}(\leftarrow)$$

排架各柱的弯矩图、轴力图及柱底剪力值如图 2-65（b）、（c）所示。

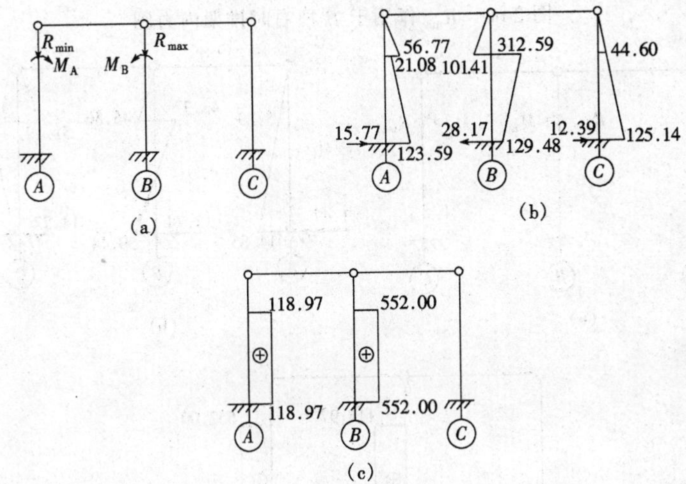

图 2-65　R_{max}作用于 B 柱左时排架内力图

（3）R_{max}作用于 B 柱右

根据结构对称性及吊车吨位相等的条件，内力计算与“R_{max}作用于 B 柱左”的情况相同，只需将 A、C 柱内力对换并改变全部弯矩及剪力符号，如图 2-66 所示。

（4）R_{max}作用于 C 柱

同理，将“R_{max}作用于 A 柱”情况的 A、C 柱内力对换，并注意改变符号，可求得各柱的内力，如图 2-67 所示。

（5）T_{max}作用于 AB 跨柱

当 AB 跨作用吊车横向水平荷载时，排架计算简图如图 2-68（a）所示，对

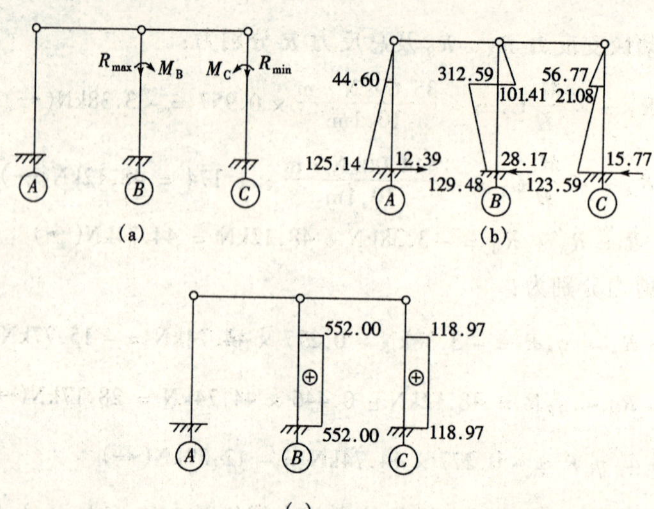

图 2-66　R_{max}作用于 B 柱右时排架内力图

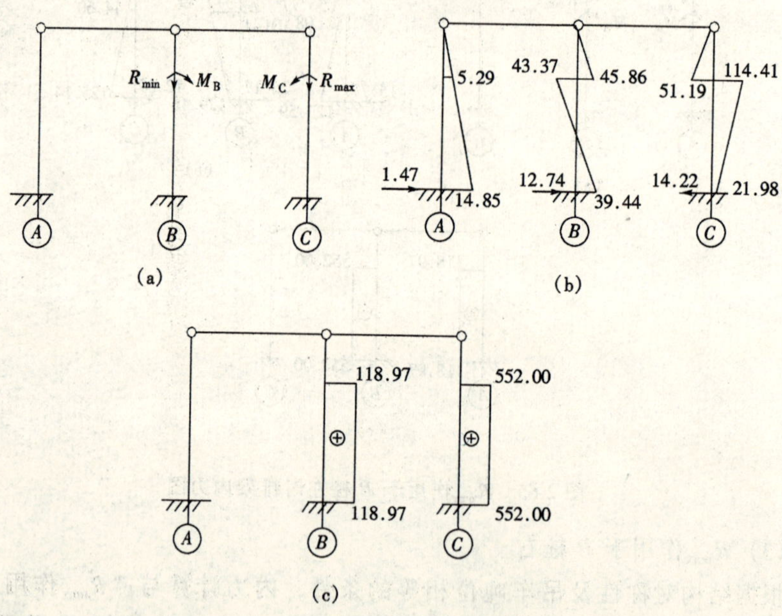

图 2-67　R_{max}作用在 C 柱右时排架内力图

于 A 柱，$n=0.109$，$\lambda=0.356$，得 $a=(3.6\text{m}-1.2\text{m})/3.6\text{m}=0.667$，则

$$C_5=\frac{2-3a\lambda+\lambda^3\left[\dfrac{(2+a)(1-a)^2}{n}-(2-3a)\right]}{2\left[1+\lambda^3\left(\dfrac{1}{n}-1\right)\right]}=0.515$$

$$R_A=-T_{max}C_5=-21.30\text{kN}\times0.515=-10.97\text{kN}(\leftarrow)$$

同理，对于 B 柱，$n=0.281$，$\lambda=0.356$，$a=0.667$，$C_5=0.598$，则：

$$R_{\mathrm{B}}=-T_{\max}C_5=-21.30\mathrm{kN}\times0.598=-12.74\mathrm{kN}(\leftarrow)$$

排架柱顶总反力 R 为：

$$R=R_{\mathrm{A}}+R_{\mathrm{B}}=-10.97\mathrm{kN}-12.74\mathrm{kN}=-23.71\mathrm{kN}(\leftarrow)$$

各柱顶剪力为：

$$V_{\mathrm{A}}=R_{\mathrm{A}}-\eta_{\mathrm{A}}R=-10.97\mathrm{kN}+0.277\times23.71\mathrm{kN}=-4.40\mathrm{kN}(\leftarrow)$$

$$V_{\mathrm{B}}=R_{\mathrm{B}}-\eta_{\mathrm{B}}R=-12.74\mathrm{kN}+0.446\times23.71\mathrm{kN}=-2.17\mathrm{kN}(\leftarrow)$$

$$V_{\mathrm{C}}=-\eta_{\mathrm{C}}R=0.277\times23.71\mathrm{kN}=6.57\mathrm{kN}(\rightarrow)$$

排架各柱的弯矩图及柱底剪力值如图 2-68（b）所示。当 $T_{\max}$方向相反时，弯矩图和剪力只改变符号，大小不变。

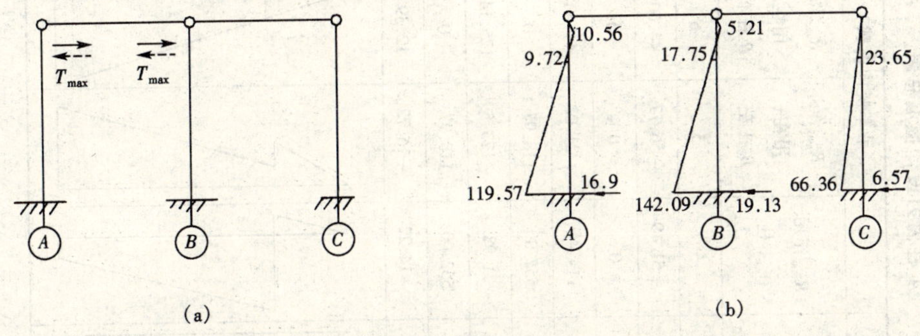

图 2-68　$T_{\max}$作用于 AB 跨时排架内力图

（6）$T_{\max}$作用于 BC 跨柱

由于结构对称及吊车吨位相等，故排架内力计算与“$T_{\max}$作用于 AB 跨”情况相同，仅需将 A 柱与 C 柱的内力对换，如图 2-69 所示。

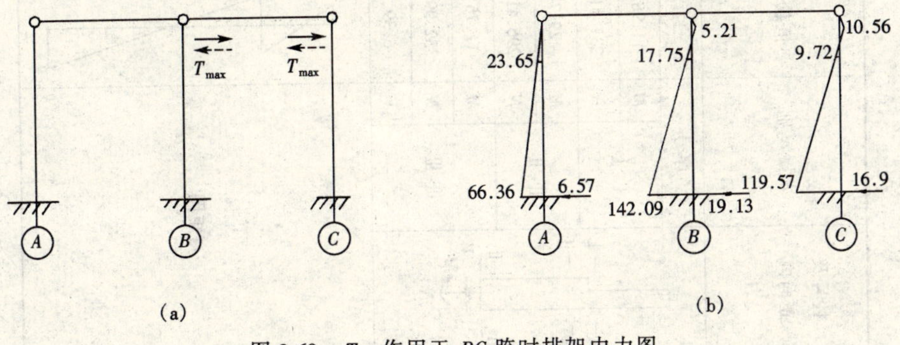

图 2-69　$T_{\max}$作用于 BC 跨时排架内力图

A 柱内力设计值汇总表

表 2-24

柱号及正向内力	荷载类别		恒载	屋面活载		吊车竖向荷载				吊车水平荷载		风荷载	
				作用在 *AB* 跨	作用在 *BC* 跨	R_{max}作用在 *A* 柱	R_{max}作用在 *B* 柱左	R_{max}作用在 *B* 柱右	R_{max}作用在 *C* 柱	T_{max}作用在 *AB* 跨	T_{max}作用在 *BC* 跨	左风	右风
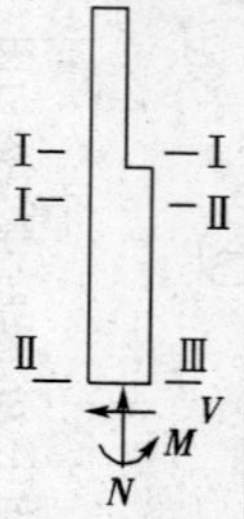	序号		1	2	3	4	5	6	7	8	9	10	11
	Ⅰ-Ⅰ	*M*	11.98	0.52	2.30	-51.19	-56.77	44.60	-5.29	±9.72	±23.65	10.50	-18.55
		N	237.61	37.80	0	0	0	0	0	0	0	0	0
	Ⅱ-Ⅱ	*M*	-29.78	-8.93	2.30	114.41	-21.08	44.60	-5.29	±9.72	±23.65	10.50	-18.55
		N	296.41	37.80	0	552.00	118.97	0	0	0	0	0	0
	Ⅲ-Ⅲ	*M*	11.76	-4.58	6.46	21.98	-123.59	125.14	-14.85	±119.57	±66.36	139.76	-107.20
		N	332.99	37.80	0	552.00	118.97	0	0	0	0	0	0
		V	6.39	0.67	0.64	-14.22	-15.77	12.39	-1.47	±16.90	±6.57	30.81	-19.10
弯矩图													

注：*M* 单位（kN·m），*N* 单位（kN），*V* 单位（kN）。

2.7.6 内力组合

以 A 柱内力组合为例。表 2-24 为各种荷载作用下 A 柱内力设计值汇总表，表 2-25 ~ 表 2-32、表 2-33 为 A 柱内力组合表，这些表中的控制截面及正号内力方向如表 2-24 中的例图所示。

对柱进行裂缝宽度验算时,内力采用标准值,同时只需对 $e_0/h_0 > 0.55$ 的柱进行验算。为此,表 2-33 中亦给出了 M_k 和 N_k 的组合值,它们均满足 $e_0/h_0 > 0.55$ 的条件。

1.2×恒载+1.4×屋面活荷载 表 2-25

截面	组合项	$+M_{max}$及相应的 N	组合项	$-M_{max}$及相应的 N	组合项	N_{max}及相应的 M	组合项	N_{min}及相应的 M
Ⅰ-Ⅰ	1 2 3	14.80	1	11.98	1 2 3	14.80	1 3	14.28
		275.41		237.61		275.41		237.61
Ⅱ-Ⅱ	1 3	−27.48	1 2	−38.71	1 2	−38.71	1	−29.78
		296.41		334.21		334.21		296.41
Ⅲ-Ⅲ	1 3	18.22	1 2	7.18	1 2 3	13.64	1 3	18.22
		332.99		370.79		370.79		332.99
	1 2 3	V_{max}		相应的 M				相应的 N
		7.7		13.64				370.79

注：M 单位（kN·m），N 单位（kN），V 单位（kN）。

1.2×恒载+1.4×吊车荷载 表 2-26

截面	组合项	$+M_{max}$及相应的 N	组合项	$-M_{max}$及相应的 N	组合项	N_{max}及相应的 M	组合项	N_{min}及相应的 M
Ⅰ-Ⅰ	1 6 9	73.405	1 5 7 9	−58.95	1 6 9	73.405	1 6 9	73.405
		237.61		237.61		237.61		237.61
Ⅱ-Ⅱ	1 4 6 9	118.713	1 5 7 9	−72.161	1 4 6 9	118.713	1 7 9	−55.826
		738.01		391.586		738.01		296.41
Ⅲ-Ⅲ	1 4 6 8	237.069	1 5 8	−207.084	1 4 6 8	237.069	1 6 9	184.11
		774.59		440.063		774.59		332.99
	1 6 9	V_{max}		相应的 M				相应的 N
		23.454		184.11				332.99

注：M 单位（kN·m），N 单位（kN），V 单位（kN）。

1.2×恒载+1.4×风荷载　　　　表 2-27

截面	组合项	$+M_{max}$及相应的 N	组合项	$-M_{max}$及相应的 N	组合项	N_{max}及相应的 M	组合项	N_{min}及相应的 M
Ⅰ-Ⅰ	1 10	22.48	1 11	−6.57	1 10	22.48	1 10	22.48
		237.61		237.61		237.61		237.61
Ⅱ-Ⅱ	1 10	−19.28	1 11	−48.33	1 11	−48.33	1 11	−48.33
		296.41		296.41		296.41		296.41
Ⅲ-Ⅲ	1 10	151.52	1 11	−95.44	1 10	151.52	1 10	151.52
		332.99		332.99		332.99		332.99
	1 10	V_{max}		相应的 M			相应的 N	
		37.2		151.52			332.99	

注：M 单位（kN·m），N 单位（kN），V 单位（kN）。

1.2×恒载+0.9×1.4×（屋面活荷载+吊车荷载+风荷载）　　　　表 2-28

截面	组合项	$+M_{max}$及相应的 N	组合项	$-M_{max}$及相应的 N	组合项	N_{max}及相应的 M	组合项	N_{min}及相应的 M
Ⅰ-Ⅰ	1，2 3，6 9，10	79.251	1，5 7，9 11	−68.555	1，2 3，6 9，10	79.251	1，3， 6，9 10	78.783
		271.63		237.61		271.63		237.61
Ⅱ-Ⅱ	1，3 4，6 9，10	115.384	1，2 5，7 9，11	−92.655	1，2 3，4 6，9 10	107.347	1，7 9 11	−69.916
		693.85		416.088		727.87		296.41
Ⅲ-Ⅲ	1，3 4，6 8，10	346.136	1，2 5，8 11	−285.802	1，2 3，4 6，8 10	342.014	1，3 6，9 10	298.473
		730.43		463.376		764.45		332.99
	1，2 3，6 9，10	V_{max}		相应的 M			相应的 N	
		50.656		294.351			367.01	

注：M 单位（kN·m），N 单位（kN），V 单位（kN）

1.2×恒载+0.9×1.4×（屋面活荷载+吊车荷载） 表 2-29

截 面	组合项	$+M_{max}$及相应的 N	组合项	$-M_{max}$及相应的 N	组合项	N_{max}及相应的 M	组合项	N_{min}及相应的 M
Ⅰ-Ⅰ	1，2 3，6 9	69.801	1 5 7 9	−51.860	1，2 3，6 9	69.801	1 3 6 9	69.333
		271.63		237.61		271.63		237.61
Ⅱ-Ⅱ	1，3 4，6 9	105.934	1，2 5，7 9	75.960	1，2 3，4 6，9	97.897	1 7 9	−53.221
		693.85		416.088		727.87		296.41
Ⅲ-Ⅲ	1，3 4，6 8	220.352	1，2 5，8	−189.322	1，2 3，4 6，8	216.23	1 3 6 9	172.689
		730.43		463.376		764.45		332.99
	1，2 3，6 9	V_{max}		相应的 M		相应的 N		
		22.927		168.567		367.01		

注：M 单位（kN·m），N 单位（kN），V 单位（kN）

1.2×恒载+0.9×1.4×（屋面活荷载+风荷载） 表 2-30

截 面	组合项	$+M_{max}$及相应的 N	组合项	$-M_{max}$及相应的 N	组合项	N_{max}及相应的 M	组合项	N_{min}及相应的 M
Ⅰ-Ⅰ	1 2 3 10	23.968	1 11	−4.715	1 2 3 10	23.968	1 3 10	23.5
		271.63		237.61		271.63		237.61
Ⅱ-Ⅱ	1 3 10	−18.26	1 2 11	−54.512	1 2 11	−54.512	1 11	−46.475
		296.41		330.43		330.43		296.41
Ⅲ-Ⅲ	1 3 10	143.358	1 2 11	−88.842	1 2 3 10	139.236	1 3 10	143.358
		332.99		367.01		367.01		332.99
	1，2 3，10	V_{max}		相应的 M		相应的 N		
		35.298		139.236		367.01		

注：M 单位（kN·m），N 单位（kN），V 单位（kN）

1.2×恒载+0.9×1.4×（吊车荷载+风荷载） 表 2-31

截　面	组合项	$+M_{max}$及相应的 N	组合项	$-M_{max}$及相应的 N	组合项	$+N_{max}$及相应的 M	组合项	N_{min}及相应的 M
Ⅰ-Ⅰ	1，6 9，10	76.713	1，5 7，9 11	-68.555	1 6 9 10	76.713	1 6 9 10	76.713
		237.61		237.61		237.61		237.61
Ⅱ-Ⅱ	1，4 6，9 10	113.314	1，5 7，9 11	-84.618	1，4 6，9 10	113.314	1 7 9 11	-69.916
		693.85		382.068		693.85		296.41
Ⅲ-Ⅲ	1，4 6，8 10	340.322	1，5 8，11	-281.680	1，4 6，8 10	340.322	1，6 9，10	292.659
		730.43		429.356		730.43		332.99
	1，6 9，10	V_{max}				相应的 M		相应的 N
		49.477				292.659		332.99

注：M 单位（kN·m），N 单位（kN），V 单位（kN）

1.35×恒载+0.7×1.4×屋面活荷载+0.7×1.4×吊车竖向荷载 表 2-32

截　面	组合项	$+M_{max}$及相应的 N	组合项	$-M_{max}$及相应的 N	组合项	N_{max}及相应的 M	组合项	N_{min}及相应的 M
Ⅰ-Ⅰ	1，2 3，6	43.550	1 5	-22.288	1，2 3，6	43.550	1 3 6	43.186
		293.771		267.311		293.771		267.311
Ⅱ-Ⅱ	1，3 4，6	57.153	1，2 5，7	54.521	1，2 3，4	33.935	1 7	-36.835
		642.581		426.544		707.681		333.461
Ⅲ-Ⅲ	1，3 4，6	100.139	1 2 5	-67.838	1，2 3，4 6	96.933	1 3 6	96.590
		683.733		476.025		710.194		374.614
	1，2 3，6	V_{max}		相应的 M				相应的 N
		15.911		93.384				401.073

注：M 单位（kN·m），N 单位（kN），V 单位（kN）。

2.7.7 柱截面设计

以 A 柱为例。混凝土强度等级为 $C30$，$f_c=14.3\text{N/mm}^2$，$f_{tk}=2.01\text{N/mm}^2$；采用 HRB400 级钢筋，$f_y=f'_y=360\text{N/mm}^2$，$\xi_b=0.518$。上、下柱均采用对称配筋。

表 2-33

A 柱内力选用表

截面	组合项	$+M_{max}$及相应的N	组合项	$-M_{max}$及相应的N	组合项	$+N_{max}$及相应的M	组合项	N_{min}及相应的M	M_k，N_k	备注
Ⅰ-Ⅰ	1，2，3 6，9 10 表 2-28	79.251	1，5，7 9，11 表 2-28	-68.555	1，2 3，6 表 2-32	43.550	1，3，6 9，10 表 2-28	78.783	57.699	标准值取自 N_{min} 及相应的 M 项
		271.63		237.61		293.771		237.61	198.008	
Ⅱ-Ⅱ	1，4，6 9 表 2-26	118.713	1，2，5 7，9 11 表 2-28	-92.655	1，4 6，9 表 2-26	118.713	1，7 9，11 表 2-28	-69.916		
		738.01		416.088		738.01		296.41		
Ⅲ-Ⅲ	1，3，4 6，8 10 表 2-28	346.136	1，2，5 8，11 表 2-28	-285.802	1，4 6，8 表 2-26	237.069	1，3，6 9，10 表 2-28	298.473	214.595	标准值取自 N_{min} 及相应的 M 项
		730.43		463.376		774.59		332.99	277.49	
	1，2，3 6，9 10 表 2-28	V_{max}		相应的 M			相应的 N			
		50.656		294.351			367.01			

注：M 单位（kN·m），N 单位（kN），V 单位（kN）

1. 上柱配筋计算

上柱截面共有 4 组内力。取 $h_0 = 400\text{mm} - 40\text{mm} = 360\text{mm}$

$$N_b = \alpha_1 f_c b h_0 \xi_b = 1.0 \times 14.3\text{N/mm}^2 \times 400\text{mm} \times 360\text{mm} \times 0.518 = 1066.67\text{kN}$$

而Ⅰ-Ⅰ截面的内力均小于 N_b，则都属于大偏心受压，所以选取偏心距 e_0 最大的一组内力作为最不利内力。即取

$$M = 78.783\text{kN}\cdot\text{m},\ N = 237.61\text{kN}$$

吊车厂房排架方向上柱的计算长度 $l_0 = 2 \times 3.6\text{m} = 7.2\text{m}$。附加偏心距 e_a 取 20mm（大于 400mm/30）

$$e_0 = \frac{M}{N} = \frac{78.783 \times 10^6\text{N}\cdot\text{mm}}{237.6 \times 10^3\text{N}} = 332\text{mm}$$

$$e_i = e_0 + e_a = 332\text{mm} + 20\text{mm} = 352\text{mm}$$

$l_0/h = \dfrac{7200\text{mm}}{400\text{mm}} = 18 > 5$ 应考虑偏心距增大系数 η。

$$\zeta_1 = \frac{0.5 f_c A}{N} = \frac{0.5 \times 14.3\text{N/mm}^2 \times 400^2\text{mm}^2}{237610\text{N}} = 4.81 > 1.0，取\ \zeta_1 = 1.0$$

$$\zeta_2 = 1.15 - 0.01\frac{l_0}{h} = 1.15 - 0.01 \times \left(\frac{7200\text{mm}}{400\text{mm}}\right) = 0.97$$

$$\eta = 1 + \frac{1}{1400\frac{e_i}{h_0}}\left(\frac{l_0}{h}\right)^2 \zeta_1 \zeta_2 = 1 + \frac{1}{1400 \times \frac{352\text{mm}}{360\text{mm}}}\left(\frac{7200\text{mm}}{400\text{mm}}\right)^2 \times 1.0 \times 0.97$$

$$= 1.230$$

$$x = \frac{N}{\alpha_1 f_c b} = \frac{237610\text{N}}{1.0 \times 14.3\text{N/mm}^2 \times 400\text{mm}}$$

$$= 41.54\text{mm}$$

$x < \xi_b h_0 = 186.48\text{mm}$ 且 $x < 2a' = 80\text{mm}$

$$e' = \eta e_i - h/2 + a' = 1.230 \times 352\text{mm} - 400\text{mm}/2 + 40\text{mm}$$

$$= 272.96\text{mm}$$

$$A_s = A'_s = \frac{Ne'}{f_y(h_0 - a')} = \frac{237610N \times 272.96\text{mm}}{360\text{N/mm}^2 \times (360\text{mm} - 40\text{mm})}$$

$$= 563\text{mm}^2$$

选 3 Φ 18（$A_s = 763\text{mm}^2$），则 $\rho = \dfrac{A_s}{bh} = \dfrac{763\text{mm}^2}{400\text{mm} \times 400\text{mm}} = 0.48\% > 0.2\%$ 满足要求。

而垂直于排架方向柱的计算长度 $l_0 = 1.25 \times 3.6\text{m} = 4.50\text{m}$，则

$$l_0/b = \frac{4500\text{mm}}{400\text{mm}} = 11.25, \varphi = 0.961$$

$$N_u = 0.9\varphi(f_c A + f'_y A'_s)$$

$$= 0.9 \times 0.961 \times (14.3\text{N/mm}^2 \times 400\text{mm} \times 400\text{mm}$$
$$+ 360\text{N/mm}^2 \times 763\text{mm}^2 \times 2)$$
$$= 2454.03\text{kN} > N_{max} = 293.771\text{kN}$$

满足弯矩作用平面外的承载力要求。

2. 下柱配筋计算

取 $h_0 = 900\text{mm} - 40\text{mm} = 860\text{mm}$。与上柱分析方法类似，

$$N_b = \alpha_1 f_c (b'_f - b) h'_f + \alpha_1 f_c b h_0 \xi_b$$
$$= 1.0 \times 14.3\text{N/mm}^2 \times (400\text{mm} - 100\text{mm}) \times 150\text{mm}$$
$$+ 1.0 \times 14.3\text{N/mm}^2 \times 100\text{mm} \times 860\text{mm} \times 0.518 = 1280.536\text{kN}$$

而Ⅱ-Ⅱ，Ⅲ-Ⅲ截面的内力均小于 N_b，则都属于大偏心受压。所以选取偏心距 e_0 最大的一组内力作为最不利内力，即

$M = 298.473\text{kN}\cdot\text{m}$，$N = 332.99\text{kN}$

下柱计算长度取 $l_0 = 1.0$，$H_l = 6.5\text{m}$，附加偏心距 $e_a = 900\text{mm}/30 = 30\text{mm}$（大于 20mm）。$b = 100\text{mm}$，$b'_f = 400\text{mm}$，$h'_f = 150\text{mm}$

$$e_0 = \frac{M}{N} = \frac{298.473 \times 10^6\text{N}\cdot\text{mm}}{332990\text{N}} = 896.34\text{mm}$$

$$e_i = e_0 + e_a = 896.34\text{mm} + 30\text{mm} = 926.34\text{mm}$$

$$l_0/h = \frac{6500\text{mm}}{900\text{mm}} = 7.22 \begin{matrix} > 5 \\ < 15 \end{matrix}$$ 应考虑偏心距增大系数 η，且取 $\zeta_2 = 1.0$

$$\zeta_1 = \frac{0.5 f_c A}{N}$$
$$= \frac{0.5 \times 14.3\text{N/mm}^2 \times [100\text{mm} \times 900\text{mm} + 2 \times (400\text{mm} - 100\text{mm}) \times 150\text{mm}]}{332990N}$$
$$= 3.865 > 1.0, \text{取 } \zeta_1 = 1.0$$

$$\eta = 1 + \frac{1}{1400 \frac{e_i}{h_0}} \left(\frac{l_0}{h}\right)^2 \zeta_1 \zeta_2$$
$$= 1 + \frac{1}{1400 \times \frac{926.34\text{mm}}{860\text{mm}}} \times \left(\frac{6500\text{mm}}{900\text{mm}}\right)^2 \times 1.0 \times 1.0 = 1.035$$

$$\eta e_i = 1.035 \times 926.34\text{mm} = 958.76\text{mm}$$

先假定中和轴位于翼缘内，则

$$x = \frac{N}{\alpha_1 f_c b'_f} = \frac{332990N}{1.0 \times 14.3\text{N/mm}^2 \times 400\text{mm}}$$
$$= 58.22\text{mm} < h'_f = 150\text{mm}$$

即中和轴过翼缘，且 $x < 2\alpha' = 80\text{mm}$

故 $$A_s = A'_s = \frac{N(\eta e_i - h/2 + a')}{f_y(h_0 - a')}$$

$$= \frac{332990\text{N} \times (958.76\text{mm} - 450\text{mm} + 40\text{mm})}{360\text{N/mm}^2 \times (860\text{mm} - 400\text{mm})} = 619\text{mm}$$

选用 4 Φ 18（$A_s = 1018\text{mm}^2$）

垂直于弯矩作用平面的承载力计算：

$$l_0 = 0.8H_l = 0.8 \times 6500\text{mm} = 5200\text{mm}$$

$$A = 1.875 \times 10^5\text{mm}^2, I_y = 195.38 \times 18^8\text{mm}^4$$

$$i = \sqrt{\frac{I_y}{A}} = \sqrt{\frac{195.38 \times 10^8}{1.875 \times 10^5}} = 322.804\text{mm}$$

$$\frac{l_0}{i} = \frac{5200\text{mm}}{322.804\text{mm}} = 16.10 < 28 \quad \varphi = 1.0$$

$$N_u = 0.9\varphi(f_c A + f'_y A'_s)$$

$$= 0.9 \times 1.0 \times (14.3\text{N/mm}^2 \times 1.875 \times 10^5\text{mm}^2 + 360\text{N/mm}^2 \times 2 \times 1018\text{mm}^2)$$

$$= 3072.789\text{kN} > N_{max} = 774.59\text{kN}$$

满足弯矩作用平面外的承载力要求。

3. 柱箍筋配置

由内力组合表得 $V_{max} = 50.656\text{kN}$，相应的 $N = 367.01\text{kN}$，$M = 294.351\text{kN·m}$

验算截面尺寸是否满足要求：

$$h_w = 900\text{mm} - 2 \times 150\text{mm} = 600\text{mm}$$

$$h_w/b = \frac{600\text{mm}}{400\text{mm}} = 1.5 < 4$$

$$0.25\beta_c f_c bh_0 = 0.25 \times 1.0 \times 14.3\text{N/mm}^2 \times 400\text{mm} \times 860\text{mm}$$

$$= 1229800\text{N} = 1229.8\text{kN} > V_{max} = 50.656\text{kN}$$

截面尺寸满足要求。

计算是否需要按计算配箍筋：

$$\lambda = M/Vh_0 = \frac{294.351 \times 10^6\text{N} \cdot \text{mm}}{50.656 \times 10^3\text{N} \times 860\text{mm}} = 6.76 > 3 \text{ 取 } \lambda = 3$$

$$0.3f_c A = 0.3 \times 14.3\text{N/mm}^2 \times 1.875 \times 10^5\text{mm}^2$$

$$= 8.04 \times 10^5\text{N} = 804\text{kN} > N = 367.01\text{kN}$$

$$\frac{1.75}{\lambda + 1.0} f_t bh_0 + 0.07\text{N} = \frac{1.75}{3.0 + 1.0} \times 1.43\text{N/mm}^2 \times 100\text{mm}$$

$$\times 860\text{mm} + 0.07 \times 367.01 \times 10^3\text{N}$$

$$= 79494.45\text{N} = 79.5\text{kN} > V_{max} = 50.656\text{kN}$$

可按构造配箍筋，上下柱均选用 $\phi 8@200$ 箍筋。

4. 柱的裂缝宽度验算

《混凝土结构设计规范》规定，对 $e_0/h_0>0.55$ 的柱应进行裂缝宽度验算。本设计的上柱和下柱均出现 $e_0/h_0>0.55$ 的内力，故应进行裂缝宽度验算。相应于控制上、下柱配筋的最不利内力组合的荷载效应标准组合为：

上柱：$\begin{cases} M_k=57.699\text{kN}\cdot\text{m} \\ N_k=198.008\text{kN} \end{cases}$ 下柱：$\begin{cases} M_k=214.59\text{kN}\cdot\text{m} \\ N_k=277.49\text{kN} \end{cases}$

上柱 $A_s=763\text{mm}^2$，下柱 $A_s=1018\text{mm}^2$，$E_s=2.0\times10^5\text{N/mm}^2$；构件受力特征系数 $\alpha_{cr}=2.1$；混凝土保护层厚度 c 取 30mm。验算过程见表 2-34。

柱的裂缝宽度验算表 **表 2-34**

柱截面		上柱	下柱
内力标准值	M_k（kN·m）	57.699	214.595
	N_k（kN）	198.008	277.49
$e_0=M_k/N_k$（mm）		$291.39>0.55h_0=198$	773.34
$\rho_{te}=\dfrac{A_s}{0.5bh+(b_f-b)h_f}$		$0.0095<0.01$ 取 $\rho_{te}=0.01$	0.0113
$\eta_s=1+\dfrac{1}{4000e_0/h_0}\left(\dfrac{l_0}{h}\right)^2$		1.1	$1.0\left(\dfrac{l_0}{h}<14\right)$
$e=\eta_s e_0+h/2-a$（mm）		480.529	1183.34
$\gamma'_f=h'_f(b'_f-b)/bh$		0	0.523
$z=\left[0.87-0.12(1-\gamma'_f)\left(\dfrac{h_0}{e}\right)^2 h_0\right]$（mm）		288.95	722.20
$\sigma_{sk}=\dfrac{N_k(e-z)}{A_s z}$（N/mm²）		172.06	174.05
$\psi=1.1-0.65\dfrac{f_{tk}}{\rho_{te}\sigma_{sk}}$		0.341	0.436
$\omega_{max}=\alpha_{cr}\psi\dfrac{\sigma_{sk}}{E_s}\left(1.9c+0.08\dfrac{d_{eq}}{\rho_{te}}\right)$（mm）		$0.124<0.3$ 满足要求	$0.147<0.3$ 满足要求

5. 牛腿设计

根据吊车梁支承位置、截面尺寸及构造要求，初步拟定牛腿尺寸，如图 2-70所示。其中牛腿截面宽度 $b=400\text{mm}$，牛腿截面高度 $h=600\text{mm}$，$h_0=$

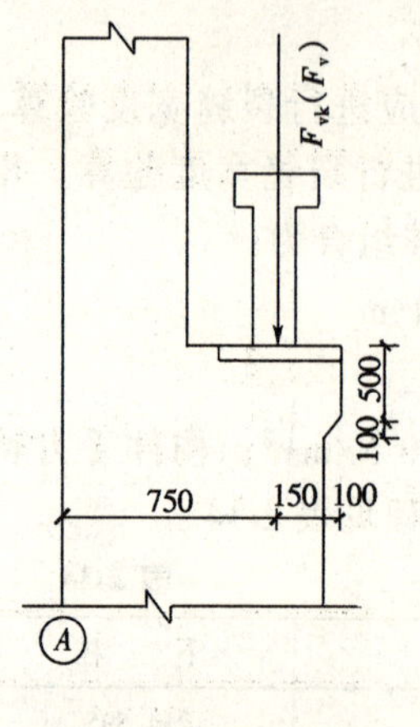

图 2-70 牛腿尺寸简图

565mm。

(1) 牛腿截面高度验算

$\beta=0.65$，$f_{tk}=2.01\text{N/mm}^2$，$F_{hk}=0$（牛腿顶面无水平荷载），

$a=-150\text{mm}+20\text{mm}=-130\text{mm}<0$ 取 $a=0$。

F_{vk}按下式确定：

$$F_{vk}=\frac{D_{max}}{\gamma_Q}+\frac{G_3}{\gamma_G}$$

$$=\frac{551.998\text{kN}}{1.4}+\frac{58.8\text{kN}}{1.2}$$

$$=443.284\text{kN}$$

$$\beta\left(1-0.5\frac{F_{hk}}{F_{vk}}\right)\frac{f_{tk}bh_0}{0.5+\dfrac{a}{h_0}}=0.65\times\frac{2.01\text{N/mm}^2\times400\text{mm}\times565\text{mm}}{0.5}$$

$$=590.538\text{kN}>F_{vk}$$

故截面高度满足要求。

(2) 牛腿配筋计算。

由于 $a=-150\text{mm}+20\text{mm}=-130\text{mm}<0$，因而该牛腿可按构造要求配筋。根据构造要求，$A_s\geqslant\rho_{min}bh=0.002\times400\text{mm}\times600\text{mm}=480\text{mm}^2$，且 $A_s\geqslant(0.45f_t/f_y)\ bh=400\text{mm}\times600\text{mm}\times0.45\times1.43/360=429\text{mm}^2$；纵筋不应小于 4 根，直径不宜少于 12mm，所以选用 4 Φ 16（$A_s=804\text{mm}^2$）。

由于 $a/h_0<0.3$，故可以不设置弯起钢筋，箍筋按构造配置，牛腿上部 $2h_0/3$ 范围内水平箍筋的总截面面积不应小于承受 F_v 的受拉纵筋总面积的 1/2，箍筋选用 $\phi8@100$。

局部承压面积近似按柱宽乘以吊车梁端承压板宽度取用：

$$A=400\text{mm}\times500\text{mm}=2.0\times10^5\text{mm}^2$$

$$\frac{F_{vs}}{A}=\frac{443.284\times10^3\text{N}}{2.0\times10^5\text{mm}^2}=2.216<0.75f_c=10.725\text{N/mm}^2$$

满足要求。

6. 柱的吊装验算

采用翻身起吊，吊点设在牛腿下部，混凝土达到设计强度后起吊。柱插入杯口深度为 $h_1=0.9\times900\text{mm}=810\text{mm}$，取 $h_1=850\text{mm}$，则柱吊装时总长度为 $3.6\text{m}+6.5\text{m}+0.85\text{m}=10.95\text{m}$，计算简图如图 2-71 所示。

柱吊装阶段的荷载为柱自重重力荷载（应考虑动力系数），即：

$$q_1 = \mu\gamma_G q_{1k} = 1.5 \times 1.2 \times 4.0\text{kN/m} = 7.2\text{kN/m}$$

$$q_2 = \mu\gamma_G q_{2k} = 1.5 \times 1.2 \times (0.4\text{m} \times 1.0\text{m} \times 25\text{kN/m}^3) = 18.0\text{kN/m}$$

$$q_3 = \mu\gamma_G q_{3k} = 1.5 \times 1.2 \times 4.69\text{kN/m} = 8.442\text{kN/m}$$

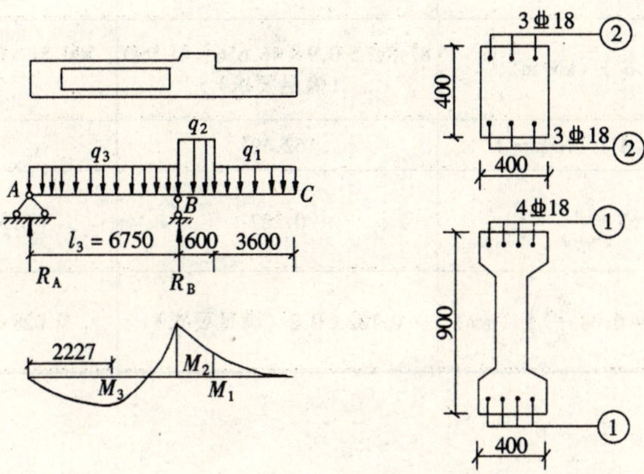

图 2-71　柱吊装计算简图

在上述荷载作用下，柱各控制截面的弯矩为：

$$M_1 = \frac{1}{2} q_1 H_u^2 = \frac{1}{2} \times 7.2\text{kN/m} \times 3.6^2\text{m}^2 = 46.656\text{kN}\cdot\text{m}$$

$$M_2 = \frac{1}{2} \times 7.2\text{kN/m} \times (3.6\text{m} + 0.6\text{m})^2 + \frac{1}{2} \times (18\text{kN/m} - 7.2\text{kN/m}) \times 0.6^2\text{m}^2 = 65.448\text{kN}\cdot\text{m}$$

由 $\Sigma M_B = R_A l_3 - \frac{1}{2} q_3 l_3^2 + M_2 = 0$ 得：

$$R_A = \frac{1}{2} q_3 l_3 - \frac{M_2}{l_3} = \frac{1}{2} \times 8.442\text{kN/m} \times 6.75\text{m} - \frac{65.448\text{kN}\cdot\text{m}}{6.75\text{m}} = 18.796\text{kN}$$

$$M_3 = R_A x - \frac{1}{2} q_3 x^2$$

令 $\frac{dM_3}{dx} = R_A - q_3 x = 0$，得 $x = R_A / q_3 = \frac{18.796\text{kN}}{8.442\text{kN/m}} = 2.227\text{m}$，则下柱段最大弯矩 M_3 为：

$$M_3 = 18.796\text{kN} \times 2.227\text{m} - \frac{1}{2} \times 8.442\text{kN/m} \times 2.227^2\text{m}^2 = 20.925\text{kN}\cdot\text{m}$$

柱截面受弯承载力及裂缝宽度验算过程见表2-35。

柱吊装阶段承载力及裂缝宽度验算表 　　　　**表 2-35**

柱截面	上柱	下柱
M（M_k）（kN·m）	46.656（38.88）	65.448（54.540）
$M_u = f_y A_s$（$h_0 - a'$）（kN·m）	$87.897 > 0.9 \times 46.656 = 41.990$（满足要求）	$300.51 > 0.9 \times 65.448 = 58.903$（满足要求）
$\sigma_{sk} = M_k /$（$0.87 h_0 A_s$）（N/mm²）	162.697	71.606
$\psi = 1.1 - 0.65 \dfrac{f_{tk}}{\rho_{te}\sigma_{sk}}$	0.297	$-0.515 < 0.2$，取 0.2
$\omega_{max} = \alpha_{cr}\psi \dfrac{\sigma_{sk}}{E_s}\left(1.9c + 0.08\dfrac{d_{eq}}{\rho_{te}}\right)$（mm）	$0.102 < 0.2$（满足要求）	$0.028 < 0.2$（满足要求）

2.8 小结

1. 本章内容为单层厂房装配式钢筋混凝土排架结构设计的一些主要问题。钢筋混凝土排架结构是目前单层厂房结构的基本形式，因其受力明确，设计和施工均较方便，故应用非常广泛。

2. 单层厂房（非地震区）设计内容和步骤一般为：

(1) 根据生产工艺要求确定厂房建筑的平、立、剖面，其中包括确定柱网、跨度、跨数、吊车轨道标高、天窗等。

(2) 进行结构布置和构件选型。内容为确定屋面板、天沟板、天窗架、屋架、支撑、吊车梁、柱截面型式及尺寸、柱高、基础类型、埋置深度等，其中尤应重视屋面支撑系统如柱间支撑系统的布置，因为它与厂房的整体性和空间工作性能有关，而且还会影响一些构件（如屋架上弦杆）的承载力。

(3) 确定横向定位轴线及纵向定位轴线。

(4) 进行结构计算。其内容为：确定计算简图，计算荷载，内力分析与内力组合及各构件截面设计和配筋等。

(5) 绘结构施工图。包括各种结构构件布置图，模板和配筋图。

3. 单层厂房中，横向排架在厂房空间骨架中起主要作用，厂房结构是否安全，主要取决于横向排架是否有足够的承载力和足够的刚度，因此单层厂房一般按横向平面排架计算。

4. 厂房排架一般为超静定结构，对于等高排架，采用剪力分配法计算内力比较简便，而不等高排架的内力计算则通常采用力法。

5. 排架柱、屋架、吊车梁等均为单层厂房的主要承重构件。屋架和吊车梁一般可由标准图选用，但也应掌握这类构件的计算原理和构造要求。排架柱的计算和设计显得尤为重要。对排架柱的控制截面应进行最不利内力组合，这是一项计算工作量较大且颇为重要的工作。排架柱的设计内容还包括：对其使用阶段在排架平面内（偏心受压）、排架平面外（轴心受压）各控制截面进行计算和配筋，还有施工阶段的吊装验算和牛腿计算，以及绘制施工图等。

6. 单层厂房常采用钢筋混凝土柱下独立基础，其主要设计内容为：根据地基承载力要求确定基础底面形状和尺寸；根据抗冲切承载力要求确定基础高度；根据抗弯承载力要求计算基础底板钢筋。设计中还须满足有关尺寸和配筋等构造要求。

思考题

1. 单层排架结构厂房的结构构件组成如何？其各自的作用是什么？

2. 单层厂房横向平面排架承受哪些荷载？其传力途径如何？

3. 单层厂房屋盖支撑有哪些？其作用各是什么？布置原则如何？

4. 确定单层厂房横向平面排架的计算简图时有哪些基本假定？

5. 单层厂房屋盖结构有哪些体系？各自有哪些特点？

6. 什么叫等高排架？柱顶标高不同，但柱顶由倾斜横梁贯通相连的是否为等高排架？如何用剪力分配法计算等高排架的内力？

7. 荷载组合和内力组合的目的是什么？组合原则是什么？

8. 单层厂房柱与柱的基础的内力组合有什么不同？

9. 如何确定排架柱的截面尺寸和配筋？

10. 什么情况下要验算排架的水平位移？如何验算？

11. 牛腿的受力特性及破坏形态如何？牛腿的配筋有何特点？

12. 钢筋混凝土预制柱采用平吊和采用翻身吊的强度验算有何不同？

13. 吊车梁的受力特点如何？

14. 影响单层厂房结构整体空间作用程度的主要因素有哪些？哪些荷载作用下厂房的整体空间作用最明显？

15. 如何进行单层厂房柱下独立基础的设计？

习题

1. 某单层厂房柱的截面尺寸为 $b \times h = 300\text{mm} \times 400\text{mm}$，采用对称配筋，受力钢筋为 HRB335，混凝土用 C20 级，计算长度 $l_0 = 3.6\text{m}$，$\eta = 1$，该柱的控制截面中作用有以下两组设计内力：

第一组：$N = 564\text{kN}$，$M = 145\text{kN}\cdot\text{m}$

第二组：$N = 325\text{kN}$，$M = 142\text{kN}\cdot\text{m}$

试先初步判断哪一组为最不利内力，再由计算确定两组内力作用下分别所需的钢筋截面面积，验证原判断是否正确？

2. 某单层厂房柱截面尺寸为 $b \times h = 400\text{mm} \times 800\text{mm}$，柱下为钢筋混凝土独立杯形基础。经内力组合，作用在基础顶面的控制内力设计值分别为：$N = 650\text{kN}$，$M = 282\text{kN·m}$，$V = 25\text{kN}$；修正后的地基承载力特征值 $f_a = 200\text{kN/m}^2$，基底埋深 $d = 1.5\text{m}$，采用 C20 级混凝土，HPB235 钢筋，垫层厚 100mm，基础及其台阶上回填土平均标准容重为 20kN/m^3。若已选基础底面长宽比为 1.5:1，试设计该基础。

3. 如图 2-72 所示的两跨排架，A 柱牛腿顶面作用的力矩设计值 $M_{max} = 238\text{kN·m}$，B 柱牛腿顶面作用的力矩设计值 $M_{min} = 153\text{kN·m}$；柱截面惯性矩分别为：$I_1 = 2.26 \times 10^9\text{mm}^4$，$I_2 = 15.43 \times 10^9\text{mm}^4$，$I_3 = 5.86 \times 10^9\text{mm}^4$，$I_4 = 19.66 \times 10^9\text{mm}^4$，上柱高 $H_u = 3.6\text{m}$，柱全高 $H = 13.5\text{m}$。试计算此排架的内力。

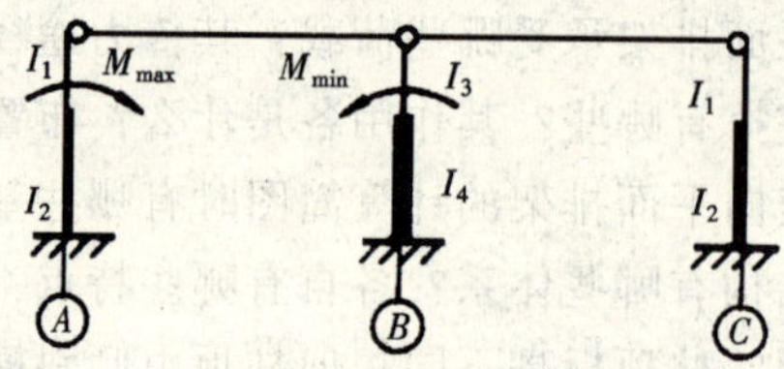

图 2-72　习题 2.3 图

3 混凝土框架结构

3.1 混凝土框架结构的组成与布置

3.1.1 框架结构的组成

混凝土框架结构广泛应用于住宅、商店、旅馆、办公楼等民用建筑和电子、仪表、化工、轻工、食品等多层厂房。这种结构体系的优点为：建筑平面布置灵活，可获得较大的使用空间，建筑立面较易处理，能适应不同房屋造型。混凝土框架由水平构件梁、板和竖向构件柱以及节点和基础组成。梁和柱的连接一般为刚接，形成承重结构，将荷载传给基础。刚性连接的梁比普通梁式结构要节约材料，结构的横向刚度较大，梁的高度也较小，故可增加房屋的净空，是一种经济的结构形式。柱和基础也常采用刚接。混凝土框架结构一般用于6~15层的多层和高层房屋。我国新发布实施的《高层建筑混凝土结构技术规程》(JGJ3—2002)将10层及10层以上或高度超过28m的房屋定义为高层建筑。在高层建筑中，框架结构单元还常与其他结构单元组合，构成框架-剪力墙、框架-支撑和框架-筒体等结构体系。

框架结构是高次超静定结构，既承受竖向荷载，又承受侧向力作用，如风荷载或水平地震作用等。在框架结构中，常因功能需要而设置填充墙。一般计算时，不考虑填充墙的抗侧作用，因为填充墙在建筑物的使用过程中，有不确定性，而且，填充墙常采用轻质材料，或者在墙与柱之间留有缝隙，仅由钢筋柔性连接。当填充墙采用砌体墙并与框架结构刚性连接时，如砌体填充墙的上部与框架梁底之间充分“塞紧”，或采用先砌墙后浇梁的顺序施工，那么在水平地震荷载作用下，框架结构将发生侧向变形，填充墙则起斜压杆的作用，如图3-1所示。此时，刚性填充墙对框架侧向刚度贡献较大。应注意尽量使结构的整体抗侧刚度对称，避免地震时产生过大的整体扭转。

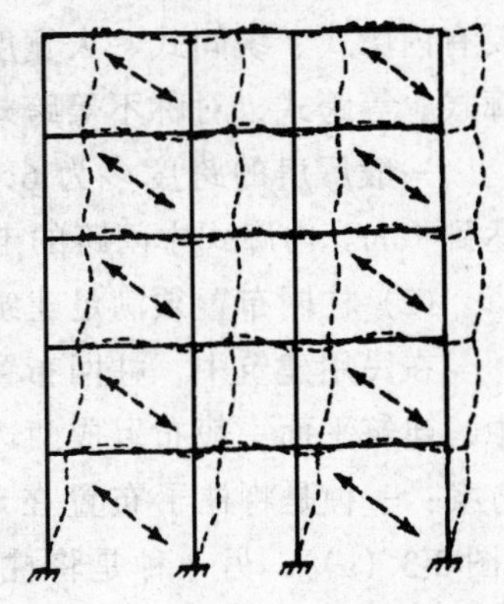

图3-1 刚性填充墙的作用

按施工方法不同，可分为现浇式、装配式和装配式几种框架。它们在使用阶段的分析是相近的，但在施工过程中却有不同特点。

现浇式框架的梁、柱、楼盖均为现浇钢筋混凝土结构，一般做法是每层的柱与其上部的梁板同时支模、绑扎钢筋，然后一次浇筑混凝土。板中的钢筋伸入梁内锚固，梁的纵向钢筋伸入柱内锚固。因此，全现浇式框架结构的整体性强、抗震（振）性能好，其缺点是现场施工的工作量大、工期长、需要大量的模板。

装配式框架是指梁、柱、楼板均为预制，通过焊接拼装连接成整体的框架结构。由于所有构件均为预制，可实现标准化、工厂化、机械化生产。因此，施工速度快、效率高。但由于在焊接接头处须预埋连接件，增加了用钢量。装配式框架结构的整体性较差，抗震（振）能力弱，不宜在地震区应用。

装配整体式框架是指梁、柱、楼板均为预制，在构件吊装就位后，焊接或绑扎节点区钢筋，浇筑节点区混凝土，从而将梁、柱、楼板连成整体框架结构。装配整体式框架既具有较好的整体性和抗震（振）能力，又可采用预制构件，减少现场浇筑混凝土的工作量。因此它兼有现浇式框架和装配式框架的优点。但节点区现场浇筑混凝土施工复杂是其缺点。

目前国内外大多采用现浇式混凝土框架。

3.1.2 框架结构布置

1. 柱网布置

柱网是竖向承重构件的定位轴线在平面上所形成的网格，是框架结构平面的“脉络”。框架结构的柱网布置既要满足建筑平面布置和生产工艺的要求，又要使结构受力合理，构件种类少，施工方便。此外，柱网布置应力求避免凹凸曲折和高低错落。

(1) 柱网布置须满足生产工艺的要求

在多层工业厂房设计中，生产工艺的要求是厂房平面设计的主要依据，主要有内廊式、统间式、大宽度式等几种。与此相适应，柱网布置方式可分为内廊式、等跨式、对称不等跨式等几种，见图 3-2。

一般厂房的跨度多为 6.0m，6.9m，7.5m，9m，12m 等，有的厂房的跨度达到 18m。内廊式中间跨的走廊跨度常为 2.4m，2.7m 或 3m。

(2) 柱网布置须满足建筑平面布置的要求

在民用建筑中，柱网布置应与建筑分隔墙布置相协调。例如，在旅馆建筑中，建筑平面一般布置成两边为客房、中间为走道。这时，柱网布置可有两种方案：一种是将柱子布置在走道两侧，即走道为一跨，客房与卫生间为一跨（图 3-3 (a)）；另一种是将柱子布置在客房与卫生间之间，即将走道与两侧的卫生间并为一跨，边跨仅布置客房（图 3-3 (b)）。在办公楼建筑中，一般是两

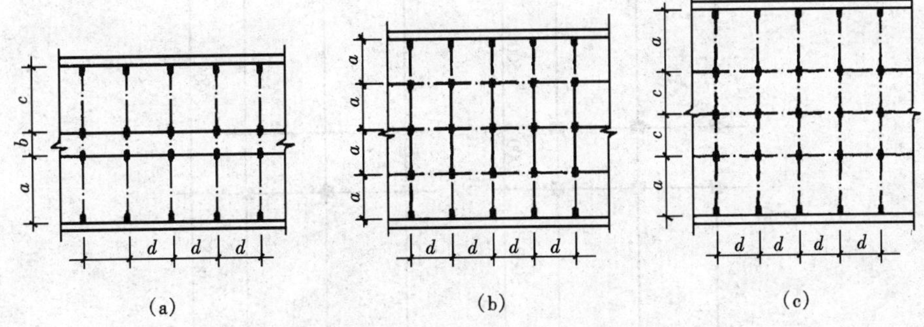

图 3-2　多层厂房柱网布置
(a) 内廊式；(b) 等跨式；(c) 对称不等跨式

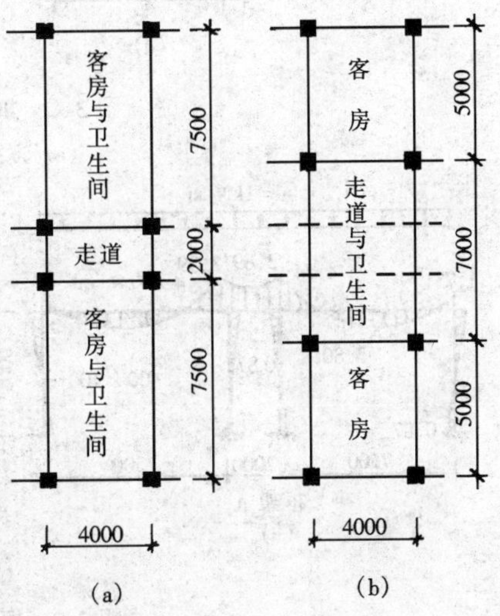

图 3-3　旅馆横向柱列布置

边为办公室，中间为走道，这时可将中柱布置在走道两侧，如图 3-4（a）所示。而当房屋进深较小时，亦可取消一排柱子，布置成为两跨框架，如图 3-4（b）所示。

(3) 柱网布置须使结构受力合理

多层框架结构当层数不多时主要承受竖向荷载。柱网布置时，应考虑到结构在竖向荷载作用下内力分布均匀合理，以致各构件材料强度均能充分利用。如图 3-5 所示的两种框架结构，在竖向荷载作用下，很显然框架 *A* 的梁跨中最大弯矩、梁支座最大负弯矩及柱端弯矩均比框架 *B* 大；再如图 3-4 所示的两种框架结构，由力学分析知方案 *B* 所示框架的内力要比方案 *A* 所示框架大。但当结构跨度较小，层数较少时，方案 *A* 框架往往因须按构造要求确定截面尺寸及配筋量，而方案 *B* 框架则在抽掉了一排柱子以后，其他构件的材料用量并无多大增加。

此外，纵向柱列的布置对结构也有影响，框架柱距一般可取建筑开间，如图 3-6（a）所示。但当开间小，层数又少时，柱截面设计常按构造配筋，材料强度不能充分利用，同时过小的柱距也使建筑平面难以灵活布置，因而可考虑柱距为两个开间，如图 3-6（b）所示。

(4) 柱网布置应便于施工

进行建筑设计及结构布置时都要考虑施工方便，以加快施工进度，降低工程造价。例如，对于装配式结构，既要考虑到构件的最大长度和最大重量，使

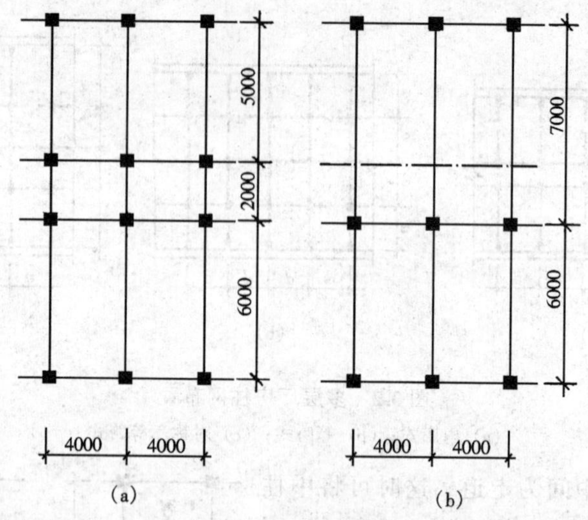

图 3-4 办公楼横向柱列布置

(a) 方案 A；(b) 方案 B

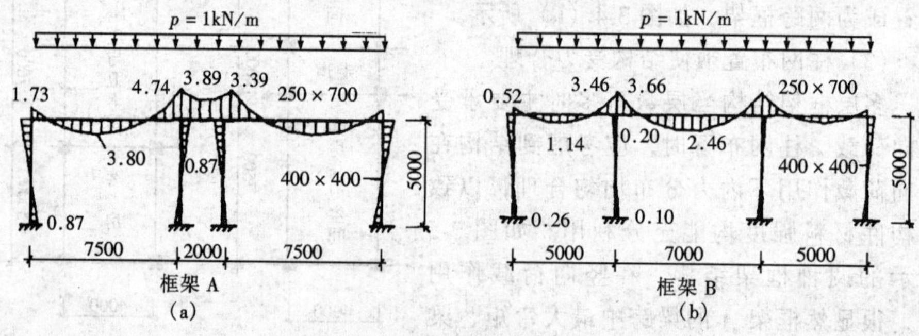

图 3-5 框架弯矩图 (kN·m)

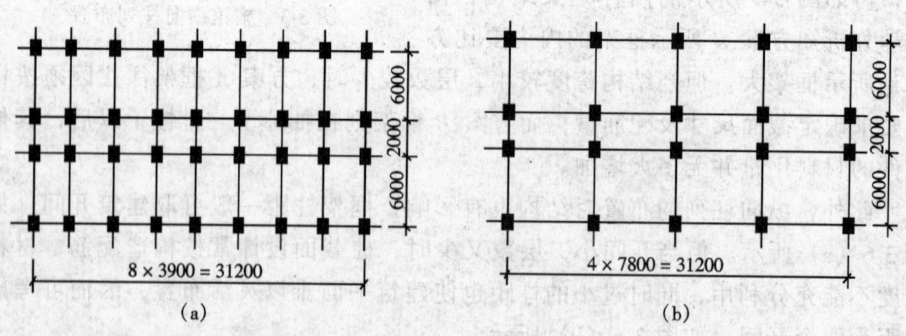

图 3-6 纵向柱列布置

之满足吊装、运输设备的限制条件，又要考虑到构件尺寸的模数化、标准化，尽量减少规格种类，以满足工业化生产的要求，从而提高生产效率。现浇框架结构尽管可不受建筑模数和构件标准的限制，但结构布置也要尽量使梁板布置简单、规则，以便于施工。

2. 承重框架的布置

在一般情况下，柱在两个方向均应有梁拉结，亦即沿房屋纵横两个方向都应布置梁系。因此，实际的框架结构是一个空间受力体系。但为计算分析方便起见，可把实际框架结构看成纵横两个方向的平面框架。沿建筑物长方向的称为纵向框架，沿建筑物短方向的称为横向框架。纵向框架和横向框架分别承受各自方向上的水平力，而楼面竖向荷载则据楼盖结构布置方式而按不同的方式传递：若为现浇平板楼盖，向距离较近的梁上传递；对于预制板楼盖，则传至搁置预制板的梁上。一般应该在承受较大楼面竖向荷载的方向上布置主梁，而另一方向上则布置次梁。

按框架布置方案和传力线路的不同，框架的布置方案有横向框架承重、纵向框架承重和纵横向框架双向承重等几种。

(1) 横向框架承重方案

横向框架承重方案是在横向布置框架主梁，而在纵向布置连系梁，如图 3-7 (a) 所示。框架在横向承受全部竖向荷载和横向水平荷载，纵向框架只承受纵向水平荷载。横向框架往往跨数少，主梁沿横向布置有利于提高横向抗侧刚度。而纵向框架则往往跨数较多，所以在纵向仅需按构造要求布置截面尺寸较小的连系梁。这有利于房屋室内的采光和通风。

(2) 纵向框架承重方案

纵向框架承重方案在纵向上布置框架主梁，在横向上布置连系梁，如图 3-7 (b) 所示。框架纵向为主框架，承受全部竖向荷载和纵向水平荷载，横向框架只承受横向水平荷载。因为楼面荷载由纵向梁传至柱子，所以横梁高度较小，有利于设备管线的穿行；当在房屋开间方向需要较大空间时，可获得较高的室内净高；另外，当地基土的物理力学性能在房屋纵向有明显差异时，可利用纵向框架的刚度来调整房屋的不均匀沉降。纵向框架承重方案的缺点是房屋横向刚度较差。

(3) 纵横向框架双向承重方案

纵横向框架双向承重方案是在两个方向上均需布置框架主梁以承受楼面荷载。当采用预制板楼盖时其布置如图 3-7 (c) 所示；当采用现浇板楼盖时，其布置如图 3-7 (d) 所示。两个方向的框架均同时承受竖向荷载和水平荷载。当楼面上作用有较大荷载，或当柱网布置为正方形或接近正方形时，常采用这种承重方案，而楼面则常采用现浇双向楼板或井式梁楼面。纵横向框架双向承重方案具有较好的整体工作性能，有利于抗震。框架柱均为双向偏心受压构件，为空间受力体系。

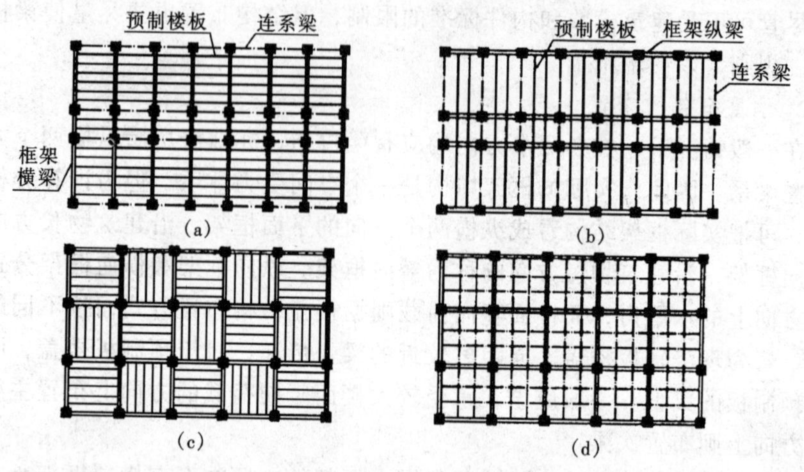

图 3-7　承重框架的布置方案

(a) 横向承重；(b) 纵向承重；(c) 纵、横向承重（预制板）；(d) 纵、横向承重（现浇楼盖）

3. 结构布置原则与变形缝的设置

变形缝有伸缩缝、沉降缝、防震缝三种。在多层及高层建筑结构中，房屋平面应力求简单、规则，尽量少设缝或不设缝。例如正方形、矩形、等边多边形、圆形和椭圆形等都是良好的平面形状。复杂的外形平面，易使房屋楼面的水平力合力中心与刚度中心偏离，使建筑结构产生扭转效应，并在平面变化转折处产生应力集中。当结构单元长度过大时，将产生较大的温度应力，并且在地震作用下，由于地基各点运动的不一致而引起上部结构的不利反应。

房屋的竖向布置应使结构刚度沿高度分布比较均匀，避免结构刚度突变。同一层楼面应尽量设置在同一标高处，避免结构错层和局部夹层。

当建筑物平面较长，或平面复杂、不对称，或各部分刚度、高度、重量相差悬殊时，设置变形缝是必要的。

伸缩缝（也称温度缝）的设置，主要与结构的长度有关。当房屋平面尺寸过长时，为避免温度和混凝土收缩使房屋产生裂缝，必须设置伸缩缝。伸缩缝的最大间距详见表 3-1。设置伸缩缝会导致结构局部构造复杂，施工困难等。目前，工程中常采用分阶段施工，设置后浇带并在局部构造加强的办法处理。图 3-8 为楼板后浇带示意图。较长结构单元中，每隔 35～40m 设一道，待缝两侧的混凝土自由收缩基本完成后在后浇带中浇筑微膨胀细石混凝土。

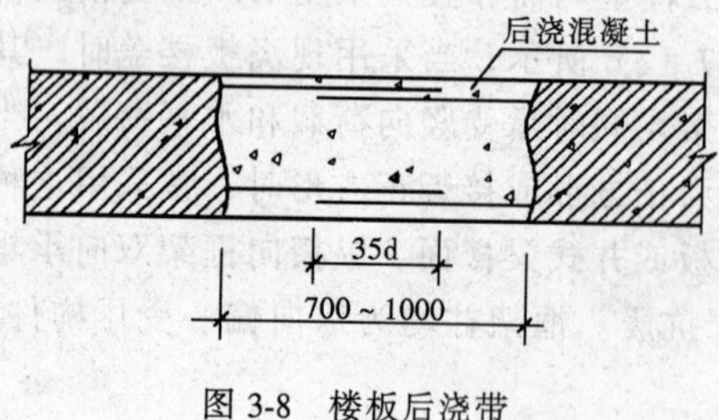

图 3-8　楼板后浇带

钢筋混凝土结构伸缩缝最大间距（m） **表 3-1**

结构类别		室内或土中	露天
排架结构	装配式	100	70
框架结构	装配式	75	50
	现浇式	55	35
剪力墙结构	装配式	65	40
	现浇式	45	30
挡土墙、地下室墙壁等类结构	装配式	40	30
	现浇式	30	20

注：1 装配整体式结构房屋的伸缩缝间距宜按表中现浇式的数值取用；

2 框架-剪力墙结构或框架-核心筒结构房屋的伸缩缝间距可根据结构的具体布置情况取表中框架结构与剪力墙结构之间的数值；

3 当屋面无保温或隔热措施时，框架结构、剪力墙结构的伸缩缝间距宜按表中露天栏的数值取用；

4 现浇挑檐、雨罩等外露结构的伸缩缝间距不宜大于 12m。

沉降缝的设置，主要与房屋承受的上部荷载及地基差异有关。当上部荷载差异较大，或地基土的物理力学指标相差较大，则应设沉降缝。房屋自基础直达屋顶，应以沉降缝将整个房屋的各部分分开，使结构不致引起过大内力而开裂。沉降缝可利用挑梁或搁置预制板、预制梁等办法做成（图 3-9）。

伸缩缝与沉降缝的宽度一般不宜小于 50mm。

防震缝的设置主要与建筑的平面形状、刚度、质量分布、高差等因素有关。设置防震缝后，可以将体型复杂的房屋分成规则的结构单元，伸缩缝和沉降缝在抗震设防区应满足防震缝的要求。当仅设防震缝时，基础可不分开，但

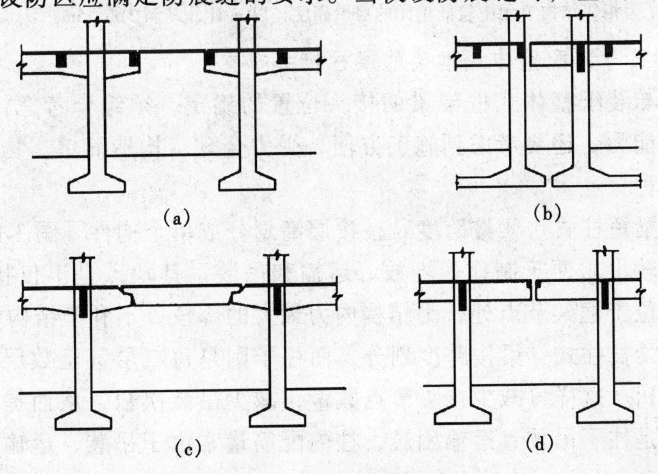

图 3-9 沉降缝构造图

(a) 简支板式；(b) 悬挑式；(c) 简支梁式；(d) 双悬挑式

在防震缝处基础应加强连接构造措施。防震缝的设置，应力求结构刚度和质量分布均匀，以避免地震作用下的扭转效应。为避免各单元之间互相碰撞，防震缝的宽度不得小于70mm，同时应满足表3-2的要求。图3-10为北京民航大楼的变形缝设置。

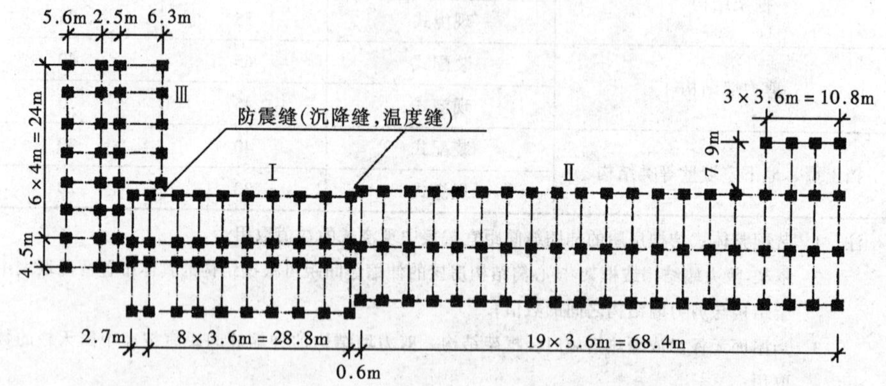

图3-10　北京民航大楼变形缝设置

防震缝的最小宽度（mm）　　表3-2

结构类型	设防烈度			
	6度	7度	8度	9度
框架	$4H+10$	$5H-5$	$7H-35$	$10H-80$
框架-剪力墙	$3.5H+9$	$4.2H-4$	$6H-30$	$8.5H-68$
剪力墙	$2.8H+7$	$3.5H-3$	$5H-25$	$7H-55$

注：表中 H 为相邻结构单元中较低单元的房屋高度，以m计，H 至少取15m。

4. 装配式与装配整体式框架的梁柱接头布置

装配式与装配整体式框架梁的接头位置的确定，须综合考虑构件的生产、吊装和运输能力，还要考虑到施工方便、受力合理、构造简单。构件的划分一般有以下几种：

(1) 单梁短柱式　梁按跨度、柱按层高划分成单个构件［图3-11 (a)］。这种方案构件较小，便于制作、堆放、运输和吊装。其缺点是不仅接头数量多，而且接头均位于框架节点处，为结构内力最大的部位，不利于结构受力。

(2) 单梁长柱式　梁按跨度划分，而柱子则是每二层甚至数层为一个构件［图3-11 (b)］。这样可减少接头节点数量，减少吊装次数，从而提高房屋整体性。其缺点是柱子吊装、运输困难，柱内配筋量常由于吊装、运输的要求而增加。

(3) 框架式　将整个框架结构划分成若干个小刚架［图3-11 (c)、图3-11

(d)]。刚架的形状可为Π形、Γ形、H形、十字形等。接头位置可以在框架节点处，亦可以在弯矩较小的梁跨中及柱的层高中点。这样也可以减少节点数量，减少吊装次数，提高房屋整体性。其缺点是构件大而复杂，因而制作、运输、吊装都比较困难。

目前在工程中，单梁长柱式和单梁短柱式应用较多，因为其安装难度小，安装精度与质量易于控制和保证。

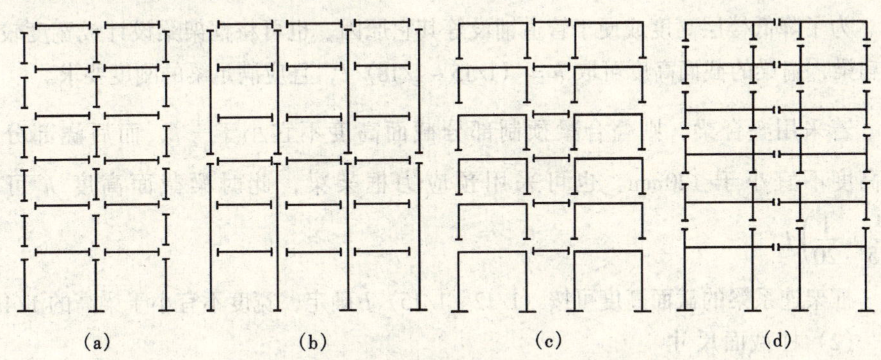

图 3-11 装配式与装配整体式框架的构件划分

3.1.3 框架梁、柱截面尺寸

1. 梁、柱截面形状

现浇框架中，梁的截面形状以T形和Γ形为主，见图 3-12 (a)；在装配式框架中，梁除矩形外还可做成T形、梯形和花篮形，见图 3-12 (b)；在装配整体式框架中，梁常做成花篮形，如图 3-12 (c) 所示。框架柱的截面形状一般为矩形或正方形，有时根据需要也做成圆形或其它形状。

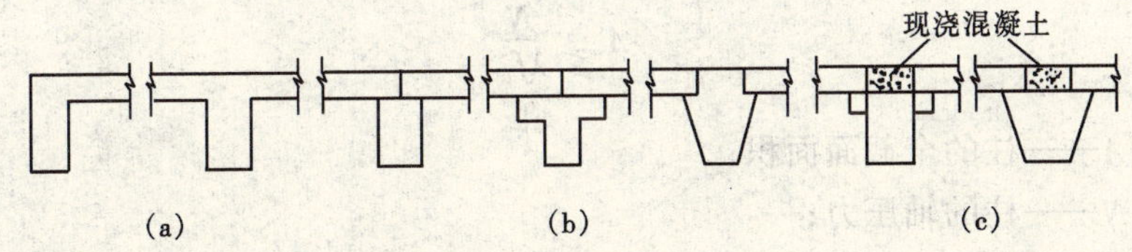

图 3-12 框架梁截面形状

2. 梁、柱截面尺寸

框架梁、柱截面尺寸应根据构件承载力、刚度及延性等方面要求确定。设计时通常参照以往经验初步选定截面尺寸，再进行承载力计算和变形验算，核查所选尺寸是否满足要求。

(1) 梁截面尺寸

框架梁的截面高度可根据梁的跨度、约束条件以及荷载大小进行选择，一

般取梁高 $h=(1/8\sim1/12)\ l$，其中 l 为梁的跨度；当框架梁为单跨或荷载较大时取大值，而当框架梁为多跨或荷载较小时取小值。楼面荷载大时，为增大梁的刚度可取 $h=(1/7\sim1/10)\ l$。为防止梁发生剪切破坏，梁高 h 不宜大于 1/4 净跨。框架梁的截面宽度可取 $b=(1/2\sim1/3)\ h$，为使端部节点传力可靠，梁宽 b 不宜小于柱宽的 1/2，且不应小于 250mm。为保证梁平面外的稳定性，梁截面的高宽比不宜大于 4。

为了降低楼层高度或便于管道铺设等其它原因，也可将框架梁设计成宽度较大的扁梁，扁梁的截面高度可取 $h=(1/15\sim1/18)\ l$，且应满足梁的刚度要求。

若采用叠合梁，则叠合梁预制部分截面高度不宜小于$\frac{1}{15}l$，而后浇部分截面高度不宜小于 120mm。也可采用预应力框架梁，此时梁截面高度 h 可取 $\left(\frac{1}{15}\sim\frac{1}{20}\right)l$。

框架连系梁的截面高度可按 $(1/12\sim1/15)\ l$ 确定，宽度不宜小于梁高的 1/4。

（2）柱截面尺寸

钢筋混凝土框架柱多采用矩形截面，初拟的截面尺寸可参考同类建筑或近似取 $h=(1/15\sim1/20)\ H$，H 为层高；柱截面宽度可取 $b=(1\sim2/3)\ h$，并按下述方法进行初步估算：

当框架柱承受竖向荷载为主时，可先据一根柱的负荷面积算出柱轴力，考虑到弯矩影响，将柱轴力乘以 1.2～1.4 的放大系数，再按轴心受压计算柱截面尺寸。

对于有抗震设防要求的框架结构，为保证柱有足够的延性，需要限制柱的轴压比，柱截面面积应满足下式要求：

$$A \geqslant \frac{N}{\lambda f_c} \tag{3-1}$$

式中 A——柱的全截面面积；

N——柱的轴压力；

λ——柱轴压比限值，见表 3-3；

f_c——混凝土轴心抗压强度设计值。

框架柱截面高度不宜小于 400mm，宽度不宜小于 350mm。为避免发生剪切破坏，柱净高与截面长边之比宜大于 4。

柱轴压比限值 **表 3-3**

类别	抗震等级		
	一	二	三
框架柱	0.7	0.8	0.9

3.2 框架结构内力的近似计算方法

框架结构是由横向框架和纵向框架组成的空间结构，故对其进行结构分析有按空间结构分析和简化成平面结构分析两种方法。以前由于计算机未普及，空间框架常简化成平面结构采用手算方法进行计算。平面框架也是超静定结构，其内力计算方法很多，如一般《结构力学》教材中所讲述的弯矩分配法、无剪力分配法和迭代法等等。当结构跨数较多，层数较多时，用上述方法手算需耗费大量的人力和时间，故人们常采用分层法、反弯点法、*D* 值法等近似的分析方法。近来随着微机性能的提高和应用的普及，对框架结构分析较多是根据《结构力学》的位移法或力法原理编制电算程序，由计算机直接求出结构的内力、位移以至各截面的配筋。目前由于计算机内存和运算速度都已很大很高，故计算程序中一般采用空间结构分析方法。由于此法计算假定较少且较符合实际情况，故称为精确法。但因为精确法计算需要相应的计算设备与软件，计算费用较高，而且在实际设计工作中，特别在初步设计阶段，为确定结构布置方案或构件截面尺寸，往往需要采用一些简化和近似方法进行估算。在能满足工程精度要求的前提下，通过较合理的近似假定和简化计算，既快又省地解决问题。此外，近似的手算方法虽然精度较差，但力学概念明确，能直观地反映框架结构的受力特点，从而可判断电算结果的合理性，所以本章仍重点介绍框架结构计算中常用的近似手算方法，包括竖向荷载作用下的分层法，水平荷载作用下的反弯点法和改进反弯点法（*D* 值法）。

3.2.1 框架结构计算简图

1. 计算单元的确定

为方便起见常忽略结构纵向和横向之间的空间联系，忽略各构件的抗扭作用，将纵向框架和横向框架分别按平面框架进行分析计算，见图 3-13（c）、(d)。一般工程实际中通常横向框架的间距相同，作用于各横向框架上的荷载相同，框架的抗侧刚度相同。因此，各榀横向框架都将产生相同的内力与变形。结构设计时一般取中间有代表性的一榀横向框架进行计算即可。而作用于纵向框架上的荷载则各不相同，设计时应分别进行计算。取出的平面框架所承受的竖向荷载与楼盖结构的布置方案有关，当采用现浇楼盖时，楼面分布荷载一般可按角平分线传至相应两侧的梁上，如图 3-13（b）所示；水平荷载则简化成节点集中力，如图 3-13（c）、(d)。

2. 节点的简化

框架节点一般总是三向受力，但当按平面框架进行结构分析时，则节点也

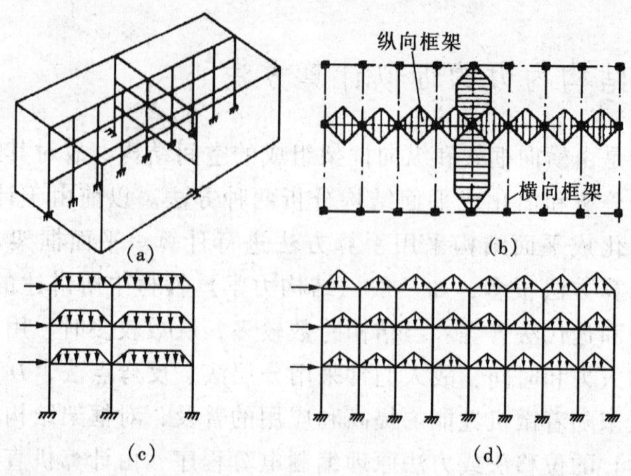

图 3-13　框架结构计算简图

相应地简化。框架节点的简化应根据实际构造措施、施工方案和传力效果确定。在现浇钢筋混凝土结构中，梁和柱内的纵向受力钢筋都将穿过节点或锚入节点区，显然这时应简化为刚接节点。

装配式框架结构则是在梁底及柱的某些部位预埋钢板，安装就位后再焊接。由于钢板在其自身平面外的刚度很小，同时焊接质量随机性很大，难以保证结构受力后梁柱间没有相对转动，故常把这类节点简化成铰接节点或半铰接节点。但因半铰结节点的影响因素较多，其半刚性的力学特征常常经试验确定，一般计算中难以采用，所以实际计算时常简化为完全刚性或铰接节点。

装配整体式框架结构中，梁（柱）中的钢筋在节点处或为焊接或为搭接，在现场浇筑节点部分的混凝土，因此节点左右梁端均可有效地传递弯矩，故可认为是刚接节点。当然这种节点的刚性不如现浇式框架好，节点处梁端的实际负弯矩要小于按刚性节点假定所得到的计算值。

框架支座可分为固定支座和铰支座，若采用现浇钢筋混凝土柱，柱与基础一般设计成刚接，则相应的支座为固定支座，如图 3-14（a）所示；而预制柱与基础的连接可为刚接［图 3-14（b）］，也可为铰接［图 3-14（c）］，相应的支座则为固定支座或铰支座；若采用预制柱杯形基础时，则应视构造措施不同分别简化为固定支座或铰支座。

3. 跨度与层高的确定

在结构计算简图中，杆件用其轴线来表示。框架梁的跨度即取柱子轴线之间的距离，当上下层柱截面尺寸变化时，一般以最小截面的形心线来确定。框架的层高即框架柱的长度可取相应的建筑层高，即取本层楼面至上层楼面的高度，但是底层的层高则应取基础顶面到二层楼板顶面之间的距离。

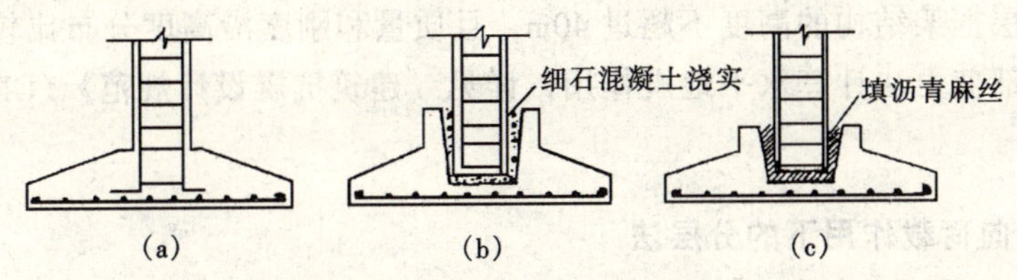

图 3-14 框架柱与基础的连接

4. 框架梁抗弯刚度的计算

计算框架梁截面惯性矩 I 时应考虑楼板的影响。在框架梁两端节点附近，梁承受负弯矩，顶部的楼板位于受拉区，故楼板对梁的截面弯曲刚度影响较小；而在框架梁的跨中，梁承受正弯矩，楼板处于受压区形成 T 形截面梁，故楼板对梁的截面弯曲刚度影响较大。为了方便设计，假定梁的截面惯矩 I 沿轴线不变，对现浇楼盖，中框架取 $I=2I_0$，边框架取 $I=1.5I_0$；对装配整体式楼盖，中框架取 $I=1.5I_0$，边框架取 $I=1.2I_0$；这里 I_0 为矩形截面梁的截面惯性矩。对装配式楼盖，则按梁的实际截面计算 I。

5. 荷载计算

作用于框架结构上的荷载分为竖向荷载和水平荷载两种。竖向荷载包括结构自重及楼（屋）面活荷载，一般是分布荷载，有时也有集中荷载。水平荷载包括风荷载和水平地震作用，一般均简化成水平集中力作用于框架节点上。

（1）楼（屋）面活荷载

多、高层建筑中的楼面活荷载，不可能以荷载规范所给的标准值同时满布在所有的楼面上，所以在结构设计时可考虑对楼面活荷载进行折减。

对于住宅、宿舍、旅馆、办公楼、医院病房、托儿所、幼儿园的楼面梁，当其负荷面积大于 25m² 时，折减系数取 0.9。

对于墙、柱、基础，则需根据计算截面以上楼层数的多少取不同的折减系数，如表 3-4 所示。

活荷载按楼层数的折减系数　　表 3-4

墙、柱、基础计算截面以上层数	1	2～3	4～5	6～8	9～20	>20
计算截面以上各楼层活荷载总和的折减系数	1.00 (0.9)	0.85	0.70	0.65	0.60	0.55

注：当楼面梁的从属面积超过 25m² 时，采用括号内系数。

（2）风荷载

风荷载的计算方法与单层厂房相同，风载体型系数 μ_s 按《建筑结构荷载规范》（GBJ 50009—2001）取用。

（3）水平地震作用

当多层框架结构的高度不超过40m，且质量和刚度沿高度分布比较均匀时，宜采用底部剪力法计算水平地震作用，详见《建筑抗震设计规范》(GB 50011—2001)。

3.2.2 竖向荷载作用下的分层法

由《结构力学》中位移法和力法的计算结果可知：在竖向荷载作用下，当框架梁的线刚度大于柱的线刚度，而且荷载较为均匀、结构基本对称时，框架侧移很小，侧移对其内力的影响也小，故可近似地按无侧移框架进行计算。而且当某层有竖向荷载时，在该层梁及与之相连的上下柱中产生较大内力，而对其它层的梁和柱中内力的影响，则是通过节点处弯矩分配给下层柱的上端，其值将随着分配和传递的加多而衰减，且梁的线刚度越大，衰减越快。故为了简化计算，对框架结构在竖向荷载作用下的内力分析，可作如下假定：

(1) 忽略不计框架的侧移，即不考虑框架侧移对内力的影响；

(2) 每层梁上的竖向荷载仅对本层的梁以及与其相连的柱产生弯矩和剪力，而对其它层的梁和隔层的柱都不产生弯矩和剪力。

以上假定中所指的内力并不包括柱的轴力，这是因为横梁上的荷载通过柱逐层传至基础，某层梁上的荷载对其下部各层柱的轴力均有影响。

根据上述假定，可将多层框架沿高度分成若干单层无侧移的敞口框架，框架梁上作用的荷载、柱高及梁跨均与原结构相同。计算时，可将各层梁及其上、下柱所组成的敞口框架作为一个独立计算单元（图 3-15)，用弯矩分配法分层计算各榀敞口框架的杆端弯矩，由此求得的梁端弯矩即为其最后弯矩。而因每一层柱属于上、下两层，所以每一层柱的最终弯矩需由上、下两层计算所得的弯矩值叠加得到。上、下层柱的弯矩叠加后，节点弯矩一般不会平衡，如欲进一步修正，可对不平衡弯矩再进行一次弯矩分配。

为便于计算，分层法假定敞口框架上、下柱的远端是固定端，而事实上，除底层柱的下端嵌固外，其它各柱的柱端均有转角产生，应为弹性支承。为减少计算误差，可把除底层柱以外的其它各层柱的线刚度均乘以修正系数0.9，据此来计算节点周围各杆件的弯矩分配系数；杆端分配弯矩向远端传递时，底层柱和各层梁的传递系数仍按远端为固定支承取为1/2，而其它各柱的传递系数考虑远端为弹性支承则取为1/3。

逐层叠加敞口框架的弯矩图即得原框架的弯矩图。杆端弯矩求出后，再由静力平衡条件可计算梁跨中弯矩、梁端剪力及柱的轴力。

分层法适用于节点梁柱线刚度比 $\Sigma i_b/\Sigma i_c \geqslant 3$，结构与荷载沿高度分布比较均匀的多层框架的内力分析。若满足上述条件，则与计算假定的误差较小，计算结果精度较好。

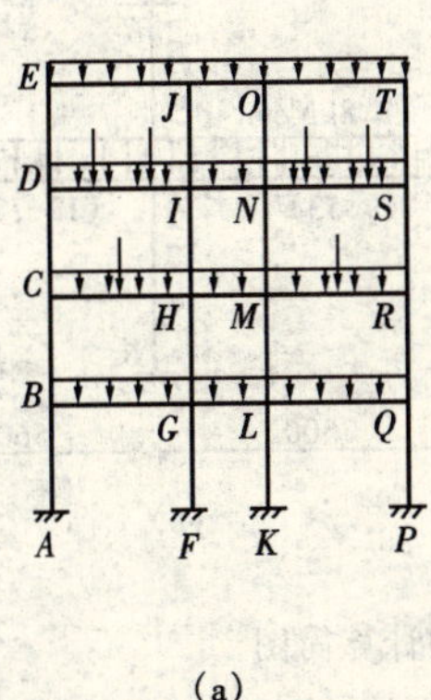

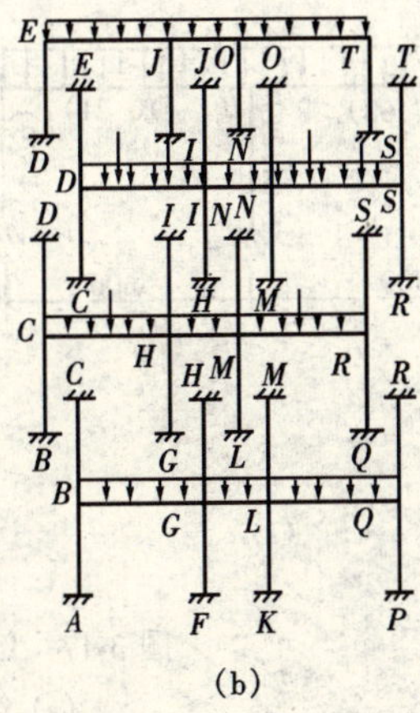

图 3-15　分层法计算简图

【例 3-1】　某二层框架如图 3-16 所示，其中杆件旁边括号内的数字为相应杆的线刚度。要求用分层法计算并绘制该框架的弯矩图。

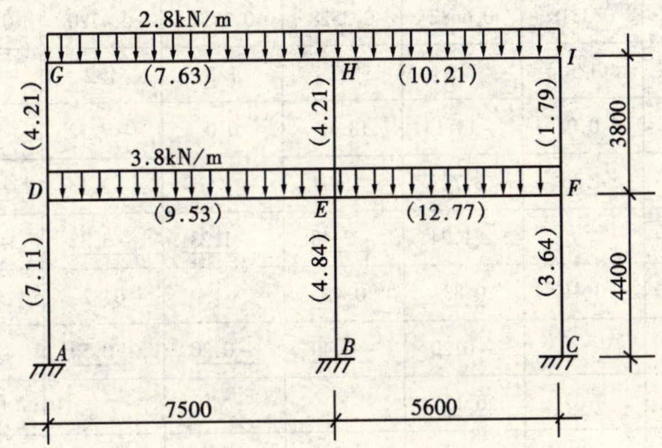

图 3-16　例 3-1 的框架

解　该框架可分成两层计算，从上到下分别记为Ⅰ层、Ⅱ层，如图 3-17 所示。

(1) 第Ⅰ层的计算

计算简图示于图 3-17 (a)。因假定无侧移，故可用力矩分配法计算。节点 G 各杆的弯矩分配系数计算如下：

$$\mu_{GH} = \frac{4 \times 7.63}{4 \times 7.63 + 4 \times 4.21 \times 0.9} = 0.6682$$

$$\mu_{GD} = \frac{4 \times 4.21 \times 0.9}{4 \times 7.63 + 4 \times 4.21 \times 0.9} = 0.3318$$

其余分配系数可类似求得。整个计算过程列于表 3-5。

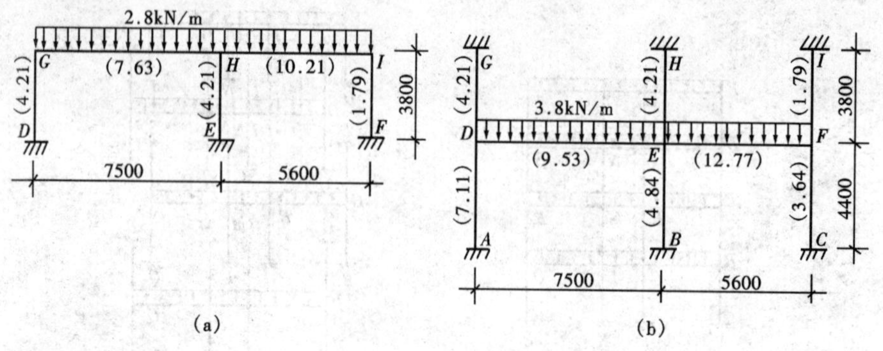

图 3-17　例 3-1 分层法的计算简图

(a) 第Ⅰ层；(b) 第Ⅱ层

例 3-1 第Ⅰ层的力矩分配法计算　　　　**表 3-5**

节点	G		H			I	
杆端	*GD*	*GH*	*HG*	*HE*	*HI*	*IH*	*IF*
分配系数	0.3318	0.6682	0.3528	0.1752	0.4720	0.8637	0.1363
传递系数	1/3	1/2	1/2	1/3	1/2	1/2	1/3
固端弯矩	0.0	−13.13	13.13	0.0	−7.32	7.32	0.0
放松 *G*，*I*	4.36	8.77	4.39		−3.16	−6.32	−1.00
放松 *H*		−1.24	−2.48	−1.23	−3.32	−1.66	
放松 *G*，*I*	0.41	0.83	0.42		0.72	1.43	0.23
放松 *H*		−0.20	−0.40	−0.20	−0.54	−0.27	
放松 *G*，*I*	0.07	0.13				0.23	0.04
最终弯矩	4.84	−4.84	15.06	−1.43	−13.62	0.73	−0.73

从表得传给杆端 *DG*、*EH* 和 *FI* 的弯矩分别为 1.61，−0.48 和 −0.24kN·m。

(2) 第Ⅱ层的计算

计算简图示于图 3-17（b）。节点 *D* 各杆的弯矩分配系数计算如下：

$$\mu_{DA}=\frac{4\times7.11}{4\times(7.11+4.21\times0.9+9.53)}=0.3480$$

$$\mu_{DG}=\frac{4\times4.21\times0.9}{4\times(7.11+4.21\times0.9+9.53)}=0.1855$$

$$\mu_{DE}=\frac{4\times9.53}{4\times(7.11+4.21\times0.9+9.53)}=0.4665$$

其余分配系数可类似求得。整个计算过程列于表 3-6。

例 3-1 第Ⅱ层的力矩分配法计算　　表 3-6

节点	D			E				F		
杆端	*DA*	*DG*	*DE*	*ED*	*EB*	*EH*	*EF*	*FE*	*FC*	*FI*
分配系数	0.3480	0.1855	0.4665	0.3081	0.1565	0.1225	0.4129	0.7086	0.2020	0.0894
传递系数	1/2	1/3	1/2	1/2	1/2	1/3	1/2	1/2	1/2	1/3
固端弯矩	0.0	0.0	－17.81	17.81	0.0	0.0	－9.93	9.93	0.0	0.0
放松 *D*，*F*	6.20	3.30	8.31	4.16			－3.52	－7.04	－2.01	－0.89
放松 *E*			－1.32	－2.63	－1.33	－1.04	－3.52	－1.76		
放松 *D*，*F*	0.46	0.24	0.62	0.31			0.63	1.25	0.36	0.16
放松 *E*				－0.29	－0.15	－0.12	－0.39			
最终弯矩	6.66	3.54	－10.2	19.36	－1.48	－1.16	－16.73	2.38	－1.65	－0.73

从表得 *AD*，*BE*，*CF*，*GD*，*HE* 和 *IF* 的弯矩分别为 3.33，－0.74，－0.83，1.18，－0.39 和－0.24kN·m

(3) 框架的弯矩图

将以上的计算结果叠加即得该框架的弯矩图，如图 3-18 所示。有时为提高精度，可把节点的不平衡弯矩再分配一次，在此从略。

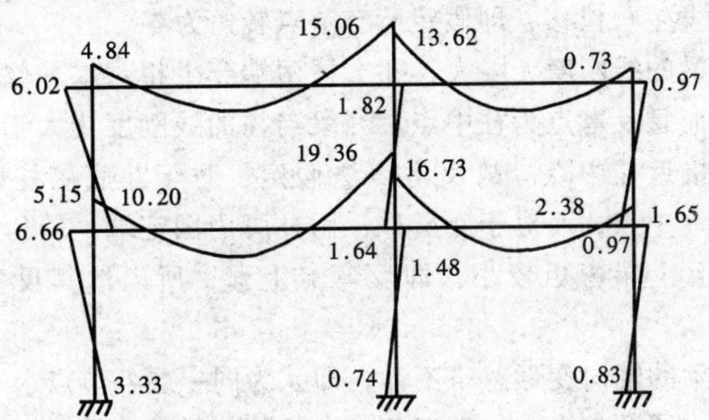

图 3-18　例 3-1 的弯矩图（单位：kN·m）

3.2.3　水平荷载作用下的反弯点法

风荷载和水平地震力对框架结构的作用一般都可简化为框架受节点水平集中力的作用，此时框架的侧移是主要变形因素。由精确法分析结果可知，框架结构在节点水平力作用下的变位图和弯矩图如图 3-19 所示。各杆的弯矩图都是直线形，而且每根杆都有一个反弯点，该点弯矩为零，剪力不为零。若能求出各柱反弯点位置和剪力大小，则可非常方便地算得柱端弯矩，进而由节点平衡条件求出梁端弯矩及整个框架的其它内力。由此可见，水平荷载作用下计算框架结构的关键问题就是确定各柱所分配的剪力及其反弯点的高度。从框架结构的变位图可知，由于忽略不计梁的轴向变形，因而同一层内的各节点的侧向位移相同，同一层内各柱的层间位移也相同。根据框架结构的变形特点，作如下假定：

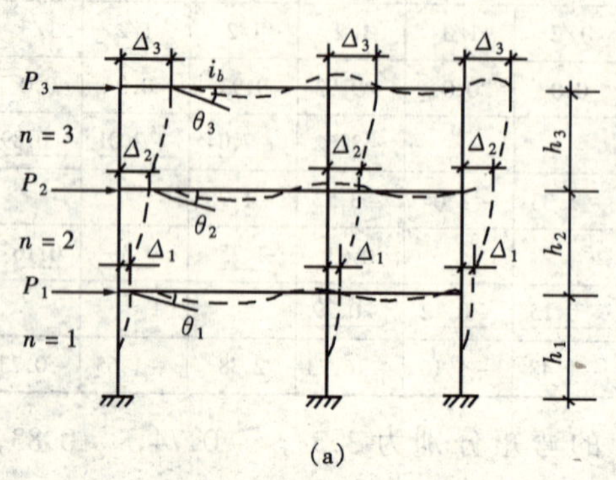

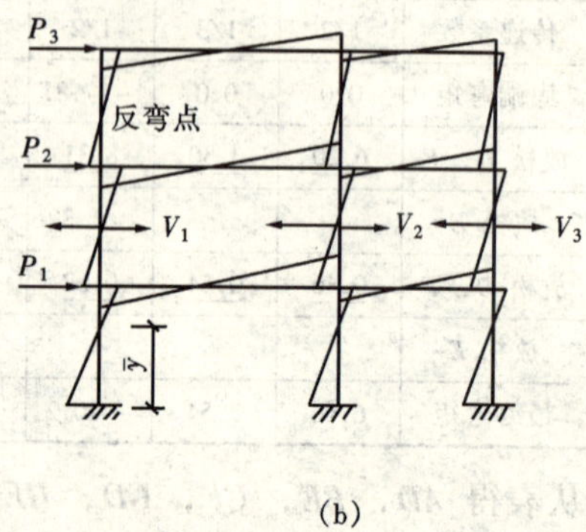

图 3-19　框架变位图和弯矩图

（a）框架变位图；（b）框架弯矩图

（1）求各柱剪力时，认为梁的线刚度与柱的线刚度之比为无限大，假定各柱上下端都不发生角位移，即假定所有节点转角为零。

（2）如果梁的线刚度无限大，那么柱两端产生相对水平位移时，柱两端便无任何转角，而且反弯点为柱中点。当梁与柱的线刚度比大于 3 时，柱端转角很小，反弯点接近柱中点。故反弯点法假定：对于除底层柱以外的上部各层柱，反弯点在柱中点；而对于底层柱，因柱脚为固定端，转角为零，而柱上端转角不为零，且上端弯矩较小，即反弯点上移，所以取其反弯点在距固定端 2/3高度处。

（3）框架梁的轴向变形忽略不计，即认为同一层各节点水平位移相等。

由此可知，层数较少，楼面荷载较大的框架结构，因柱的刚度较小而梁的刚度较大，此时假定（1）与实际情况较为符合。一般认为，当梁的线刚度 i_b 与柱的线刚度 i_c 之比 $i_b/i_c>3$ 时，采用反弯点法计算，由上述假定所引起的误差能满足工程精度要求。

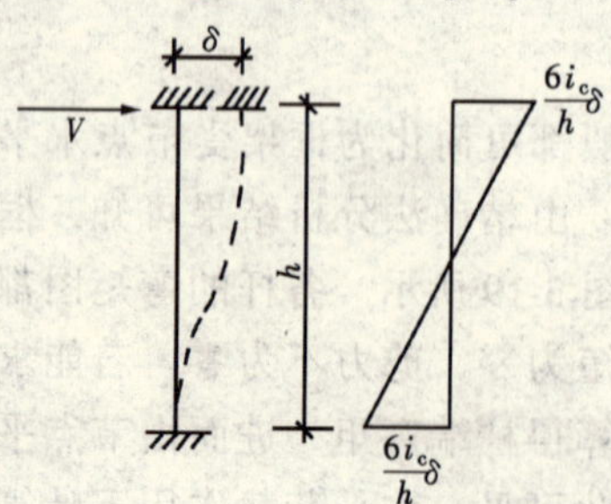

图 3-20　柱剪力与水平位移的关系

两端无转角但有水平位移时，柱的剪力与水平位移的关系为（见图 3-20）

$$V=\frac{12i_c}{h^2}\delta \tag{3-2}$$

式中　V——柱剪力；

δ——柱层间位移；

h——层高；

EI——柱抗弯刚度；

i_c——柱线刚度 $i_c = \frac{EI}{h}$。

因为侧移刚度 d 的定义是柱上下两端产生单位位移时所需要施加的剪力，故

$$d = \frac{V}{\delta} = \frac{12i_c}{h^2} \tag{3-3}$$

设同层各柱剪力为 V_1，V_2，$\cdots V_i$，$\cdots$，根据层剪力平衡得：

$$V_1 + V_2 + \cdots + V_i + \cdots = \Sigma P \tag{3-4}$$

因同层各柱柱端水平位移均等于 δ，按侧移刚度 d 的定义得：

$$V_1 = \delta d_1$$

$$V_2 = \delta d_2$$

$$\vdots$$

$$V_i = \delta d_i$$

$$\vdots$$

将上式代入式（3-3）有

$$\delta = \frac{\Sigma P}{d_1 + d_2 + \cdots + d_i + \cdots} = \frac{\Sigma P}{\Sigma d}$$

故有
$$V_i = \frac{d_i}{\Sigma d}\Sigma P = \mu_i V_P \tag{3-5}$$

式（3-5）即计算各柱剪力的公式。

式中 μ_i——剪力分配系数，$\mu_i = \frac{d_i}{\Sigma d}$；

d_i——第 j 层第 i 根柱的侧移刚度；

Σd——第 j 层各柱的侧移刚度之和；

V_P——第 j 层的层剪力，亦即第 j 层以上所有水平荷载总和；

V_i——第 j 层第 i 根柱的剪力。

综上所述，反弯点法的计算步骤如下：

（1）多层多跨框架在水平荷载作用下，当梁柱线刚度之比值 $i_b/i_c > 3$，可用反弯点法计算杆件内力。

（2）按式（3-3）计算各柱侧移刚度，再据式（3-5）把该层总剪力分配到每个柱。

（3）根据各柱分配到的剪力及反弯点位置，计算柱端弯矩。

除底层外的上层各柱：上下端弯矩相等

$$M_{i上} = M_{i下} = V_i \cdot \frac{h}{2}$$

底层柱：

$$上端弯矩 \quad M_{i上} = V_i \cdot \frac{h}{3}$$

$$下端弯矩 \quad M_{i下} = V_i \cdot \frac{2h}{3}$$

（4）根据节点平衡计算梁端弯矩，如图 3-21 所示。

对于边柱，见图 3-21（a）：

$$M_i = M_{i上} + M_{i下}$$

对于中柱，见图 3-21（b）：设梁的端弯矩与梁的线刚度成正比，则有

$$M_{i左} = (M_{i上} + M_{i下})\frac{i_{b左}}{i_{b左} + i_{b右}}$$

$$M_{i右} = (M_{i上} + M_{i下})\frac{i_{b右}}{i_{b左} + i_{b右}}$$

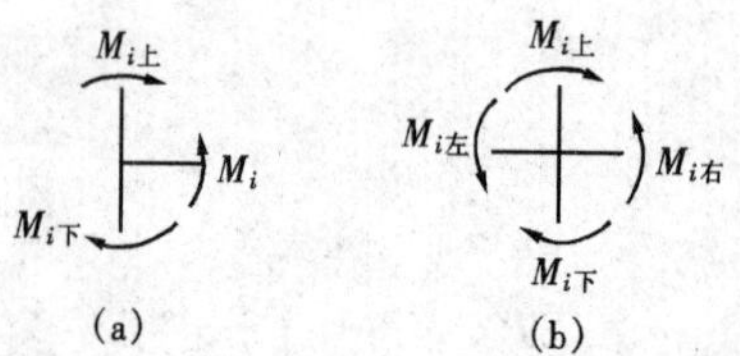

图 3-21　节点力矩平衡

式中：$i_{b左}$为左边梁的线刚度；$i_{b右}$为右边梁的线刚度。

然后，由梁两端的弯矩，根据梁的平衡条件，可求出梁的剪力；由梁的剪力，按照节点的平衡条件，便可求出柱的轴力。

综上所述，反弯点法的要点，一是确定剪力分配系数 μ_i，二是确定反弯点高度。在确定它们时都假设节点转角为零，即认为梁的线刚度为无穷大。这一假设，对于层数不多的框架，误差不会很大。但对于高层框架，因为柱截面加大，梁柱相对线刚度比值相应减小，反弯点法的误差较大。下一节将详细讨论这个问题。

对于规则框架，反弯点法颇为简单；而对于横梁不贯通全框架的复式框架，可引进并联柱和串联柱的概念后，再用反弯点法计算，详见有关参考文献。

【例 3-2】　计算并绘制图 3-22 所示框架的弯矩图。图中括号内数字为每杆的相对线刚度。

解　在用侧移刚度确定剪力分配系数时，因 $d = \frac{12 i_c}{h^2}$，当同层各柱 h 相等时，d 可直接用 i_c 表示。此例只有第 3 层第 2 根柱的高度与同层其

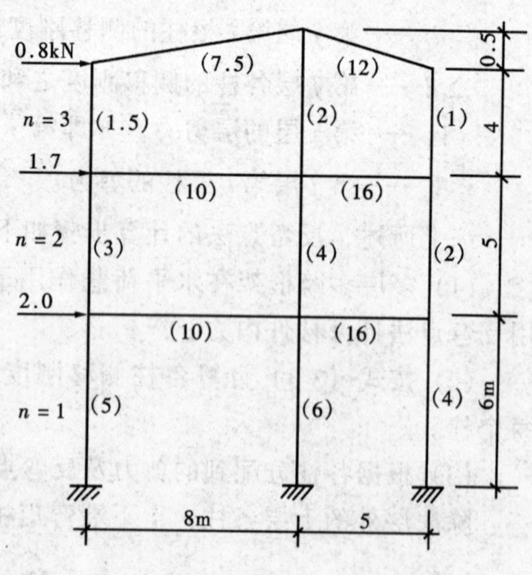

图 3-22　例 3-2 框架图

它柱的高度不同，为了统一用 i_c，该柱线刚度 i_c 作如下变换，即采用折算线刚度计算剪力分配系数。

折算线刚度为

$$i'_c = \frac{4^2}{4.5^2} i_c = \frac{4^2}{4.5^2} \times 2 = 1.6$$

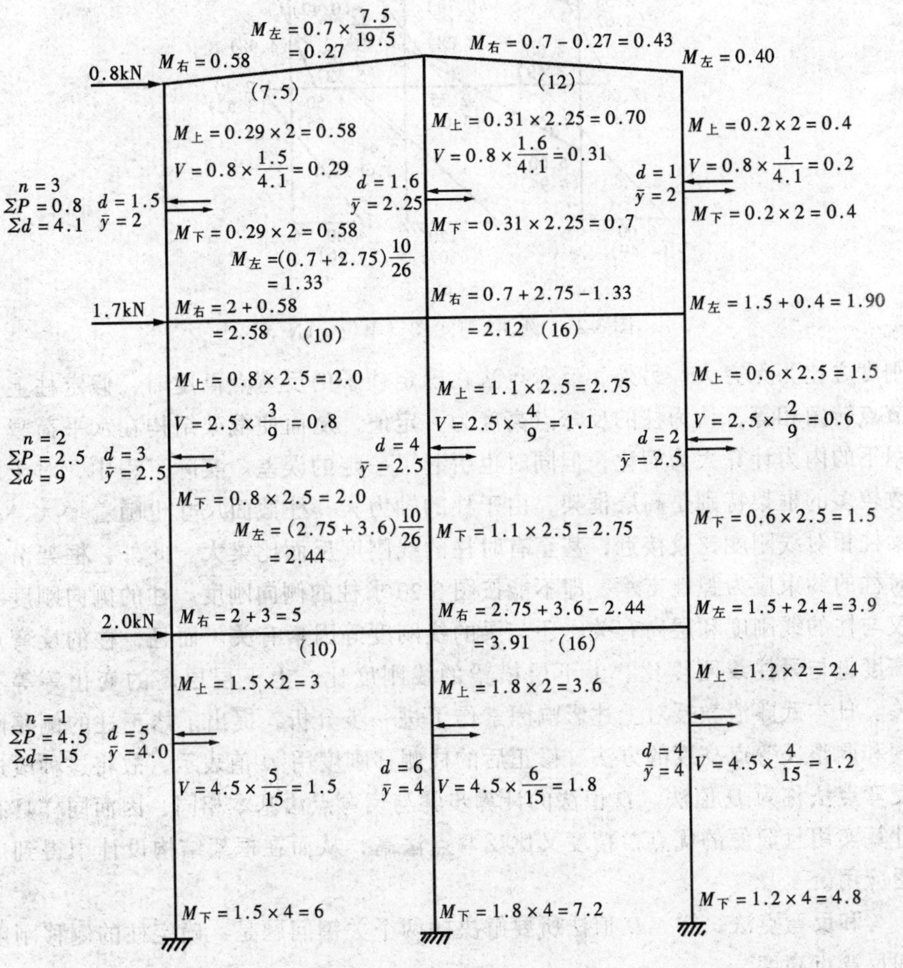

图 3-23　反弯点法计算例 3-2 过程

计算过程详见图 3-23，力的单位为 kN、长度的单位为 m。

最后弯矩图如图 3-24 所示，括号内的数字为精确解。本例计算结果表明用反弯点法所得的弯矩大致上与精确解相近，个别地方误差大一些。

3.2.4　水平荷载作用下的改进反弯点法——*D* 值法

反弯点法在计算柱侧移刚度 d 时，假设节点转角为零，亦即梁柱之间的线

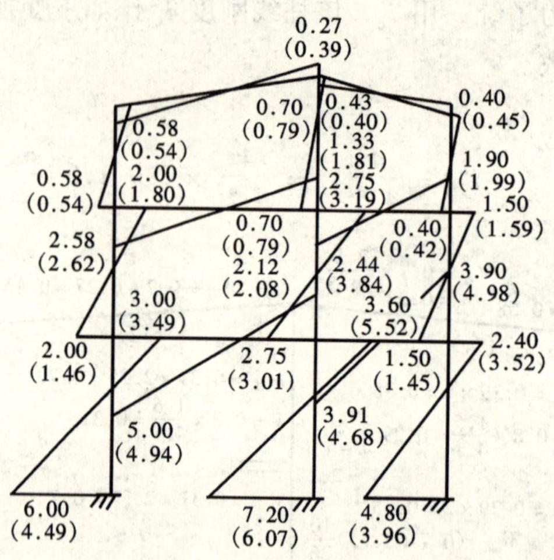

图 3-24　例 3-2 弯矩图（单位：kN·m）

刚度之比为无穷大。另外，反弯点法在确定柱子的反弯点高度时，假定柱上下节点转角相等，认为柱的反弯点高度为一定值，从而使框架结构在水平荷载作用下的内力计算大为简化，但同时也引起了一定的误差。实际工程中，对于层数较多的框架特别是高层框架，由于柱的轴力大，柱截面尺寸也随着增大，故梁柱相对线刚度比较接近，甚至有时柱的线刚度反而比梁大。此外，框架节点对柱的约束应为弹性支承，即不能按图 3-20 求柱的侧向刚度。柱的侧向刚度不仅与柱的线刚度和层高有关，还与梁的线刚度等因素有关。而且，柱的反弯点高度也与梁柱线刚度比、上下层横梁的线刚度比、上下层层高的变化等等有关。日本武藤清教授对上述影响因素作了进一步分析，提出了修正柱的侧移刚度和调整反弯点高度的方法。修正后的柱侧移刚度用 D 值表示，故将这种改进反弯点法称为 D 值法。D 值法的计算步骤与反弯点法基本相同，因而同样具有计算实用且简便的优点，精度又比反弯点法高，从而在框架结构设计中得到广泛应用。

和反弯点法一样，D 值法所要解决的两个关键问题是：确定柱的侧移刚度和反弯点高度。

1. 柱侧移刚度的修正

反弯点法假定框架节点转角为零，取柱的侧移刚度 $d=\frac{12i_c}{h^2}$。而 D 值法则认为框架节点均有转角，柱的侧移刚度有所降低，此时取修正的侧移刚度为

$$D=\alpha_c\frac{12i_c}{h^2} \tag{3-6}$$

式中 $\alpha_c<1$，它反映了因节点转动降低了柱的抗侧移能力。现在对图 3-25 所示

的规则框架进行受力分析来推导 α_c。

所谓规则框架是指层高、跨度、柱的线刚度和梁的线刚度分别相等的框架。从框架一般层取某柱 AB 以及与之相连梁柱为脱离体进行分析，见图 3-25 (b)，框架在水平荷载作用下发生侧移，柱 AB 到达新的位置 $A'B'$。柱 AB 的上下端均产生转角 θ，柱 AB 的相对侧移为 Δ，弦转角为 $\varphi = \Delta/h$。

为简化计算，提出如下假定：

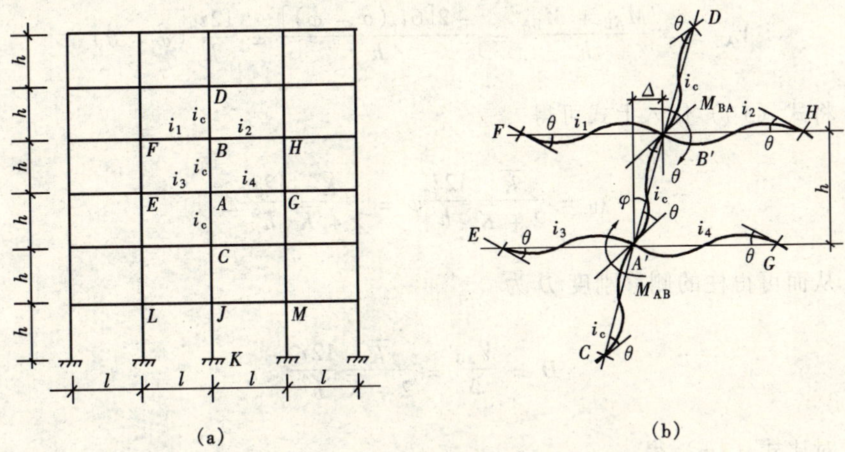

图 3-25 框架抗侧移刚度计算图

(a) 整体框架结构；(b) 中间梁柱单元的变形

(1) 柱 AB 及与之相邻的各杆件杆端转角相等均为 θ；

(2) 柱 AB 及与之相邻的上下层柱的旋转角相等均为 φ；

(3) 柱 AB 及与之相邻的上下层柱的线刚度相等均为 i_c。

根据上述假定和转角位移方程，可求出与节点 A 和节点 B 相邻杆件的杆端弯矩。

$$M_{AB} = M_{BA} = M_{AC} = M_{BD} = 4i_c\theta + 2i_c\theta - 6i_c\frac{\Delta}{h} = 6i_c(\theta - \varphi)$$

$$M_{AE} = 4i_3\theta + 2i_3\theta = 6i_3\theta$$

$$M_{AG} = 6i_4\theta; M_{BF} = 6i_1\theta; M_{BH} = 6i_2\theta$$

根据节点 A 和节点 B 的力矩平衡条件，则分别可得

$$6(i_3 + i_4 + 2i_c)\theta - 12i_c\varphi = 0$$

$$6(i_1 + i_2 + 2i_c)\theta - 12i_c\varphi = 0$$

将上两式相加，简化后便得

$$\theta = \frac{2}{2 + \frac{\Sigma i}{2i_c}}\varphi = \frac{2}{2 + \overline{K}}\varphi \tag{3-7}$$

式中　$\Sigma i = i_1 + i_2 + i_3 + i_4$，$\overline{K} = \frac{\Sigma i}{2i_c}$，$\overline{K}$ 称为梁柱线刚度比。

柱 AB 所受到的剪力为

$$V_{AB} = -\frac{M_{AB} + M_{BA}}{h} = \frac{-2[6i_c(\theta - \varphi)]}{h} = \frac{12i_c}{h}(\varphi - \theta)$$

将式（3-7）代入上式可得

$$V_{AB} = \frac{\overline{K}}{2 + \overline{K}}\frac{12i_c}{h}\varphi = \frac{\overline{K}}{2 + \overline{K}}\frac{12i_c}{h^2}\Delta$$

从而可得柱的侧移刚度 D 为

$$D = \frac{V_{AB}}{\Delta} = \frac{\overline{K}}{2 + \overline{K}}\frac{12i_c}{h^2}$$

对比式（3-6）得

$$\alpha_c = \frac{\overline{K}}{2 + \overline{K}} \tag{3-8}$$

由上式可知，节点转动的大小取决于梁对节点的转动约束程度。梁柱线刚度比 $\overline{K}$ 值越大，说明梁对柱转动的约束能力越大，节点转角越小；当 $\overline{K}$ 值无限大时，$\alpha_c = 1$，此时 D 值与 d 值相等；当 $\overline{K}$ 值较小时，$\alpha_c < 1$，D 值小于 d 值。因而，α_c 称为柱侧移刚度修正系数。

对于框架底层柱，其下端多为固定支座，有时也有可能为铰结，亦可采用类似方法推导，过程从略。

现将框架中常见各种情况的 $\overline{K}$ 及 α_c 计算公式列于表 3-7 中，由此表得出 α_c 后代入式（3-6）即可求出柱侧移刚度 D。

柱抗侧移刚度修正系数 α_c　　　　**表 3-7**

位　置	边　柱		中　柱		α_c
一般层	i_c i_2 i_4	$\overline{K} = \frac{i_2 + i_4}{2i_c}$	i_1 i_2 i_c i_3 i_4	$\overline{K} = \frac{i_1 + i_2 + i_3 + i_4}{2i_c}$	$\alpha_c = \frac{\overline{K}}{2 + \overline{K}}$

续表

位置		边柱		中柱		α_c
底层	固接	i_2, i_c（固端）	$\overline{K}=\dfrac{i_2}{i_c}$	i_1, i_2, i_c（固端）	$\overline{K}=\dfrac{i_1+i_2}{i_c}$	$\alpha_c=\dfrac{0.5+\overline{K}}{2+\overline{K}}$
	铰接	i_2, i_c（铰端）	$\overline{K}=\dfrac{i_2}{i_c}$	i_1, i_2, i_c（铰端）	$\overline{K}=\dfrac{i_1+i_2}{i_c}$	$\alpha_c=\dfrac{0.5\overline{K}}{1+2\overline{K}}$

2. 确定柱的反弯点高度比

影响柱反弯点高度的主要因素是柱上下端的约束条件。从图 3-26 可知，当两端固定或两端转角完全相等时，$\theta_{j-1}=\theta_j$，故 $M_{j-1}=M_j$，此时反弯点在中点。两端约束刚度不相同时，两端转角也不相等，$\theta_j\neq\theta_{j-1}$，反弯点移向转角较大的一端，也就是向约束刚度较小的一端移动。当一端为铰结时（支承转动刚度为 0），弯矩为 0，即反弯点与该端铰重合。

影响柱两端约束刚度的主要因素是：

(1) 结构总层数以及该层所在的位置。

(2) 梁柱线刚度比。

(3) 荷载形式。

(4) 上层与下层梁刚度比。

(5) 上、下层层高变化。

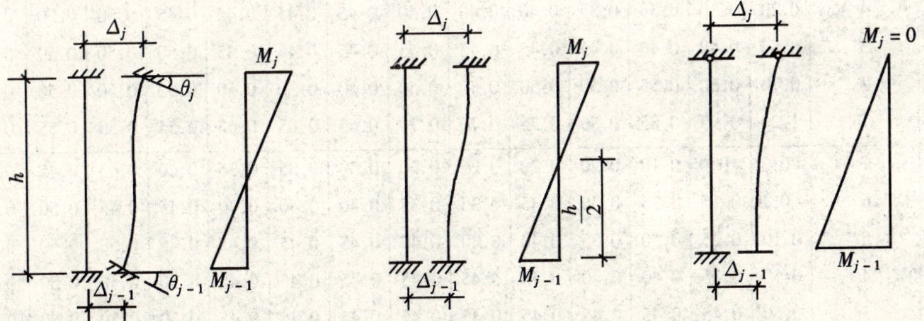

图 3-26　反弯点位置

在 D 值法中，由力学分析求得规则情况下的标准反弯点高度比 y_0（即反弯点到柱下端距离与柱全高的比值），再根据上、下梁线刚度比值及上、下层层高变化，对 y_0 进行调整。

(1) 柱标准反弯点高度比

标准反弯点高度比是对各层等高、各跨相等、各层梁和柱线刚度都不改变的多层规则框架在水平荷载作用下求得的反弯点高度比。为使用方便，已把标准反弯点高度比的值制成表格。在均布水平荷载下的 y_0 列于表 3-8；在倒三角

形分布荷载下的 y_0 列于表 3-9。根据该框架总层数 m 及该层所在楼层 n 以及梁柱线刚度比 $\overline{K}$ 值，可从表中查得标准反弯点高度比 y_0。

规则框架承受均布水平力作用时各层柱标准反弯点高度比 y_0　　表 3-8

m	n \ $\overline{K}$	0.1	0.2	0.3	0.4	0.5	0.6	0.7	0.8	0.9	1.0	2.0	3.0	4.0	5.0
1	1	0.80	0.75	0.70	0.65	0.65	0.60	0.60	0.60	0.60	0.55	0.55	0.55	0.55	0.55
2	2	0.45	0.40	0.35	0.35	0.35	0.35	0.40	0.40	0.40	0.40	0.45	0.45	0.45	0.45
	1	0.95	0.80	0.75	0.70	0.65	0.65	0.65	0.60	0.60	0.60	0.55	0.55	0.55	0.50
3	3	0.15	0.20	0.20	0.25	0.30	0.30	0.30	0.35	0.35	0.35	0.40	0.45	0.45	0.45
	2	0.55	0.50	0.45	0.45	0.45	0.45	0.45	0.45	0.45	0.45	0.45	0.50	0.50	0.50
	1	1.00	0.85	0.80	0.75	0.70	0.70	0.65	0.65	0.65	0.60	0.55	0.55	0.55	0.55
4	4	−0.05	0.05	0.15	0.20	0.25	0.30	0.30	0.35	0.35	0.35	0.40	0.45	0.45	0.45
	3	0.25	0.30	0.30	0.35	0.35	0.40	0.40	0.40	0.40	0.45	0.45	0.50	0.50	0.50
	2	0.65	0.55	0.50	0.50	0.45	0.45	0.45	0.45	0.45	0.45	0.45	0.50	0.50	0.50
	1	1.10	0.90	0.80	0.75	0.70	0.70	0.65	0.65	0.65	0.55	0.55	0.55	0.55	0.55
5	5	−0.20	0.00	0.15	0.20	0.25	0.30	0.30	0.30	0.35	0.35	0.40	0.45	0.45	0.45
	4	0.10	0.20	0.25	0.30	0.35	0.35	0.40	0.40	0.40	0.40	0.45	0.45	0.50	0.50
	3	0.40	0.40	0.40	0.40	0.40	0.45	0.45	0.45	0.45	0.45	0.50	0.50	0.50	0.50
	2	0.65	0.55	0.50	0.50	0.50	0.50	0.50	0.50	0.50	0.50	0.50	0.50	0.50	0.50
	1	1.20	0.95	0.80	0.75	0.75	0.70	0.70	0.65	0.65	0.65	0.55	0.55	0.55	0.55
6	6	−0.30	0.00	0.10	0.20	0.25	0.25	0.30	0.30	0.35	0.35	0.40	0.45	0.45	0.45
	5	0.00	0.20	0.25	0.30	0.35	0.35	0.40	0.40	0.40	0.40	0.45	0.45	0.50	0.50
	4	0.20	0.30	0.35	0.35	0.40	0.40	0.40	0.45	0.45	0.45	0.45	0.50	0.50	0.50
	3	0.40	0.40	0.40	0.45	0.45	0.45	0.45	0.45	0.45	0.45	0.50	0.50	0.50	0.50
	2	0.70	0.60	0.55	0.50	0.50	0.50	0.50	0.50	0.50	0.50	0.50	0.50	0.50	0.50
	1	1.20	0.95	0.85	0.80	0.75	0.70	0.70	0.65	0.65	0.65	0.55	0.55	0.55	0.55
7	7	−0.35	−0.05	0.10	0.20	0.20	0.25	0.30	0.30	0.35	0.35	0.40	0.45	0.45	0.45
	6	−0.10	0.15	0.25	0.30	0.35	0.35	0.35	0.40	0.40	0.40	0.45	0.45	0.50	0.50
	5	0.10	0.25	0.30	0.35	0.40	0.40	0.40	0.45	0.45	0.45	0.45	0.50	0.50	0.50
	4	0.30	0.35	0.40	0.40	0.40	0.45	0.45	0.45	0.45	0.45	0.50	0.50	0.50	0.50
	3	0.50	0.45	0.45	0.45	0.45	0.45	0.45	0.45	0.45	0.45	0.50	0.50	0.50	0.50
	2	0.75	0.60	0.55	0.50	0.50	0.50	0.50	0.50	0.50	0.50	0.50	0.50	0.50	0.50
	1	1.20	0.95	0.85	0.80	0.75	0.70	0.70	0.65	0.65	0.65	0.55	0.55	0.55	0.55
8	8	−0.35	−0.15	0.10	0.15	0.25	0.25	0.30	0.30	0.35	0.35	0.40	0.45	0.45	0.45
	7	−0.10	0.15	0.25	0.30	0.35	0.35	0.40	0.40	0.40	0.40	0.45	0.50	0.50	0.50
	6	0.05	0.25	0.30	0.35	0.40	0.40	0.40	0.45	0.45	0.45	0.45	0.50	0.50	0.50
	5	0.20	0.30	0.35	0.40	0.40	0.45	0.45	0.45	0.45	0.45	0.50	0.50	0.50	0.50
	4	0.35	0.40	0.40	0.45	0.45	0.45	0.45	0.45	0.45	0.45	0.50	0.50	0.50	0.50
	3	0.50	0.45	0.45	0.45	0.45	0.45	0.45	0.45	0.50	0.50	0.50	0.50	0.50	0.50
	2	0.75	0.60	0.55	0.55	0.50	0.50	0.50	0.50	0.50	0.50	0.50	0.50	0.50	0.50
	1	1.20	1.00	0.85	0.80	0.75	0.70	0.70	0.65	0.65	0.65	0.55	0.55	0.55	0.55

续表

m	n \ $\overline{K}$	0.1	0.2	0.3	0.4	0.5	0.6	0.7	0.8	0.9	1.0	2.0	3.0	4.0	5.0
9	9	-0.40	-0.05	0.10	0.20	0.25	0.25	0.30	0.30	0.35	0.35	0.45	0.45	0.45	0.45
	8	-0.15	0.15	0.20	0.30	0.35	0.35	0.35	0.40	0.40	0.40	0.45	0.45	0.50	0.50
	7	0.05	0.25	0.30	0.35	0.40	0.40	0.40	0.45	0.45	0.45	0.45	0.50	0.50	0.50
	6	0.15	0.30	0.35	0.40	0.40	0.45	0.45	0.45	0.45	0.45	0.50	0.50	0.50	0.50
	5	0.25	0.35	0.40	0.40	0.45	0.45	0.45	0.45	0.45	0.45	0.50	0.50	0.50	0.50
	4	0.40	0.40	0.40	0.45	0.45	0.45	0.45	0.45	0.45	0.45	0.50	0.50	0.50	0.50
	3	0.50	0.45	0.45	0.45	0.45	0.45	0.45	0.45	0.50	0.50	0.50	0.50	0.50	0.50
	2	0.80	0.65	0.55	0.55	0.50	0.50	0.50	0.50	0.50	0.50	0.50	0.50	0.50	0.50
	1	1.20	1.00	0.85	0.80	0.75	0.70	0.70	0.65	0.65	0.65	0.55	0.55	0.55	0.55
10	10	-0.40	-0.05	0.10	0.20	0.25	0.30	0.30	0.30	0.35	0.35	0.40	0.45	0.45	0.45
	9	-0.15	0.15	0.25	0.30	0.35	0.35	0.40	0.40	0.40	0.40	0.45	0.45	0.50	0.50
	8	0.00	0.25	0.30	0.35	0.40	0.40	0.40	0.45	0.45	0.45	0.45	0.50	0.50	0.50
	7	0.10	0.30	0.35	0.40	0.40	0.45	0.45	0.45	0.45	0.45	0.50	0.50	0.50	0.50
	6	0.20	0.35	0.40	0.40	0.45	0.45	0.45	0.45	0.45	0.45	0.50	0.50	0.50	0.50
	5	0.30	0.40	0.40	0.45	0.45	0.45	0.45	0.45	0.45	0.50	0.50	0.50	0.50	0.50
	4	0.40	0.40	0.45	0.45	0.45	0.45	0.45	0.45	0.45	0.50	0.50	0.50	0.50	0.50
	3	0.55	0.50	0.45	0.45	0.45	0.50	0.50	0.50	0.50	0.50	0.50	0.50	0.50	0.50
	2	0.80	0.65	0.55	0.55	0.55	0.50	0.50	0.50	0.50	0.50	0.50	0.50	0.50	0.50
	1	1.30	1.00	0.85	0.80	0.75	0.70	0.70	0.65	0.65	0.65	0.60	0.55	0.55	0.55
11	11	-0.40	0.05	0.10	0.20	0.25	0.30	0.30	0.30	0.35	0.35	0.40	0.45	0.45	0.45
	10	-0.15	0.15	0.25	0.30	0.35	0.35	0.40	0.40	0.40	0.40	0.45	0.45	0.50	0.50
	9	0.00	0.25	0.30	0.35	0.40	0.40	0.40	0.45	0.45	0.45	0.45	0.50	0.50	0.50
	8	0.10	0.30	0.35	0.40	0.40	0.45	0.45	0.45	0.45	0.45	0.45	0.50	0.50	0.50
	7	0.20	0.35	0.40	0.45	0.45	0.45	0.45	0.45	0.45	0.45	0.50	0.50	0.50	0.50
	6	0.25	0.35	0.40	0.45	0.45	0.45	0.45	0.45	0.45	0.45	0.50	0.50	0.50	0.50
	5	0.35	0.40	0.40	0.45	0.45	0.45	0.45	0.45	0.45	0.50	0.50	0.50	0.50	0.50
	4	0.40	0.45	0.45	0.45	0.45	0.45	0.45	0.50	0.50	0.50	0.50	0.50	0.50	0.50
	3	0.55	0.50	0.50	0.50	0.50	0.50	0.50	0.50	0.50	0.50	0.50	0.50	0.50	0.50
	2	0.80	0.65	0.60	0.55	0.55	0.50	0.50	0.50	0.50	0.50	0.50	0.50	0.50	0.50
	1	1.30	1.00	0.85	0.80	0.75	0.70	0.70	0.65	0.65	0.65	0.60	0.55	0.55	0.55

续表

m	$\overline{K}$ / n	0.1	0.2	0.3	0.4	0.5	0.6	0.7	0.8	0.9	1.0	2.0	3.0	4.0	5.0
12以上	↓1	−0.40	−0.00	0.10	0.20	0.25	0.30	0.30	0.30	0.35	0.35	0.40	0.45	0.45	0.45
	2	−0.15	0.15	0.25	0.30	0.35	0.35	0.40	0.40	0.40	0.40	0.45	0.45	0.50	0.50
	3	0.00	0.25	0.30	0.35	0.40	0.40	0.40	0.45	0.45	0.45	0.50	0.50	0.50	0.50
	4	0.10	0.30	0.35	0.40	0.40	0.45	0.45	0.45	0.45	0.45	0.50	0.50	0.50	0.50
	5	0.20	0.35	0.40	0.40	0.45	0.45	0.45	0.45	0.45	0.45	0.50	0.50	0.50	0.50
	6	0.25	0.35	0.40	0.45	0.45	0.45	0.45	0.45	0.45	0.45	0.50	0.50	0.50	0.50
	7	0.30	0.40	0.40	0.45	0.45	0.45	0.45	0.45	0.50	0.50	0.50	0.50	0.50	0.50
	8	0.35	0.40	0.45	0.45	0.45	0.45	0.45	0.50	0.50	0.50	0.50	0.50	0.50	0.50
	中间	0.40	0.40	0.45	0.45	0.45	0.45	0.50	0.50	0.50	0.50	0.50	0.50	0.50	0.50
	4	0.45	0.45	0.45	0.45	0.50	0.50	0.50	0.50	0.50	0.50	0.50	0.50	0.50	0.50
	3	0.60	0.50	0.50	0.50	0.50	0.50	0.50	0.50	0.50	0.50	0.50	0.50	0.50	0.50
	2	0.80	0.65	0.60	0.55	0.55	0.50	0.50	0.50	0.50	0.50	0.50	0.50	0.50	0.50
	↑1	1.30	1.00	0.85	0.80	0.76	0.70	0.70	0.65	0.65	0.65	0.55	0.55	0.55	0.55

注：

i_1 i_2

i

i_3 i_4

$$\overline{K}=\frac{i_1+i_2+i_3+i_4}{2i}$$

规则框架承受倒三角形分布水平力作用时各层柱标准反弯点高度比 y_0　　表 3-9

m	$\overline{K}$ / n	0.1	0.2	0.3	0.4	0.5	0.6	0.7	0.8	0.9	1.0	2.0	3.0	4.0	5.0
1	1	0.80	0.75	0.70	0.65	0.65	0.60	0.60	0.60	0.60	0.55	0.55	0.55	0.55	0.55
2	2	0.50	0.45	0.40	0.40	0.40	0.40	0.40	0.40	0.40	0.45	0.45	0.45	0.45	0.50
	1	1.00	0.85	0.75	0.70	0.70	0.65	0.65	0.65	0.60	0.60	0.55	0.55	0.55	0.55
3	3	0.25	0.25	0.25	0.30	0.30	0.35	0.35	0.35	0.40	0.40	0.45	0.45	0.45	0.50
	2	0.60	0.50	0.50	0.50	0.50	0.45	0.45	0.45	0.45	0.45	0.50	0.50	0.50	0.50
	1	1.15	0.90	0.80	0.75	0.75	0.70	0.70	0.65	0.65	0.65	0.60	0.55	0.55	0.55
4	4	0.10	0.15	0.20	0.25	0.30	0.30	0.35	0.35	0.35	0.40	0.45	0.45	0.45	0.45
	3	0.35	0.35	0.35	0.40	0.40	0.40	0.40	0.45	0.45	0.45	0.45	0.50	0.50	0.50
	2	0.70	0.60	0.55	0.50	0.50	0.50	0.50	0.50	0.50	0.50	0.50	0.50	0.50	0.50
	1	1.20	0.95	0.85	0.80	0.75	0.70	0.70	0.70	0.65	0.65	0.55	0.55	0.55	0.55

续表

m	n \ $\overline{K}$	0.1	0.2	0.3	0.4	0.5	0.6	0.7	0.8	0.9	1.0	2.0	3.0	4.0	5.0
5	5	-0.05	0.10	0.20	0.25	0.30	0.30	0.35	0.35	0.35	0.35	0.40	0.45	0.45	0.45
	4	0.20	0.25	0.35	0.35	0.40	0.40	0.40	0.40	0.40	0.45	0.45	0.50	0.50	0.50
	3	0.45	0.40	0.45	0.45	0.45	0.45	0.45	0.45	0.45	0.45	0.50	0.50	0.50	0.50
	2	0.75	0.60	0.55	0.55	0.50	0.50	0.50	0.50	0.50	0.50	0.50	0.50	0.50	0.50
	1	1.30	1.00	0.85	0.80	0.75	0.70	0.70	0.65	0.65	0.65	0.65	0.55	0.55	0.55
6	6	-0.15	0.05	0.15	0.20	0.25	0.30	0.30	0.35	0.35	0.35	0.40	0.45	0.45	0.45
	5	0.10	0.25	0.30	0.35	0.35	0.45	0.40	0.40	0.45	0.45	0.45	0.50	0.50	0.50
	4	0.30	0.35	0.40	0.40	0.45	0.45	0.45	0.45	0.45	0.45	0.50	0.50	0.50	0.50
	3	0.50	0.45	0.45	0.45	0.45	0.45	0.45	0.45	0.45	0.50	0.50	0.50	0.50	0.50
	2	0.80	0.65	0.55	0.55	0.55	0.55	0.50	0.50	0.50	0.50	0.50	0.50	0.50	0.50
	1	1.30	1.00	0.85	0.80	0.75	0.70	0.70	0.65	0.65	0.65	0.60	0.55	0.55	0.55
7	7	-0.20	0.05	0.15	0.20	0.25	0.30	0.30	0.35	0.35	0.35	0.45	0.45	0.45	0.45
	6	0.05	0.20	0.30	0.35	0.35	0.40	0.40	0.40	0.40	0.45	0.45	0.50	0.50	0.50
	5	0.20	0.30	0.35	0.40	0.40	0.45	0.45	0.45	0.45	0.45	0.50	0.50	0.50	0.50
	4	0.35	0.40	0.40	0.45	0.45	0.45	0.45	0.45	0.45	0.45	0.50	0.50	0.50	0.50
	3	0.55	0.50	0.50	0.50	0.50	0.50	0.50	0.50	0.50	0.50	0.50	0.50	0.50	0.50
	2	0.80	0.65	0.60	0.55	0.55	0.55	0.50	0.50	0.50	0.50	0.50	0.50	0.50	0.50
	1	1.30	1.00	0.90	0.80	0.75	0.70	0.70	0.70	0.65	0.65	0.60	0.55	0.55	0.55
8	8	-0.20	0.05	0.15	0.20	0.25	0.30	0.30	0.30	0.35	0.35	0.45	0.45	0.45	0.45
	7	0.00	0.20	0.30	0.35	0.35	0.40	0.40	0.40	0.40	0.45	0.45	0.50	0.50	0.50
	6	0.15	0.30	0.35	0.40	0.40	0.45	0.45	0.45	0.45	0.45	0.50	0.50	0.50	0.50
	5	0.30	0.40	0.40	0.45	0.45	0.45	0.45	0.45	0.45	0.45	0.50	0.50	0.50	0.50
	4	0.40	0.45	0.45	0.45	0.45	0.45	0.45	0.45	0.50	0.50	0.50	0.50	0.50	0.50
	3	0.60	0.50	0.50	0.50	0.50	0.50	0.50	0.50	0.50	0.50	0.50	0.50	0.50	0.50
	2	0.85	0.65	0.60	0.55	0.55	0.55	0.50	0.50	0.50	0.50	0.50	0.50	0.50	0.50
	1	1.30	1.00	0.90	0.80	0.75	0.70	0.70	0.70	0.70	0.65	0.60	0.55	0.55	0.55
9	9	-0.25	0.00	0.15	0.20	0.25	0.30	0.30	0.35	0.35	0.40	0.45	0.45	0.45	0.45
	8	-0.00	0.20	0.30	0.35	0.35	0.40	0.40	0.40	0.40	0.45	0.45	0.50	0.50	0.50
	7	0.15	0.30	0.35	0.40	0.40	0.45	0.45	0.45	0.45	0.45	0.50	0.50	0.50	0.50
	6	0.25	0.35	0.40	0.40	0.45	0.45	0.45	0.45	0.45	0.50	0.50	0.50	0.50	0.50
	5	0.35	0.40	0.45	0.45	0.45	0.45	0.45	0.45	0.50	0.50	0.50	0.50	0.50	0.50
	4	0.45	0.45	0.45	0.45	0.45	0.50	0.50	0.50	0.50	0.50	0.50	0.50	0.50	0.50
	3	0.60	0.50	0.50	0.50	0.50	0.50	0.50	0.50	0.50	0.50	0.50	0.50	0.50	0.50
	2	0.85	0.65	0.60	0.55	0.55	0.55	0.55	0.50	0.50	0.50	0.50	0.50	0.50	0.50
	1	1.35	1.00	0.90	0.80	0.75	0.75	0.70	0.70	0.65	0.65	0.60	0.55	0.55	0.55

续表

m	$\overline{K}$ n	0.1	0.2	0.3	0.4	0.5	0.6	0.7	0.8	0.9	1.0	2.0	3.0	4.0	5.0
10	10	-0.25	0.00	0.15	0.20	0.25	0.30	0.30	0.35	0.35	0.40	0.45	0.45	0.45	0.45
	9	-0.10	0.20	0.30	0.35	0.35	0.40	0.40	0.40	0.40	0.45	0.45	0.50	0.50	0.50
	8	0.10	0.30	0.35	0.40	0.40	0.40	0.45	0.45	0.45	0.45	0.50	0.50	0.50	0.50
	7	0.20	0.35	0.40	0.40	0.45	0.45	0.45	0.45	0.45	0.50	0.50	0.50	0.50	0.50
	6	0.30	0.40	0.40	0.45	0.45	0.45	0.45	0.45	0.45	0.50	0.50	0.50	0.50	0.50
	5	0.40	0.45	0.45	0.45	0.45	0.45	0.45	0.50	0.50	0.50	0.50	0.50	0.50	0.50
	4	0.50	0.45	0.45	0.45	0.50	0.50	0.50	0.50	0.50	0.50	0.50	0.50	0.50	0.50
	3	0.60	0.55	0.50	0.50	0.50	0.50	0.50	0.50	0.50	0.50	0.50	0.50	0.50	0.50
	2	0.85	0.65	0.60	0.55	0.55	0.55	0.55	0.50	0.50	0.50	0.50	0.50	0.50	0.50
	1	1.35	1.00	0.90	0.80	0.75	0.75	0.70	0.70	0.65	0.65	0.60	0.55	0.55	0.55
11	11	-0.25	0.00	0.15	0.20	0.25	0.30	0.30	0.30	0.35	0.35	0.45	0.45	0.45	0.45
	10	-0.05	0.20	0.25	0.30	0.35	0.40	0.40	0.40	0.40	0.45	0.45	0.50	0.50	0.50
	9	0.10	0.30	0.35	0.40	0.40	0.40	0.45	0.45	0.45	0.45	0.50	0.50	0.50	0.50
	8	0.20	0.35	0.40	0.40	0.45	0.45	0.45	0.45	0.45	0.50	0.50	0.50	0.50	0.50
	7	0.25	0.40	0.40	0.45	0.45	0.45	0.45	0.45	0.45	0.50	0.50	0.50	0.50	0.50
	6	0.35	0.40	0.40	0.45	0.45	0.45	0.45	0.50	0.50	0.50	0.50	0.50	0.50	0.50
	5	0.40	0.45	0.45	0.45	0.45	0.50	0.50	0.50	0.50	0.50	0.50	0.50	0.50	0.50
	4	0.50	0.50	0.50	0.50	0.50	0.50	0.50	0.50	0.50	0.50	0.50	0.50	0.50	0.50
	3	0.65	0.55	0.60	0.50	0.50	0.50	0.50	0.50	0.50	0.50	0.50	0.50	0.50	0.50
	2	0.85	0.65	0.60	0.55	0.55	0.55	0.55	0.50	0.50	0.50	0.50	0.50	0.50	0.50
	1	1.35	1.05	0.90	0.80	0.75	0.75	0.70	0.70	0.65	0.65	0.60	0.55	0.55	0.55
12以上	↓1	-0.30	0.00	0.15	0.20	0.25	0.30	0.30	0.30	0.35	0.35	0.40	0.45	0.45	0.45
	2	-0.10	0.20	0.25	0.30	0.35	0.40	0.40	0.40	0.40	0.40	0.45	0.45	0.45	0.50
	3	0.05	0.25	0.35	0.40	0.40	0.40	0.45	0.45	0.45	0.45	0.45	0.50	0.50	0.50
	4	0.15	0.30	0.40	0.40	0.45	0.45	0.45	0.45	0.45	0.45	0.45	0.50	0.50	0.50
	5	0.25	0.35	0.50	0.45	0.45	0.45	0.45	0.45	0.45	0.45	0.50	0.50	0.50	0.50
	6	0.30	0.40	0.50	0.45	0.45	0.45	0.45	0.50	0.45	0.50	0.50	0.50	0.50	0.50
	7	0.35	0.40	0.55	0.45	0.45	0.45	0.50	0.50	0.50	0.50	0.50	0.50	0.50	0.50
	8	0.35	0.45	0.55	0.45	0.50	0.50	0.50	0.50	0.50	0.50	0.50	0.50	0.50	0.50
	中间	0.45	0.45	0.55	0.45	0.50	0.50	0.50	0.50	0.50	0.50	0.50	0.50	0.50	0.50
	4	0.55	0.50	0.50	0.50	0.50	0.50	0.50	0.50	0.50	0.50	0.50	0.50	0.50	0.50
	3	0.65	0.55	0.50	0.50	0.50	0.50	0.50	0.50	0.50	0.50	0.50	0.50	0.50	0.50
	2	0.70	0.70	0.60	0.55	0.55	0.55	0.55	0.50	0.50	0.50	0.50	0.50	0.50	0.50
	↑1	1.35	1.05	0.90	0.80	0.75	0.70	0.70	0.70	0.65	0.65	0.60	0.55	0.55	0.55

上下梁相对刚度变化时修正值 y_1 **表 3-10**

$\overline{K}$ / α_1	0.1	0.2	0.3	0.4	0.5	0.6	0.7	0.8	0.9	1.0	2.0	3.0	4.0	5.0
0.4	0.55	0.40	0.30	0.25	0.20	0.20	0.20	0.15	0.15	0.15	0.05	0.05	0.05	0.05
0.5	0.45	0.30	0.20	0.20	0.15	0.15	0.15	0.10	0.10	0.10	0.05	0.05	0.05	0.05
0.6	0.30	0.20	0.15	0.15	0.10	0.10	0.10	0.10	0.05	0.05	0.05	0.05	0	0
0.7	0.20	0.15	0.10	0.10	0.10	0.10	0.05	0.05	0.05	0.05	0.05	0	0	0
0.8	0.15	0.10	0.05	0.05	0.05	0.05	0.05	0.05	0.05	0	0	0	0	0
0.9	0.05	0.05	0.05	0.05	0	0	0	0	0	0	0	0	0	0

注：i_1 i_2 i_c i_3 i_4 $\alpha_1 = \frac{i_1 + i_2}{i_3 + i_4}$，当 $i_1 + i_2 > i_3 + i_4$ 时，则 α_1 取倒数，即 $\alpha_1 = \frac{i_3 + i_4}{i_1 + i_2}$，并且 y_1 值取负号“-”。

$\overline{K} = \frac{i_1 + i_2 + i_3 + i_4}{2i_c}$

上下层柱高度变化时的修正值 y_2 和 y_3 **表 3-11**

α_2	$\overline{K}$ / α_3	0.1	0.2	0.3	0.4	0.5	0.6	0.7	0.8	0.9	1.0	2.0	3.0	4.0	5.0
2.0		0.25	0.15	0.15	0.10	0.10	0.10	0.10	0.10	0.05	0.05	0.05	0.05	0.0	0.0
1.8		0.20	0.15	0.10	0.10	0.10	0.05	0.05	0.05	0.05	0.05	0.05	0.0	0.0	0.0
1.6	0.4	0.15	0.10	0.10	0.05	0.05	0.05	0.05	0.05	0.05	0.05	0.0	0.0	0.0	0.0
1.4	0.6	0.10	0.05	0.05	0.05	0.05	0.05	0.05	0.05	0.05	0.0	0.0	0.0	0.0	0.0
1.2	0.8	0.05	0.05	0.05	0.0	0.0	0.0	0.0	0.0	0.5	0.0	0.0	0.0	0.0	0.0
1.0	1.0	0.0	0.0	0.0	0.0	0.0	0.0	0.0	0.0	0.0	0.0	0.0	0.0	0.0	0.0
0.8	1.2	-0.05	-0.05	-0.05	0.0	0.0	0.0	0.0	0.0	0.0	0.0	0.0	0.0	0.0	0.0
0.6	1.4	-0.10	-0.05	-0.05	-0.05	-0.05	-0.05	-0.05	-0.05	0.0	0.0	0.0	0.0	0.0	0.0
0.4	1.6	-0.15	-0.10	-0.10	-0.05	-0.05	-0.05	-0.05	-0.05	-0.05	-0.05	0.0	0.0	0.0	0.0
	1.8	-0.20	-0.15	-0.10	-0.10	-0.10	-0.05	-0.05	-0.05	-0.05	-0.05	-0.05	0.0	0.0	0.0
	2.0	-0.25	-0.15	-0.15	-0.10	-0.10	-0.10	-0.10	-0.10	-0.05	-0.05	-0.05	-0.05	0.0	0.0

注：

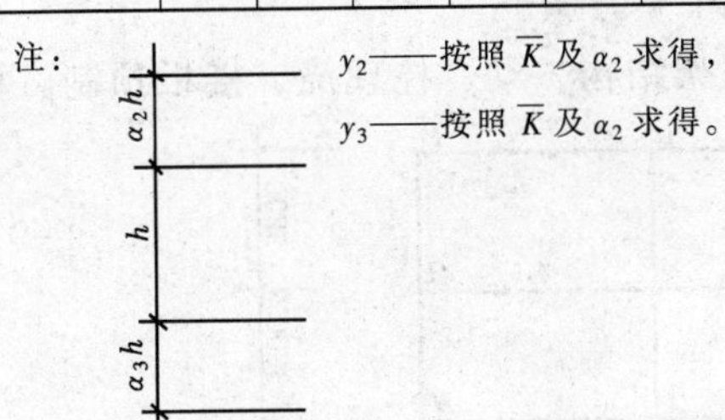

y_2——按照 $\overline{K}$ 及 α_2 求得，上层较高时为正值；

y_3——按照 $\overline{K}$ 及 α_2 求得。

(2) 上下梁刚度变化时的反弯点高度比修正值 y_1

当某柱的上梁与下梁的刚度不等，柱上、下节点转角不同时，反弯点位置会有变化，此时应将标准反弯点高度比 y_0 加以修正，修正值为 y_1，见图 3-27 所示。

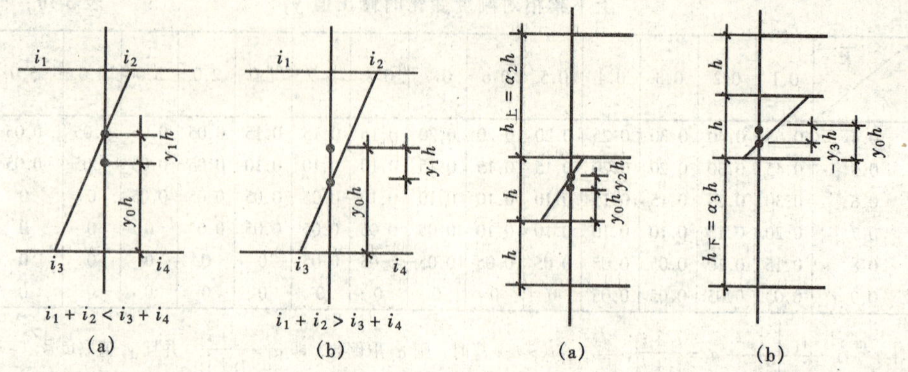

图 3-27　上下梁刚度变化对反弯点的影响　　　图 3-28　上下层高度变化对反弯点的影响

当 $i_1+i_2<i_3+i_4$ 时，令 $\alpha_1=(i_1+i_2)/(i_3+i_4)$，根据 α_1 和 $\overline{K}$ 值从表 3-10 中查出 y_1，这时反弯点应向上移，故 y_1 取正值。

当 $i_1+i_2\geqslant i_3+i_4$ 时，令 $\alpha_1=(i_3+i_4)/(i_1+i_2)$，仍由 α_1 和 $\overline{K}$ 值从表 3-10 中查出 y_1，这时反弯点应向下移，故 y_1 取负值。

对于底层，不考虑 y_1 修正值。

(3) 上下层高度变化时反弯点高度比修正值 y_2 和 y_3

当层高有变化时，反弯点也会有移动，如图 3-28 所示。

令上层层高和本层层高之比 $\alpha_2=h_上/h$，由表 3-11 可查得修正值 y_2。当 $\alpha_2>1$ 时，y_2 为正值，反弯点向上移。当 $\alpha_2<1$ 时，y_2 为负值，反弯点向下移。

同理，令下层层高和本层层高之比 $\alpha_3=h_下/h$，由表 3-11 可查得修正值 y_3。

综上所述，各层柱的反弯点高度比由下式计算：

$$y=y_0+y_1+y_2+y_3 \tag{3-9}$$

【例 3-3】 如图3-29 所示的三层框架结构，梁、柱现浇，楼板预制。柱截

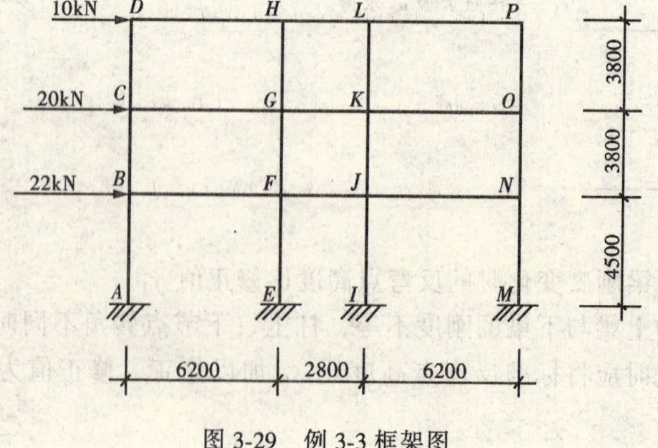

图 3-29　例 3-3 框架图

面尺寸为 400mm × 400mm，顶层梁截面尺寸为 240mm × 550mm，其它楼层梁截面尺寸为 240mm × 600mm，走道梁截面尺寸均为 240mm × 400mm；梁柱混凝土强度等级均为 C20。试用 D 值法求该框架结构在水平荷载作用下的弯矩图。

解

（1）计算梁柱线刚度

	截面惯性矩 I（mm^4）	线刚度 $i = \frac{EI}{l}$（N·mm）	相对线刚度
顶层梁	$\frac{240 \times 550^3}{12} = 3.33 \times 10^9$	$\frac{3.33 \times 10^9}{6200} E = 5.37 \times 10^5 E$	0.770
1～2 层梁	$\frac{240 \times 600^3}{12} = 4.32 \times 10^9$	$\frac{4.32 \times 10^9}{6200} E = 6.97 \times 10^5 E$	1
走道梁	$\frac{240 \times 400^3}{12} = 1.28 \times 10^9$	$\frac{1.28 \times 10^9}{2800} E = 4.57 \times 10^5 E$	0.656
2～3 层柱	$\frac{400 \times 400^3}{12} = 2.13 \times 10^9$	$\frac{2.13 \times 10^9}{3800} E = 5.61 \times 10^5 E$	0.805
底层柱		$\frac{2.13 \times 10^9}{4500} E = 4.73 \times 10^5 E$	0.679

（2）求各柱剪力

	柱 CD	柱 GH	柱 KL	柱 OP	
第三层	$\overline{K} = \frac{1 + 0.770}{2 \times 0.805} = 1.099$ $D = \frac{1.099}{2 + 1.099} \times 0.805 \times \frac{12}{3.8^2}$ $= 0.285 \times \frac{12}{3.8^2}$ $V = 10 \times \frac{0.285}{1.358} = 2.10\text{kN}$	$\overline{K} = \frac{2 \times 0.656 + 1 + 0.770}{2 \times 0.805} = 1.914$ $D = \frac{1.914}{2 + 1.914} \times 0.805 \times \frac{12}{3.8^2}$ $= 0.394 \times \frac{12}{3.8^2}$ $V = 10 \times \frac{0.394}{1.358} = 2.90\text{kN}$	同柱 GH	同柱 CD	$\Sigma D = 1.358 \frac{12}{3.8^2}$
	柱 BC	柱 FG	柱 JK	柱 NO	
第二层	$\overline{K} = \frac{1 + 1}{2 \times 0.805} = 1.242$ $D = \frac{1.242}{2 + 1.242} \times 0.805 \times \frac{12}{3.8^2}$ $= 0.308 \times \frac{12}{3.8^2}$ $V = 30 \times \frac{0.308}{1.432} = 6.45\text{kN}$	$\overline{K} = \frac{2 \times (1 + 0.656)}{2 \times 0.805} = 2.057$ $D = \frac{2.057}{2 + 2.057} \times 0.805 \times \frac{12}{3.8^2}$ $= 0.408 \times \frac{12}{3.8^2}$ $V = 30 \times \frac{0.408}{1.432} = 8.55\text{kN}$	同柱 FG	同柱 BC	$\Sigma D = 1.432 \frac{12}{3.8^2}$

续表

	柱 AB	柱 EF	柱 IJ	柱 MN	
第一层	$\overline{K}=\frac{1}{0.679}=1.473$ $D=\frac{0.5+1.473}{2+1.473}\times 0.679\times\frac{12}{4.5^2}$ $=0.386\times\frac{12}{4.5^2}$ $V=52\times\frac{0.386}{1.672}=12.00\text{kN}$	$\overline{K}=\frac{1+0.656}{0.679}=2.439$ $D=\frac{0.5+2.439}{2+2.439}\times 0.679\times\frac{12}{4.5^2}$ $=0.450\times\frac{12}{4.5^2}$ $V=52\times\frac{0.450}{1.672}=14.00\text{kN}$	同柱 EF	同柱 AB	$\Sigma D=1.672\frac{12}{4.5^2}$

（3）确定各柱反弯点高度比 y

	柱 CD	柱 GH	柱 KL	柱 OP
第三层	$\overline{K}=1.099\quad y_0=0.35$ $\alpha_1=\frac{0.770}{1}=0.770\quad y_1=0.015$ $\alpha_3=1\quad y_3=0$ $y=0.35+0.015+0=0.365$	$\overline{K}=1.914\quad y_0=0.396$ $\alpha_1=\frac{0.770+0.656}{1+0.656}=0.861\quad y_1=0$ $\alpha_3=1\quad y_3=0$ $y=0.396+0+0=0.396$	同柱 GH	同柱 CD
	柱 BC	柱 FG	柱 JK	柱 NO
第二层	$\overline{K}=1.242\quad y_0=0.45$ $\alpha_1=1\quad y_1=0$ $\alpha_2=1\quad y_2=0$ $\alpha_3=1.18\quad y_3=0$ $y=0.45+0+0+0=0.45$	$\overline{K}=2.057\quad y_0=0.453$ $\alpha_1=1\quad y_1=0$ $\alpha_2=1\quad y_2=0$ $\alpha_3=1.18\quad y_3=0$ $y=0.453+0+0+0=0.453$	同柱 FG	同柱 BC
	柱 AB	柱 EF	柱 IJ	柱 MN
第一层	$\overline{K}=1.473\quad y_0=0.576$ $\alpha_2=0.844\quad y_2=0$ $y=0.576+0=0.576$	$\overline{K}=2.439\quad y_0=0.55$ $\alpha_2=0.844\quad y_2=0$ $y=0.55+0=0.55$	同柱 EF	同柱 AB

（4）求各柱的柱端弯矩

根据下列公式计算

柱下端弯矩 $M_{下} = Vyh$　　柱上端弯矩 $M_{上} = V(1-y)h$

第三层

$$M_{CD} = M_{OP} = 2.10 \times 0.365 \times 3.8 = 2.91\text{kN} \cdot \text{m}$$

$$M_{DC} = M_{PO} = 2.10 \times (1 - 0.365) \times 3.8 = 5.07\text{kN} \cdot \text{m}$$

$$M_{GH} = M_{KL} = 2.90 \times 0.396 \times 3.8 = 4.36\text{kN} \cdot \text{m}$$

$$M_{HG} = M_{LK} = 2.90 \times (1 - 0.396) \times 3.8 = 6.66\text{kN} \cdot \text{m}$$

第二层

$$M_{BC} = M_{NO} = 6.45 \times 0.45 \times 3.8 = 11.03\text{kN} \cdot \text{m}$$

$$M_{CB} = M_{ON} = 6.45 \times (1 - 0.45) \times 3.8 = 13.48\text{kN} \cdot \text{m}$$

$$M_{FG} = M_{JK} = 8.55 \times 0.453 \times 3.8 = 14.72\text{kN} \cdot \text{m}$$

$$M_{GF} = M_{KJ} = 8.55 \times (1 - 0.453) \times 3.8 = 17.77\text{kN} \cdot \text{m}$$

第一层

$$M_{AB} = M_{MN} = 12.00 \times 0.576 \times 4.5 = 31.10\text{kN} \cdot \text{m}$$

$$M_{BA} = M_{NM} = 12.00 \times (1 - 0.576) \times 4.5 = 22.90\text{kN} \cdot \text{m}$$

$$M_{EF} = M_{IJ} = 14.00 \times 0.55 \times 4.5 = 34.65\text{kN} \cdot \text{m}$$

$$M_{FE} = M_{JI} = 14.00 \times (1 - 0.55) \times 4.5 = 28.35\text{kN} \cdot \text{m}$$

(5) 求各梁的梁端弯矩

根据节点平衡条件和梁的线刚度比可求出各梁梁端弯矩。

第三层

$$M_{DH} = M_{DC} = M_{PL} = 5.07\text{kN} \cdot \text{m}$$

$$M_{HD} = M_{LP} = \frac{0.770}{0.770 + 0.656} \times 6.66 = 3.60\text{kN} \cdot \text{m}$$

$$M_{HL} = M_{LH} = \frac{0.656}{0.770 + 0.656} \times 6.66 = 3.06\text{kN} \cdot \text{m}$$

第二层

$$M_{CG} = M_{CD} + M_{CB} = M_{OK} = 2.91 + 13.48 = 16.39\text{kN} \cdot \text{m}$$

$$M_{GC} = M_{KO} = \frac{1}{1 + 0.656} \times (4.36 + 17.77) = 13.36\text{kN} \cdot \text{m}$$

$$M_{GK} = M_{KG} = \frac{0.656}{1 + 0.656} \times (4.36 + 17.77) = 8.77\text{kN} \cdot \text{m}$$

第一层

$$M_{BF} = M_{BC} + M_{BA} = M_{NJ} = 11.03 + 22.90 = 33.93\text{kN} \cdot \text{m}$$

$$M_{FB} = M_{JN} = \frac{1}{1 + 0.656} \times (14.72 + 28.35) = 26.01\text{kN} \cdot \text{m}$$

$$M_{FJ} = M_{JF} = \frac{0.656}{1 + 0.656} \times (14.72 + 28.35) = 17.06\text{kN} \cdot \text{m}$$

(6) 画框架弯矩图

根据以上计算结果，可画出框架弯矩图（图 3-30）

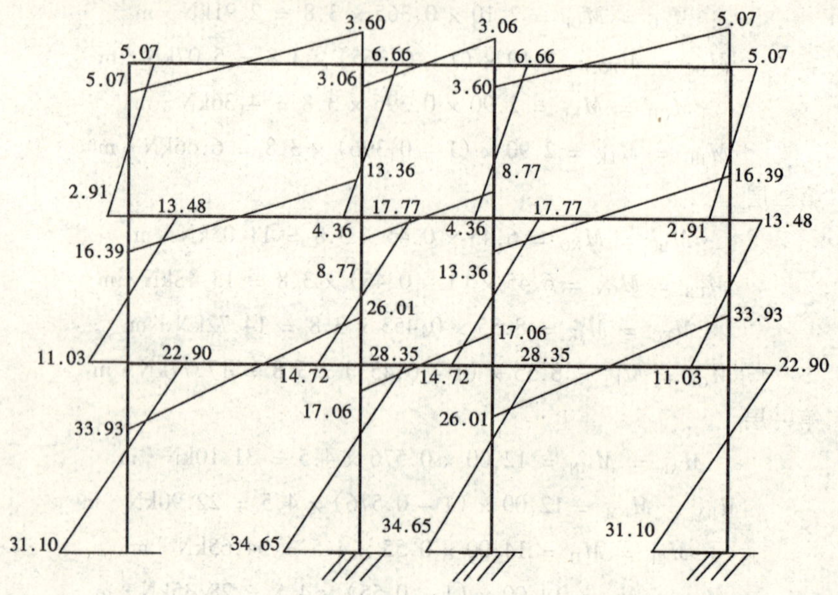

图 3-30 例 3-3 弯矩图（单位：kN·m）

3.2.5 框架结构侧移近似计算及其限值

框架结构的侧移主要是由水平荷载作用而产生的。侧移过大将导致填充墙开裂，外墙饰面脱落，影响建筑物的正常使用，故设计时需要分别对框架的层间位移及其顶点侧移进行限制，使其满足有关要求，因此需计算其层间位移及顶点侧移。本节介绍框架侧移的近似计算方法。

由于柱抗侧移刚度 D 值的物理意义是层间产生单位侧移时所需施加的层间剪力，即 $D=\frac{V}{\Delta}$。若已知框架结构第 j 层所有柱的 D 值之和 ΣD_{ij} 和层间剪力 V_{Pj} 后，便可得计算层间侧移的近似公式：

$$\Delta_j=\frac{V_{Pj}}{\Sigma D_{ij}} \tag{3-10}$$

式中 Δ_j——第 j 层层间侧移；

V_{Pj}——第 j 层层间剪力，亦即第 j 层以上所有水平荷载之和；

ΣD_{ij}——第 j 层所有各柱抗侧移刚度之和；

各楼板标高处侧移值是该层以上各层层间侧移之和，而顶点侧移即所有各层层间侧移之和，即：

$$第\ j\ 层侧移\quad \delta_j = \sum_{j=1}^{j} \Delta_j \tag{3-11}$$

$$顶点侧移\quad \delta_n = \sum_{j=1}^{n} \Delta_j \tag{3-12}$$

n——框架总层数。

框架在水平力作用下的变形由总体剪切变形和总体弯曲变形两部分组成。前者是由梁、柱弯曲变形所导致的，因其侧移曲线和悬臂梁剪切变形曲线相似，故称为总体剪切变形；后者是由框架两侧柱的轴向变形所引起的，其侧移曲线与悬臂梁的弯曲变形曲线相似，故称为总体弯曲变形。按上述方法求得的框架结构侧向水平位移只是由梁、柱弯曲变形所产生的变形量，而未考虑柱的轴向变形所产生的侧移。在层数不多的框架中，柱轴向变形所产生的侧移很小，常可忽略，故对一般的多层框架结构，按上述公式计算的框架侧移可以满足工程设计的精度要求。

框架结构的层间侧移 Δ_j 和顶点侧移 δ_n 应分别满足以下要求：

$$\frac{\Delta_u}{h} \leqslant \left[\frac{\Delta_u}{h}\right] \tag{3-13}$$

$$\frac{\delta_n}{H} \leqslant \left[\frac{\delta_n}{H}\right] \tag{3-14}$$

式中 Δ_u——据弹性计算得出的最大层间侧移，对装配整体式结构其层间侧移应放大 20%；

h——层高；

δ_n——据弹性计算得出的结构顶点总侧移，对装配整体式结构该侧移应放大 20%；

H——结构总高度；

$\left[\frac{\Delta_u}{h}\right]$——楼层层间最大位移与层高之比的限值；

$\left[\frac{\delta_n}{H}\right]$——顶点总侧移与结构总高度之比的限值。

$\left[\frac{\Delta_u}{h}\right]$的取值见表 3-12。

楼层层间最大位移与层高之比的限值 表 3-12

结构类型	Δ_u/h 限值
框架	1/550
框架-剪力墙、框架-核心筒、板柱-剪力墙	1/800
筒中筒、剪力墙	1/1000
框支层	1/1000

3.3 框架结构内力组合

所谓内力组合就是要求出构件的最不利内力，并据此设计构件。这在本质上是一个难以求解的无穷维问题。通过引入控制截面的概念，并在此基础上考虑有限种荷载效应组合和有限种最不利内力组合，从而把这个无穷维问题简化为可求解的有限维问题。

3.3.1 控制截面

控制截面就是杆件中需要按其内力进行设计计算的截面。

一般情况下，框架柱的弯矩最大值在柱两端，而在一层内剪力和轴力往往无变化或变化很小，故可取各层柱的上、下端截面作为控制截面。而框架梁在竖向和水平荷载的共同作用下，剪力沿梁轴线呈线性变化，弯矩则成抛物线形(指竖向分布荷载)，即梁两端截面往往是最大负弯矩和最大剪力作用处，而跨中则常常是最大正弯矩作用处，因此，梁除取两端作为控制截面外，还应在跨间取正弯矩值最大的截面为控制截面。但为简便起见，不再用求极值的方法确定最大正弯矩控制截面，而直接取梁的跨中截面为控制截面。

还应注意的是，在截面配筋计算时，应采用构件端部截面的内力，而不是梁柱轴线交点处的内力。如图 3-31 所示，梁端柱边截面的剪力和弯矩按下式计算：

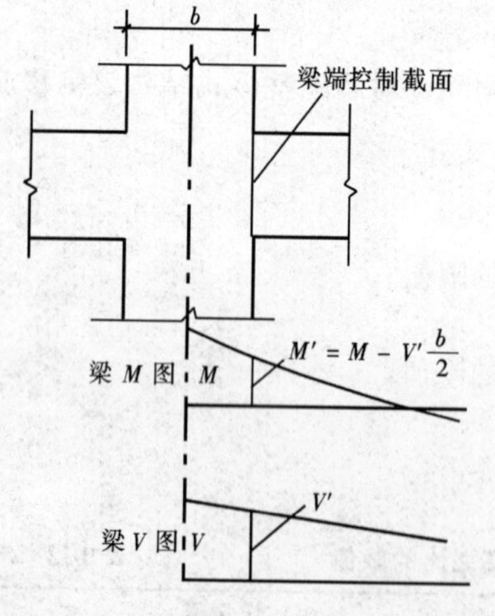

图 3-31 梁端控制截面弯矩及剪力

$$\left.\begin{aligned} V' &= V - (g + p)\frac{b}{2} \\ M' &= M - V'\frac{b}{2} \end{aligned}\right\} \tag{3-15}$$

式中 V'、M'——梁端柱边截面的剪力和弯矩；

V、M——根据内力计算得到的梁端柱轴线截面的剪力和弯矩；

g、p——作用在梁上的竖向分布恒荷载和活荷载；

b——柱的宽度。

计算水平荷载或竖向集中荷载产生的内力时，则 $V' = V$。

柱的端部截面的内力可类似算出，但为确保柱的安全，对柱通常仍采用梁柱轴线交点处的内力。

3.3.2 荷载效应组合

结构设计时，必须考虑各种荷载同时作用时的最不利情况。荷载规范规定了各种情况下荷载组合的方法。设计框架结构时，荷载效应组合可采用简化的处理方法，即对所有可变荷载乘以一个确定的荷载组合系数 ψ，相应的简化表达式为：

$$S = \gamma_0\left(\gamma_G C_G G_K + \psi\sum_{i=1}^{n}\lambda_{Qi}C_{Qi}Q_{iK}\right) \tag{3-16}$$

式中 S——荷载效应（如弯矩、轴力、剪力等）设计值；

γ_0——结构构件的重要性系数，与安全等级对应；

γ_G，γ_{Qi}——分别为永久荷载、可变荷载的分项系数；

C_G，C_{Qi}——分别为永久荷载、可变荷载的荷载效应系数；

G_k，Q_{ik}——分别为永久荷载、可变荷载的标准值；

ψ——简化组合表达式中采用的荷载组合系数，取 $\psi=0.9$。

3.3.3 最不利内力组合

最不利内力组合就是在控制截面处对截面配筋起决定作用的内力组合。对于某一控制截面，可能有若干组最不利内力组合。例如对于框架梁，需找出最大负弯矩以确定梁端顶部的配筋，找出最大正弯矩以确定梁跨中截面底部的配筋，还要找出最大剪力以进行梁端受剪承载力计算。对框架柱端截面，根据可能出现的最大的截面配筋量，一般应考虑以下几种内力组合：

(1) $|M|_{max}$及相应的 N，V

(2) N_{max}及相应的 M，V

(3) N_{min}及相应的 M，V

3.3.4 竖向活荷载的最不利布置

对活荷载要考虑其最不利布置，常用的有分跨计算组合法、最不利荷载位置法、分层组合法和满布荷载法等四种方法。

1. 分跨计算组合法

这种方法是将活荷载逐层逐跨单独地作用在结构上，亦即每次仅在一根梁上布置活荷载，并计算出在此荷载作用下整个框架的内力。内力计算的次数与框架承受活荷载的梁的数目相同。求出所有这些内力之后，根据不同的构件、不同的截面、不同的内力种类，组合出最大内力，可见其计算工作量很大。但此法过程简单、规则，适用于电脑编程，故在运用电脑进行内力组合时，常采用此法。

2. 最不利荷载位置法

为求得某一指定截面的某一最不利内力，可以用影响线的方法直接确定产生此最不利内力的活荷载布置。在此法中，只需用到影响线的定性形状。例如，对图 3-32（a）所示的四层四跨框架，欲求梁 *AB* 的跨中 *C* 截面最大正弯矩 M_c 的活荷载最不利布置。为此，先作 M_c 的影响线：即解除 M_c 相应的约束（将 *C* 点改为铰），代之以正向约束力，使框架沿约束力正向产生单位虚位移 $\theta_c=1$，从而可得到整个框架的虚位移图，见图 3-32（b），此虚位移图即是 M_c 的影响线。根据虚位移原理，为求梁 *AB* 跨中最大正弯矩，则须对图 3-32（b）中凡产生正向虚位移的跨间均布置活荷载。换言之，除该跨必须布置活荷载外，其它各跨应相间布置活荷载，同时在竖向也相间布置，即形成棋盘形间隔布置，如图 3-32（c）所示。还可以看出，使 *AB* 跨跨中正弯矩最大的活荷载最不利布置，也正好使其它布置活荷载跨的跨中弯矩达到最大值。因而，整个框架结构只要进行二次棋盘形活荷载布置，便可求得所有梁的跨中最大正弯矩。当然，用相同的原理也可求得梁端最大负弯矩或柱端最大弯矩的活荷载最不利布置。但是对于各跨各层梁柱线刚度均不一致的多跨多层框架，很难准确地作出其影响线。对于远离计算截面的框架节点，往往难以准确地判断其虚位移（转角）的方向。但好在远离计算截面处的荷载，对计算截面的内力影响很小，故在实用时往往可忽略不计。至于柱最大轴向力的活荷载最不利布置，显然是在该柱以上的各层中，与该柱相邻的各跨梁内都布满活荷载。

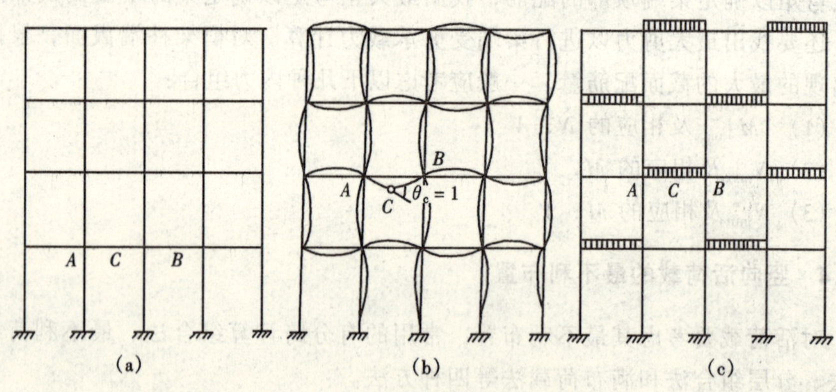

图 3-32　最不利荷载的布置

3. 分层组合法

用上述两种方法求活荷载最不利布置时的框架结构内力，颇为繁琐。分层组合法则以分层法为依据，比较简便。对活荷载的最不利布置作了如下简化：

（1）对于梁，仅考虑本层活荷载的不利布置，而不考虑其它层活荷载的影响，故其布置方法与连续梁的活荷载最不利布置相同。

(2) 对于柱端弯矩，仅考虑与该柱相邻的上下层的活荷载的影响，而不考虑其它层活荷载的影响。

(3) 计算柱的最大轴力时，则考虑与该柱相邻的梁上满布活荷载，但对于与该柱不相邻的上层活荷载，仅考虑其轴力的传递而不考虑其弯矩的作用。

4. 满布荷载法

当活荷载产生的内力远小于恒荷载及水平力产生的内力时，例如一般民用及公共建筑结构，其竖向活荷载标准值仅为 $1.5\sim2.5\text{kN/m}^2$，竖向活荷载产生的内力在组合后的截面内力中所占的比例很小。故可不考虑活荷载的最不利布置，而将活荷载同时作用于所有的框架梁上。如此求得的内力在支座处与按最不利荷载位置法算出的内力非常相近，可直接进行内力组合。但在跨中却比最不利荷载位置法的计算结果要小。故采用此法时，应对活荷载引起的梁跨中弯矩乘以 1.1~1.2 的系数。

3.3.5 梁端弯矩调幅

根据框架结构的合理破坏形态，是允许在梁端出现塑性铰的；同时若节点处梁的负钢筋配置得少一些，也便于浇捣混凝土；而装配式或装配整体式框架的节点并非绝对刚性，梁端实际弯矩小于弹性计算值。因此，在设计框架时，一般均对梁端弯矩进行调幅，即人为地减小梁端负弯矩，从而减少节点附近梁顶面的配筋量。

设某框架梁 AB 在竖向荷载作用下，梁端最大负弯矩分别为 M_{A0}、M_{B0}，梁跨中最大正弯矩为 M_{C0}，那么调幅后梁端弯矩可取：

$$\left.\begin{aligned} M_A &= \beta M_{A0} \\ M_B &= \beta M_{B0} \end{aligned}\right\} \tag{3-17}$$

式中 β——弯矩调幅系数。

对现浇框架，取 $\beta=0.8\sim0.9$；对装配整体式框架，因为接头焊接不牢或由于节点区混凝土灌注不密实等原因，节点较容易产生变形而达不到绝对刚性，故框架梁端的实际弯矩比弹性计算值小。根据经验，由节点变形引起的梁端弯矩约降低 10%，再考虑梁端出现塑性铰，因此，弯矩调幅系数此时应取得低一些，一般取 $\beta=0.7\sim0.8$。

如图 3-33 所示，在相应弯矩作用下，梁端弯距调幅后，其跨中弯矩必将增加。此时应校核梁的静力平衡条件，即调幅后梁端弯矩 M_A 和 M_B 的平均值与跨中最大正弯矩 M_{C0}之和应大于按简支梁计算的跨中弯矩 M_0：

$$\frac{|M_A+M_B|}{2}+M_{C0}\geqslant M_0 \tag{3-18}$$

同时还须注意，梁截面设计时所采用的跨中正弯矩设计值不应小于按简支

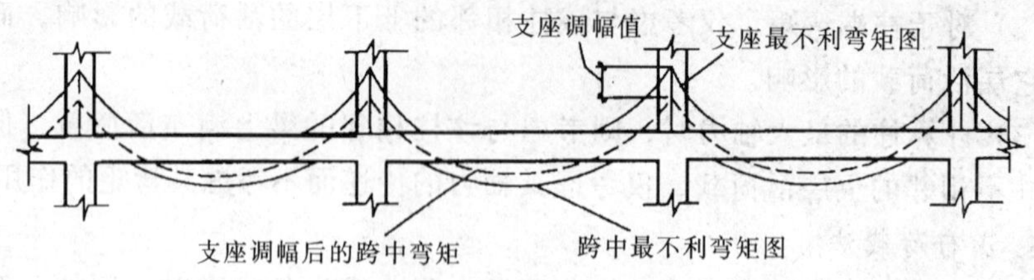

图 3-33　支座弯矩调幅

梁计算的跨中弯矩的一半。

必须指出，弯矩调幅应在内力组合之前进行，因为我国有关规范规定，弯矩调幅只是对竖向荷载作用下的内力进行，即水平荷载作用下产生的弯矩不参加调幅。

3.4　框架结构设计

3.4.1　设计步骤和一般规定

1. 设计步骤

框架结构在平面布置确定之后，参考已有设计及柱轴压比等控制因素并根据实践经验，初步确定梁柱的截面尺寸和材料强度等级。然后进行结构在竖向荷载和水平荷载作用下的内力和位移计算，最后进行梁柱截面配筋设计，使框架结构满足各项承载力和位移的要求。

2. 一般规定

无抗震设防要求时，框架结构构件的承载力按下式计算：

$$\gamma_0 S \leqslant R \tag{3-19}$$

式中　R——结构构件承载能力极限状态的荷载效应组合的设计值；

γ_0 和 S 的意义如前所述。

3.4.2　框架结构的 *P-Δ* 效应与柱的计算长度

1. 框架结构的 *P-Δ* 效应

多高层框架结构在水平荷载或地震作用下产生水平位移时，由于侧移引起的竖向荷载的偏心又对结构产生附加弯矩，而附加弯矩又使结构的侧移进一步加大。这种因水平位移导致竖向荷载对结构产生的内力与侧移增大的现象称为 *P-Δ* 效应。因为 *P-Δ* 效应是在一阶侧移基础上产生的，故相应的计算分析称为二阶分析。假如因为侧移引起的侧移内力增加最终能与竖向荷载平衡，则结构是稳定的，否则结构将出现因 *P-Δ* 效应引起的整体失稳破坏。对于 30 层以下的钢筋混凝土结构，只要具有非轻质隔墙或设置了足够的侧向支撑，由于侧向刚度一般较大，故 $P\text{-}\Delta$ 效应并不显著。然而，随着建筑层数的进一步增加以及建筑高宽比的增大，$P\text{-}\Delta$ 效应造成的附加弯矩和附加位移所占的比例逐渐加大。因此，如果不考虑二阶效应，可能造成一些构件实际承受的内力超过其设计承载能力，从而导致结构的破坏和倒塌。一般框架结构常采用计算长度进行设计。设计时按尚未变形的框架计算简图进行一阶内力分析，在求得各柱内力（弯矩、轴力和剪力）后，将各柱看作一根单独压弯构件进行计算，而每根杆件的计算长度应根据框架不同的侧向约束条件和荷载情况以及二阶效应的影响程度来确定。实际上是将另一根有效长度为 l_0 的铰接轴心受压构件的承载力与该压弯构件的承载力视为等效。因计算长度法比较简单，故应用较多。

2. 框架柱的计算长度

框架柱在失稳时有两种形态。若框架各节点有侧向支承点，框架失稳时柱顶无侧向位移，此类框架称无侧移框架；若框架各节点无侧向支撑或侧向支撑的刚度不够大时，框架失稳时柱顶有侧向位移，则称为有侧移框架。根据《混凝土结构设计规范》规定，分下述三种情况确定框架柱的计算长度 l_0。

(1) 无侧移框架

这类框架即一般多层房屋的框架结构。对于混凝土框架，无侧移框架通常指具有非轻质隔墙、框架为三跨及三跨以上或为两跨且房屋的总宽度不小于房屋总高度的 1/3 者。其各层柱的计算长度可采用

现浇楼盖 $l_0 = 0.7H$

装配式楼盖 $l_0 = 1.0H$

式中 H 对底层柱为从基础顶面到一层楼盖顶面的高度；对其余各层柱为上下两层楼盖顶面之间的高度。

(2) 一般多层房屋的框架结构

各层柱的计算长度按不同情况可取为

对于现浇楼盖:底层柱 $l_0 = 1.0H$

其余各层柱 $l_0 = 1.25H$

对于装配式楼盖:底层柱 $l_0 = 1.25H$

其余各层柱 $l_0 = 1.5H$

此类框架通常包括以下情况:

1）无任何墙体的空框架结构，包括墙体可能拆除的框架结构；

2）虽有维护墙及内部纵、横隔墙，但墙体是轻质材料组成的；

3）仅在一侧设有刚性山墙，其余部分无抗侧力刚性墙；

4）刚性隔墙之间的间距过大（如现浇楼盖房屋中，大于 3 倍房屋宽度；装配式楼盖房屋中，大于 2.5 倍房屋宽度）时。

(3) 特殊情况下的框架

此类框架指不设楼板或楼板上开孔较大的多层钢筋混凝土框架及无抗侧力刚性墙的单跨钢筋混凝土框架等。此时柱的计算长度应根据可靠设计经验或按计算确定。

3.4.3 框架结构的节点与构造要求

由于构件失效引起的破坏可能仅是局部的，而节点失效引起的破坏往往范围较大，后果严重，故节点的重要性一般大于构件的重要性，因此节点设计是框架结构设计中极为重要的一环。节点设计必须保证框架整体结构安全可靠，经济合理又便于施工。对装配整体式框架的节点，则还需要保证结构的整体性，而且受力明确，便于安装，又易于调整，构件连接后可尽快地承受部分或全部设计荷载，使上部结构能够及时继续安装。在非地震区，框架节点的承载能力一般通过采取适当的构造措施来保证。

1. 材料强度

通常，柱由于要承受较大的轴向压力且其截面尺寸不能过大，因而柱常采用强度较高的混凝土；而梁、板结构因仅需承受本层的荷载，所以可采用强度较低的混凝土。四个方向的梁伸入节点区，一方面将荷载传给节点区，另一方面，这些梁以及楼板又形成对节点区的约束，从而使节点区的表观强度得到提高。而且上下方的柱也会对节点区起到约束作用。因而，即使节点区的混凝土强度在一定范围内低于柱的混凝土强度，而节点区的强度仍能满足要求，说明破坏并不会发生在节点区。国内外大量试验均已证实了这一点。鉴于此，就有可能在节点处采用与梁板相同的混凝土以方便施工。尽管上述研究结果尚未在我国推广应用，但此结果说明节点区的承载能力是有一定潜力的。

目前，我国在框架设计中，通行的做法仍是使框架节点区的混凝土强度等级不低于柱的混凝土强度等级。而在装配整体式框架中，后浇节点的混凝土强度等级宜比预制柱的混凝土强度等级提高 5MPa。

2. 节点截面尺寸限制条件

若节点截面尺寸过小，梁、柱负弯矩钢筋配置过多时，以承受静力荷载为主的顶层端节点将由于核芯区的压力过大而发生混凝土的斜向压碎。因此应对梁柱负弯矩钢筋的配置数量加以限制，即相当于限制节点的截面尺寸不能过小。《混凝土结构设计规范》规定，框架顶层端节点处梁上部纵向钢筋的截面面积 A_s 应符合下列规定：

$$A_s \leqslant \frac{0.35\beta_c f_c b_b h_0}{f_y} \tag{3-20}$$

式中　b_b——梁腹板宽度；

h_0——梁截面有效高度；

其它符号意义如前所述。

3. 纵向钢筋

(1) 框架梁纵向钢筋

框架梁纵向受拉钢筋除应满足受弯承载力要求外，还应考虑混凝土收缩、温度变化所引起的附加应力的影响。纵向受拉钢筋的最小配筋率在支座处不应小于 0.25%，跨中处不应小于 0.20%。梁跨中截面的上部架立钢筋不应小于 2ϕ12，架立钢筋与梁支座负筋的搭接长度为 $1.2l_a$，l_a 为受拉钢筋的锚固长度。

(2) 框架柱的纵向钢筋

由于框架可能受到来自两个方向的水平荷载作用，故框架柱的纵向钢筋宜采用对称配筋。框架柱的全部纵向钢筋的最小配筋率为 0.6%，当采用 HRB400 级、RRB400 级钢筋时，最小配筋率为 0.5%；当混凝土强度等级为 C60 及以上时，则最小配筋率为 0.7%；而框架柱一侧纵向钢筋的最小配筋率为 0.2%；框架柱的最大配筋率为 5%。框架柱纵筋的最小直径不应小于 12mm。

4. 现浇框架节点构造

现浇框架节点一般均做成刚节点。

(1) 框架梁上部纵向钢筋伸入中间层端节点锚固时，若柱截面高度足够，可采用直线锚固形式，其锚固长度不应小于 l_a，且伸过柱中心线不宜小于 $5d$，见图 3-34 (a)。当柱截面高度不足以布置直线锚固长度时，应将梁上部纵向钢筋伸至节点对边并向下弯折，其水平投影长度不应小于 $0.4l_a$，竖直投影长度应取为 $15d$，见图 3-34 (b)。l_a 为受拉钢筋锚固长度，d 为梁上部纵向钢筋的直径。

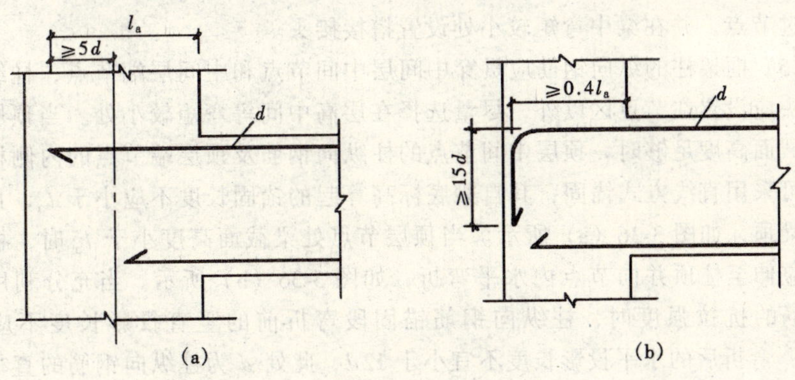

图 3-34　梁上部纵向钢筋在框架中间层端节点内的锚固

(2) 框架梁上部纵向钢筋应贯穿中间节点或中间支座范围，钢筋自节点或支座边缘伸向跨中的截断位置应根据梁端负弯矩和规范有关截断负筋的规定确定。梁下部纵向钢筋在中间节点的锚固要求见图 3-35，即当计算中不利用该钢筋的强度时，其伸入节点的锚固长度应符合 $V>0.7f_{t}bh_{0}$ 时的规定；当计算中充分利用钢筋的抗拉强度时，其下部纵向钢筋应锚固在节点内。此时，可采用直线锚固形式［图 3-35（a)］，适用于柱截面高度较大的情况，锚固长度 l_{a} 按受拉钢筋的锚固长度计算式确定。当柱截面高度不够时，梁下部纵向钢筋也可采用带 90°弯折的锚固形式［图 3-35（b)］，其中竖直段应向上弯折，锚固端的水平投影长度及竖直投影长度不应小于上述 4（1）中对端节点处梁上部钢筋带 90°弯折锚固的规定；梁下部纵向钢筋也可伸过节点，并在梁中弯矩较小处设置搭接接头［图 3-35（c)］，l_{l} 为规定的搭接接头长度。

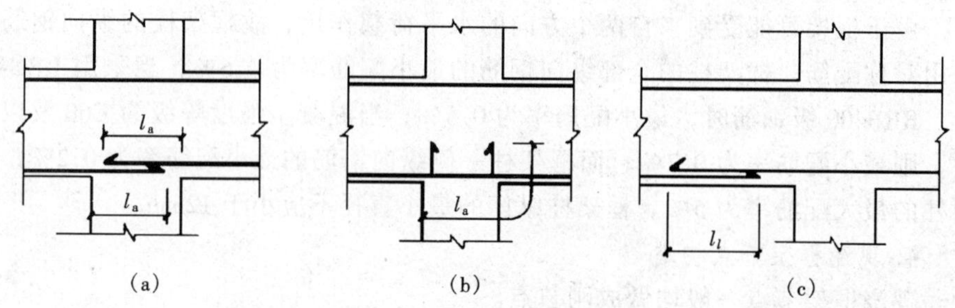

图 3-35 梁下部纵向钢筋在中间节点的锚固与搭接
(a) 节点中的直线锚固；(b) 节点中的弯折锚固；(c) 节点外的搭接

(3) 框架梁下部纵向钢筋在端节点处的锚固要求与中间节点处梁下部纵向钢筋的锚固要求相同。

(4) 当计算中充分采用钢筋的抗压强度时，梁下部纵向钢筋应按受压钢筋要求锚固在中间节点内，其直线锚固长度应不小于 $0.7l_{a}$；梁下部纵向钢筋也可伸过节点，并在梁中弯矩较小处设置搭接接头。

(5) 框架柱的纵向钢筋应贯穿中间层中间节点和中间层端节点，柱纵向钢筋接头应设置在节点区以外，尽量选择在层高中间等弯矩较小处。当顶层节点处梁截面高度足够时，顶层中间节点的柱纵向钢筋及顶层端节点的内侧柱纵向钢筋可采用直线方式锚固，其自梁底标高算起的锚固长度不应小于 l_{a}，且必须伸至梁顶，如图 3-36（a）所示。当顶层节点处梁截面高度小于 l_{a} 时，柱纵向钢筋应伸至柱顶并向节点内水平弯折，如图 3-36（b）所示。当充分利用柱纵向钢筋的抗拉强度时，柱纵向钢筋锚固段弯折前的竖直投影长度不应小于 $0.5l_{a}$，弯折后的水平投影长度不宜小于 $12d$，此处 d 为柱纵向钢筋的直径。当柱顶有现浇板且板厚不小于 80mm，混凝土强度等级不低于 C20 时，柱纵向钢筋也可伸向外弯入框架梁，弯折后的水平投影长度亦不宜小于 $12d$，如图 3-36（c）所示。

(6) 框架顶层端节点处，可将柱外侧纵向钢筋的相应部分弯入梁内作梁上

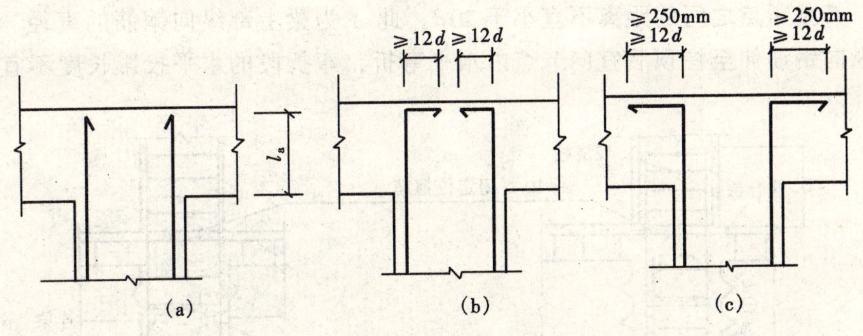

图 3-36 顶层中间节点柱纵向钢筋的锚固

部纵向钢筋使用，也可将梁上部纵向钢筋与柱外侧纵向钢筋在顶层端节点及其附近部位搭接。搭接可采用下列方式：搭接接头可沿顶层端节点外侧及梁端顶部布置如图 3-37（a）所示，搭接长度不应小于 $1.5l_a$。其中，伸入梁内的外侧柱纵向钢筋截面面积不宜小于外侧柱纵向钢筋全部截面面积的 65%；梁宽范围以外的外侧柱纵向钢筋宜沿节点顶部伸至柱内边，当柱纵向钢筋位于柱顶第一层时，至柱内边后宜向下弯折不小于 $8d$ 后截断；当柱纵向钢筋位于柱顶第二层时，可不向下弯折。当有现浇板且板厚不小于 80mm、混凝土强度等级不低于 C20 时，梁宽范围以外的外侧柱纵向钢筋可伸入现浇板内，其长度与伸入梁内的柱纵向钢筋相同。当外侧柱纵向钢筋配筋率大于 1.2% 时，伸入梁内的柱纵向钢筋应满足以上规定，且宜分两批截断，其截断点之间的距离不宜小于 $20d$。梁上部纵向钢筋应伸至节点外侧并向下弯至梁下边缘高度后截断。d 为柱外侧纵向钢筋的直径。搭接接头也可沿柱顶外侧布置如图 3-37（b）所示，此时，搭接长度竖直段不应小于 $1.7l_a$。当梁上部纵向钢筋的配筋率大于 1.2% 时，弯入柱外侧的梁上部纵向钢筋应满足以上规定的搭接长度，且宜分两批截

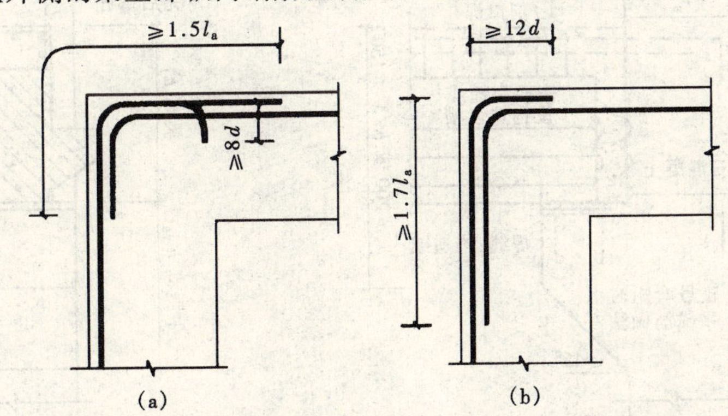

图 3-37 梁上部纵向钢筋与柱外侧纵向钢筋在顶层端节点的搭接

（a）位于节点外侧和梁端顶部的弯折搭接接头；

（b）位于柱顶部外侧的直接搭接接头

断，其截断点之间的距离不宜小于20d，此 d 为梁上部纵向钢筋的直径。柱外侧纵向钢筋伸至柱顶后宜向节点内水平弯折，弯折段的水平投影长度不宜小于

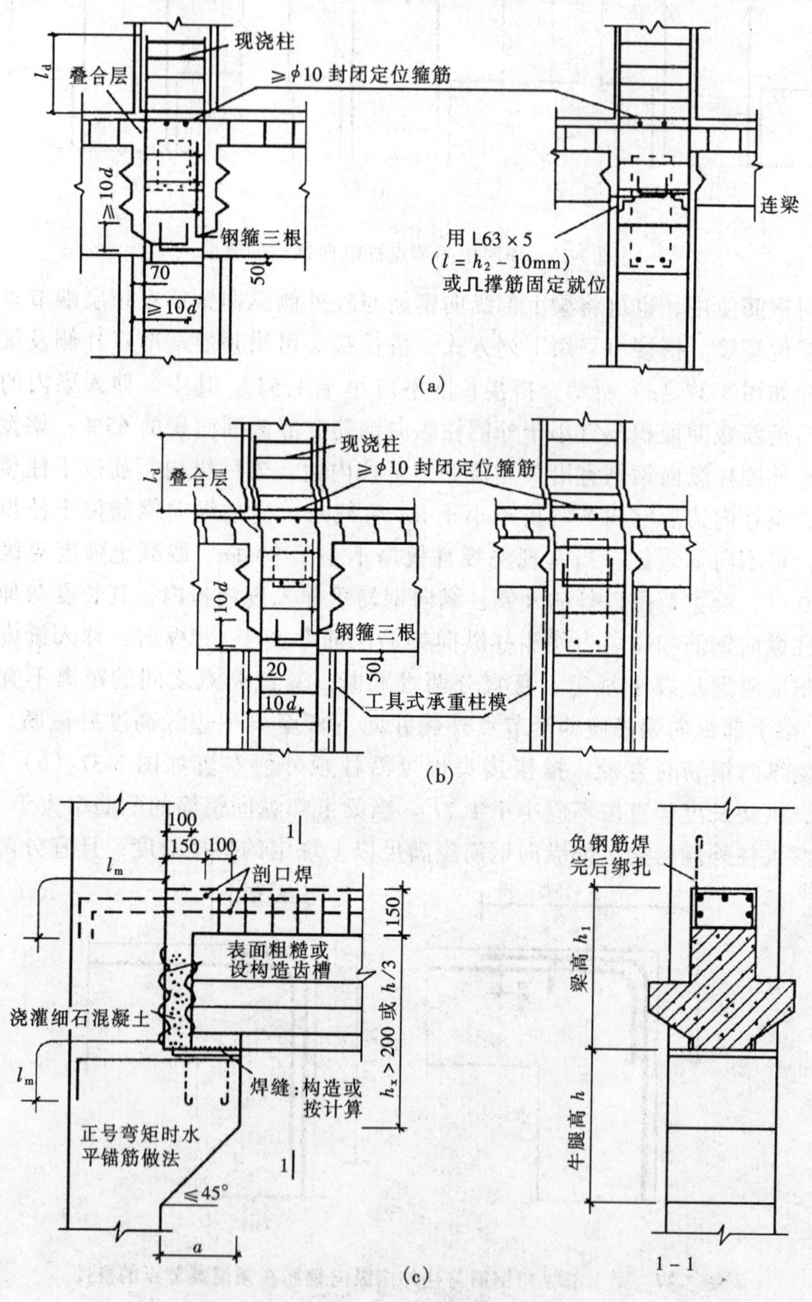

图 3-38 装配整体式框架节点构造

(a) 工具式非承重柱模；(b) 工具式承重柱模；(c) 明牛腿刚性连接

$12d$，d 为柱外侧纵向钢筋的直径。

(7) 在框架节点范围内应设置水平箍筋，箍筋应符合对柱中箍筋的构造规定，但间距不宜大于 250mm。对四边均有梁与之相连的中间节点，节点内可只设置沿周边的矩形箍筋，而不设置复合箍筋。当顶层端节点内设有梁上部纵向钢筋和柱外侧纵向钢筋的搭接接头时，节点内水平箍筋应按照纵筋搭接范围内箍筋的设置要求确定。

5. 装配整体式框架节点构造

下面介绍三种装配整体式框架节点的构造方式。

在多高层装配整体式框架中，目前常采用现浇柱、预制梁的施工方案。对于这种方案，若采用工具式非承重柱模，如图 3-38（a）所示。此时预制主梁的梁端一般伸入柱内 70mm，纵向连梁则用电焊与事先焊接在柱纵向受力钢筋上的小角钢或ㄇ形撑筋相连；若采用工具式承重柱模，如图 3-38（b）所示。此时预制主梁的梁端伸入柱内仅 20mm，预制主梁与纵向连梁都直接支承在柱模上。

若采取预制柱、预制梁刚性连接的施工方案，则明牛腿连接是常用方法之一。此时预制梁直接支承在柱的明牛腿面上，如图 3-38（c）所示。梁底应预埋角钢与牛腿面的预埋钢板用角焊缝相连接，梁上部则另加负钢筋与预制柱内伸出的短钢筋剖口对焊。此种连接法的优点是节点刚性好，承载力大；而缺点是牛腿部分预埋件多，用钢材多，焊接要求高，而工效较低。

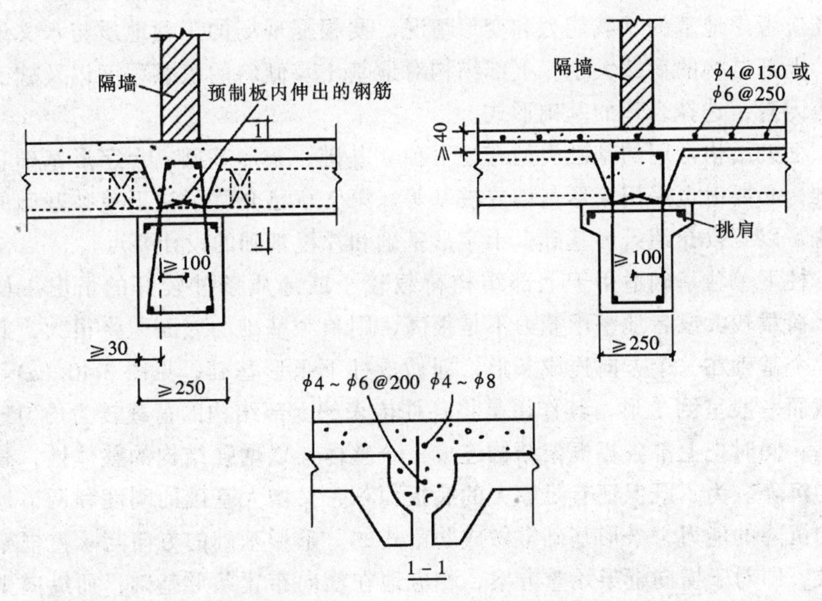

图 3-39　预制板与框架的连接

6. 框架梁与预制楼板的连接构造

预制楼板常采用槽形板或空心板。为使楼盖结构具有良好的整体性，办法之一是在板缝之间配置必要的联系钢筋并用细石混凝土灌缝；也可在预制板上浇筑不低于 C20 级厚度不小于 40mm 的钢筋混凝土叠合楼面，内配 ϕ4@150mm 或 ϕ6@250mm 的双向钢筋网。预制板搁置在梁上或墙上的长度不小于 30mm，板端伸出的锚固钢筋长度不应小于 100mm，如图 3-39 所示。

7. 框架柱与填充墙的连接构造

框架的填充墙或隔墙应优先考虑选用预制轻质墙板，而且必须与框架牢固连接。若采用砌体填充墙，则应在填充墙与框架柱的交接处，沿高度每隔若干皮砌体，用 2ϕ6 钢筋与柱拉结。拉结筋进入填充墙内长度不应小于 500～1000mm，并应锚入柱中，具体要求详见有关规范及设计构造手册。

3.5 框架结构基础

3.5.1 基础的类型及选择

基础是介于建筑物与地基之间的重要组成部分，其作用是将建筑物中柱、墙、筒体等竖向结构构件中传来的荷载扩散给地基，起着承上传下的作用。基础一般采用钢筋混凝土。

设计基础时，除了要保证满足基础本身安全和正常使用方面的要求外，同时还应考虑地基的承载能力和变形情况。要根据现场的工程地质与水文地质条件，上部结构的荷载大小，上部结构对地基土及倾斜的敏感程度以及施工条件等等因素，选择合理的基础形式。

框架结构常用的基础类型有柱下独立基础、条形基础、十字形基础和片筏基础，必要时也采用箱形基础或桩基等。第 2 章已介绍了柱下单独基础的设计方法，以下仅介绍条形基础、十字形基础和片筏基础的设计要点。

柱下单独基础适用于上部结构荷载较小或地质条件较好的情况。如果柱距、荷载较大或者地基承载力不是很高，则单个基础的底面积将很大，此时可将单个基础在一个方向连成条形，即做成柱下条形基础，见图 3-40（a）。它的横截面一般呈倒 T 形，其作用是将各柱传来的上部结构的荷载较为均匀地传给地基，同时把上部各榀框架结构连成一个整体，以增强结构的整体性，减小不均匀沉降。为了既保证有足够大的底板面积，又增大基础的刚度和调节地基不均匀沉降的能力，条形基础常做成肋梁式的。条形基础的方向与承重框架方向一致，即对于横向框架承重方案，相应地在横向布置条形基础，而纵向则布置构造联系梁；对于纵向框架承重方案，则在纵向布置条形基础，横向布置构造联系梁。而对于纵横向框架承重方案，或者当上部结构受力较大，以至沿柱列的一个方向上设置条形基础已不能满足地基承载能力和变形的要求时，则需要在两个方向都布置条形基础，称为十字形基础，见图 3-40（b）。十字形基础既扩大了基底受荷面积，又使上部结构在纵横两个方向均有联系，空间整体刚度加大。

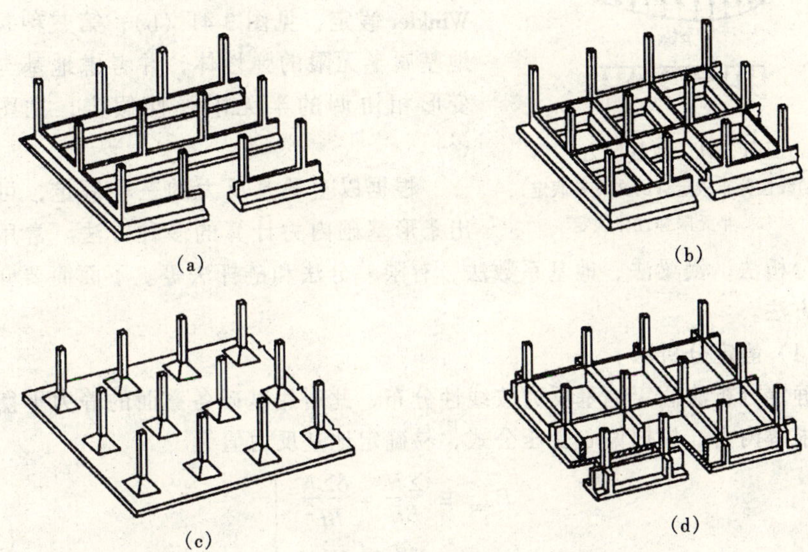

图 3-40 基础类型

（a）条形基础；（b）十字形基础；（c）平板式片筏基础；（d）梁板式片筏基础

如果十字形基础的底面积不能满足上部结构容许变形和地基承载力的要求，则可扩大基础底面积，当底板连成一片时，即称为片筏基础。片筏基础有平板式和梁板式两种。平板式片筏基础实际为一片厚度相等的平板，如图 3-40（c）所示。这种基础施工简单方便，但混凝土用量大；梁板式片筏基础见图 3-40（d），这种基础是沿柱纵横两个方向设置肋梁，从而增加基础的刚度，故可减小板厚，但是施工较复杂。

3.5.2 条形基础设计

1. 条形基础内力计算

条形基础既承受上部结构传来的荷载，同时又受地基反力的作用，显然两者的合力应满足静力平衡条件。若能确定地基反力的分布规律，则容易计算基础的内力。然而地基反力的分布问题比较复杂，因为与上部结构和基础本身的刚度、地基土的力学性质等诸多因素有关，故至今还无统一的精确计算方法，只能在某种假定的前提下进行近似计算。

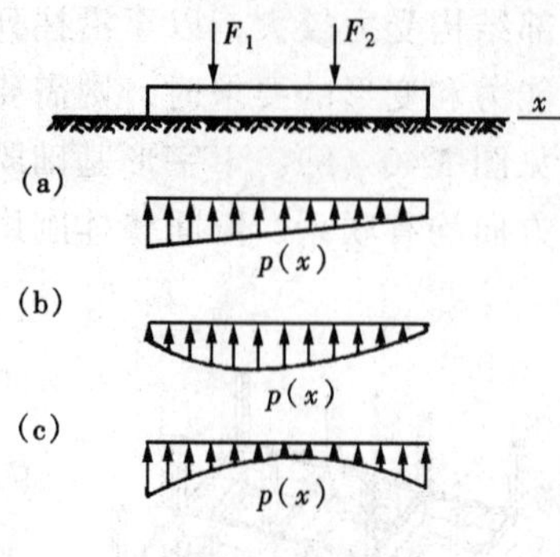

图 3-41　地基反力

(a)线性分布假定;(b)文克勒假定;

(c) 半无限弹性体假定

目前基础设计中常用以下三种假定：第一种是近似地把地基反力分布视为线性分布，由静力平衡条件确定反力值的假定，见图 3-41（a）；第二种是认为地基土每单位面积上所受的压力与地基沉降成正比的所谓文克勒 Winkler 假定，见图 3-41（b）；第三种是认为地基属半无限的弹性体，并考虑地基与基础变形相协调的半无限弹性假定，见图 3-41（c）。

根据以上地基反力的三种假定，可推导出条形基础内力计算的多种方法。常用的有静力分析法、倒梁法、地基系数法、有限差分法和链杆法等。下面简要介绍前三种方法。

（1）静定分析法

静定分析法假定地基反力按线性分布，此时用基础各截面的静力平衡条件便可求解内力。根据偏心受压公式，易确定地基反力值为

$$\left.\begin{aligned} P_{\max} &= \frac{\Sigma N}{BL} + \frac{6\Sigma N}{BL^2} \\ P_{\min} &= \frac{\Sigma N}{BL} - \frac{6\Sigma M}{BL^2} \end{aligned}\right\} \tag{3-21}$$

式中　ΣN——各竖向荷载（不包括基础自重及覆土重）的总和（kN）；

ΣM——各种外荷载对基底形心的偏心力矩的总和（kN·m）；

B——基础底面的宽度（m）；

L——基础底面的长度（m）。

因为基础（包括覆土）的自重不会引起基础内力，故式（3-21）算得的结果即为基底净反力。求出净反力分布后，基础上全部作用力均已确定，任一截面上的弯矩 M_i 和剪力 V_i 便可取脱离体按静力平衡条件求得，如图 3-42 所示。选取若干截面计算，据此可绘制出弯矩图和剪力图。

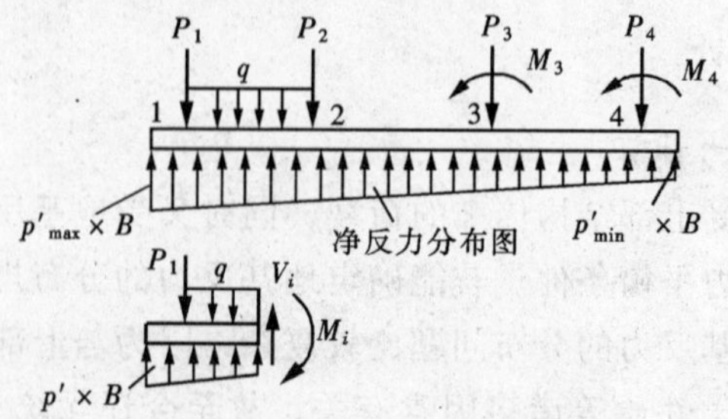

图 3-42　据静力平衡条件计算条形基础的内力

(2) 倒梁法

倒梁法亦假定地基反力呈线性分布，此法是视柱子为固定铰支座，把基底净反力作为荷载，将基础梁视为倒置的多跨连续梁计算各控制截面的内力，见图 3-43。用此法计算所得的支座反力与柱子的轴力之间可能有较大的不平衡力，这主要是由于未考虑到基础梁挠度与地基变形协调条件而造成的。解决此矛盾的办法是所谓的反力局部调整法，即将支座反力与柱子轴力之间的差值（正或负值）均匀分布在相应支座两侧各 1/3 跨度范围内，作为地基反力的调整值，然后再按倒连续梁计算其内力。若结果还不满意，可反复多次进行调整，使支座反力与柱子轴力基本吻合。

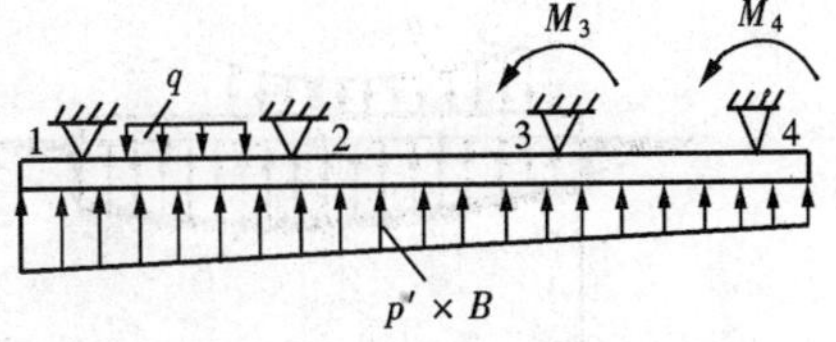

图 3-43 倒梁法计算简图

众所周知，地基反力的分布图形对条形基础的内力计算影响很大，而地基反力的分布规律，不仅与基础的形状、尺寸、刚度和埋置深度有关，还与上部结构的刚度、荷载的作用情况以及地基土的物理力学性质等诸多因素有关。在比较均匀的地基上，上部结构刚度较大，荷载分布也较均匀，且条形基础梁高度不小于 1/6 柱距时，地基反力可按直线分布，即此时可据静定分析法或倒梁法计算。假如实际情况与上述情况不符，尤其是地基土的压缩性明显不均匀时，以反力分布线性假定为基础的静定分析法或倒梁法的计算结果可能与实际情况出入较大。此时，应据其它更为精确的方法进行计算。

还有一点须指出的是：对同一个基础梁，用静定分析法与倒梁法计算的结果往往差别较大，仅当倒梁法计算出的反力未经调整就恰好等于柱轴力时，两者计算结果才会一致。一般来说，当框架结构层数较少，楼盖刚度较小时，此时上部结构刚度较小，用静定分析法比较适宜；反之，当层数较多，楼盖刚度较大时，上部结构的刚度较大，此时倒梁法比较适用。在工程设计中，必要时可参考这两种计算结果的内力包络图来进行截面设计。

(3) 地基系数法

1867 年，捷克工程师文克勒（E. Winkler）提出地基系数法，故又称文克勒法。此法假定基础梁底面任意点的地基反力与地基变形（沉降）成正比（图 3-44），即

$$P = KS \tag{3-22}$$

式中 P——基础底面某点的地基反力（N/mm^2）；

K——地基系数，又称基床系数（N/mm^3），即基础沉降一单位时作用在基础单位面积上的土反力值；

S——地基在该点的沉降量（mm）。

文克勒理论的实质就是将基础视为一系列独立的弹簧，弹簧的刚度即地基

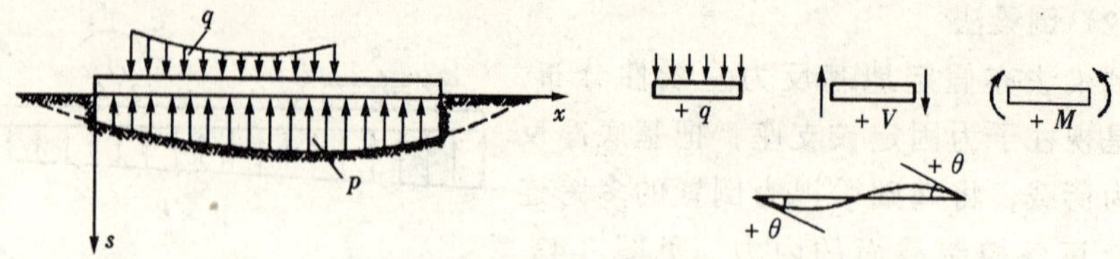

图 3-44 地基系数法计算简图

系数 K。此时可以将条形基础看成是一个弹性地基上的梁，根据材料力学中梁的挠曲线微分方程式，即得基础梁的微分方程如下：

有线荷载 q 的梁段

$$EI\frac{d^4 s}{dx^4} = q - BP \tag{3-23a}$$

无线荷载 q 的梁段

$$EI\frac{d^4 s}{dx^4} = - BP \tag{3-23b}$$

式中 EI——条形基础梁的截面弯曲刚度；

q——上部结构传给基础梁的线荷载；

B——基础梁的底面宽度。

将式（3-22）代入式（3-23），则得：

有线荷载 q 的梁段

$$\frac{d^4 s}{dx^4} + \frac{KB}{EI}s = \frac{q}{EI} \tag{3-24a}$$

无线荷载 q 的梁段

$$\frac{d^4 s}{dx^4} + \frac{KB}{EI}s = 0 \tag{3-24b}$$

令 $\lambda = \sqrt[4]{\frac{KB}{4EI}}$，则式（3-24）可写成

有线荷载 q 的梁段

$$\frac{d^4 s}{dx^4} + 4\lambda^4 s = \frac{q}{EI} \tag{3-25a}$$

无线荷载 q 的梁段

$$\frac{d^4 s}{dx^4} + 4\lambda^4 s = 0 \tag{3-25b}$$

λ 称为弹性地基梁的柔度特征值。通常称式（3-24）或式（3-25）为弹性地基梁的挠曲微分方程。该微分方程的解为：

$$s = e^{\lambda x}(C_1\cos\lambda x + C_2\sin\lambda x) + e^{-\lambda x}(C_3\cos\lambda x + C_4\sin\lambda x) + C_0 \tag{3-26}$$

式中 C_0 为特解，根据荷载条件确定；C_1、C_2、C_3、C_4 为积分常数，可由不

同的边界条件确定。求得基础梁的挠度 S 后，按照微分关系便可计算梁截面转角 θ、弯矩 M 及剪力 V。

采用地基系数法首先须解决的问题是确定地基系数 K 的数值。该值不但与地基土的物理力学性质有关，还与上部结构和基础的多种因素有关，故确定 K 值是个颇为复杂的问题，详见地基及基础教材。

如前所述，地基系数法将地基土看成是互不相干的系列弹簧，而事实情况是地基土具有一定抗剪能力，荷载会相互传递扩散，故在基础范围以外一定距离的地基土也会产生沉降，如图 3-44 中虚线所示。因此地基系数法较适用于受剪承载力较低的土层或基础梁支承在不厚的软土层上，而下面为坚硬的土层或岩层的情况。换言之，当地基土较软弱（如淤泥、软黏土地基）或当地基的压缩层较薄，与基础最大的水平尺寸相比成为很薄的“垫层”时，宜采用地基系数法计算。

3.5.3 十字形基础设计

十字形基础实质是由两个方向的条形基础所组成，故又称交叉条形基础。与条形基础相比，增大了基础底面积及刚度，从而可减少建筑物的不均匀沉降。对十字形基础，可将柱荷载分配到纵横两组条形基础中，然后按两个方向上的条形基础来分别计算。

十字形基础上部结构的荷载通常是由柱传来的集中力，有时还包括力矩，且都作用在基础的交叉节点上。

十字形基础计算的关键在于如何解决节点处荷载在两个方向基础梁上的分配问题。不论用何种方法分配，都必须满足两个条件，既静力平衡条件和变形协调条件。换言之，第一是要使分配在纵横两个基础梁上的两个力之和等于作用在节点上的荷载；第二是纵横基础梁在交叉节点处的沉降应相等。由于文克勒假定简便实用，故十字形基础内力分析仍采用文克勒假定。此外，为简化计算，忽略基础扭转变形的影响，而假定在十字交叉点处纵横两向基础为上下铰接，亦即当一个方向的条形基础产生转角时，在另一个方向条形基础内不引起内力，节点处两个方向的力矩分别由相应的基础梁承受。

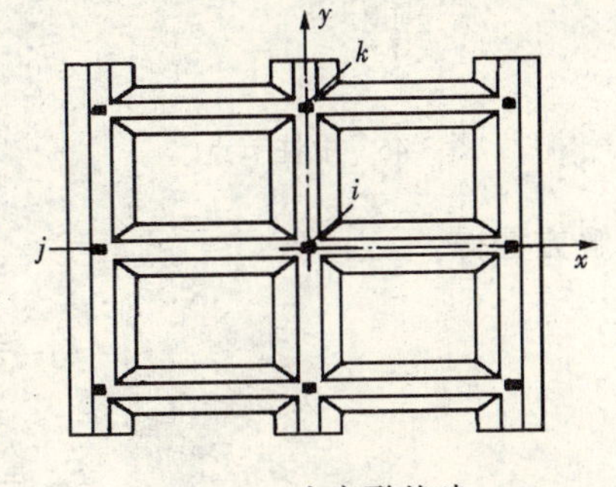

图 3-45　十字形基础

如图 3-45 所示的十字形基础，集中力 F_i 作用在任一节点 i 上。将 F_i 分解成两个力 F_{ix} 和 F_{iy}，分别作用在 x 方向和 y 方向的基础梁上。按照静力平衡条件有

$$F_i = F_{ix} + F_{iy} \tag{3-27}$$

根据变形协调条件，x 方向的基础梁和

y 方向的基础梁在十字交叉点处的沉降必须相等，即

$$S_{ix} = S_{iy} \tag{3-28}$$

当任一节点 i 上作用有集中力 F_i、x 方向的弯矩 M_{ix} 及 y 方向的弯矩 M_{iy} 时，上式又可写成

$$\Sigma F_{jx} S'_{ijx} + \Sigma M_{jx} S''_{ijx} = \Sigma F_{ky} S'_{iky} + \Sigma M_{ky} S''_{iky} \tag{3-29}$$

式中 F_{jx}、F_{ky}——分别为 j 节点上 x 方向梁和 k 节点上 y 方向梁所承担的集中荷载；

M_{jx}、M_{ky}——分别为 j 节点上作用在 x 方向的力矩和 k 节点上作用在 y 方向的力矩。根据交叉节点为铰接的假定，M_{jx} 完全由 x 方向梁承担，而 M_{ky} 完全由 y 方向的梁承担，都不存在分配问题；

S'_{ijx}、S'_{iky}——在节点 i 处，由于 j 节点处 x 方向和 k 节点处 y 方向分别作用单位集中力所引起的沉降；

S''_{ijx}、S''_{iky}——在节点 i 处，由于 j 节点处 x 方向和 k 节点处 y 方向单位力矩分别作用引起的沉降。

当十字形基础有 n 个节点时，就有 $2n$ 个未知数，如 F_{ix}、F_{iy} 等等。理论上，虽可由式（3-27）和式（3-29）所建立的 $2n$ 个联立方程解出这 $2n$ 个未知数，但计算相当繁重。为简化计算，考虑到相邻荷载对地基沉降的影响随着距离的增大而迅速减小，当十字交叉点间距较大，而且各节点荷载差别又不算悬殊时，便可不考虑相邻荷载的影响。这样，计算工作量便可大为减少。

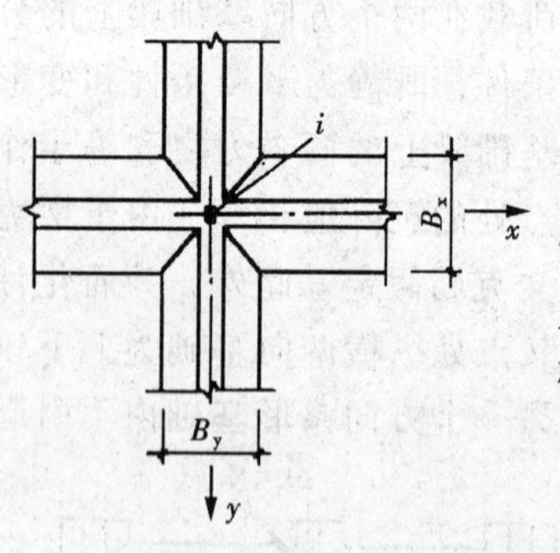

图 3-46 中柱节点

1. 中柱节点

如图 3-46 所示，在节点 i 作用有上部结构传来的集中力 F_i，将 F_i 分解成两个集中力 F_{ix} 和 F_{iy}，分别作用在纵横两向条形基础上。根据节点 i 处静力平衡和变形协调条件，将纵横两个方向的条形基础均视为无限长梁，就可得出方程如下

$$\left.\begin{aligned} F_{ix} + F_{iy} &= F_i \\ \frac{F_{ix}}{8\lambda_x^3 EI_x} &= \frac{F_{iy}}{8\lambda_y^3 EI_y} \end{aligned}\right\} \tag{3-30}$$

解方程得

$$\left.\begin{aligned} F_{ix} &= \frac{I_x\lambda_x^3}{I_x\lambda_x^3 + I_y\lambda_y^3} F_i \\ F_{iy} &= \frac{I_y\lambda_y^3}{I_x\lambda_x^3 + I_y\lambda_y^3} F_i \end{aligned}\right\} \tag{3-31}$$

式中　I_x、I_y——分别为纵向和横向基础梁的截面惯性矩；

λ_x、λ_y——分别为 x 方向（纵向）和 y 方向（横向）基础梁的柔度特征值，据前述公式计算。

2. 边柱节点

如图 3-47 所示，在边柱节点 i 处承受集中力 F_i，将 F_i 分解为作用于无限长梁上的 F_{ix} 和作用于半无限长梁上的 F_{iy}，同样根据静力平衡条件和变形协调条件，仿照中柱节点，可导出

$$\left.\begin{aligned} F_{ix} &= \frac{4I_x\lambda_x^3}{4I_x\lambda_x^3 + I_y\lambda_y^3}F_i \\ F_{iy} &= \frac{I_y\lambda_y^3}{4I_x\lambda_x^3 + I_y\lambda_y^3}F_i \end{aligned}\right\} \tag{3-32}$$

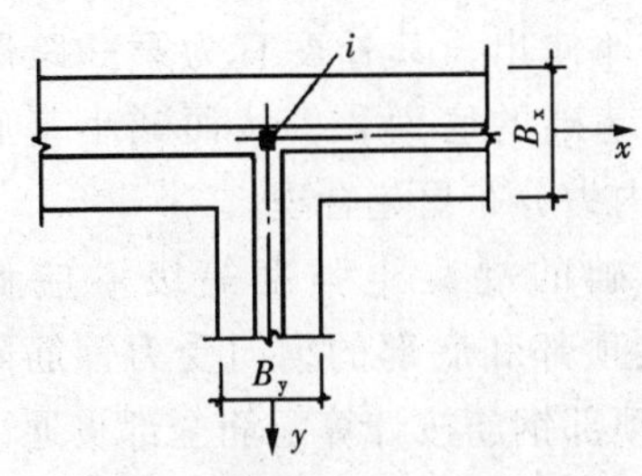

图 3-47　边柱节点

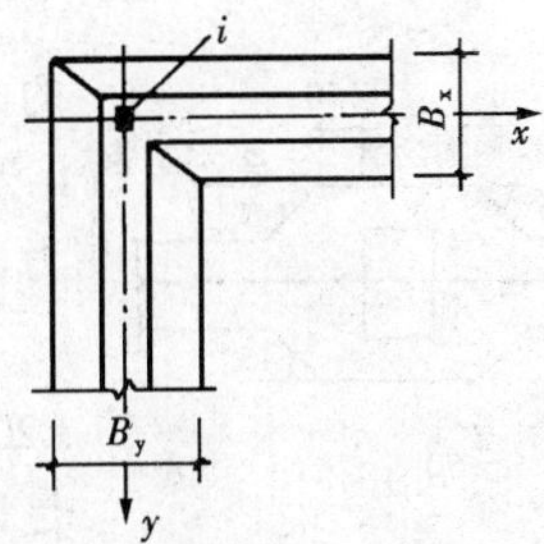

图 3-48　角柱节点

3. 角柱节点

如图 3-48 所示，角柱节点 i 处承受的集中力 F_i 分解成分别作用于两条半无限长梁上的荷载 F_{ix} 和 F_{iy}，同理，可推导得

$$\left.\begin{aligned} F_{ix} &= \frac{I_x\lambda_x^3}{I_x\lambda_x^3 + I_y\lambda_y^3}F_i \\ F_{iy} &= \frac{I_y\lambda_y^3}{I_x\lambda_x^3 + I_y\lambda_y^3}F_i \end{aligned}\right\} \tag{3-33}$$

3.5.4　条形基础的构造要求

柱下钢筋混凝土条形基础梁的横截面一般做成倒 T 形，由肋和翼缘板组成。其构造要求为：当柱距小于或等于 6m 时，基础两的肋高 h 宜为 1/4 ~ 1/8 柱距翼板厚度 h_i 不应小于 200mm，当 $h_i \leqslant 250$mm 时，翼板宜做成等厚度，见图 3-49（a）；当 $h_i > 250$mm 时，宜采用变厚度翼板，其坡度宜小于或等于 1∶3，其边缘厚度不应小于 150mm，见图 3-49（b）。

现浇柱与条形基础梁交接处，其平面尺寸不应小于图 3-50 要求。条形基础

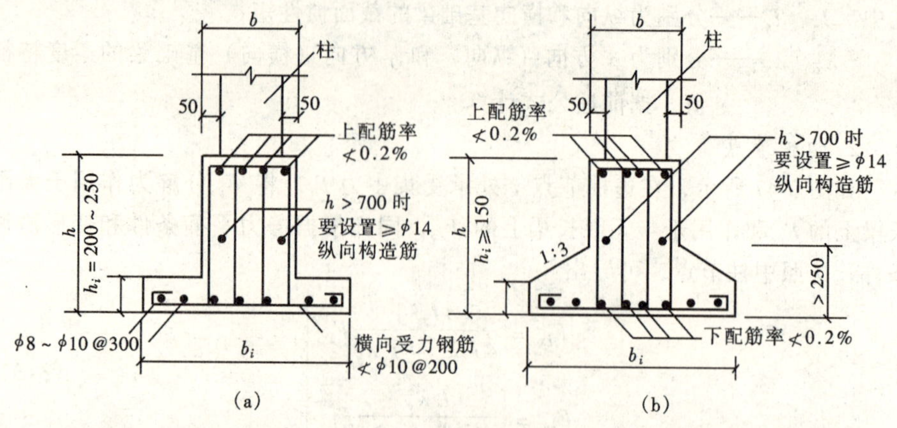

图 3-49　条形基础构造图

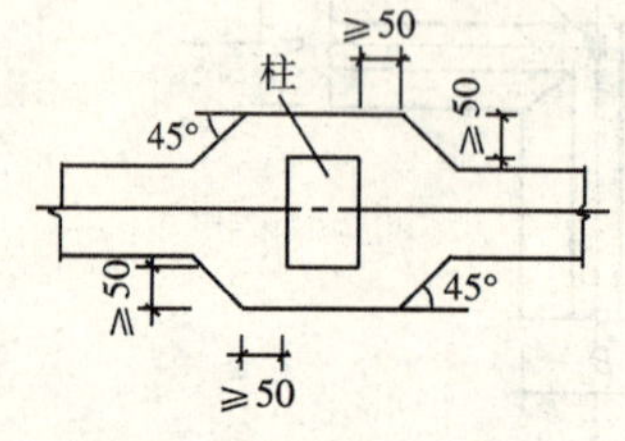

图 3-50　现浇柱与条形基础梁交接处平面尺寸

的两端端部宜向外伸出，其长度宜为第一跨距的 0.25 倍，以增大基础的底面积，从而减小基底反力，并使基础梁内力分布更趋合理。

柱下条形基础的混凝土强度等级不应低于 C20。条形基础梁顶部和底部的纵向受力钢筋除满足计算要求外，顶部钢筋按计算配筋全部贯通，而底部通长钢筋不应少于底部受力钢筋截面总面积的 1/3。肋梁中受力钢筋直径不小于 10mm。梁肋高 h 大于 700mm 时，应在肋高的中部两侧配置不小于 ϕ14mm 的纵向构造钢筋，其上、下间距为 300 ~ 400mm。翼板中受力钢筋直径不小于 8mm，间距 100 ~ 200mm。当翼板的悬伸长度 l_f 大于 750mm 时，翼板受力钢筋中有一半可在距翼板边为 a 处切断，$a = 0.5l_f - 20d$。箍筋应做成封闭式，其直径不小于 8mm。当肋宽 $b \leqslant 350$mm 时采用双肢箍；当 350mm < $b \leqslant 800$mm 时用四肢箍；当 $b >$ 800mm 时则用六肢箍。在梁的中间 $0.4L$（L 为梁跨）范围内，箍筋间距可适当放大。条形基础配筋构造详见图 3-51。

3.5.5 片筏基础

当地基承载力较低，而上部结构荷载较大，十字形基础不能满足地基承载力或控制变形要求时，可将十字形基础底面再扩大为满堂基础，即采用片筏基础。显而易见，片筏基础可减少地基单位面积上的压力，提高地基承载能力并增强基础的整体刚度，调整和减少不均匀沉降。片筏基础分平板式和梁板式两种。片筏基础可视为弹性地基上的板，其内力计算的关键仍是如何确定地基反力的分布规律，一旦确定，便易求得片筏基础中各点的弯矩和剪力。和条形基

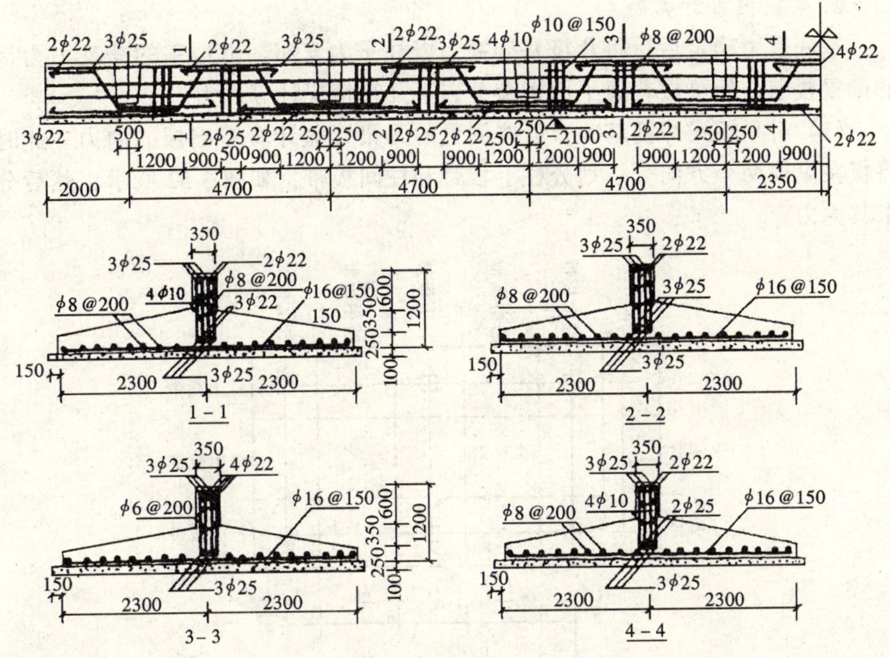

图 3-51　条形基础配筋图

础相似，根据地基反力分布的不同假定，有相应不同的片筏基础的计算方法，如倒楼盖法、地基系数法、有限差分法、链杆法等等。下面仅简要介绍倒楼盖法，其它方法详见地基与基础等参考书。

1. 地基反力

当地基比较均匀，上部结构刚度较大时，此时与条形基础中的倒梁法相仿，假定地基反力在两个方向上都是呈线性分布，然后按照静力平衡条件确定地基反力。对于矩形平面的片筏基础，设基础长度为 L，宽度为 B，则可按下列偏心受压公式计算

$$\left.\begin{aligned} P_{\max} &= \frac{\Sigma N}{LB} + \frac{6\Sigma M_x}{BL^2} + \frac{6\Sigma M_y}{LB^2} \\ P_{\min} &= \frac{\Sigma N}{LB} - \frac{6\Sigma M_x}{BL^2} - \frac{6\Sigma M_y}{LB^2} \end{aligned}\right\} \tag{3-34}$$

式中　ΣN——上部结构传来的所有竖向荷载的合力；

ΣM_x——上部结构传来的荷载对基底中心在 x 方向的偏心力矩之和；

ΣM_y——上部结构传来的荷载对基底中心在 y 方向的偏心力矩之和。

为避免建筑物发生较大倾斜，亦为了改善基础的受力状况，必要时可调整基础底板各边的外挑长度，以使基础接近中心受荷状态。这时可假定地基反力为均匀分布，以后的计算就颇为方便。

2. 梁板内力计算要点

基底反力确定后，将片筏基础视为以柱子为支座，以地基的净反力为荷载的倒置楼盖，便可按普通平面楼盖分以下几种情况计算内力。

(1) 对平板式片筏基础，可按倒置的无梁楼盖计算基础板的内力。此时应将板在纵横两个方向分别划分柱上板带和柱间板带，如图 3-52 所示，然后分别求其内力。

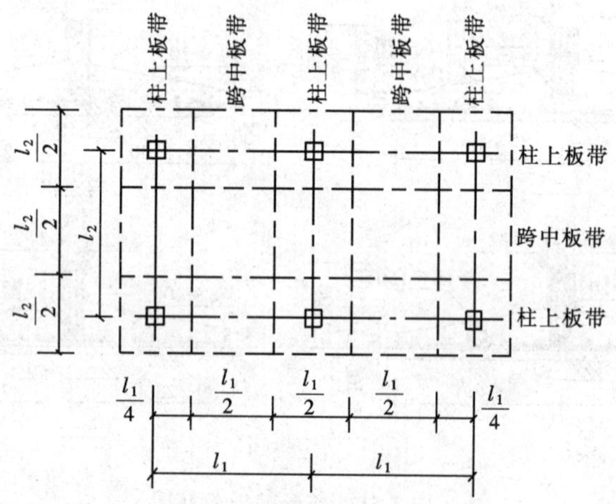

图 3-52　平板式片筏基础板带划分图

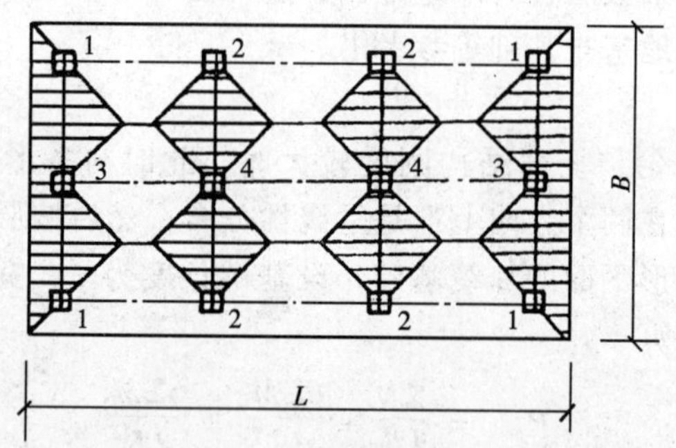

图 3-53　片筏基础反力划分图

(2) 对于梁板式片筏基础，若柱网尺寸接近正方形，且在柱网单元内不布置次肋时，可按井式楼盖计算。此时作用在片筏基础底板上的反力如图 3-53 所示划分，分别传至纵向肋和横向肋上。片筏基础底板按多跨连续双向板计算，而纵向肋及横向肋均按多跨连续梁计算。

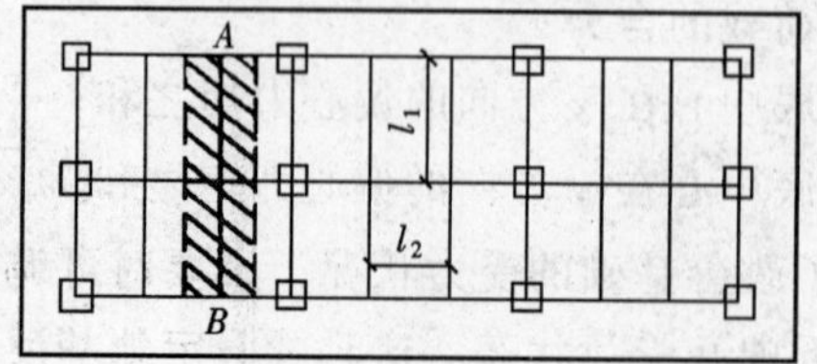

图 3-54　片筏基础梁计算图

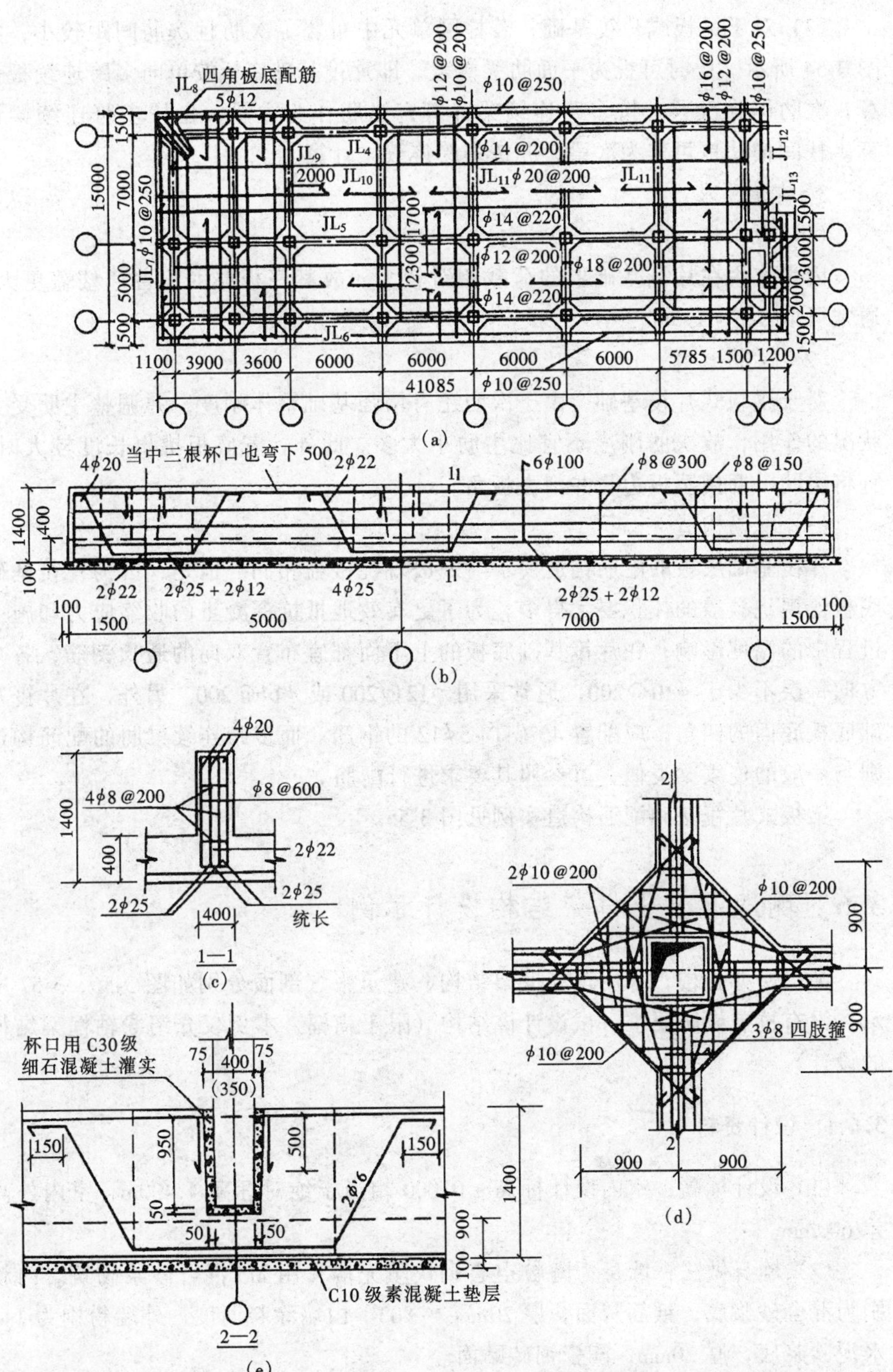

图 3-55　片筏基础配筋图

(3) 对于梁板式片筏基础，若柱网单元中布置了次肋且次肋间距较小，如图 3-54 所示。此时可视为平面肋梁楼盖。即片筏基础底板按单向多跨连续板计算；次肋作为次梁，按多跨连续梁计算；纵肋作为主梁，也按多跨连续梁计算。柱间横肋也可作为次梁，亦按多跨连续梁计算。

3. 构造要求

(1) 板厚

因为作用在片筏基础上的荷载相对较大，故其底板厚度比普通楼盖更大，通常可取 0.5 ~ 1.5m。

(2) 梁肋

对于梁板式片筏基础，由于次肋还有增强基础整体刚度，并调整主肋受力状况的作用，故次肋刚度不宜比主肋小太多。此外，若底板挑出长度较大时，宜将梁肋一并挑至板边，并削去板角。

(3) 配筋构造

片筏基础底板的配筋构造要求与一般现浇楼盖相同。但是，因为片筏基础底板比现浇楼盖的体积要大得多，为了更有效地抵抗混凝土的收缩应力和施工过程中的温度影响，在片筏基础底板的上下面都宜布置双向的通长钢筋，各个方向每层不少于 ϕ10@200，通常采用 ϕ12@200 或 ϕ14@200。另外，在片筏基础底板底面的四角，应配置 45°斜向 5ϕ12 的钢筋。而多跨连续梁肋的配筋构造则与一般的连续梁类似，可参照其要求进行配筋。

梁板式片筏基础配筋构造实例见图 3-55。

3.6 现浇混凝土框架结构设计示例

某六层办公楼，采用现浇框架结构，建筑平、剖面分别如图 3-56、3-57 所示，没有抗震设防要求，试设计该结构（限于篇幅，本例仅介绍⑤轴框架结构的设计）。

3.6.1 设计资料

(1) 设计标高：室内设计标高 ±0.000 相当于绝对标高 4.400m，室内外高差 600mm。

(2) 墙身做法：墙身为陶粒空心砌块填充墙，用 M5 混合砂浆砌筑。内粉刷为混合砂浆底，纸筋灰面，厚 20mm，“803”内墙涂料两度。外墙粉刷为 1:3 水泥砂浆底，厚 20mm，陶瓷锦砖贴面。

(3) 楼面做法：楼板顶面为 20mm 厚水泥砂浆找平，5mm 厚 1:2 水泥砂浆加“107”胶水着色粉面层；楼板底面为 15mm 厚纸筋面石灰抹底，涂料两度。

(4) 屋面做法：现浇楼板上铺膨胀珍珠岩保温层（檐口处厚 100mm，2% 自两侧檐口向中间找坡），1:2 水泥砂浆找平层厚 20mm，二毡三油防水层，撒绿豆砂保护。

(5) 门窗做法：门厅处为铝合金门窗，其他均为木门，塑钢窗。

(6) 地质资料：(属Ⅲ类建筑场地，余略)。

(7) 基本风压：$w_0 = 0.55\text{kN/m}^2$（地面粗糙度属 B 类）。

(8) 活荷载：屋面活荷载 1.5kN/m^2，办公室楼面活荷载 1.5kN/m^2，走廊楼面活荷载 2.0kN/m^2。

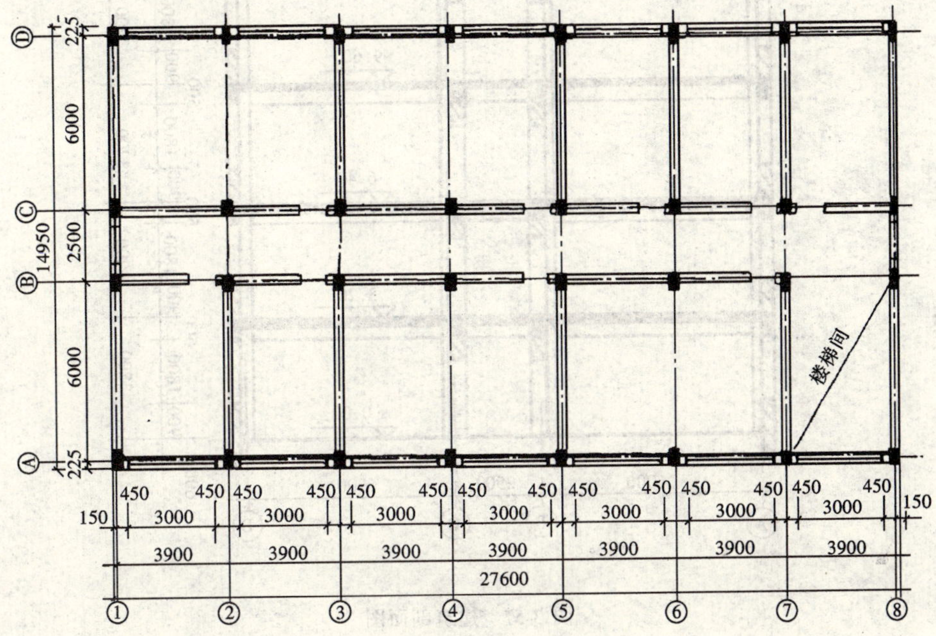

图 3-56 建筑平面图

3.6.2 结构布置及结构计算简图的确定

结构平面布置如图 3-58 所示。各梁柱截面尺寸确定如下：

边跨（*AB*、*CD* 跨）梁：$h = \frac{1}{12}l = \frac{1}{12} \times 6000 = 500\text{mm}$，取 $b = 250\text{mm}$。

中跨（*BC* 跨）梁：取 $h = 400\text{mm}$，$b = 250\text{mm}$。

边柱（*A* 轴、*D* 轴）连系梁：取 $b \times h = 250\text{mm} \times 500\text{mm}$；中柱（*B* 轴，*C* 轴）连系梁：取 $b \times h = 250\text{mm} \times 400\text{mm}$；柱截面均为 $b \times h = 300\text{mm} \times 450\text{mm}$，现浇楼板厚 100mm。

结构计算简图如图 3-59 所示根据地质资料，确定基础顶面离室外地面为

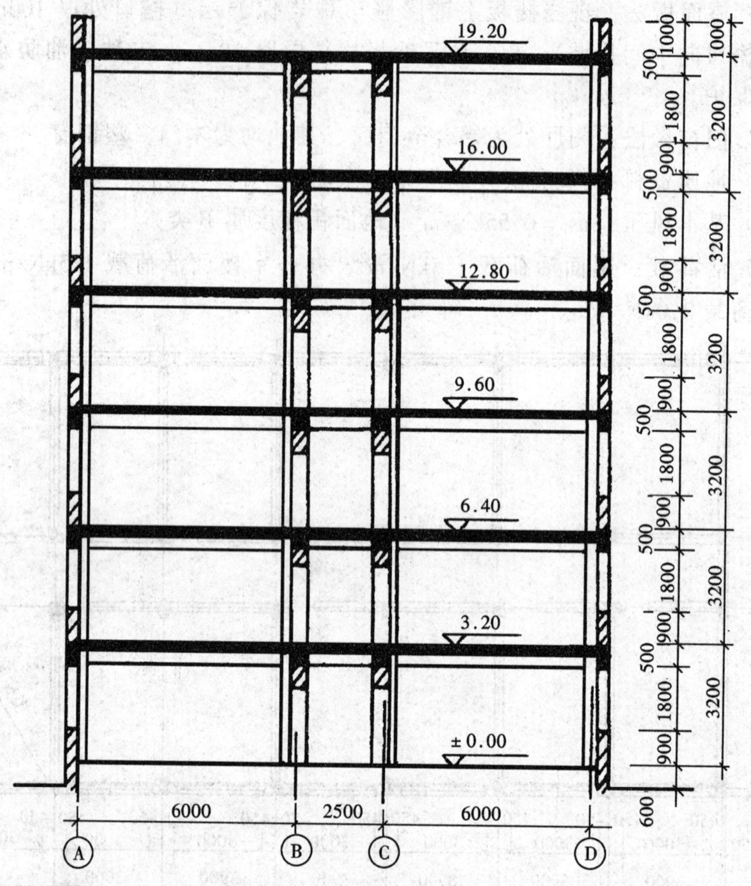

图 3-57　建筑剖面图

600mm，由此求得底层层高为 4.3mm。各梁柱构件的线刚度经计算后列于图 3-59。其中在求梁截面惯性矩时考虑到现浇楼板的作用，取 $I=2I_0$（I_0 为不考虑楼板翼缘作用的梁截面惯性矩）。

AB、*CD* 跨梁：

$$i=2E\times\frac{1}{12}\times0.25\times0.50^3/6.0$$
$$=8.68\times10^{-4}E\ (\mathrm{m}^3)$$

BC 跨梁：

$$i=2E\times\frac{1}{12}\times0.25\times0.40^3/2.5=10.67\times10^{-4}E(\mathrm{m}^3)$$

上部各层柱：

$$i=E\times\frac{1}{12}\times0.30\times0.45^3/3.2=7.12\times10^{-4}E(\mathrm{m}^3)$$

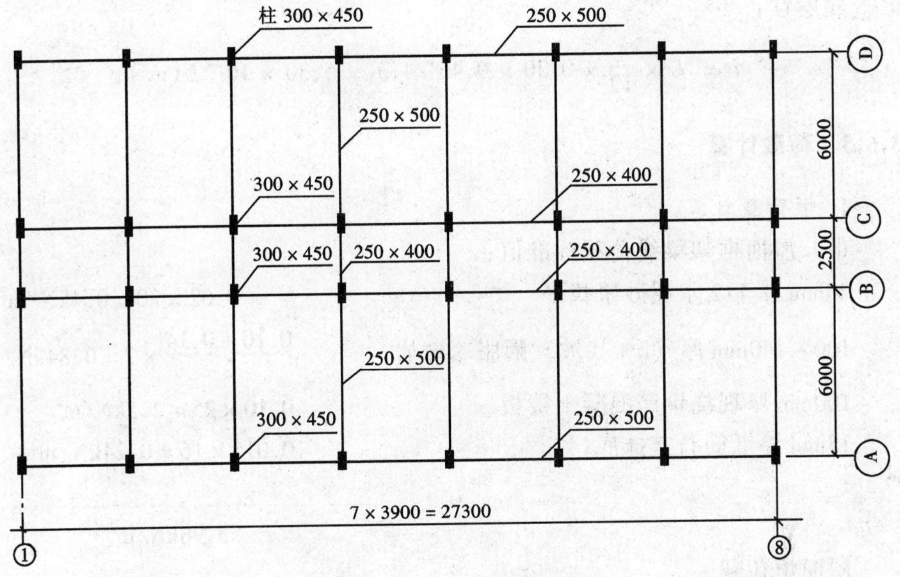

图 3-58 结构平面布置图

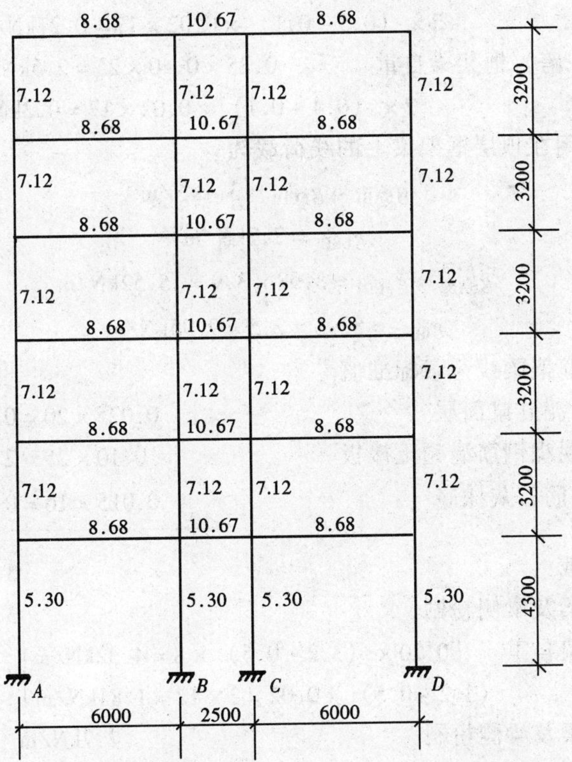

注：图中数字为线刚度，单位：$\times 10^{-4} E\,\mathrm{m}^3$

图 3-59 结构计算简图

底层柱：

$$i = E \times \frac{1}{12} \times 0.30 \times 0.45^3/4.3 = 5.30 \times 10^{-4} E(\text{m}^3)$$

3.6.3 荷载计算

1. 恒荷载计算

(1) 屋面框架梁线荷载标准值：

20mm 厚 1:2 水泥砂浆找平 $0.02 \times 20 = 0.4\text{kN/m}^2$

100 ~ 140mm 厚（2%找坡）膨胀珍珠岩 $\frac{0.10 + 0.14}{2} \times 7 = 0.84\text{kN/m}^2$

100mm 厚现浇钢筋混凝土楼板 $0.10 \times 25 = 2.5\text{kN/m}^2$

15mm 厚纸筋石灰抹底 $0.015 \times 16 = 0.24\text{kN/m}^2$

屋面恒荷载 3.98kN/m^2

边跨（*AB*、*CD* 跨）框架梁自重 $0.25 \times 0.50 \times 25 = 3.13\text{kN/m}$

梁侧粉刷 $2 \times (0.5 - 0.1) \times 0.02 \times 17 = 0.27\text{kN/m}$ } 3.4kN/m

中跨（*BC* 跨）框架梁自重 $0.25 \times 0.40 \times 25 = 2.5\text{kN/m}$

梁侧粉刷 $2 \times (0.4 - 0.1) \times 0.02 \times 17 = 0.2\text{kN/m}$ } 2.7kN/m

因此，作用在顶层框架梁上的线荷载为；

$$g_{6\text{AB1}} = g_{6\text{CD1}} = 3.4\text{kN/m}$$

$$g_{6\text{BC1}} = 2.7\text{kN/m}$$

$$g_{6\text{AB2}} = g_{6\text{CD2}} = 3.98 \times 3.9 = 15.52\text{kN/m}$$

$$g_{6\text{BC2}} = 3.98 \times 2.5 = 9.95\text{kN/m}$$

(2) 楼面框架梁线荷载标准值

25mm 厚水泥砂浆面层 $0.025 \times 20 = 0.50\text{kN/m}^2$

100mm 厚现浇钢筋混凝土楼板 $0.10 \times 25 = 2.5\text{kN/m}^2$

15mm 厚纸筋石灰抹底 $0.015 \times 16 = 0.24\text{kN/m}^2$

楼面恒荷载 3.24kN/m^2

边跨框架梁及梁侧粉刷 3.4kN/m^2

边跨填充墙自重 $0.20 \times (3.2 - 0.5) \times 8 = 4.32\text{kN/m}$

墙面粉刷 $(3.2 - 0.5) \times 0.02 \times 2 \times 17 = 1.84\text{kN/m}$ } 6.16kN/m

中跨框架梁及梁侧粉刷 2.7kN/m

作用在中间层框架梁上的线荷载为：

$$g_{\text{AB1}} = g_{\text{CD1}} = 3.4 + 6.16 = 9.56\text{kN/m}$$

$$g_{BC1} = 2.7\text{kN/m}$$

$$g_{AB2} = g_{CD2} = 3.24 \times 3.9 = 12.64\text{kN/m}$$

$$g_{BC2} = 3.24 \times 2.5 = 8.1\text{kN/m}$$

(3) 屋面框架节点集中荷载标准值

边柱连续梁自重 $0.25 \times 0.50 \times 3.9 \times 25 = 12.19\text{kN}$

粉刷 $0.02 \times (0.50 - 0.10) \times 2 \times 3.9 \times 17 = 1.06\text{kN}$

1m高女儿墙自重 $1 \times 0.20 \times 3.9 \times 8 = 6.24\text{kN}$

粉刷 $1 \times 0.20 \times 2 \times 3.9 \times 17 = 2.65\text{kN}$

连续梁传来屋面自重 $\frac{1}{2} \times 3.9 \times \frac{1}{2} \times 3.9 \times 3.98 = 15.13\text{kN}$

顶层边节点集中荷载 $G_{6A} = G_{6D} = 37.27\text{kN}$

中柱连系梁自重 $0.25 \times 0.40 \times 3.9 \times 25 = 9.75\text{kN}$

粉刷 $0.02 \times (0.40 - 0.10) \times 2 \times 3.9 \times 17 = 0.80\text{kN}$

连系梁传来屋面自重 $\frac{1}{2} \times (3.9 + 3.9 - 2.5) \times 1.25 \times 3.98 = 13.18\text{kN}$

$\frac{1}{2} \times 3.9 \times \frac{1}{2} \times 3.9 \times 3.98 = 15.13\text{kN}$

顶层中节点集中荷载 $G_{6B} = G_{6C} = 38.86\text{kN}$

(4) 楼面框架节点集中荷载标准值

边柱连系梁自重 12.19kN

粉刷 1.06kN

塑钢窗自重 $3.0 \times 1.8 \times 0.45 = 2.43\text{kN}$

窗下墙体自重 $0.20 \times 0.9 \times 3.6 \times 8 = 5.18\text{kN}$

粉刷 $2 \times 0.02 \times 0.9 \times 3.6 \times 17 = 2.20\text{kN}$

窗边墙体自重 $0.60 \times (3.2 - 1.4) \times 2 \times 0.20 \times 8 = 1.73\text{kN}$

粉刷 $0.60 \times (3.2 - 1.4) \times 2 \times 0.02 \times 17 = 0.73\text{kN}$

框架柱自重 $0.30 \times 0.45 \times 3.2 \times 25 = 10.8\text{kN}$

粉刷 $0.78 \times 0.02 \times 3.2 \times 17 = 0.85\text{kN}$

连系梁传来楼面自重 $\frac{1}{2} \times 3.9 \times \frac{1}{2} \times 3.9 \times 3.24 = 12.32\text{kN}$

中间层边节点集中荷载 $G_A = G_D = 49.49\text{kN}$

中柱连系梁自重 9.75kN

粉刷 0.80kN

内纵墙自重 $3.60 \times (3.2 - 0.4) \times 2 \times 0.20 \times 8 = 16.13\text{kN}$

粉刷　　　　　$3.60\times(3.2-0.4)\times2\times0.020\times17=6.85\text{kN}$

扣除门洞重加上门重　　　　$-2.1\times1.0\times(5.24-0.2)=-10.58\text{kN}$

框架柱自重　　　　10.8kN

粉刷　　　　0.80kN

连系梁传来楼面自重 $\frac{1}{2}\times(3.9+3.9-2.5)\times1.25\times3.24=10.73\text{kN}$

$$\frac{1}{2}\times3.9\times1.95\times3.24=12.32\text{kN}$$

中间层中节点集中荷载　　　　$G_B=G_C=57.65\text{kN}$

(5) 恒荷载作用下的结构计算简图

恒荷载作用下结构计算简图如图 3-60 所示。

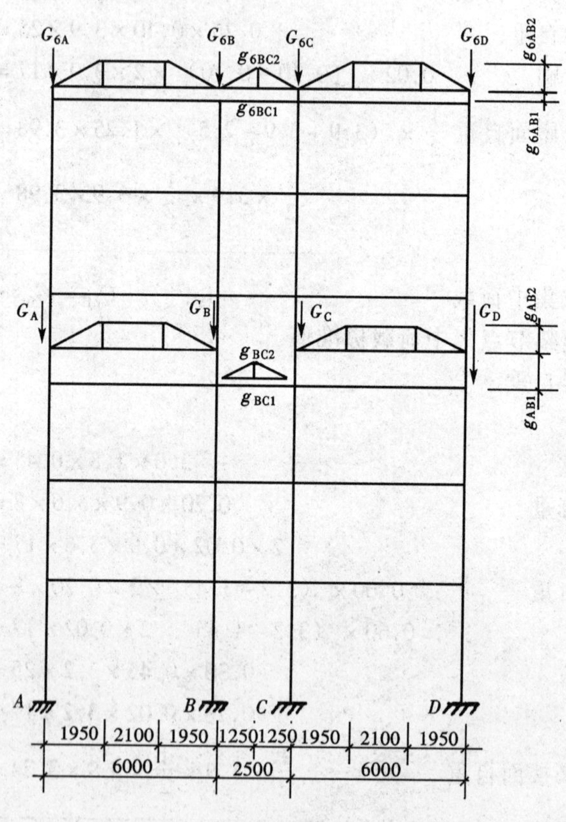

图 3-60　恒荷载作用下结构计算简图

2. 楼（屋）面活荷载计算

楼（屋）面活荷载作用下结构计算简图如图 3-61 所示。图中各计算荷载值如下：

$$p_{6AB} = p_{6CD} = 1.5 \times 3.9 = 5.85\text{kN/m}$$

$$p_{6BC} = 1.5 \times 2.5 = 3.75\text{kN/m}$$

$$p_{6A} = p_{6D} = \frac{1}{2} \times 3.9 \times \frac{1}{2} \times 3.9 \times 1.5 = 5.70\text{kN/m}$$

$$p_{6B} = p_{6C} = \frac{1}{2} \times (3.9 + 3.9 - 2.5) \times 1.25 \times 1.5 + \frac{1}{4} \times 3.9 \times 3.9 \times 1.5$$
$$= 10.67\text{kN}$$

$$p_{AB} = p_{CD} = 1.5 \times 3.9 = 5.85\text{kN/m}$$

$$p_{BC} = 2.0 \times 2.5 = 5.0\text{kN/m}$$

$$p_A = p_D = \frac{1}{2} \times 3.9 \times \frac{1}{2} \times 3.9 \times 1.5 = 5.70\text{kN}$$

$$p_B = p_C = \frac{1}{2} (3.9 + 3.9 - 2.5) \times 1.25 \times 2.0 + \frac{1}{4} \times 3.9 \times 3.9 \times 1.5 = 12.33\text{kN}$$

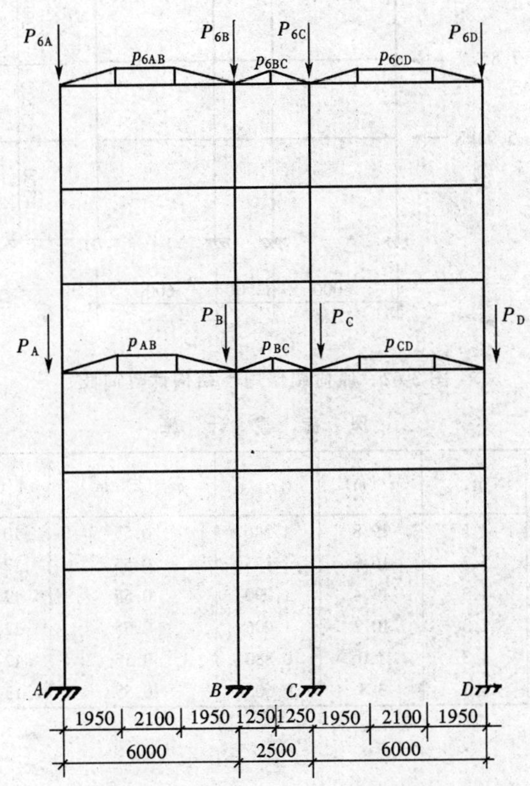

图 3-61　楼面活荷载作用下结构计算简图

3. 风荷载计算

风压标准值计算公式为

$$\omega = \beta_z \cdot \mu_s \cdot \mu_z \cdot \omega_0$$

因结构高度 $H=20.3\text{m}<30\text{m}$，可取 $\beta_z=1.0$；对于矩形平面 $\mu_s=1.3$；μ_z 可查荷载规范。将风荷载换算成作用于框架每层节点上的集中荷载，计算过程如表 3-13 所示。表中 z 为框架节点至室外地面的高度，A 为一榀框架各层节点的受风面积，计算结果如图 3-62 所示。

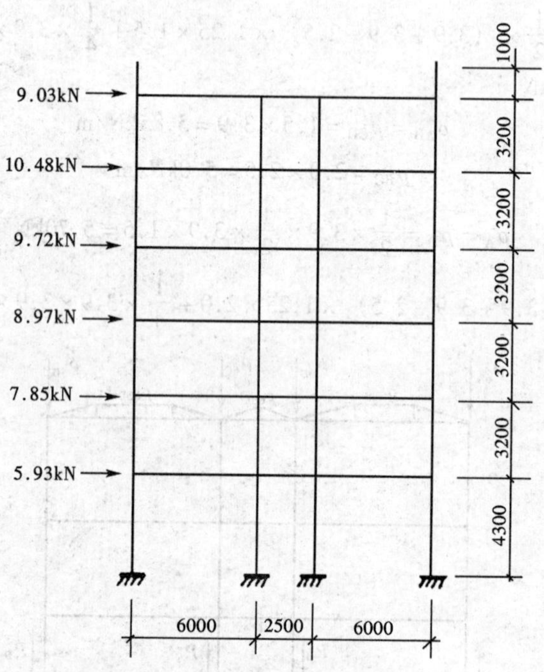

图 3-62　风荷载作用下结构计算简图

风 荷 载 计 算　　**表 3-13**

层次	β_z	μ_s	z（m）	μ_z	ω_0（kN/m²）	A（m²）	P_w（kN）
6	1.0	1.3	19.8	1.246	0.55	10.14	9.03
5	1.0	1.3	16.6	1.175	0.55	12.48	10.48
4	1.0	1.3	13.4	1.090	0.55	12.48	9.72
3	1.0	1.3	10.2	1.006	0.55	12.48	8.97
2	1.0	1.3	7.0	0.880	0.55	12.48	7.85
1	1.0	1.3	3.8	0.608	0.55	13.65	5.93

3.6.4　内力计算

1. 恒荷载作用下的内力计算

恒载（竖向荷载）作用下的内力计算采用分层法。这里以中间层为例说明分层法的计算过程，其他层（顶层、底层）仅给出计算结果。

由图 3-60 取出中间任一层进行分析，结构计算简图如图 3-63（a）所示。

图 3-63 中柱的线刚度取框架柱实际线刚度的 0.9 倍。

图 3-63（a）中梁上分布荷载由矩形和梯形（及矩形和三角形）两部分组成，在求固端弯矩时可直接根据图示荷载计算，也可根据固端弯矩相等的原则，先将梯形分布荷载和三角形分布荷载，化为等效均布荷载（图 3-63（b）），等效均布荷载的计算公式如图 3-64 所示。

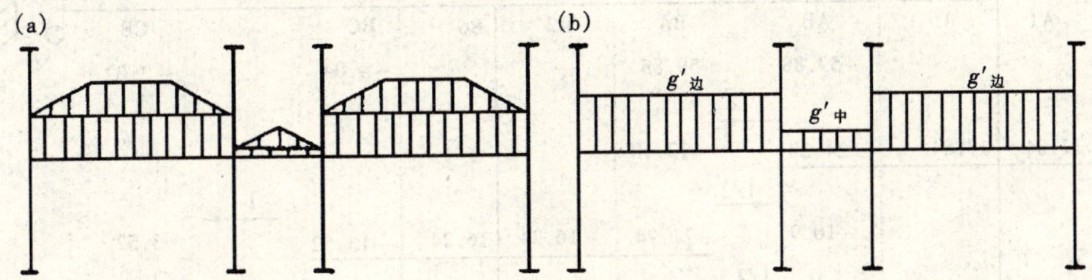

图 3-63　分层法计算简图

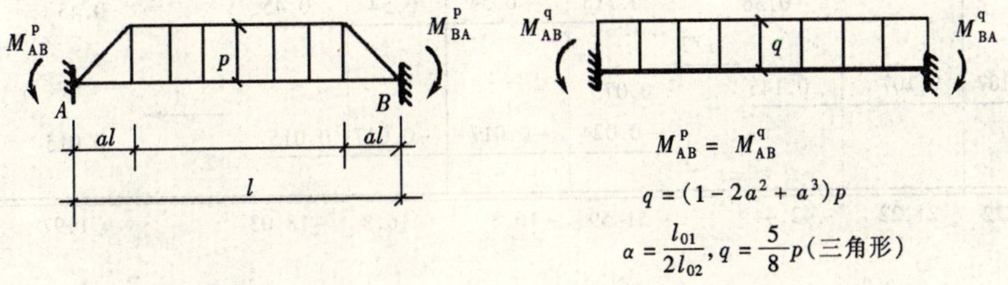

$$M_{AB}^{p} = M_{AB}^{q}$$

$$q = (1 - 2\alpha^2 + \alpha^3)p$$

$$\alpha = \frac{l_{01}}{2l_{02}}, q = \frac{5}{8}p\text{（三角形）}$$

图 3-64　荷载的等效图

把梯形（及三角形）荷载化作等效均布荷载

$$g'_{边} = g_{AB1} + (1 - 2\alpha^2 + \alpha^3) g_{AB2}$$

$$= 9.56 + (1 - 2 \times 0.325^2 + 0.325^3) \times 12.64$$

$$= 19.96\text{kN/m}$$

$$g'_{中} = g_{BC1} + \frac{5}{8} g_{BC2} = 2.7 + \frac{5}{8} \times 8.1 = 7.76\text{kN/m}$$

图 3-63（b）所示结构内力可用弯矩分配法计算并可利用结构对称性取二分之一结构计算。各杆的固端弯矩为

$$M_{AB} = \frac{1}{12} g'_{边}\ l_{边}^2 = \frac{1}{12} \times 19.96 \times 6^2 = 59.88\text{kN} \cdot \text{m}$$

$$M_{BC} = \frac{1}{3} g'_{中}\ l_{中}^2 = \frac{1}{3} \times 7.76 \times 1.25^2 = 4.04\text{kN} \cdot \text{m}$$

$$M_{CB} = \frac{1}{6} g'_{中} \ l_{中}^2 = \frac{1}{6} \times 7.76 \times 1.25^2 = 2.02\text{kN} \cdot \text{m}$$

弯矩分配法计算过程如图 3-65 所示，计算所得结构弯矩图见图 3-66。同样可用分层法求得顶层及底层的弯矩图，列于图 3-66。

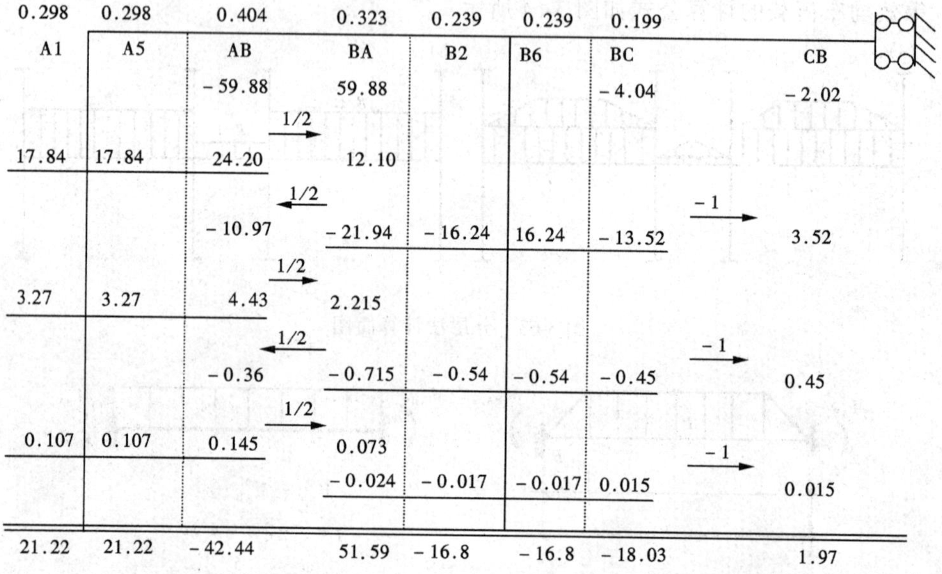

A1	A5	AB	BA	B2	B6	BC	CB
0.298	0.298	0.404	0.323	0.239	0.239	0.199	
		-59.88	59.88			-4.04	-2.02
17.84	17.84	24.20	12.10				
		-10.97	-21.94	-16.24	16.24	-13.52	3.52
3.27	3.27	4.43	2.215				
		-0.36	-0.715	-0.54	-0.54	-0.45	0.45
0.107	0.107	0.145	0.073				
			-0.024	-0.017	-0.017	0.015	0.015
21.22	21.22	-42.44	51.59	-16.8	-16.8	-18.03	1.97

图 3-65　弯矩分配法计算过程

将各层分层法求得的弯矩图叠加，可得整个框架结构在恒载作用下的弯矩图。很显然，叠加后框架内各节点弯矩并不一定能达到平衡，这是由于分层法计算的误差所造成的。为提高精度，可将节点不平衡弯矩再分配一次进行修正，修正后竖向荷载作用下整个结构弯矩图如图 3-67（a）所示。并进而可求得框架各梁柱的剪力和轴力（图 3-67（b））。

必须注意，在求得图 3-63（b）所示结构的梁端支座弯矩后，如欲求梁跨中弯矩，则需根据求得的支座弯矩和各跨的实际荷载分布（即图 3-63（a）所示荷载分布）按平衡条件计算，而不能按等效分布荷载计算。框架梁在实际分布荷载作用下按简支梁计算的跨中弯矩如图 3-68 所示。

考虑梁端弯矩调幅，并将梁端节点弯矩换算至梁端柱边弯矩值，以备内力组合时用，如图 3-69 所示。

2. 楼面活荷载作用下的内力计算

活荷载作用下的内力计算也采用分层法，考虑到活荷载分布的最不利组合，各层楼面活荷载布置可能有图 3-70 所示的几种组合形式。同样采用弯矩分配法计算，考虑弯矩调幅，并将梁端节点弯矩换算成梁端柱边弯矩值。其最后弯矩图（标准层）如图 3-70 所示。

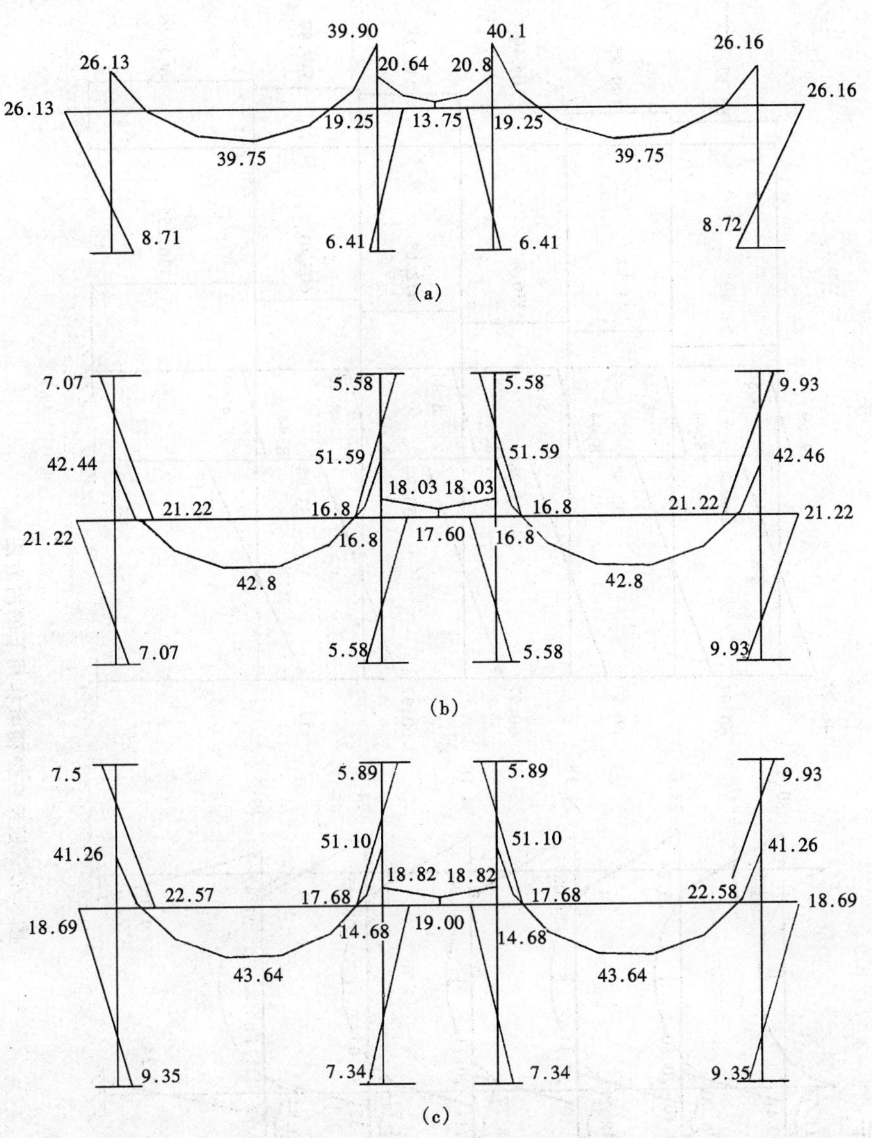

图 3-66　分层法弯矩计算结果（单位：kN·m）
（a）顶层；（b）标准层；（c）底层

3. 风荷载作用下内力计算

风荷载作用下的结构计算简图如图 3-62 所示。内力计算采用 D 值法，计算过程见图 3-71。其中由附表 3-10 和附表 3-11 查得 $y_1 = y_2 = y_3 = 0$，即 $y = y_0$。由图 3-62 可见，风荷载分布较接近于均布荷载，故 y_0 由附表 3-8 查得。风荷载作用下框架结构弯矩图如图 3-72（a）所示，框架轴力图和剪力图如图 3-72（b）所示。

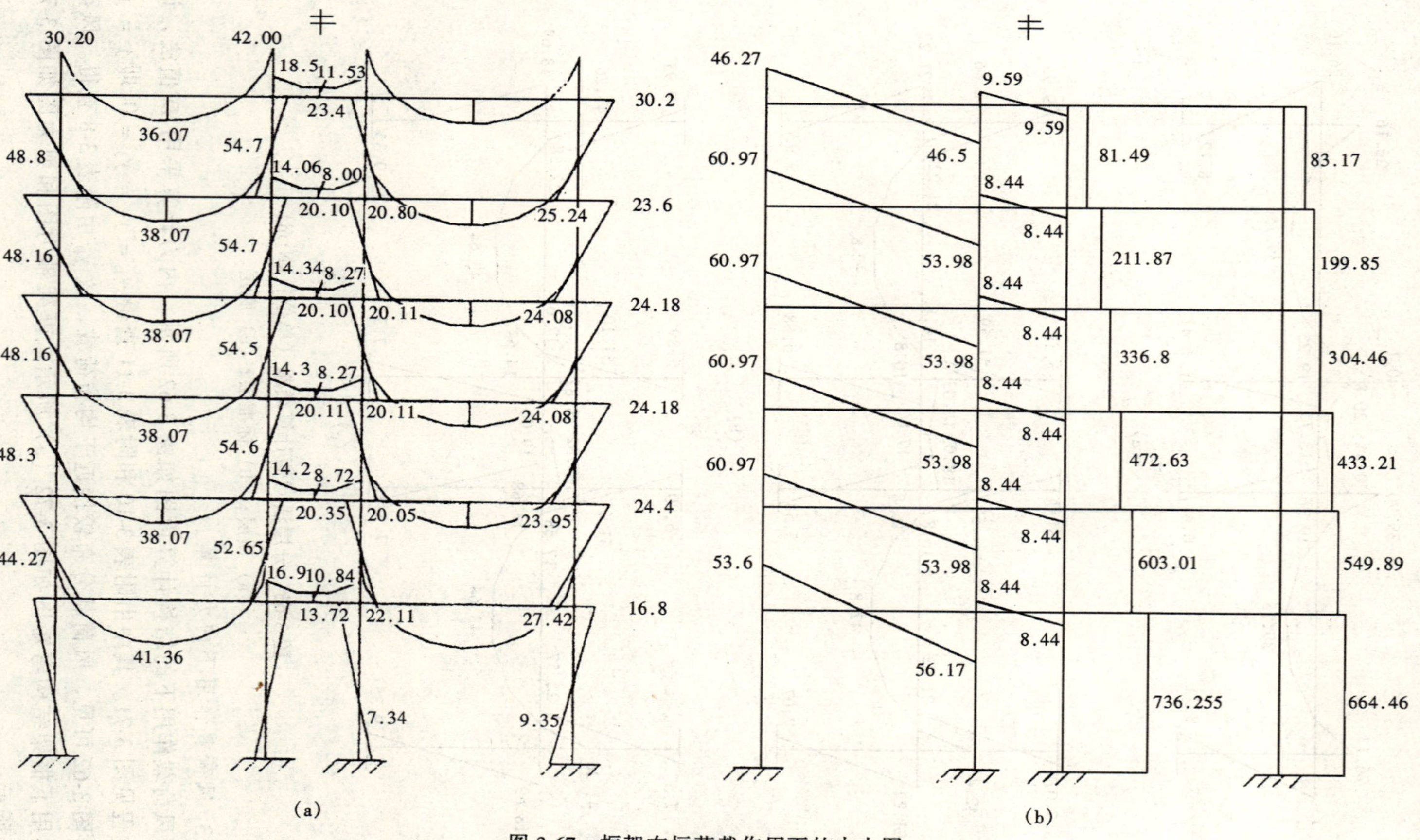

图 3-67 框架在恒荷载作用下的内力图

(a) 弯矩图（单位：kN·m）；(b) 梁剪力、柱轴力图（单位：kN）

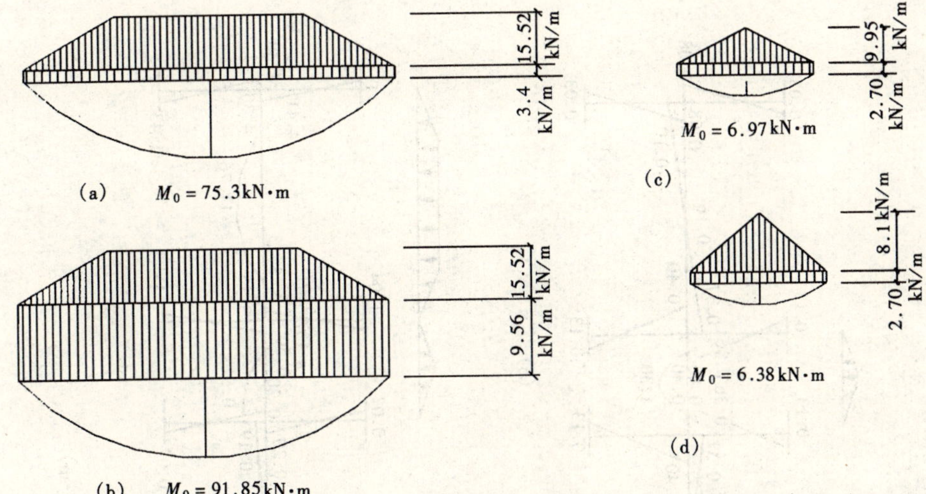

图 3-68 梁在实际分布荷载作用下按简支梁计算的跨中弯矩（单位：kN·m）

(a) 顶层边跨梁；(b) 顶层中跨梁；(c) 标准层及底层边跨梁；(d) 标准层及底层中跨梁

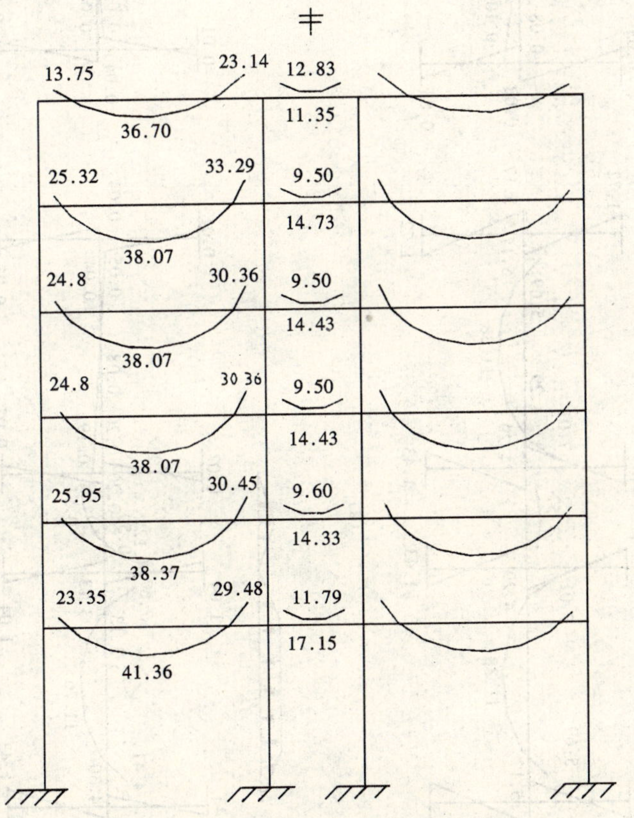

图 3-69 框架梁在恒载作用下经调幅并算至柱边截面的弯矩（单位 kN·m）

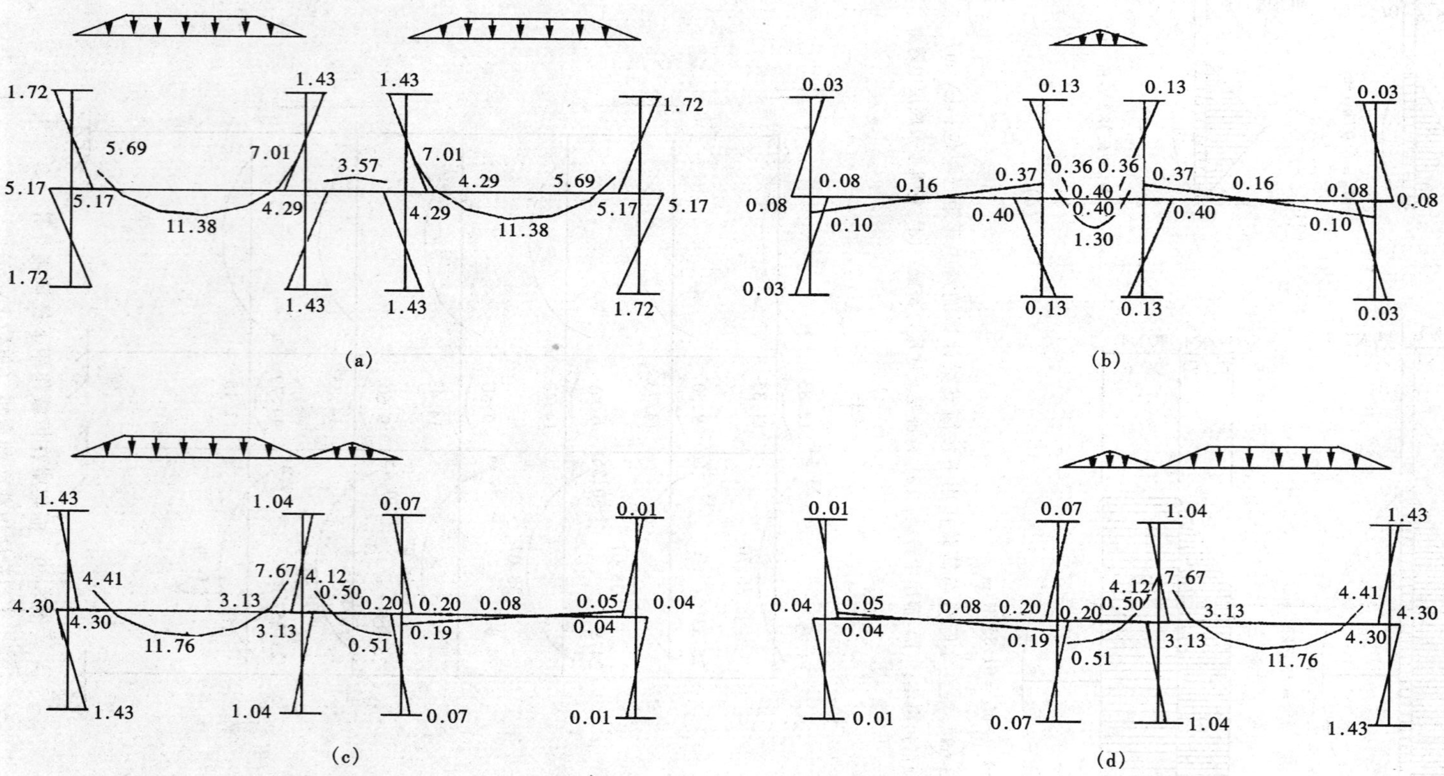

图 3-70　楼面活荷载作用下的梁、柱弯矩图（单位：kN·m）

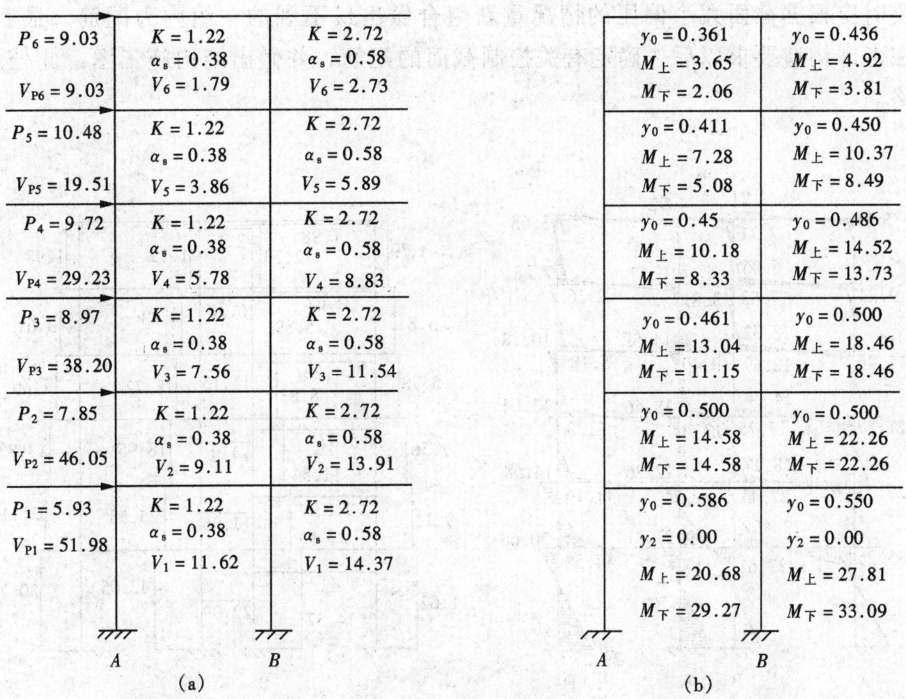

图 3-71 风荷载作用下的内力计算

(a) 剪力在各柱间分配（单位：kN）；(b) 各柱反弯点及柱端弯矩（单位：kN·m）

3.6.5 内力组合

根据上节内力计算结果，即可进行框架各梁柱各控制截面上的内力组合，其中梁的控制截面为梁端柱边及跨中。由于对称性，每层有五个控制截面，即图 3-73（a）梁中的 1、2、3、4、5 号截面，表 3-14 给出了第四层梁的内力组合过程；柱则分为边柱和中柱（即 *A* 柱、*B* 柱），每个柱每层有两个控制截面，如图 3-73（b）所示。以第四层柱为例，控制截面为 7、8 号截面。因活荷载作用下内力计算采用分层法，故当三层梁和四层梁上作用有活荷载时，将对四层柱内产生内力。表 3-15 整理出了当三层、四层分别有活荷载最不利组合时在 7、8 号截面所产生的内力。表 3-16 给出了四层柱的内力组合过程。

3.6.6 截面设计

根据内力组合结果，即可选择各截面的最不利内力进行截面配筋计算。必须指出的是，表 3-7 中组合得到的内力，并不一定是最不利内力。例如对于大偏心受压的情况，可能是 *N* 较小但不是最小而 *M* 又较大时更危险，因此，必要时应根据截面大小偏压的情况重新组合做出最不利的一组内力配筋。最后，在考虑构造要求以后，确定有关控制截面的配筋，并做出结构施工图，此处从略。

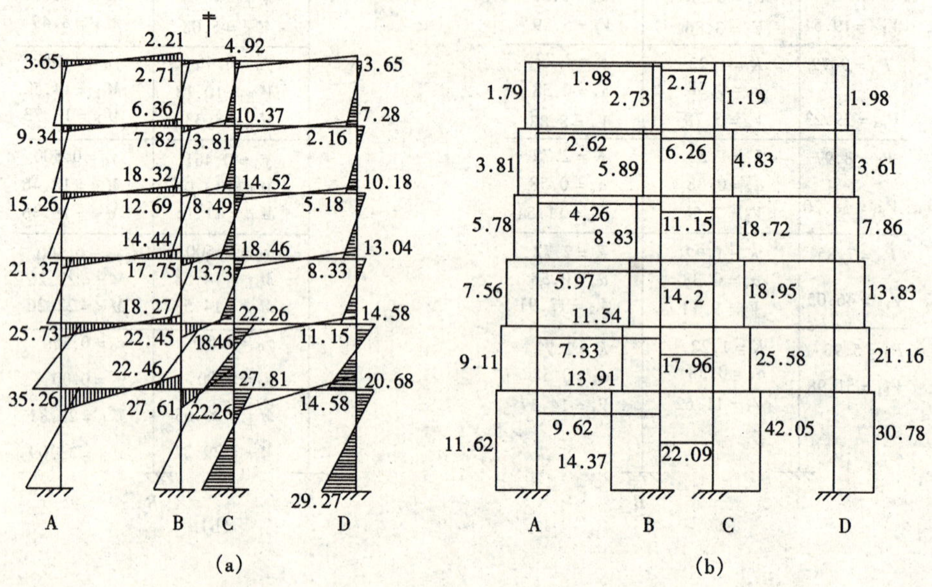

图 3-72 风荷载作用下框架内力图

(a) 弯矩图（单位：kN·m）；(b) 剪力、轴力图（单位：kN）

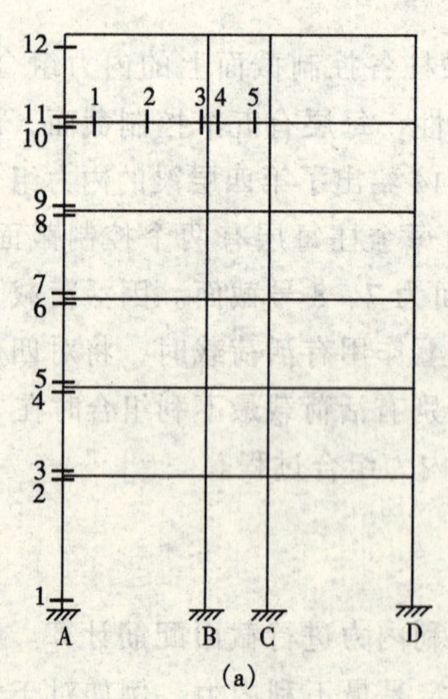

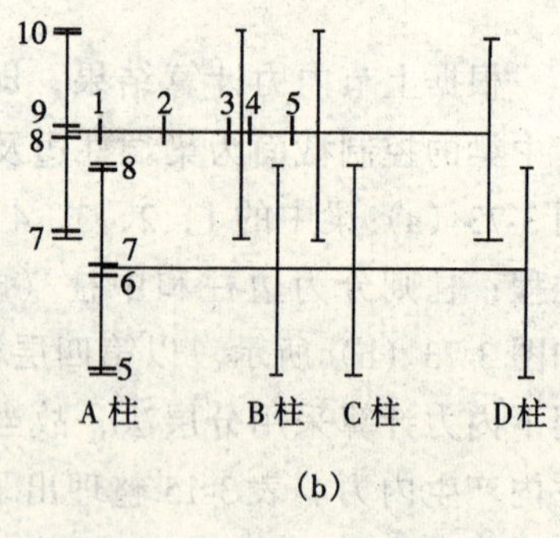

图 3-73 框架梁柱控制截面

第四层梁内力组合 表 3-14

截面 \ 荷载类型	恒载 ①		活载 ②		活载 ③		活载 ④		活载 ⑤	
	M	V	M	V	M	V	M	V	M	V
1	-24.8	57.9	-5.69	11.54	0.10	-0.11	-4.41	11.02	-0.05	-0.05
2	38.07	—	11.38	—	-0.16	—	11.76	—	0.08	—
3	-30.36	-50.48	-7.01	-12.07	-0.37	-0.11	-7.67	-12.52	0.19	-0.05
4	-9.6	7.62	-2.86	0	-0.36	3.02	-4.12	6.02	0.51	-0.02
5	-14.43	—	-3.57	—	1.30	—	-0.50	—	-0.50	—

截面 \ 荷载类型	风载 ⑥		内力组合 ⑦ 恒载×1.2+活载×1.4			内力组合 ⑧ 恒载×1.2+0.90×(活载×1.4+风载×1.4)		
	M	V	M_{max}	M_{min}	V_{max}	M_{max}	M_{min}	V_{max}
1	±14.3	±4.26	—	32.7	85.64	—	54.9	107.00
2	±2.47	—	62.15	—	—	63.16	—	—
3	±9.36	±4.26	—	-47.17	-85.3	—	-57.89	-111.95
4	±10.41	±10.15	—	-17.28	17.63	—	-29.8	29.58
5	0	—	—	-22.31	—	—	-21.81	—

说明：1. 竖向荷载调幅（梁端 80%，跨中不调）

2. 校核：$M_{跨中} \geqslant 0.5 \times \frac{1}{8}(g+p)l^2$；

$$\frac{M_{左}+M_{右}}{2}+M_{跨中} \geqslant \frac{1}{8}(g+p)l^2$$

3. $M' = M - V'\frac{b}{2}$（柱边弯矩）；

$V' = V - q\frac{b}{2}$（柱边剪力）

四层、五层柱内力计算结果 **表 3-15**

柱	截面＼荷载类型	四层梁上有活荷载的情况				三层梁上有活荷载的情况			
A 柱	M_8	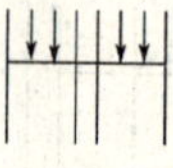 5.17	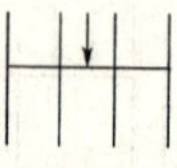 －0.08	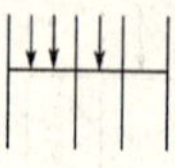 4.30	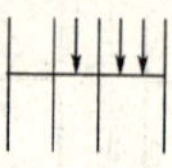 0.04	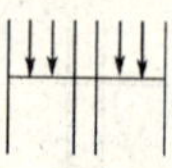 1.72	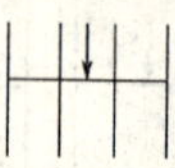 －0.03	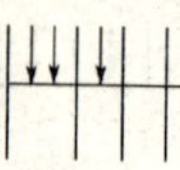 1.43	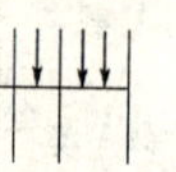 0.01
	M_7	1.72	－0.03	1.43	0.01	5.17	－0.08	4.30	0.04
	N	11.54	－0.11	11.10	0.06	0	0	0	0
B 柱	M_8	－4.29	0.40	－3.13	－0.25	－1.43	0.13	－1.04	－0.07
	M_7	－1.43	0.13	－1.04	－0.07	－4.29	0.40	－3.13	－0.25
	N	12.15	3.23	18.78	－0.04	0	0	0	0

四层柱内力组合 **表 3-16**

柱	截面＼荷载类型	恒载	恒载 上层传来	活载	活载	活载	活载 上层传来	风载
		(1)	(2)	(3)	(4)	(5)	(6)	(7)
A 柱	M_8	24.08	—	6.89	6.02	1.64	—	±10.18
	M_7	24.08	—	6.89	6.60	5.14	—	±8.33
	N	56.39	243.49	11.54	11.10	－0.11	33.75	∓7.84
	V	—	—	—	—	—	—	±5.78
B 柱	M_8	20.11	—	－5.72	－4.56	－1.03	—	±14.52
	M_7	20.11	—	－5.72	－5.33	－4.16	—	±13.73
	N	67.28	269.52	12.15	18.78	3.23	55.75	∓10.74
	V	—	—	—	—	—	—	±8.83

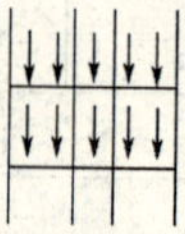

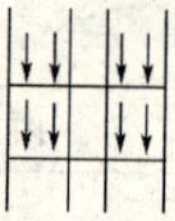

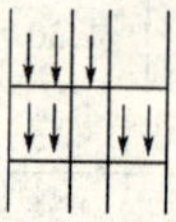

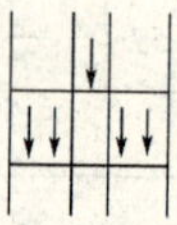

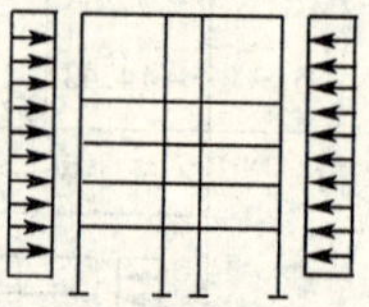

柱	截面＼荷载类型	内力组合：恒载×1.2＋活载×1.4			内力组合：恒载×1.2＋0.9×(活载×1.4＋风载×1.4)		
		N_{max}, M	N_{min}, M	$\|M\|_{max}, N, V$	N_{max}, M	N_{min}, M	$\|M\|_{max}, N, V$
		(8)	(9)	(10)	(11)	(12)	(13)
A 柱		(1)＋(2)＋(3)＋(6)	(1)＋(2)＋(5)	(1)＋(2)＋(3)	(7)＋(8)	(7)＋(9)	(7)＋(10)
	M_8	38.5	31.2	38.5	50.4	18.14	50.4
	M_7	38.5	36.0	38.5	48.07	32.7	48.07
	N	422.65	372.92	376.01	426.8	349.84	364.5
	V	—	—	—	—	—	7.28

续表

柱	荷载类型 / 截面	内力组合					
		恒载×1.2+活载×1.4			恒载×1.2+0.9×(活载×1.4+风载×1.4)		
		N_{max}, M	N_{min}, M	$\|M\|_{max}, N, V$	N_{max}, M	N_{min}, M	$\|M\|_{max}, N, V$
		(8)	(9)	(10)	(11)	(12)	(13)
		(1)+(2)+(3)+(6)	(1)+(2)+(5)	(1)+(2)+(3)	(7)+(8)	(7)+(9)	(7)+(10)
B柱	M_8	32.14	25.6	32.14	36.68	43.7	49.6
	M_7	31.6	29.96	32.14	34.70	46.67	48.64
	N	508.5	408.68	499.22	511.6	394.7	433
	V	—	—	—	—	—	-11.13

3.7 小结

1. 框架结构是多高层建筑的主要结构形式之一，应用较为广泛。设计框架结构时，应首先进行结构选型和结构布置，初拟梁柱截面尺寸，经分析后确定结构上作用的全部荷载和计算简图，下一步便是进行内力分析。

2. 框架结构是高次超静定结构，其内力计算方法很多。本章主要介绍在实际工程中常用的几种近似计算方法。对在竖向荷载作用下框架内力分析可采用分层法；水平荷载作用下框架内力分析采用 D 值法（改进反弯点法），而当梁柱线刚度比 $i_b/i_c>3$ 时，也可采用反弯点法。D 值法与反弯点法相比有两点改进：一是修正了柱的侧移刚度，由 d 改为 D；二是调整了柱的反弯点高度。框架结构的层间剪力按柱的抗侧移刚度即 D 值进行分配，求出层间剪力和反弯点高度后，则易算出框架结构内力。

3. 框架梁的控制截面通常取梁的两端截面和跨中截面，而框架柱的控制截面则取各柱的上、下端截面。内力组合是框架结构设计中颇为重要且工作量较大的内容，其目的是确定框架梁、柱截面的最不利内力，并以此作为梁、柱截面配筋的依据。设计框架结构时，应考虑活荷载的最不利布置组合荷载效应。当活荷载不大时，可采用满布荷载法；水平荷载则应考虑正反两个方向的作用并加以组合。特别要注意框架柱的内力组合。

4. 框架柱截面设计一般采用对称配筋；进行框架梁的截面设计时，可考虑塑性内力重分布进行梁端弯矩调幅。

5. 节点设计是框架结构设计中非常重要的环节。框架节点的承载能力一般通过采取适当的必要措施来保证。故应重视框架梁、柱和节点的配筋构造要求。

6. 本章介绍了框架结构条形基础、十字形基础和片筏基础的设计要点。要综合考虑上部结构的刚度和荷载分布大小，现场的地基土质情况以及施工条件等诸因素进行技术经济分析比较来选择基础类型。条形基础的内力计算有静定分析法、倒梁法和地基系数法等，可根据实际情况选用合适的方法。对十字形基础，须根据静力平衡条件和变形协调条件对各类节点进行竖向荷载分配，然后分别按纵横两个方向的条形基础设计。片筏基础有平板式和梁板式两类。片筏基础也有各种不同的内力分析方法，本章着重介绍了倒楼盖法。还须注意满足基础的构造要求。

思 考 题

1. 框架结构有什么特点？适用在什么高度和什么用途的房屋中？
2. 框架结构有哪几种布置方法？每种布置有什么特点？
3. 钢筋混凝土框架结构按施工方法的不同有哪些型式？各有何优缺点？
4. 如何估计框架梁和框架柱的截面尺寸？
5. 如何确定框架的计算剪图？
6. 分层法的基本假定是什么？据此分析框架结构在竖向荷载作用下什么情况时可用分层法计算内力？
7. 反弯点法和 D 值法的基本假定各是什么？据此分析框架结构在水平荷载作用下这两种方法各自的适用情况？
8. D 值法中 D 值的物理意义是什么？D 值法主要在哪些方面改进了反弯点法？
9. 用 D 值法分配框架结构总剪力时，如果先分配到每榀框架，然后分配到柱；或者以每根柱 D 值与 D 值总和的比值将剪力直接分配给柱。这两种方法的计算结果是否相同？
10. 框架结构的内力如何组合？
11. 为什么要进行框架结构的侧移验算？如何验算？
12. 现浇框架梁、柱和节点的主要构造要求有哪些？
13. 简述条形基础内力计算常用的三种方法及其适用条件？
14. 简述十字形基础节点处荷载分配的条件和简化计算的假定？
15. 如何用倒楼盖法进行片筏基础设计？

习 题

1. 某学生宿舍欲采用框架结构设计，其建筑平面图和剖面图分别如图 3-74、图 3-75 所示。建设地点位于某城市郊区，底层为食堂，层高 5.0m，2 ~ 7 层为学生宿舍，层高 4.2m 室内外高差 0.6m。基本风压 $\omega_0 = 0.5\text{kN/m}^2$。试

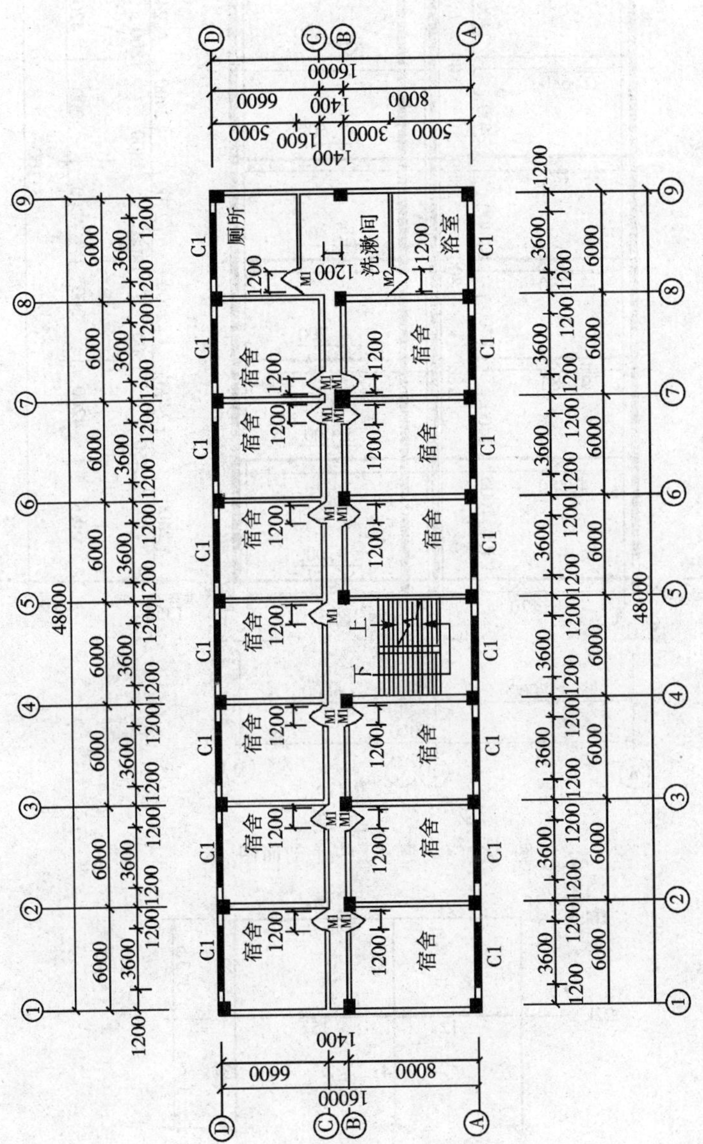

图 3-74 习题 1 标准层平面图

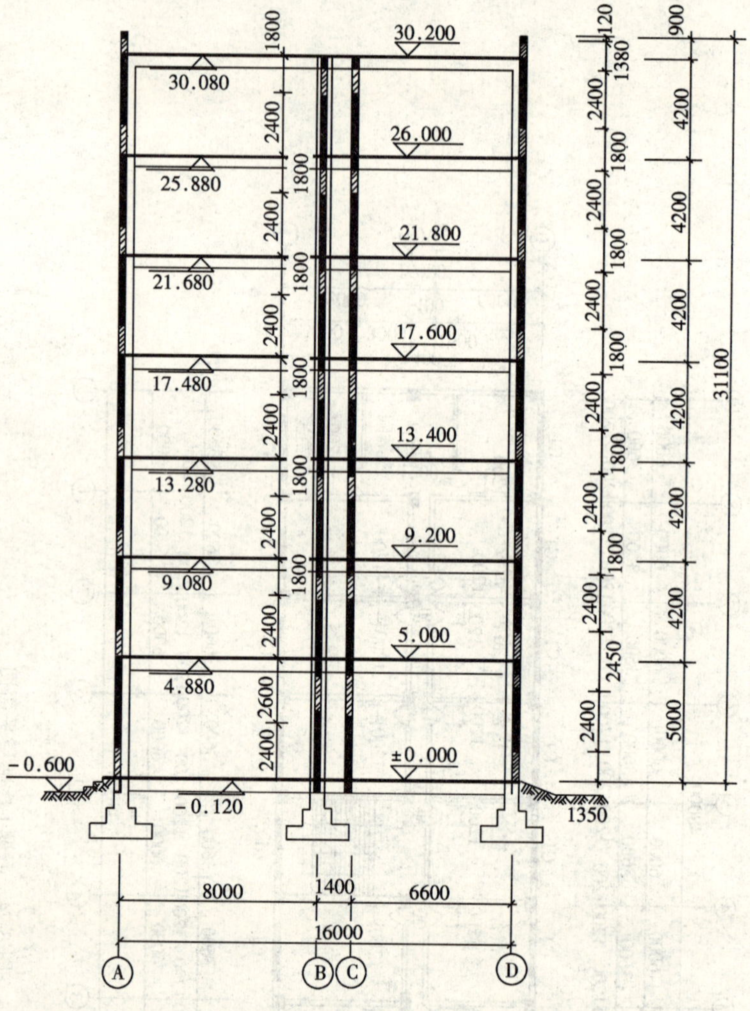

图 3-75　习题 1 Ⅰ—Ⅰ剖面图

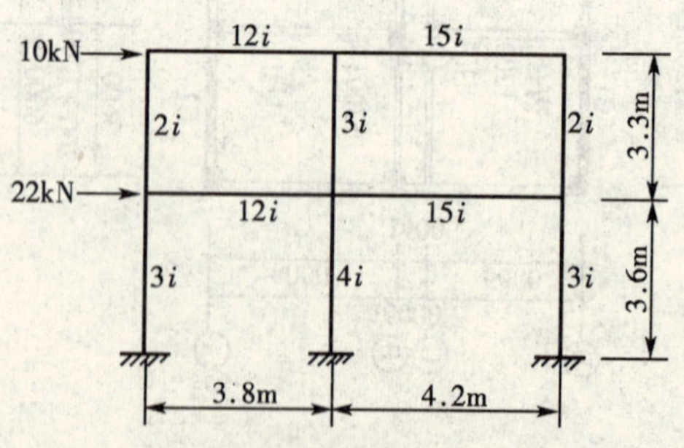

图 3-76　习题 2 图

对该结构进行结构设计，不考虑抗震设防。

附：1. 楼面和层面采用现浇钢筋混凝土肋形楼盖结构，板厚 120mm；

2. 层面采用柔性防水，层面构造层的恒载标准值为 3.24kN/m^2；层面为上人屋面，活荷载标准值为 2.0kN/m^2；

3. 楼面构造层的恒载标准值为 1.56kN/m^2；楼面活荷载标准值为 2.0kN/m^2；

4. 墙体采用灰砂砖，重度 γ = 18kN/m^3，外墙贴瓷砖，墙面重 0.5kN/m^2，内墙面采用水泥粉刷，墙面重 0.36kN/m^2；

5. 木框玻璃窗重 0.3kN/m^2，木门重 0.2kN/m^2；

6. 混凝土强度等级和钢筋级别请自行选择。

2. 试分别用反弯点法和 D 值法计算图 3-76 所示结构的内力（弯矩、剪力、轴力）和水平位移。图中在各杆件旁标出了线刚度，其中 i = 2000kN·m。

附录1　等截面等跨连续梁在常用荷载作用下按弹性分析的内力系数表

1. 在均布及三角形荷载作用下：

$$M = 表中系数 \times ql^2;$$
$$V = 表中系数 \times ql。$$

2. 在集中荷载作用下：

$$M = 表中系数 \times Pl;$$
$$V = 表中系数 \times P。$$

3. 内力正负号规定：

M——使截面上部受压、下部受拉为正；

V——对邻近截面所产生的力矩沿顺时针方向者为正。

4. 符号说明：

V^l，V^r——支座截面左侧、右侧的剪力。

两　跨　梁　　　　**附表 1-1**

荷　载　图	跨内最大弯矩		支座弯矩	剪　　力		
	M_1	M_2	M_B	V_A	V_B^l V_B^r	V_C
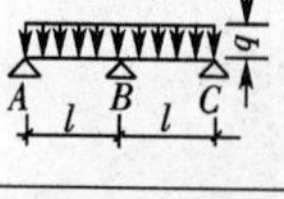 (均布荷载 q 满布两跨，A、B、C，跨度 l、l)	0.070	0.0703	-0.125	0.375	-0.625 0.625	-0.375
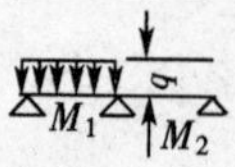 (均布荷载 q 布于第一跨，M_1、M_2)	0.096	—	-0.063	0.437	-0.563 0.063	0.063
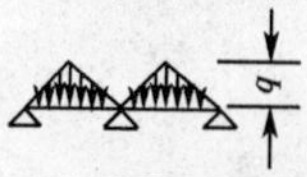 (三角形荷载 q 布于两跨)	0.048	0.048	-0.078	0.172	-0.328 0.328	-0.172
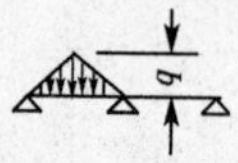 (三角形荷载 q 布于第一跨)	0.064	—	-0.039	0.211	-0.289 0.039	0.039
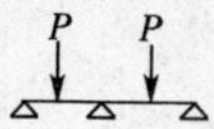 (两跨跨中各作用集中荷载 P)	0.156	0.156	-0.188	0.312	-0.688 0.688	-0.312

续表

荷载图	跨内最大弯矩		支座弯矩	剪力		
	M_1	M_2	M_B	V_A	V_B^l V_B^r	V_C
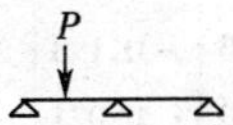	0.203	—	−0.094	0.406	−0.594 0.094	0.094
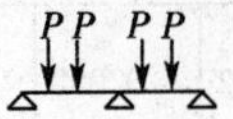	0.222	0.222	−0.333	0.667	−1.333 1.333	−0.667
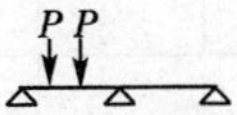	0.278	—	−0.167	0.833	−1.167 0.167	0.167

三　　跨　　梁

附表 1-2

荷载图	跨内最大弯矩		支座弯矩		剪力			
	M_1	M_2	M_B	M_C	V_A	V_B^l V_B^r	V_C^l V_C^r	V_D
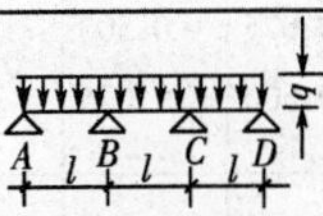	0.080	0.025	−0.100	−0.100	0.400	−0.600 0.500	−0.500 0.600	−0.400
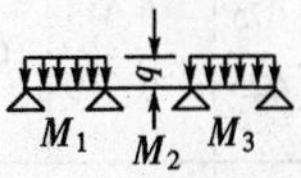	0.101	—	−0.050	−0.050	0.450	−0.550 0	0 0.550	−0.450
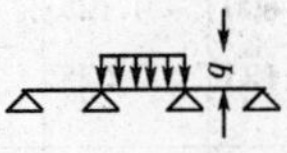	—	0.075	−0.050	−0.050	0.050	−0.050 0.500	−0.500 0.050	0.050
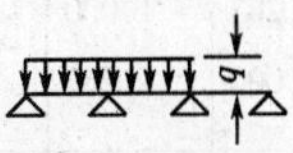	0.073	0.054	−0.117	−0.033	0.383	−0.617 0.583	−0.417 −0.033	0.033
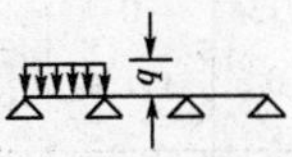	0.094	—	−0.067	0.017	0.433	−0.567 0.083	0.083 −0.017	−0.017
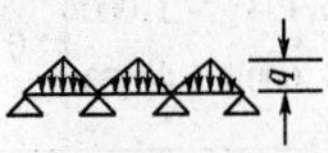	0.054	0.021	−0.063	−0.063	0.183	−0.313 0.250	−0.250 0.313	−0.188
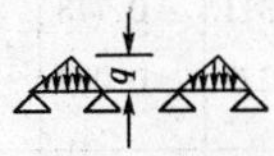	0.068	—	−0.031	−0.031	0.219	−0.281 0	0 0.281	−0.219
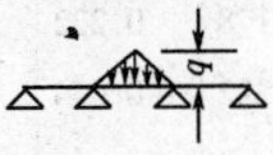	—	0.052	−0.031	−0.031	0.031	−0.031 0.250	−0.250 0.031	0.031

续表

荷载图	跨内最大弯矩		支座弯矩		剪力			
	M_1	M_2	M_B	M_C	V_A	V_B^l V_B^r	V_C^l V_C^r	V_D
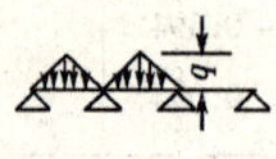	0.050	0.038	-0.073	-0.021	0.177	-0.323 0.302	-0.198 0.021	0.021
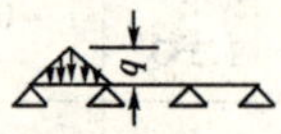	0.063	—	-0.042	0.010	0.208	-0.292 0.052	0.052 -0.010	-0.010
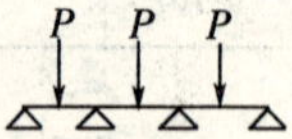	0.175	0.100	-0.150	-0.150	0.350	-0.650 0.500	-0.500 0.650	-0.350
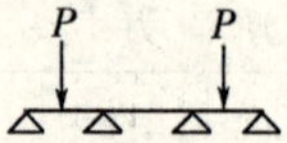	0.213	—	-0.075	-0.075	0.425	-0.575 0	0 0.575	-0.425
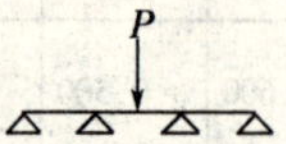	—	0.175	-0.075	-0.075	-0.075	-0.075 0.500	-0.500 0.075	0.075
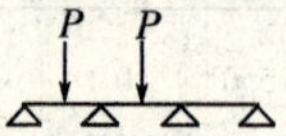	0.162	0.137	-0.175	-0.050	0.325	-0.675 0.625	-0.375 0.050	0.050
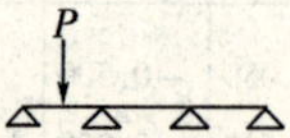	0.200	—	-0.100	0.025	0.400	-0.600 0.125	-0.125 -0.025	-0.025
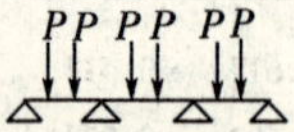	0.244	0.067	-0.267	0.267	0.733	-1.267 1.000	-1.000 1.267	-0.733
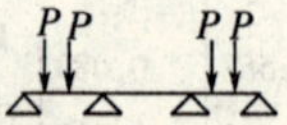	0.289	—	0.133	-0.133	0.866	-1.134 0	0 1.134	-0.866
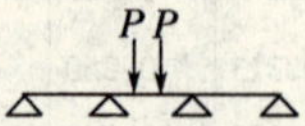	—	0.200	-0.133	0.133	-0.133	-0.133 1.000	-1.000 0.133	0.133
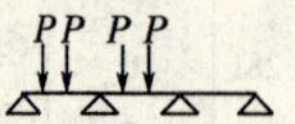	0.229	0.170	-0.311	-0.089	0.689	-1.311 1.222	-0.778 0.089	0.089
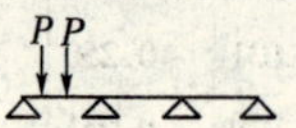	0.274	—	0.178	0.044	0.822	-1.178 0.222	0.222 -0.044	-0.044

四 跨 梁

附表 1-3

荷载图	跨内最大弯矩				支座弯矩			剪力				
	M_1	M_2	M_3	M_4	M_B	M_C	M_D	V_A	V_B^l V_B^r	V_C^l V_C^r	V_D^l V_D^r	V_E
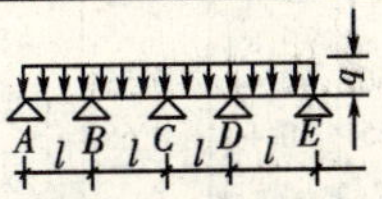	0.077	0.036	0.036	0.077	−0.107	−0.071	−0.107	0.393	−0.607 0.536	−0.464 0.464	−0.536 0.607	−0.393
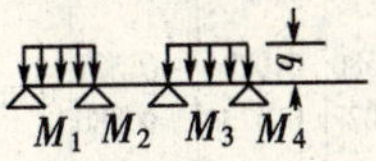	0.100	—	0.081	—	−0.054	−0.036	−0.054	0.446	−0.554 0.018	0.018 0.482	−0.518 0.054	0.054
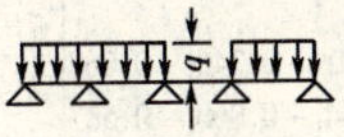	0.072	0.061	—	0.098	−0.121	−0.018	−0.058	0.380	−0.620 0.603	−0.397 −0.040	−0.040 0.558	−0.442
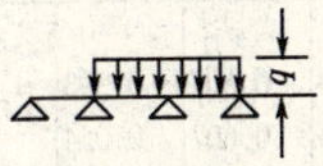	—	0.056	0.056	—	−0.036	−0.107	−0.036	−0.036	−0.036 0.429	−0.571 0.571	−0.429 0.036	0.036
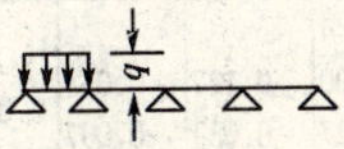	0.094	—	—	—	−0.067	0.018	−0.004	0.433	−0.567 0.085	0.085 −0.022	0.022 0.004	0.004
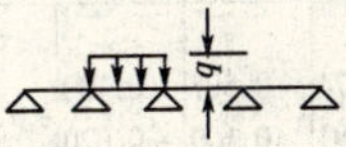	—	0.071	—	—	−0.049	−0.054	0.013	−0.049	−0.049 0.496	−0.504 0.067	0.067 −0.013	−0.013
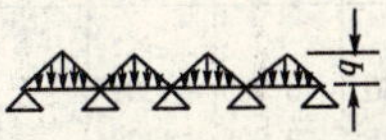	0.052	0.028	0.028	0.052	−0.067	−0.045	−0.067	0.183	−0.317 0.272	−0.228 0.228	−0.272 0.317	−0.183
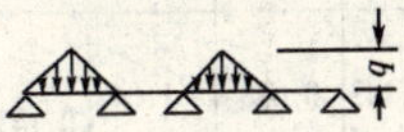	0.067	—	0.055	—	−0.034	−0.022	−0.034	0.217	−0.284 0.011	0.011 0.239	−0.261 0.034	0.034
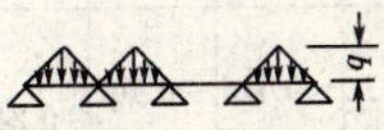	0.049	0.042	—	0.066	−0.075	−0.011	−0.036	0.175	−0.325 0.314	−0.186 0.025	−0.025 0.286	−0.214
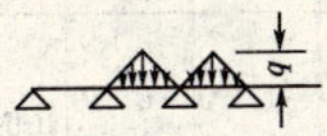	—	0.040	0.040	—	−0.022	−0.067	−0.022	−0.022	−0.022 0.205	−0.295 0.295	−0.205 0.022	0.022
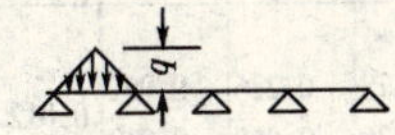	0.063	—	—	—	−0.042	0.011	−0.003	0.208	−0.292 0.053	0.053 −0.014	−0.014 0.003	0.003
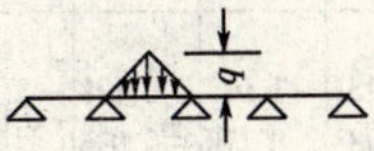	—	0.051	—	—	−0.031	−0.034	0.008	−0.031	−0.031 0.247	−0.253 0.042	0.042 −0.008	−0.008

续表

荷载图	跨内最大弯矩				支座弯矩			剪力				
	M_1	M_2	M_3	M_4	M_B	M_C	M_D	V_A	V_B^l V_B^r	V_C^l V_C^r	V_D^l V_D^r	V_E
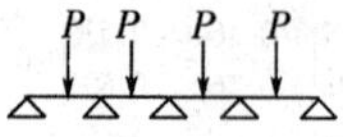 P P P P	0.169	0.116	0.116	0.169	-0.161	-0.107	-0.161	0.339	-0.661 0.554	-0.446 0.446	-0.554 0.661	-0.339
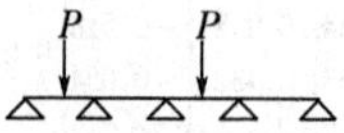 P P	0.210	—	0.183	—	-0.080	-0.054	-0.080	0.420	-0.580 0.027	0.027 0.473	-0.527 0.080	0.080
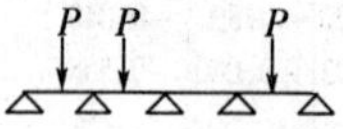 P P P	0.159	0.146	—	0.206	-0.181	-0.027	-0.087	0.319	-0.681 0.654	-0.346 -0.060	-0.060 0.587	-0.413
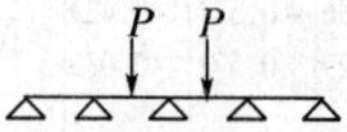 P P	—	0.142	0.142	—	-0.054	-0.161	-0.054	0.054	-0.054 0.393	-0.607 0.607	-0.393 0.054	0.054
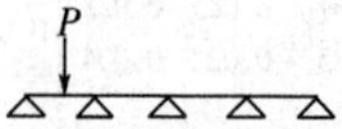 P	0.200	—	—	—	-0.100	0.027	-0.007	0.400	-0.600 0.127	0.127 -0.033	-0.033 0.007	0.007
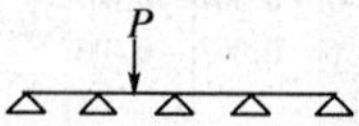 P	—	0.173	—	—	-0.074	-0.080	0.020	-0.074	-0.074 0.493	-0.507 0.100	0.100 -0.020	-0.020
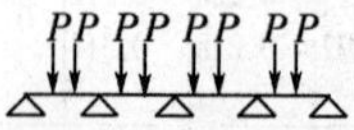 PP PP PP PP	0.238	0.111	0.111	0.238	-0.286	-0.191	-0.286	0.714	1.286 1.095	-0.905 0.905	-1.095 1.286	-0.714
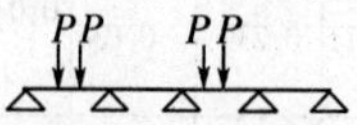 PP PP	0.286	—	0.222	—	-0.143	-0.095	-0.143	0.857	-1.143 0.048	0.048 0.952	-1.048 0.143	0.143
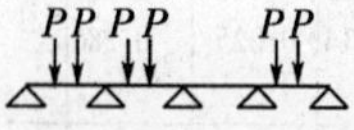 PP PP PP	0.226	0.194	—	0.282	-0.321	-0.048	-0.155	0.679	-1.321 1.274	-0.726 -0.107	-0.107 1.155	-0.845
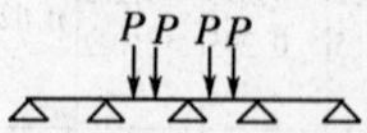 PP PP	—	0.175	0.175	—	-0.095	-0.286	-0.095	-0.095	0.095 0.810	-1.190 1.190	-0.810 0.095	0.095
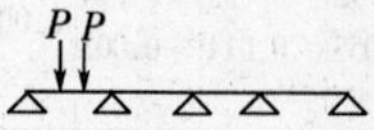 PP	0.274	—	—	—	-0.178	0.048	-0.012	0.822	-1.178 0.226	0.226 -0.060	-0.060 0.012	0.012
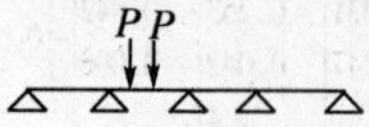 PP	—	0.198	—	—	-0.131	-0.143	0.036	-0.131	-0.131 0.988	-1.012 0.178	0.178 -0.036	-0.036

五　跨　梁

附表 1-4

荷载图	跨内最大弯矩			支座弯矩				剪　力					
	M_1	M_2	M_3	M_B	M_C	M_D	M_E	V_A	V_B^l V_B^r	V_C^l V_C^r	V_D^l V_D^r	V_E^l V_E^r	V_F
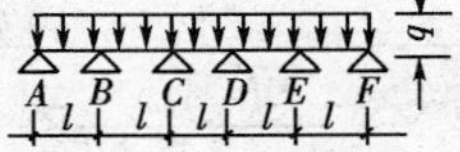 q; A B C D E F; l l l l l	0.078	0.033	0.046	-0.105	-0.079	-0.079	-0.105	0.394	-0.606 0.526	-0.474 0.500	-0.500 0.474	-0.526 0.606	-0.394
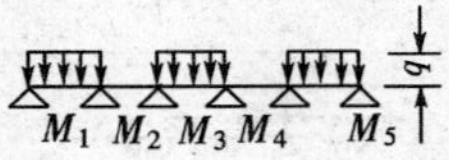 q; M_1 M_2 M_3 M_4 M_5	0.100	—	0.085	-0.053	-0.040	-0.040	-0.053	0.447	-0.553 0.013	0.013 0.500	-0.500 -0.013	-0.013 0.553	-0.447
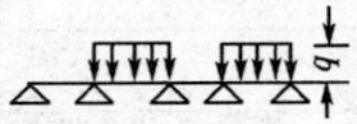 q	—	0.079	—	-0.053	-0.040	-0.040	-0.053	-0.053	-0.053 0.513	-0.487 0	0 0.487	-0.513 0.053	0.053
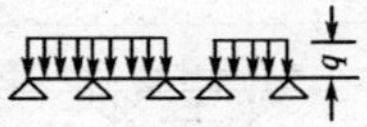 q	0.073	②0.059 0.078	—	-0.119	-0.022	-0.044	-0.051	0.380	-0.620 0.598	-0.402 -0.023	-0.023 0.493	-0.507 0.052	0.052
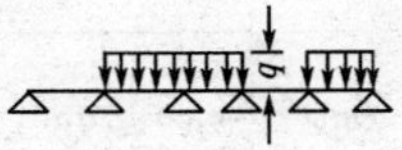 q	①— 0.098	0.055	0.064	-0.035	-0.111	-0.020	-0.057	0.035	0.035 0.424	0.576 0.591	-0.409 -0.037	-0.037 0.557	-0.443
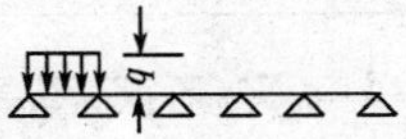 q	0.094	—	—	-0.067	0.018	-0.005	0.001	0.433	0.567 0.085	0.085 0.023	0.023 0.006	0.006 -0.001	0.001
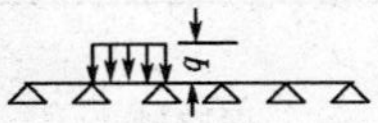 q	—	0.074	—	-0.049	-0.054	0.014	-0.004	0.019	-0.049 0.495	-0.505 0.068	0.068 -0.018	-0.018 0.004	0.004
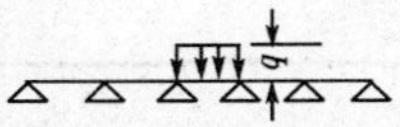 q	—	—	0.072	0.013	0.053	0.053	0.013	0.013	0.013 -0.066	-0.066 0.500	-0.500 0.066	0.066 -0.013	0.013

续表

荷载图	跨内最大弯矩			支座弯矩				剪力					
	M_1	M_2	M_3	M_B	M_C	M_D	M_E	V_A	V_B^l V_B^r	V_C^l V_C^r	V_D^l V_D^r	V_E^l V_E^r	V_F
	0.053	0.026	0.034	-0.066	-0.049	0.049	-0.066	0.184	-0.316 0.266	-0.234 0.250	-0.250 0.234	-0.266 0.316	0.184
	0.067	—	0.059	-0.033	-0.025	-0.025	0.033	0.217	0.283 -0.008	0.008 0.250	-0.250 -0.008	-0.008 0.283	0.217
	—	0.055	—	-0.033	-0.025	-0.025	-0.033	0.033	-0.033 0.258	-0.242 0	0 0.242	-0.258 0.033	0.033
	0.049	②0.041 0.053	—	-0.075	-0.014	-0.028	-0.032	0.175	0.325 0.311	-0.189 -0.014	-0.014 0.246	-0.255 0.032	0.032
	①— 0.066	0.039	0.044	-0.022	-0.070	-0.013	-0.036	-0.022	-0.022 0.202	-0.298 0.307	-0.193 -0.023	-0.023 0.286	-0.214
	0.063	—	—	0.042	0.011	-0.003	0.001	0.208	-0.292 0.053	0.053 -0.014	-0.014 0.004	0.004 -0.001	-0.001
	—	0.051	—	-0.031	-0.034	0.009	-0.002	-0.031	-0.031 0.247	-0.253 0.043	0.043 -0.011	-0.011 0.002	0.002
	—	—	0.050	0.008	-0.033	-0.033	0.008	0.008	0.008 -0.041	-0.041 0.250	-0.250 0.041	0.041 -0.008	-0.008

续表

荷载图	跨内最大弯矩			支座弯矩				剪力					
	M_1	M_2	M_3	M_B	M_C	M_D	M_E	V_A	V_B^l V_B^r	V_C^l V_C^r	V_D^l V_D^r	V_E^l V_E^r	V_F
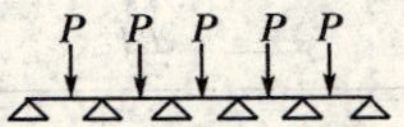 P P P P P	0.171	0.112	0.132	-0.158	-0.118	-0.118	-0.158	0.342	-0.658 0.540	-0.460 0.500	-0.500 0.460	-0.540 0.658	-0.342
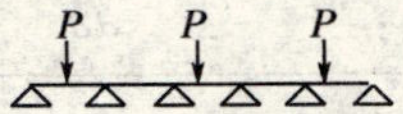 P P P	0.211	—	0.191	-0.079	-0.059	-0.059	-0.079	0.421	-0.579 0.020	0.020 0.500	-0.500 -0.020	-0.020 0.579	-0.421
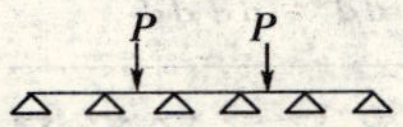 P P	—	0.181	—	-0.079	-0.059	-0.059	-0.079	-0.079	-0.079 0.520	-0.480 0	0 0.480	-0.520 0.079	0.079
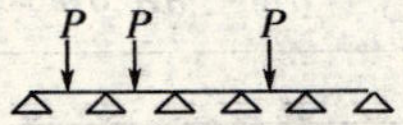 P P P	0.160	②0.141 0.178	—	-0.179	-0.032	-0.066	-0.077	0.321	-0.679 0.647	-0.353 -0.034	-0.034 0.489	-0.511 0.077	0.077
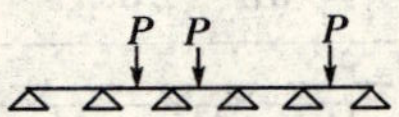 P P P	①— 0.207	0.140	0.151	-0.052	-0.167	-0.031	-0.086	-0.052	-0.052 0.385	-0.615 0.637	-0.363 -0.056	-0.056 0.586	-0.414
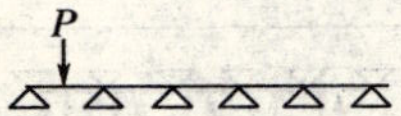 P	0.200	—	—	-0.100	0.027	-0.007	0.002	0.400	-0.600 0.127	0.127 -0.031	-0.034 0.009	0.009 -0.002	-0.002
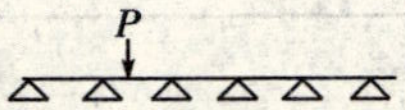 P	—	0.173	—	-0.073	-0.081	0.022	-0.005	-0.073	-0.073 0.493	-0.507 0.102	0.102 -0.027	-0.027 0.005	0.005
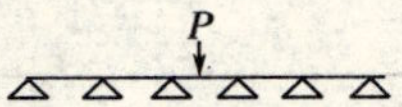 P	—	—	0.171	0.020	-0.079	-0.079	0.020	0.020	0.020 -0.099	-0.099 0.500	-0.500 0.099	0.099 -0.020	-0.020

续表

荷载图	跨内最大弯矩			支座弯矩				剪力					
	M_1	M_2	M_3	M_B	M_C	M_D	M_E	V_A	V_B^l V_B^r	V_C^l V_C^r	V_D^l V_D^r	V_E^l V_E^r	V_F
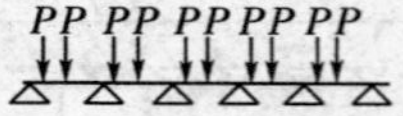	0.240	0.100	0.122	-0.281	-0.211	0.211	-0.281	0.719	-1.281 1.070	-0.930 1.000	-1.000 0.930	1.070 1.281	-0.719
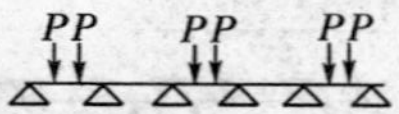	0.287	—	0.228	-0.140	-0.105	-0.105	-0.140	0.860	-1.140 0.035	0.035 1.000	1.000 -0.035	-0.035 1.140	-0.860
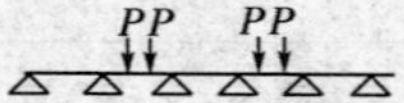	—	0.216	—	-0.140	-0.105	-0.105	-0.140	-0.140	-0.140 1.035	-0.965 0	0.000 0.965	-1.035 0.140	0.140
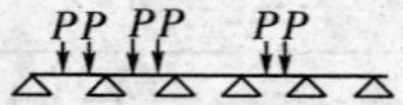	0.227	②0.189 0.209	—	-0.319	-0.057	-0.118	-0.137	0.681	-0.319 1.262	-0.738 -0.061	-0.061 0.981	-1.019 0.137	0.137
	①— 0.282	0.172	0.198	-0.093	-0.297	-0.054	-0.153	-0.093	-0.093 0.796	-1.204 1.243	-0.757 -0.099	-0.099 1.153	-0.847
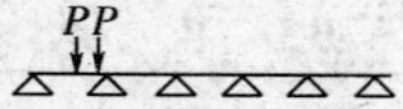	0.274	—	—	-0.179	0.048	-0.013	0.003	0.821	-1.179 0.227	0.227 -0.061	-0.061 0.016	0.016 -0.003	-0.003
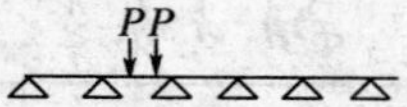	—	0.198	—	-0.131	-0.144	0.038	-0.010	-0.131	-0.131 0.987	-1.013 0.182	0.182 -0.048	-0.048 0.010	0.010
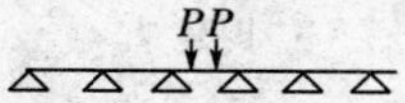	—	—	0.193	0.035	-0.140	-0.140	0.035	0.035	0.035 -0.175	-0.175 1.000	-1.000 0.175	0.175 -0.035	-0.035

表中：①分子及分母分别为 M_1 及 M_5 的弯矩系数；②分子及分母分别为 M_2 及 M_4 的弯矩系数。

附录 2　双向板按弹性分析的计算系数表

符号说明

$$B_c = \frac{Eh^3}{12(1-\nu^2)} \quad \text{（刚度）}$$

式中　E——弹性模量；

h——板厚；

ν——泊桑比。

f，f_{max}——分别为板中心点的挠度和最大挠度；

m_x，m_{xmax}——分别为平行于 l_x 方向板中心点单位板宽内的弯矩和板跨内最大弯距；

m_{ax}，m_{oy}——分别为平行于 l_x 和 l_y 方向自由边的中点单位板宽内的弯矩；

m_x——固定边中点沿 l_x 方向单位板宽内的弯矩；

m_y——固定边中点沿 l_y 方向单位板宽内的弯矩；

m_{xz}——平行于 l_x 方向自由边上固定端单位板宽内的支座弯矩。

———　代表自由边；═══　代表简支边；

⊔⊔⊔　代表固定边；

正负号的规定：

弯矩——使板的受荷面受压者为正；

挠度——变位方向与荷载方向相同者为正。

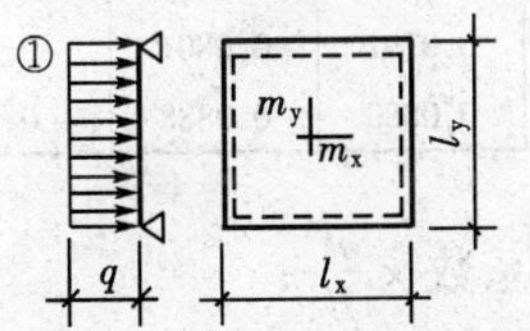

挠度 = 表中系数 × $\frac{ql^4}{B_c}$；

$\nu=0$，弯矩 = 表中系数 × ql^2。

式中，l 取用 l_x 和 l_y 中之较小者

四　边　简　支　　　　**附表 2-1**

l_x/l_y	f	m_x	m_y	l_x/l_y	f	m_x	m_y
0.50	0.01013	0.0965	0.0174	0.80	0.00603	0.0561	0.0334
0.55	0.00940	0.0892	0.0210	0.85	0.00547	0.0506	0.0348
0.60	0.00867	0.0820	0.0242	0.90	0.00496	0.0456	0.0358
0.65	0.00796	0.0750	0.0271	0.95	0.00449	0.0410	0.0364
0.70	0.00727	0.0683	0.0296	1.00	0.00406	0.0368	0.0368
0.75	0.00663	0.0620	0.0317				

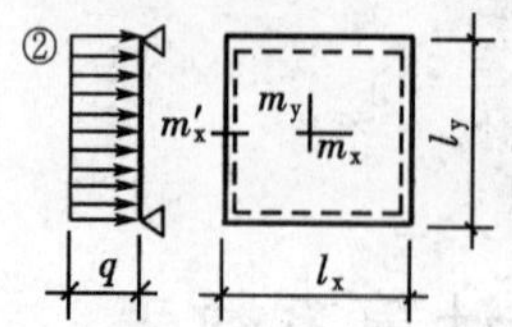

挠度 = 表中系数 × $\frac{ql^4}{B_c}$；

$\nu=0$，弯矩 = 表中系数 × ql^2。

式中，l 取用 l_x 和 l_y 中之较小者

三边简支一边固定 **附表 2-2**

l_x/l_y	l_y/l_x	f	f_{max}	m_x	m_{xmax}	m_y	m_{ymax}	m'_x
0.50		0.00488	0.00504	0.0583	0.0646	0.0060	0.0063	-0.1212
0.55		0.00471	0.00492	0.0563	0.0618	0.0081	0.0087	-0.1187
0.60		0.00453	0.00472	0.0539	0.0589	0.0104	0.0111	-0.1158
0.65		0.00432	0.00448	0.0513	0.0559	0.0126	0.0133	-0.1124
0.70		0.00410	0.00422	0.0485	0.0529	0.0148	0.0154	-0.1087
0.75		0.00388	0.00399	0.0457	0.0496	0.0168	0.0174	-0.1048
0.80		0.00365	0.00376	0.0428	0.0463	0.0187	0.0193	-0.1007
0.85		0.00343	0.00352	0.0400	0.0431	0.0204	0.0211	-0.0965
0.90		0.00321	0.00329	0.0372	0.0400	0.0219	0.0226	-0.0922
0.95		0.00299	0.00306	0.0345	0.0369	0.0232	0.0239	-0.0880
1.00	1.00	0.00279	0.00285	0.0319	0.0340	0.0243	0.0249	-0.0839
	0.95	0.00316	0.00324	0.0324	0.0345	0.0280	0.0287	-0.0882
	0.90	0.00360	0.00368	0.0328	0.0347	0.0322	0.0330	-0.0926
	0.85	0.00409	0.00417	0.0329	0.0347	0.0370	0.0378	-0.0970
	0.80	0.00464	0.00473	0.0326	0.0343	0.0424	0.0433	-0.1014
	0.75	0.00526	0.00536	0.0319	0.0335	0.0485	0.0494	-0.1056
	0.70	0.00595	0.00605	0.0308	0.0323	0.0553	0.0562	-0.1096
	0.65	0.00670	0.00680	0.0291	0.0306	0.0627	0.0637	-0.1133
	0.60	0.00752	0.00762	0.0268	0.0289	0.0707	0.0717	-0.1166
	0.55	0.00838	0.00848	0.0239	0.0271	0.0792	0.0801	-0.1193
	0.50	0.00927	0.00935	0.0205	0.0249	0.0880	0.0888	-0.1215

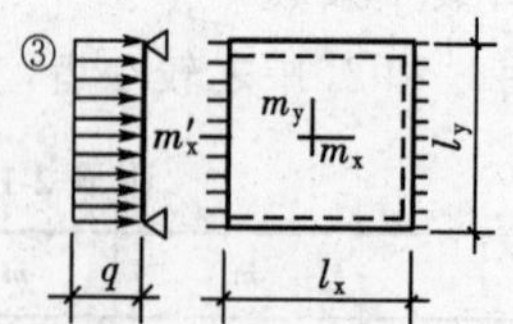

挠度 = 表中系数 × $\frac{ql^4}{B_c}$；

$\nu=0$，弯矩 = 表中系数 × ql^2。

式中，l 取用 l_x 和 l_y 中之较小者

两对边简支两对边固定 **附表 2-3**

l_x/l_y	l_y/l_x	f	m_x	m_y	m'_x
0.50		0.00261	0.0416	0.0017	-0.0843
0.55		0.00259	0.0410	0.0028	-0.0840
0.60		0.00255	0.0402	0.0042	-0.0834
0.65		0.00250	0.0392	0.0057	-0.0826

续表

l_x/l_y	l_y/l_x	f	m_x	m_y	m'_x
0.70		0.00243	0.0379	0.0072	−0.0814
0.75		0.00236	0.0366	0.0088	−0.0799
0.80		0.00228	0.0351	0.0103	−0.0782
0.85		0.00220	0.0335	0.0118	−0.0763
0.90		0.00211	0.0319	0.0133	−0.0743
0.95		0.00201	0.0302	0.0146	−0.0721
1.00	1.00	0.00192	0.0285	0.0158	−0.0698
	0.95	0.00223	0.0296	0.0189	−0.0746
	0.90	0.00260	0.0306	0.0224	−0.0797
	0.85	0.00303	0.0314	0.0266	−0.0850
	0.80	0.00354	0.0319	0.0316	−0.0904
	0.75	0.00413	0.0321	0.0374	−0.0959
	0.70	0.00482	0.0318	0.0441	−0.1013
	0.65	0.00560	0.0308	0.0518	−0.1066
	0.60	0.00647	0.0292	0.0604	−0.1114
	0.55	0.00743	0.0267	0.0698	−0.1156
	0.50	0.00844	0.0234	0.0798	−0.1191

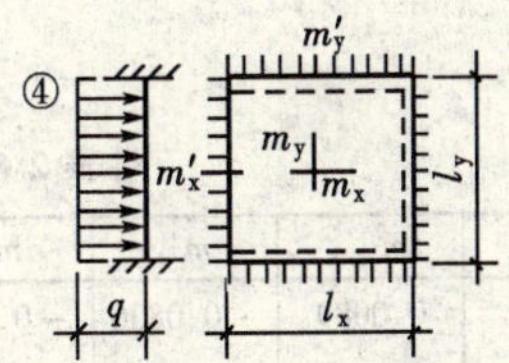

挠度 = 表中系数 × $\frac{ql^4}{B_c}$；

$\nu=0$，弯矩 = 表中系数 × ql^2。

式中，l 取用 l_x 和 l_y 中之较小者

四 边 固 定 **附表 2-4**

l_x/l_y	f	m_x	m_y	m'_x	m'_y
0.50	0.00253	0.0400	0.0038	−0.0829	−0.0570
0.55	0.00246	0.0385	0.0056	−0.0814	−0.0571
0.60	0.00236	0.0367	0.0076	−0.0793	−0.0571
0.65	0.00224	0.0345	0.0095	−0.0766	−0.0571
0.70	0.00211	0.0321	0.0113	−0.0735	−0.0569
0.75	0.00197	0.0296	0.0130	−0.0701	−0.0565
0.80	0.00182	0.0271	0.0144	−0.0664	−0.0559
0.85	0.00168	0.0246	0.0156	−0.0626	−0.0551
0.90	0.00153	0.0221	0.0165	−0.0588	−0.0541
0.95	0.00140	0.0198	0.0172	−0.0550	−0.0528
1.00	0.00127	0.0176	0.0176	−0.0513	−0.0513

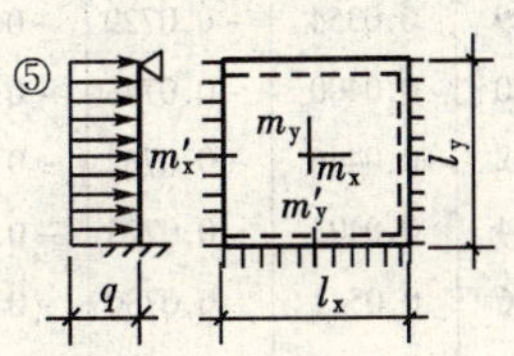

挠度 = 表中系数 × $\frac{ql^4}{B_c}$；

$\nu=0$，弯矩 = 表中系数 × ql^2。

式中，l 取用 l_x 和 l_y 中之较小者

两邻边简支两邻边固定 **附表 2-5**

l_x/l_y	f	f_{max}	m_x	m_{xmax}	m_y	m_{ymax}	m'_x	m'_y
0.50	0.00468	0.00471	0.0559	0.0562	0.0079	0.0135	−0.1179	−0.0786
0.55	0.00445	0.00454	0.0529	0.0530	0.0104	0.0153	−0.1140	−0.0785
0.60	0.00419	0.00429	0.0496	0.0498	0.0129	0.0169	−0.1095	−0.0782
0.65	0.00391	0.00399	0.0461	0.0465	0.0151	0.0183	−0.1045	−0.0777
0.70	0.00363	0.00368	0.0426	0.0432	0.0172	0.0195	−0.0992	−0.0770
0.75	0.00335	0.00340	0.0390	0.0396	0.0189	0.0206	−0.0938	−0.0760
0.80	0.00308	0.00313	0.0356	0.0361	0.0204	0.0218	−0.0883	−0.0748
0.85	0.00281	0.00286	0.0322	0.0328	0.0215	0.0229	−0.0829	−0.0733
0.90	0.00256	0.00261	0.0291	0.0297	0.0224	0.0238	−0.0776	−0.0716
0.95	0.00232	0.00237	0.0261	0.0267	0.0230	0.0244	−0.0726	−0.0698
1.00	0.00210	0.00215	0.0234	0.0240	0.0234	0.0249	−0.0677	−0.0677

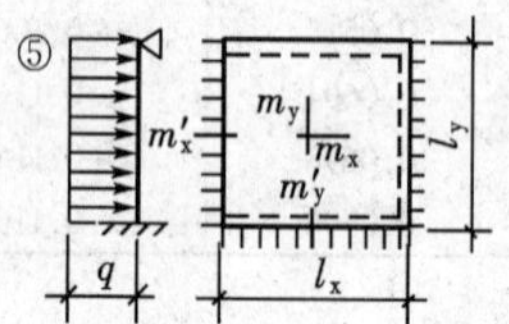

挠度 = 表中系数 × $\frac{ql^4}{B_c}$；

$\nu=0$，弯矩 = 表中系数 × ql^2。

式中，l 取用 l_x 和 l_y 中之较小者

三边固定、一边简支 **附表 2-6**

l_x/l_y	l_y/l_x	f	f_{max}	m_x	m_{xmax}	m_y	m_{ymax}	m'_x	m'_y
0.50		0.00257	0.00258	0.0408	0.0409	0.0028	0.0089	−0.0836	−0.0569
0.55		0.00252	0.00255	0.0398	0.0399	0.0042	0.0093	−0.0827	−0.0570
0.60		0.00245	0.00249	0.0384	0.0386	0.0059	0.0105	−0.0814	−0.0571
0.65		0.00237	0.00240	0.0368	0.0371	0.0076	0.0116	−0.0796	−0.0572
0.70		0.00227	0.00229	0.0350	0.0354	0.0093	0.0127	−0.0774	−0.0572
0.75		0.00216	0.00219	0.0331	0.0335	0.0109	0.0137	−0.0750	−0.0572
0.80		0.00205	0.00208	0.0310	0.0314	0.0124	0.0147	−0.0722	−0.0570
0.85		0.00193	0.00196	0.0289	0.0293	0.0138	0.0155	−0.0693	−0.0567
0.90		0.00181	0.00184	0.0268	0.0273	0.0159	0.0163	−0.0663	−0.0563
0.95		0.00169	0.00172	0.0247	0.0252	0.0160	0.0172	−0.0631	−0.0558
1.00	1.00	0.00157	0.00160	0.0227	0.0231	0.0168	0.0180	−0.0600	−0.0550
	0.95	0.00178	0.00182	0.0229	0.0234	0.0194	0.0207	−0.0629	−0.0599
	0.90	0.00201	0.00206	0.0228	0.0234	0.0223	0.0238	−0.0656	−0.0653
	0.85	0.00227	0.00233	0.0225	0.0231	0.0255	0.0273	−0.0683	−0.0711
	0.80	0.00256	0.00262	0.0219	0.0224	0.0290	0.0311	−0.0707	−0.0772
	0.75	0.00286	0.00294	0.0208	0.0214	0.0329	0.0354	−0.0729	−0.0837
	0.70	0.00319	0.00327	0.0194	0.0200	0.0370	0.0400	−0.0748	−0.0903
	0.65	0.00352	0.00365	0.0175	0.0182	0.0412	0.0446	−0.0762	−0.0970
	0.60	0.00386	0.00403	0.0153	0.0160	0.0454	0.0493	−0.0773	−0.1033
	0.55	0.00419	0.00437	0.0127	0.0133	0.0496	0.0541	−0.0780	−0.1093
	0.50	0.00449	0.00463	0.0099	0.0103	0.0534	0.0588	−0.0784	−0.1146

附录3　等效均布荷载表

等效均布荷载 q_1　　附表 3-1

序　号	荷 载 简 图	q_1
1	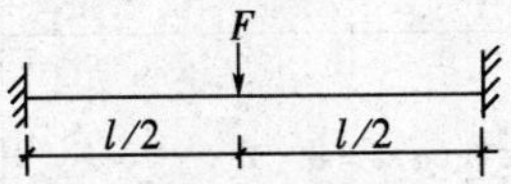 F; l/2, l/2	$\frac{3F}{2l}$
2	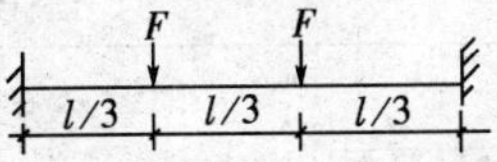 F, F; l/3, l/3, l/3	$\frac{8F}{3l}$
3	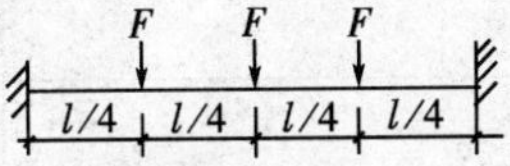 F, F, F; l/4, l/4, l/4, l/4	$\frac{15F}{4l}$
4	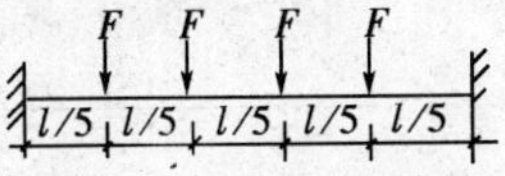 F, F, F, F; l/5, l/5, l/5, l/5, l/5	$\frac{24F}{5l}$
5	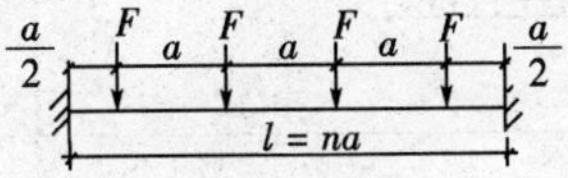 a/2, F, a, F, a, F, a, F, a/2; l = na	$\frac{(n^2-1)F}{nl}$
6	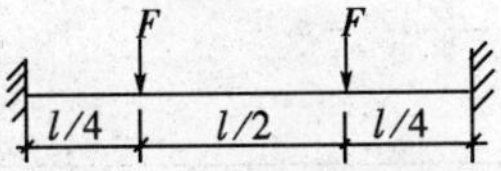 F, F; l/4, l/2, l/4	$\frac{9F}{4l}$
7	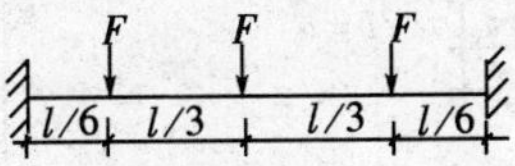 F, F, F; l/6, l/3, l/3, l/6	$\frac{19F}{6l}$
8	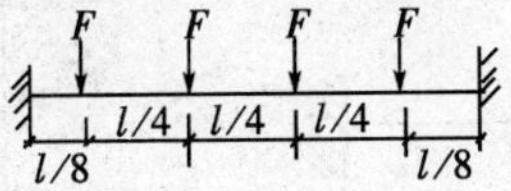 F, F, F, F; l/8, l/4, l/4, l/4, l/8	$\frac{33F}{8l}$
9	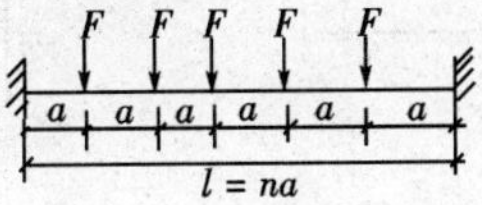 F, F, F, F, F; a, a, a, a, a, a; l = na	$\frac{(2n^2+1)F}{2nl}$

续表

序　号	荷载简图	q_1
10	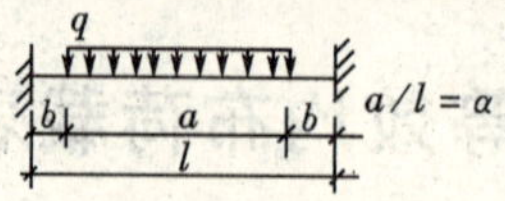 q；b　a　b；l；$a/l=\alpha$	$\dfrac{\alpha(3-\alpha^2)}{2}q$
11	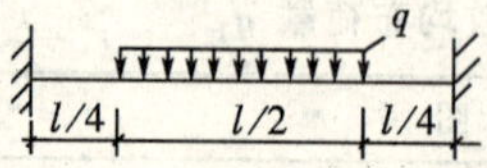 q；$l/4$　$l/2$　$l/4$	$\dfrac{11}{16}q$
12	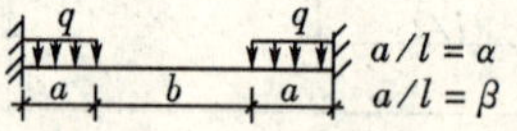 q　q；a　b　a；$a/l=\alpha$；$a/l=\beta$	$\dfrac{2(2+\beta)\alpha^2}{l^2}q$
13	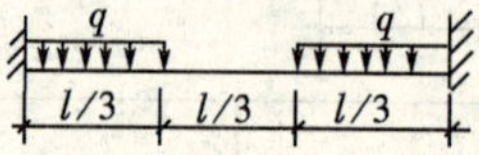 q　q；$l/3$　$l/3$　$l/3$	$\dfrac{14}{27}q$
14	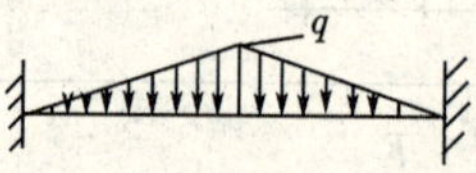 q	$\dfrac{5}{8}q$
15	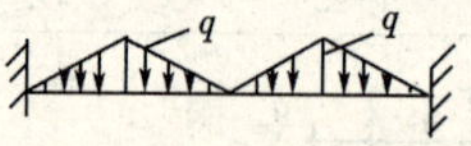 q　q	$\dfrac{17}{32}q$
16	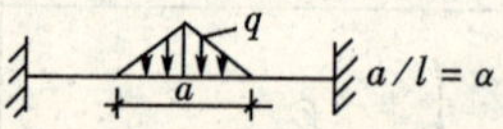 q；a；$a/l=\alpha$	$\dfrac{\alpha}{4}\left(3-\dfrac{\alpha^2}{2}\right)q$
17	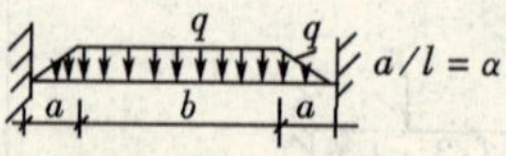 q　q；a　b　a；$a/l=\alpha$	$(1-2\alpha^2+\alpha^3)q$
18	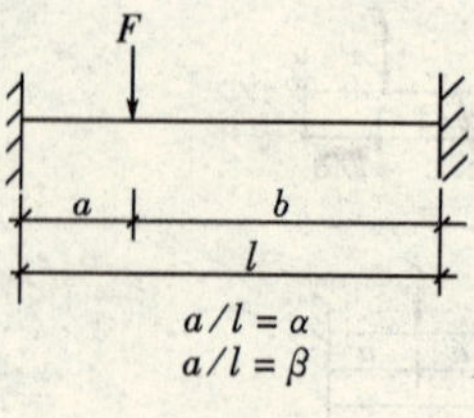 F；a　b；l；$a/l=\alpha$；$a/l=\beta$	$q_{1左}=4\beta(1-\beta^2)\dfrac{F}{l}$ $q_{1右}=4\alpha(1-\alpha^2)\dfrac{F}{l}$

附录 4　单阶柱柱顶反力与位移系数图

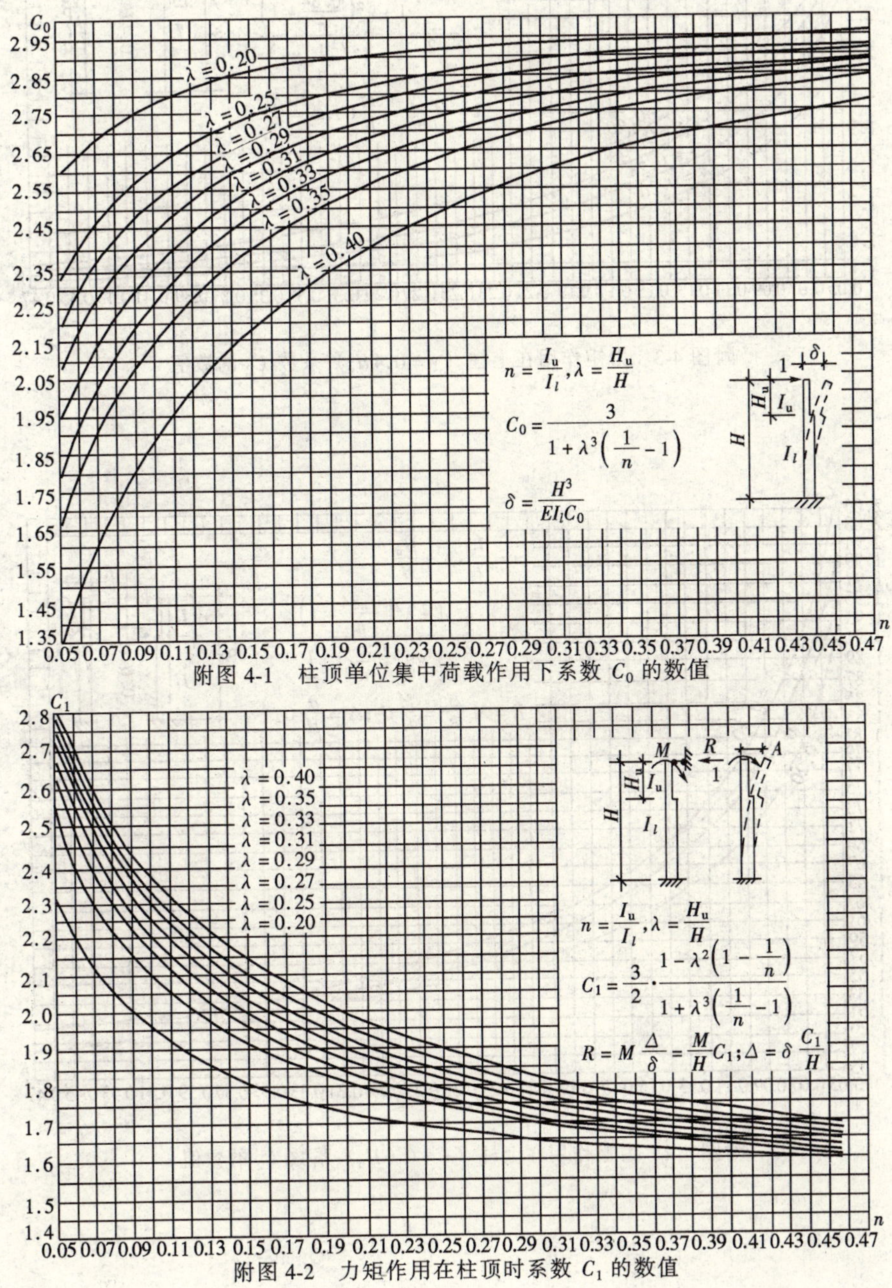

附图 4-1　柱顶单位集中荷载作用下系数 C_0 的数值

附图 4-2　力矩作用在柱顶时系数 C_1 的数值

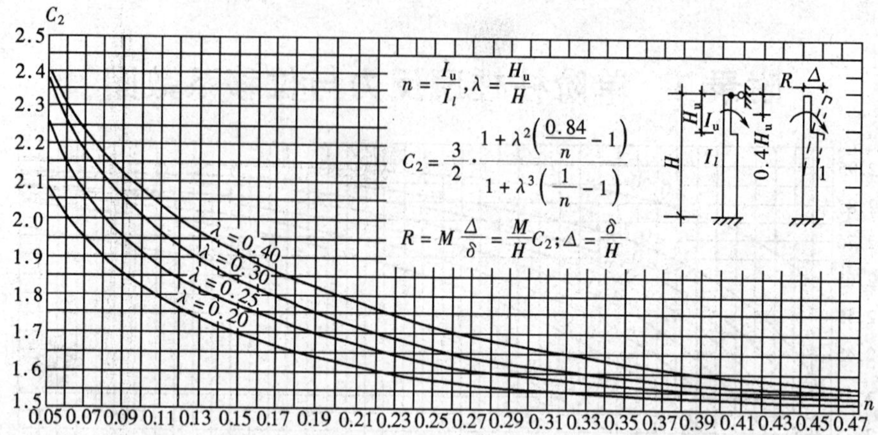

附图 4-3　力矩作用在上柱（$\gamma=0.4H_u$）系数 C_2 的数值

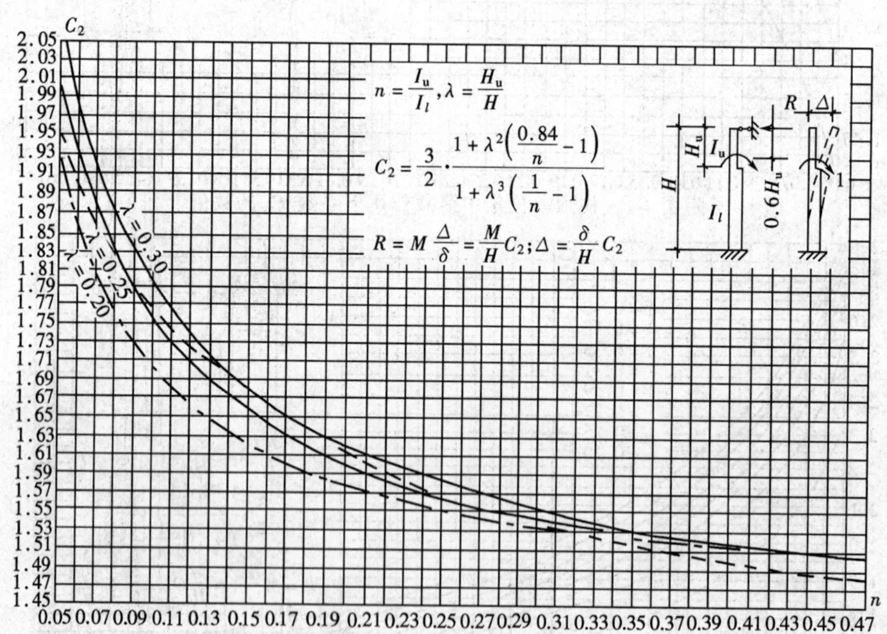

附图 4-4　力矩作用在上柱（$\gamma=0.6H_u$）系数 C_2 的数值

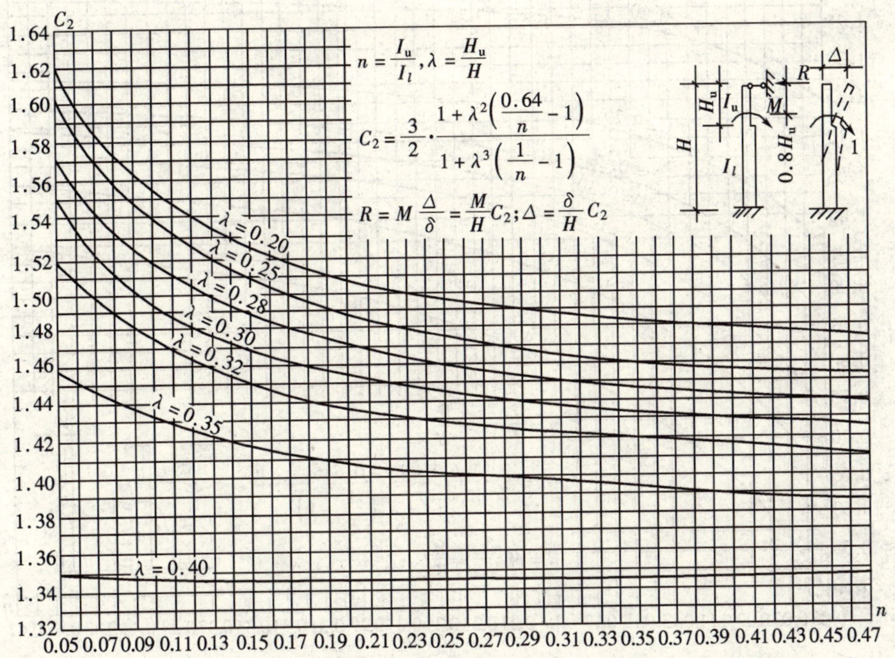

附图 4-5　力矩作用在上柱（$y=0.8H_u$）系数 C_2 的数值

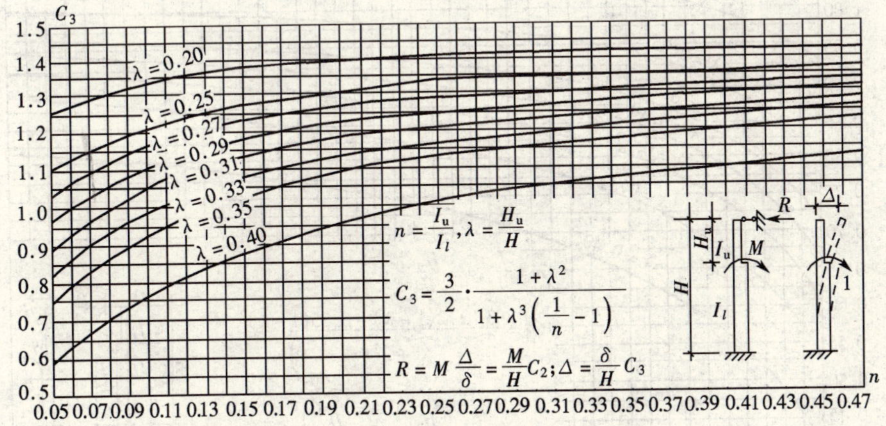

附图 4-6　力矩作用在牛腿面系数 C_3 的数值

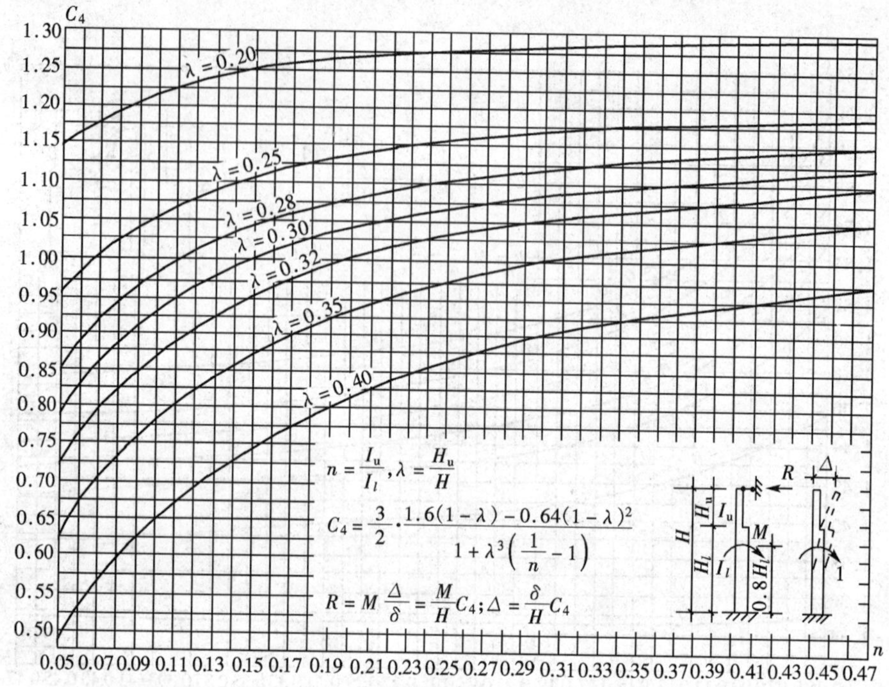

附图 4-7　力矩作用在下柱（$y = 0.8H_l$）系数 C_4 的数值

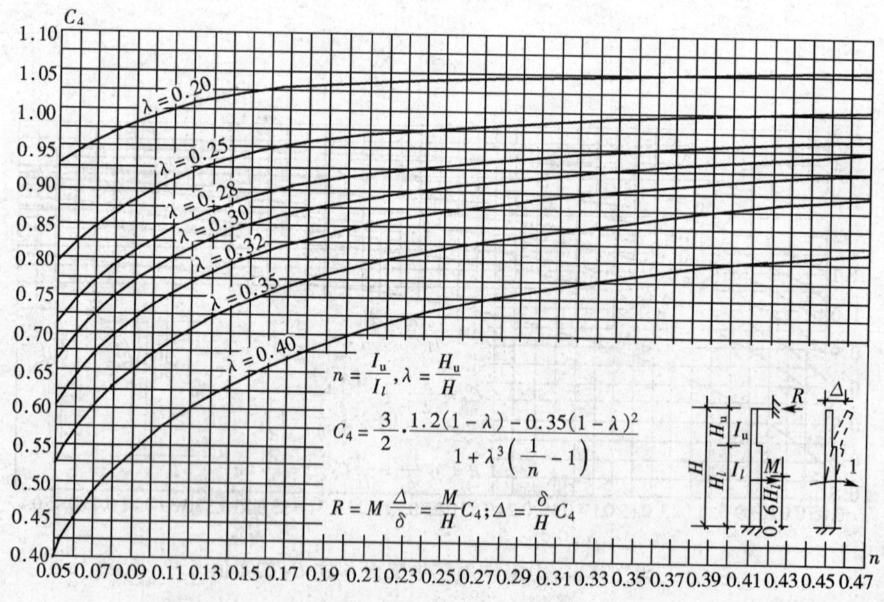

附图 4-8　力矩作用在下柱（$y = 0.6H_l$）系数 C_4 的数值

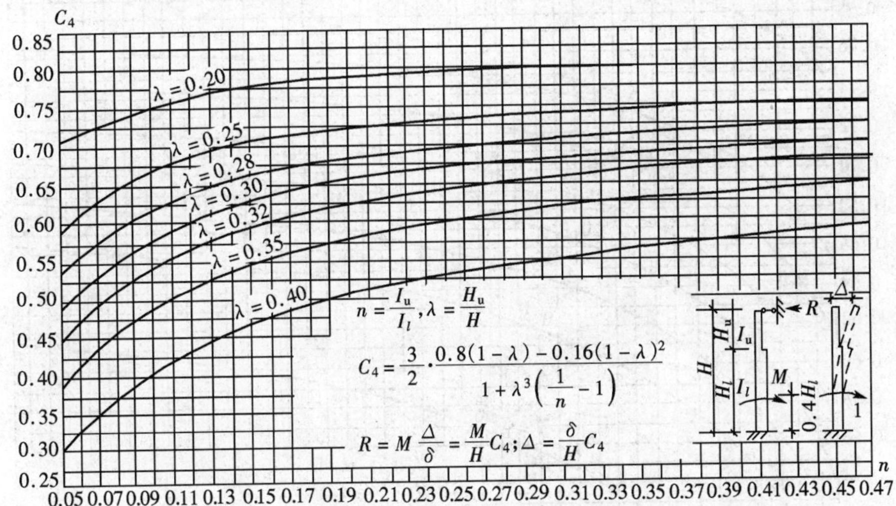

附图 4-9　力矩作用在下柱（$y=0.4H_l$）系数 C_4 的数值

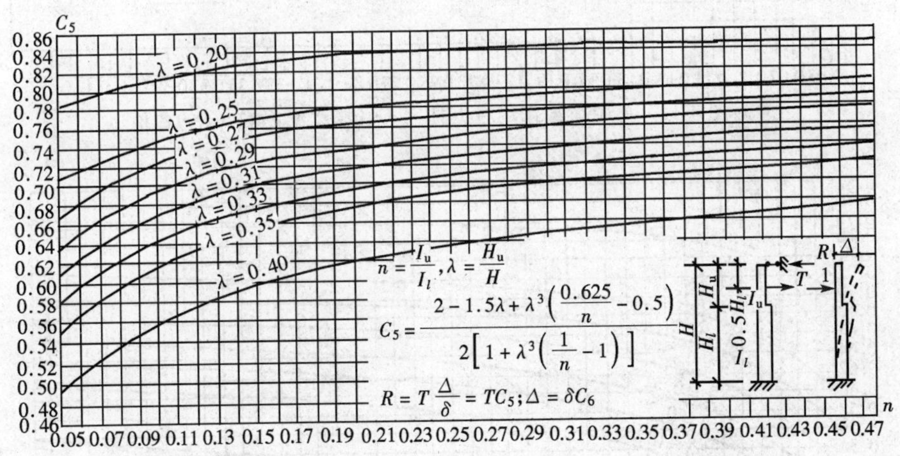

附图 4-10　集中荷载作用在上柱（$y=0.5H_u$）系数 C_5 的数值

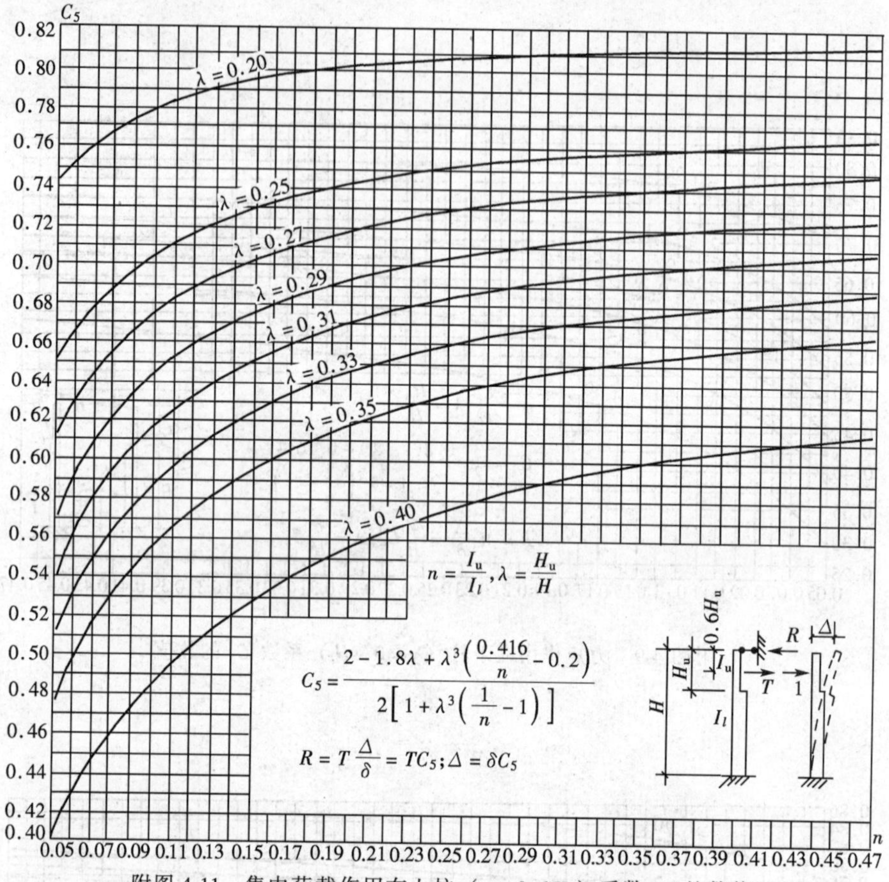

$$n=\frac{I_u}{I_l},\lambda=\frac{H_u}{H}$$

$$C_5=\frac{2-1.8\lambda+\lambda^3\left(\frac{0.416}{n}-0.2\right)}{2\left[1+\lambda^3\left(\frac{1}{n}-1\right)\right]}$$

$$R=T\frac{\Delta}{\delta}=TC_5;\Delta=\delta C_5$$

附图 4-11　集中荷载作用在上柱（$y=0.6H_u$）系数 C_5 的数值

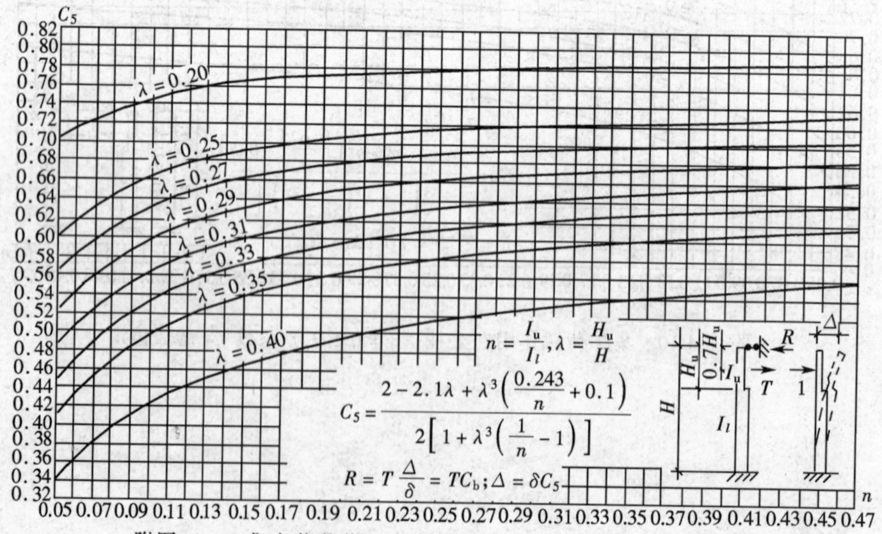

附图 4-12　集中荷载作用在上柱（$y=0.7H_u$）系数 C_5 的数值

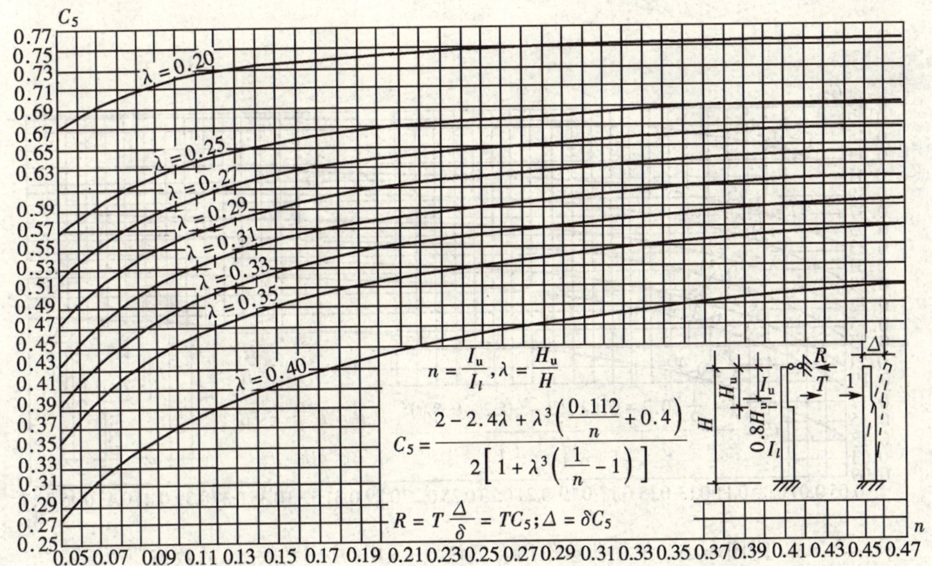

附图 4-13　集中荷载作用在上柱（$\gamma=0.8H_u$）系数 C_5 的数值

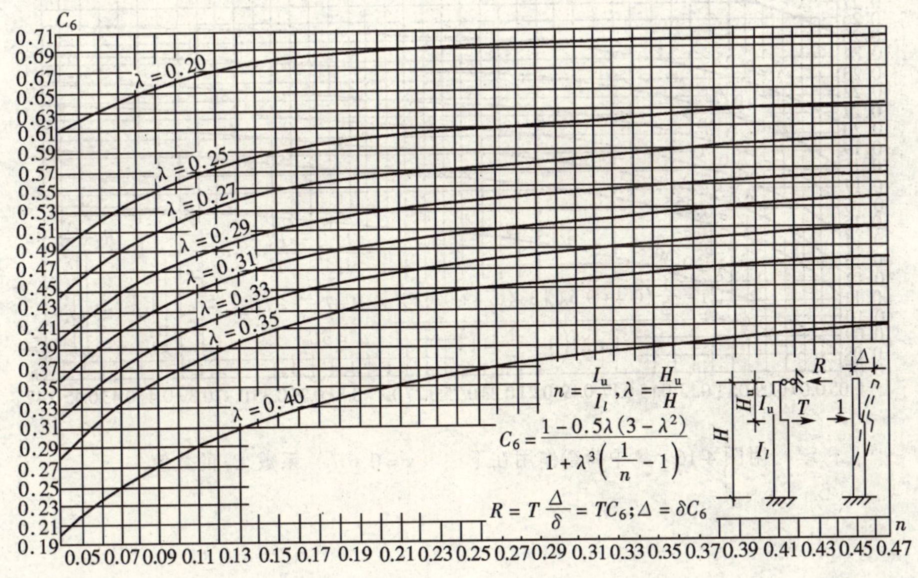

附图 4-14　集中荷载作用在牛腿面系数 C_6 的数值

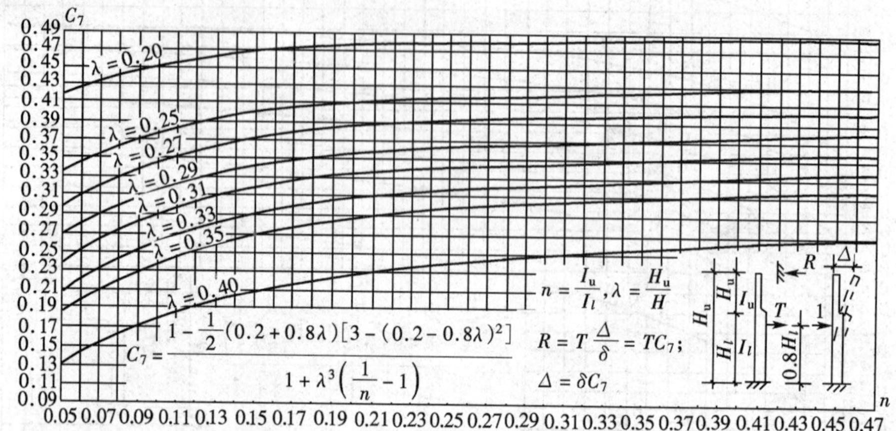

附图 4-15　集中荷载作用在下柱（$y=0.8H_l$）系数 C_7 的数值

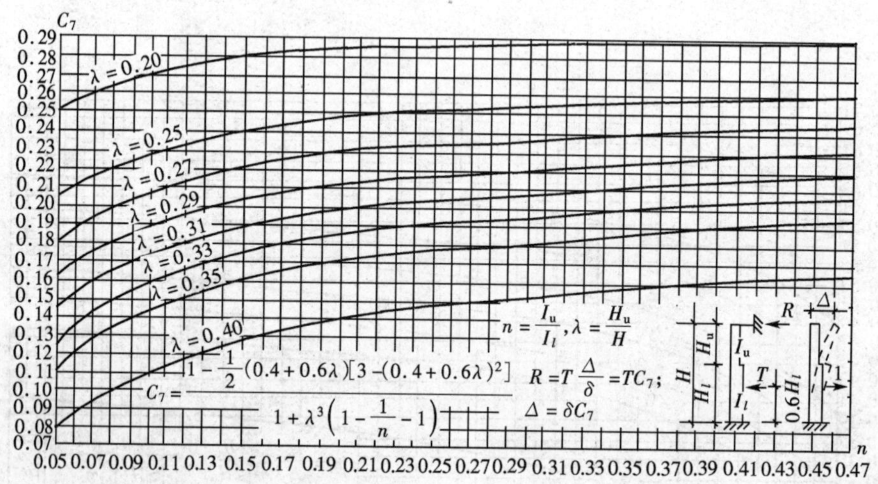

附图 4-16　集中荷载作用在下柱（$y=0.6H_l$）系数 C_7 的数值

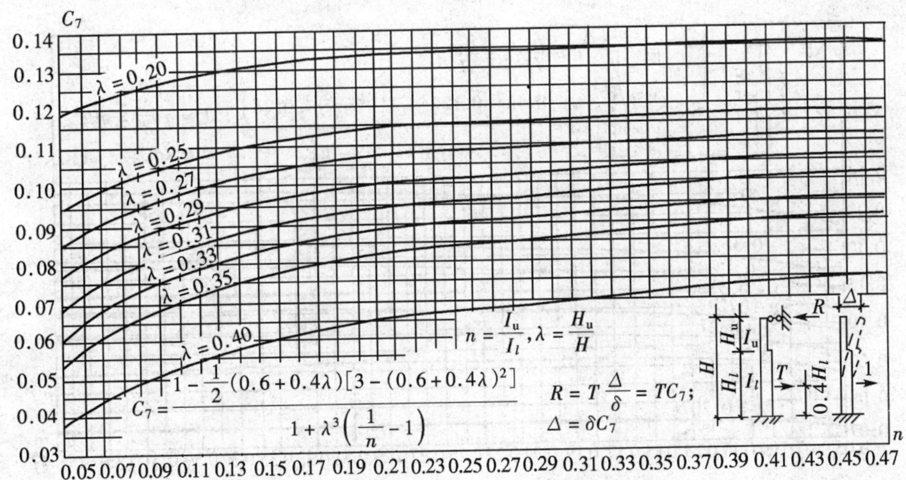

附图 4-17　集中荷载作用在下柱（$y=0.4H_l$）系数 C_7 的数值

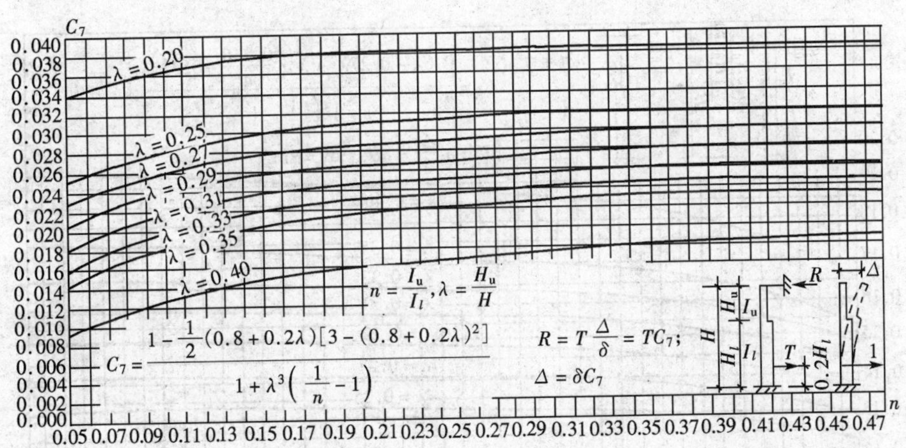

附图 4-18　集中荷载作用在下柱（$y=0.2H_l$）系数 C_7 的数值

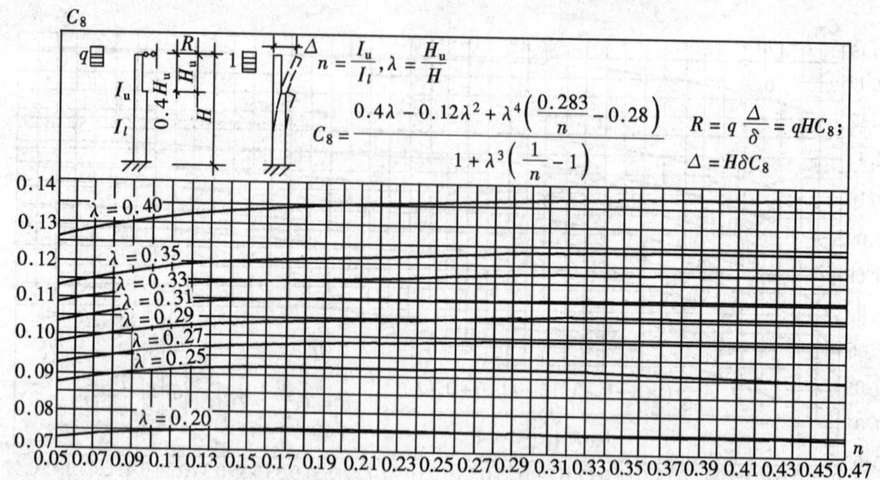

附图 4-19　均布荷载作用在上柱（$y=0.4H_u$）系数 C_8 的数值

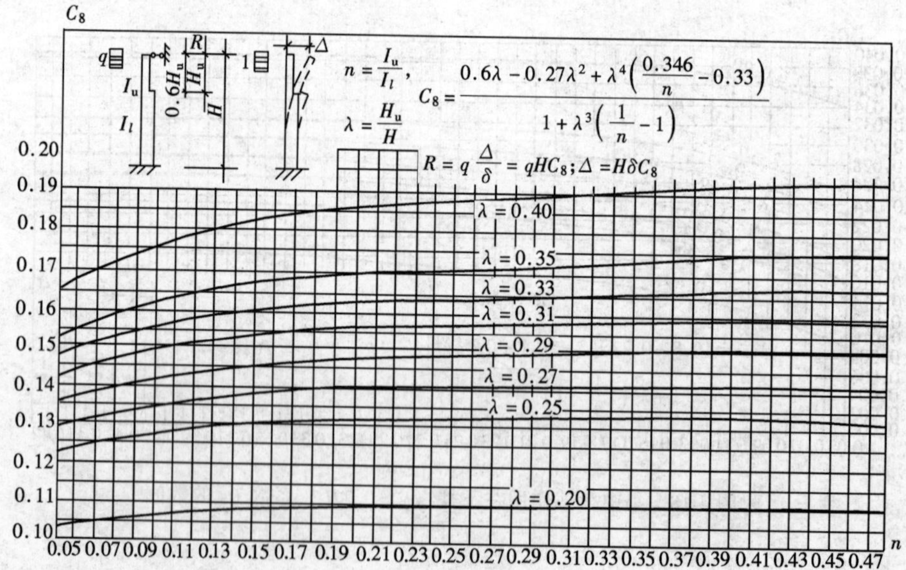

附图 4-20　均布荷载作用在上柱（$y=0.6H_u$）系数 C_8 的数值

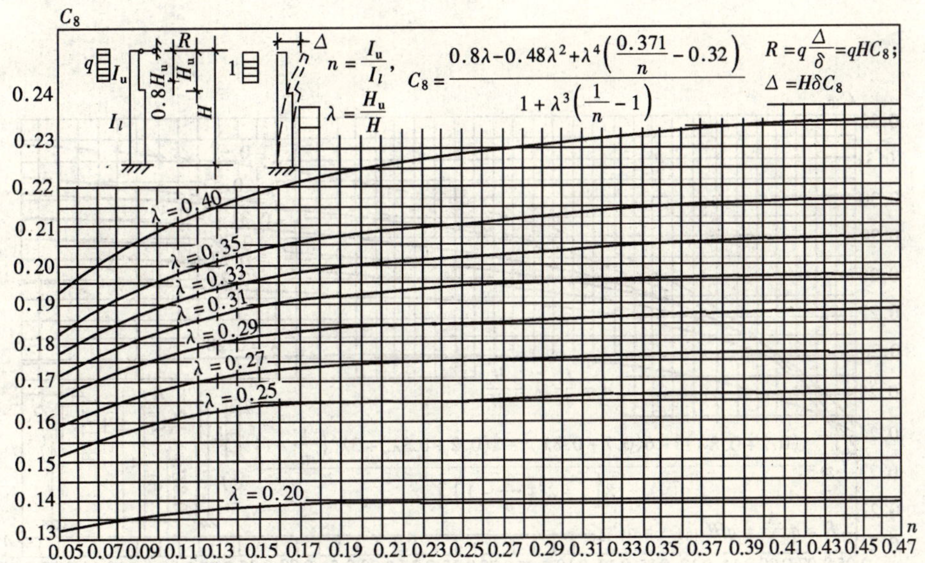

附图 4-21　均布荷载作用在上柱（$y=0.8H_u$）系数 C_8 的数值

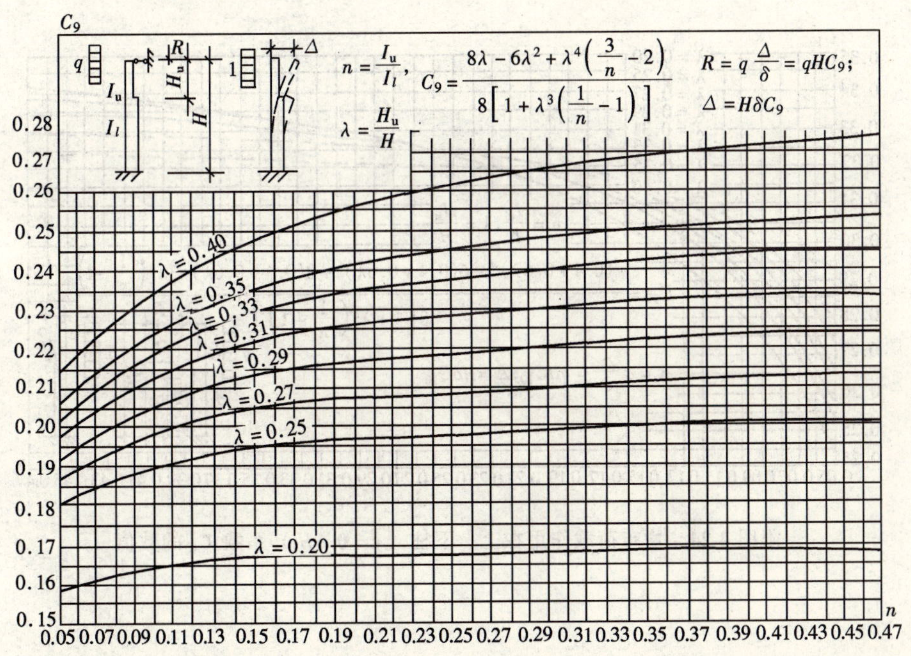

附图 4-22　均布荷载作用在整个上柱系数 C_9 的数值

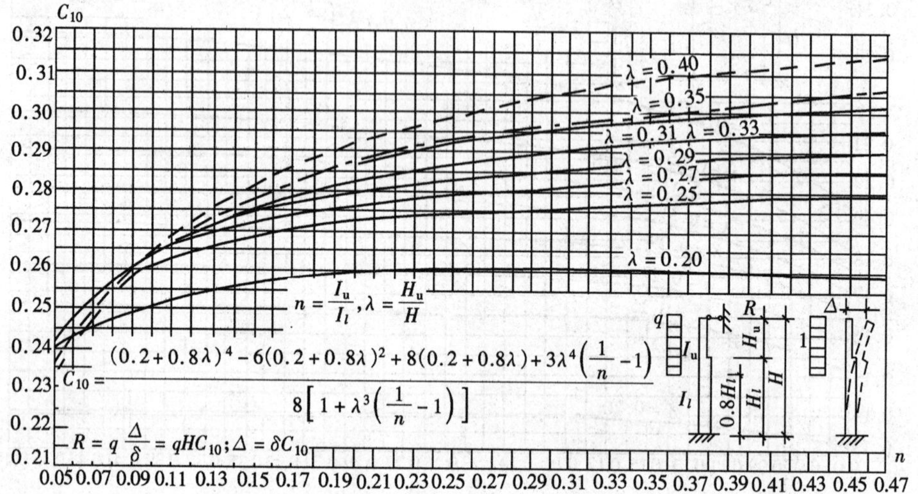

附图 4-23　均布荷载作用在上、下柱（$y=0.8H_l$）系数 C_{10}的数值

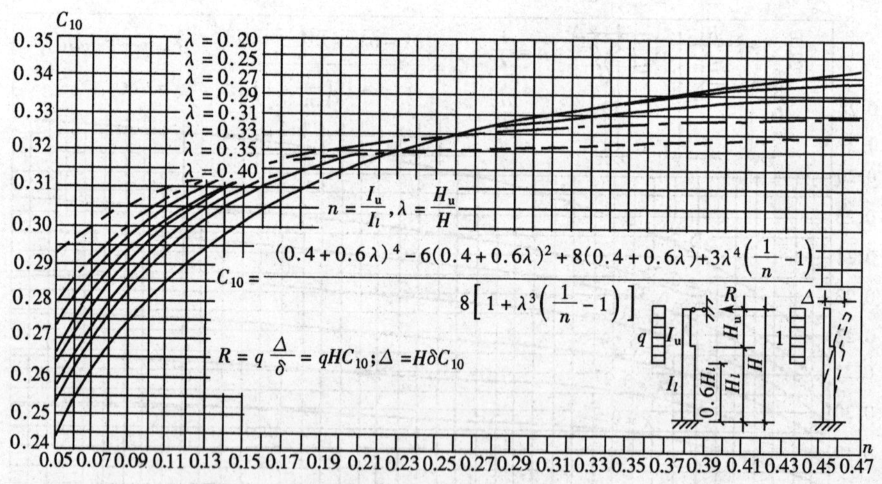

附图 4-24　均布荷载作用在上、下柱（$y=0.6H_l$）系数 C_{10}的数值

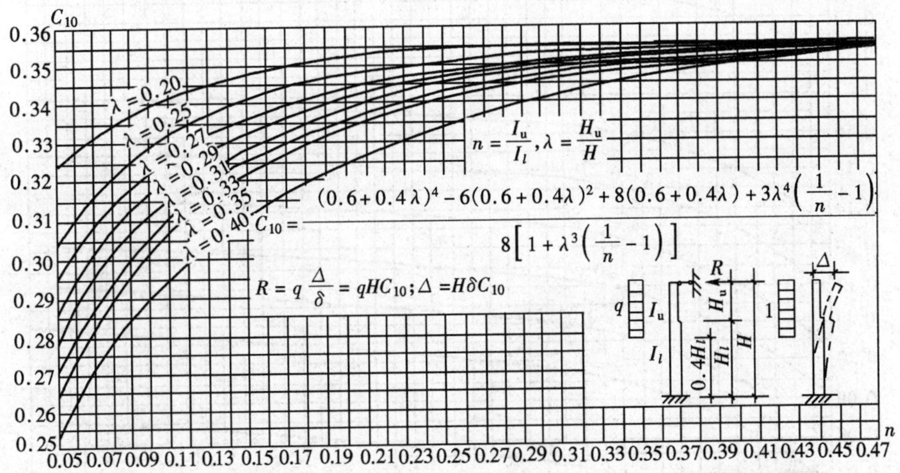

附图 4-25　均布荷载作用在上、下柱（$y=0.4H_l$）系数 C_{10} 的数值

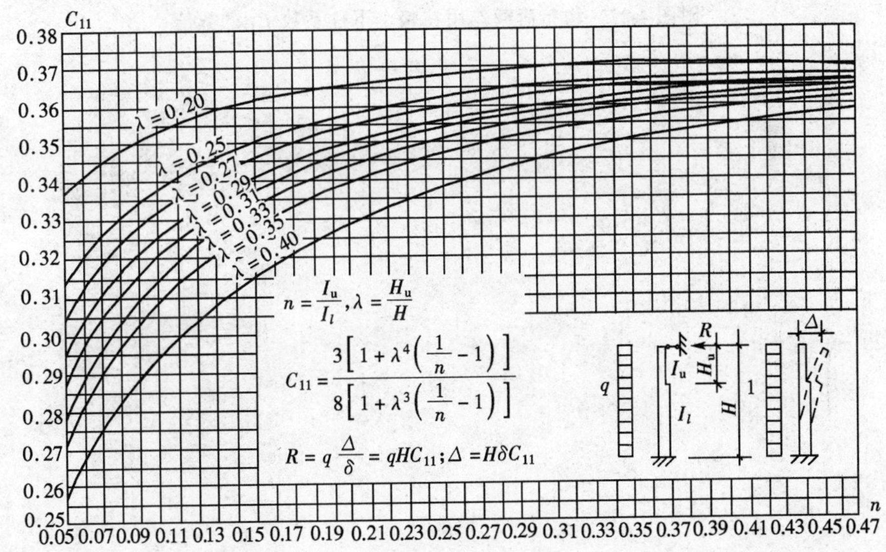

附图 4-26　均布荷载作用在整个上、下柱系数 C_{11} 的数值

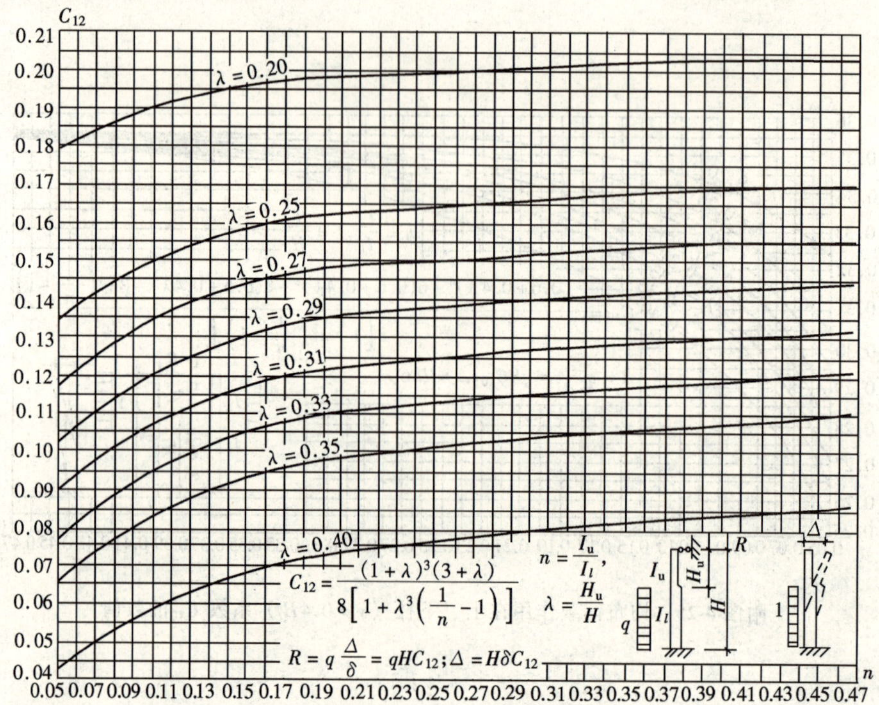

附图 4-27　均布荷载作用在整个下柱系数 C_{12}的数值

主要参考书目

1 中华人民共和国国家标准．混凝土结构设计规范（GB 50010—2002）．北京：中国建筑工业出版社，2002

2 中华人民共和国行业标准．高层建筑混凝土结构技术规程（JGJ 3—2002）．北京：中国建筑工业出版社，2002

3 中华人民共和国国家标准．建筑地基基础设计规范（GB 5007—2002）．北京：中国建筑工业出版社，2002

4 中华人民共和国国家标准．建筑结构荷载规范（GB 50009—2001）．北京：中国建筑工业出版社，2002

5 东南大学，同济大学，天津大学．混凝土结构（上、下册）．北京：中国建筑工业出版社，2001，2002

6 包世华，方鄂华．高层建筑结构设计（第二版）．北京：清华大学出版社，1990

7 包世华．新编高层建筑结构．北京：中国水利水电出版社，2001

8 滕智明．混凝土结构及砌体结构学习指导．北京：清华大学出版社，1994

9 邱洪生等．建筑结构设计．南京：东南大学出版社，2002

10 周克荣等．混凝土结构设计．上海：同济大学出版社，2001

11 沈蒲生等．混凝土结构（下册）（第三版）．北京：中国建筑工业出版社，1997

12 沈蒲生．混凝土结构设计．北京：高等教育出版社，2003

13 彭少良．混凝土结构（下册）．武汉：武汉工业大学出版社，2002

14 戴志强等．钢筋混凝土房屋结构（第三版）．天津：天津大学出版社，2002

主要参考书目